Rätsel Mensch – Expeditionen im Grenzbereich von
Philosophie und Hirnforschung

D1703918

Steve Ayan
Hrsg.

Rätsel Mensch – Expeditionen im Grenzbereich von Philosophie und Hirnforschung

Herausgeber
Steve Ayan
Heidelberg, Deutschland

ISBN 978-3-662-50326-3   ISBN 978-3-662-50327-0 (eBook)
DOI 10.1007/978-3-662-50327-0

Die Deutsche Nationalbibliothek verzeichnet diese Publikation in der Deutschen Nationalbibliografie;
detaillierte bibliografische Daten sind im Internet über http://dnb.d-nb.de abrufbar.

Planung: Frank Wigger

Gedruckt auf säurefreiem und chlorfrei gebleichtem Papier.

Springer ist Teil von Springer Nature
Die eingetragene Gesellschaft ist Springer-Verlag GmbH Berlin Heidelberg

Vorwort

Liebe Leserin, lieber Leser,

Philosophie ist in! Nie zuvor beschäftigten sich so viele Menschen mit den großen Fragen des Lebens: Wer bin ich? Wie soll ich handeln? Was ist der Sinn unserer Existenz? Dass die Beschäftigung mit diesen und anderen Grundsatzthemen heute boomt, macht sich jedoch weniger im akademischen Betrieb als vielmehr am Zeitschriftenkiosk bemerkbar. Magazine mit genuin philosophischer Ausrichtung, die sich nicht an ein Expertenpublikum, sondern an die breite Öffentlichkeit wenden, waren bis vor wenigen Jahren noch die krasse Ausnahme. Inzwischen erzielen sie erstaunliche Auflagen.

Auch »Gehirn&Geist«, das Magazin für Psychologie und Hirnforschung aus dem Verlag Spektrum der Wissenschaft in Heidelberg, behandelte seit der ersten Ausgabe 2002 immer wieder philosophische Fragen: Was ist Bewusstsein? Gibt es einen freien Willen? Wie hängen Sprache und Denken, Emotionen und Moral, Körper und Geist miteinander zusammen? Dieses Buch ist das Resultat dieser jahrelangen Auseinandersetzung auf höchstem wissenschaftlichem Niveau.

Gemäß dem redaktionellen Konzept von »Gehirn&Geist« schreiben darin sowohl versierte Fachjournalisten als auch Wissenschaftler. Alle hier versammelten Beiträge wurden von der Redaktion sorgfältig geprüft, journalistisch bearbeitet und mit ergänzenden Informationen wie Glossaren, Literatur- und Webtipps versehen. Sie erschienen in unserem Monatsmagazin sowie in der Sonderheft-Reihe »Rätsel Mensch«. In diesem Band finden sich nun alle Artikel, Interviews und Essays an einem Ort gebündelt.

Es fällt schwer, aus diesem voluminösen Chor einzelne Stimmen hervorzuheben. Zu nennen wären vielleicht der Besuch bei einem »Urgestein« der Neurophilosophie, dem US-amerikanischen Denker John Searle (siehe den Beitrag

»Wir sind biologische Apparate«) oder auch die Standortbestimmung in Sachen Hirndoping, in der eine interdisziplinäre Expertenkommission zu den ethischen Problemen der »kosmetischen Psychopharmakologie« Stellung nimmt (siehe den Beitrag »Schlauer auf Rezept?«).

Auch die Kontroverse um die Deutungsmacht der Hirnforschung, jener Disziplin, die manche bereits zur »Leitwissenschaft« des 21. Jahrhunderts erhoben, spiegelt sich in diesem Band wieder. Darin kommen zahlreiche kritische Stimmen zu Wort, die vor überzogenen Erklärungsansprüchen der Neurowissenschaften warnen. So erläutert beispielsweise der Philosoph Alva Noë von der University of California in Berkeley, warum Bewusstsein weniger mit einer rein körperlichen Funktion wie der Verdauung zu vergleichen ist als vielmehr mit einem kommunikativen Akt ähnlich dem Tanzen (siehe den Beitrag »Wir suchen an der falschen Stelle«). Sein deutscher Kollege Markus Gabriel von der Universität Bonn plädiert im Interview dafür, nicht das Gehirn, sondern die ganze Person als erkenntnisfähiges Subjekt zu betrachten. Andernfalls erliege man einem reduktionistischen Fehlschluss (siehe den Beitrag »Wir haben Zugang zu den Dingen an sich«).

Ich lade Sie herzlich ein, sich von der Denklust und Erkenntnisfreude der hier versammelten Autorinnen und Autoren anstecken zu lassen. Die Redaktion von »Gehirn&Geist« hat alles dafür getan, um ihre Gedanken und Argumente auch ohne besondere Vorkenntnisse verständlich und nachvollziehbar zu machen – also im besten Sinne populärwissenschaftlich aufzubereiten. Denn was nützt die bedeutendste Einsicht, wenn sie nur einem kleinen Zirkel von Eingeweihten vorbehalten bleibt?

In diesem Sinne wünsche ich Ihnen eine spannende Lektüre und viele persönliche Aha-Erlebnisse.

Heidelberg, im August 2016 Steve Ayan

Inhaltsverzeichnis

Teil I

Sprache und Denken

Das Handwerk des Denkens

Steve Ayan

Kühle Logik und Abstraktion gelten als Säulen eines klaren Verstands. Doch laut Kognitionsforschern denken wir oft konkreter und sinnlicher als angenommen. Dieses Wissen gibt uns sogar nützliche Denkwerkzeuge an die Hand.

Auf einen Blick

Sinn und Sinnlichkeit

1 Neben logischem Schlussfolgern und Urteilen gibt es noch viele andere Denkformen – sprachliche und nichtsprachliche, analytische und intuitive.

2 Es gibt kein »Denkareal« im Gehirn, aber verschiedene neuronale Netzwerke, die häufig an kognitiven Prozessen beteiligt sind.

3 Die neue Theorie des Embodiment betrachtet Denken als Probehandeln.

Homo sapiens – der »weise Mensch« – ist ein stolzer Name. Wir haben ihn uns verliehen, weil wir die Fähigkeit zu denken, also vom konkret Gegebenen zu abstrahieren und logische Zusammenhänge herzustellen, für unser größtes Talent halten. Und doch bereitet es uns im Alltag oft Probleme. Wie etwa in diesem Fall: Ein Tischtennisset aus Schläger und Ball kostet elf Euro. Der Schläger ist zehn Euro teurer als der Ball. Wie viel kostet der Ball? Wenn Sie nun spontan »ein Euro« denken, erliegen Sie einem typischen Denkfehler.[1]

Anderes Beispiel: Vier Spielkarten sind auf der einen Seite jeweils mit einem Buchstaben, auf der anderen mit einer Zahl beschriftet. Angeblich gilt: »Wenn

---

[1] Lösung: Der Tischtennisball kostet 50 Cent.

© Springer-Verlag Berlin Heidelberg 2017
S. Ayan (Hrsg.), *Rätsel Mensch – Expeditionen im Grenzbereich von Philosophie und Hirnforschung*,
DOI 10.1007/978-3-662-50327-0_1

vorn ein S steht, steht hinten eine 3.« Welche der folgenden Karten muss man umdrehen, um die Regel zu überprüfen?

Die meisten von uns tendieren dazu, die erste und die dritte Karte aufzudecken. Die erste ist richtig, denn wenn auf der Rückseite keine 3 steht, ist die Regel verletzt. Was jedoch auf der Karte mit der 3 steht, ist egal – es kann jeder beliebige Buchstabe sein, denn die Regel besagt ja nicht umgekehrt »Wenn 3, dann S«! Die zweite Karte ist ebenso irrelevant, anders als die vierte: Stoßen wir beim Umdrehen auf ein S, ist unsere Regel futsch.

Den »Wason-Kartentest« (von dem Psychologen Peter Wason bereits in den 1960er Jahren ersonnen) bestehen die meisten von uns leichter, wenn er anschauliche Begriffe enthält. Probieren Sie es etwa mit dieser analogen Regel: »Wer Auto fährt, ist mindestens 18!« Welche dieser Karten gehören nun umgedreht, will man herausfinden, ob das stimmt?

Auch 19-Jährige fahren mal Bus, klar! So wie hier füllen wir die Lücken unserer Alltagslogik häufig mit Wissen und Erfahrung.

Vinod Goel von der York University in Toronto (Kanada) fand in Untersuchungen mittels bildgebender Verfahren heraus, dass formallogische Operationen sogar andere Hirnareale aktivieren als anschauliches Denken. Während beim Schlussfolgern mittels abstrakter Symbole stärker parietal, das heißt zum Scheitel hin gelegene Abschnitte der Großhirnrinde involviert sind, wird das konkrete Denken von einem frontotemporalen Netzwerk gesteuert.

Das logische Urteilen und Abstraktionsvermögen standen zwar traditionell im Fokus der Kognitionsforschung, doch wird das der Realität nicht unbedingt gerecht. Denn sie sind bei Weitem nicht die einzigen Denkformen, wie schon die Fülle der Synonyme nahelegt: annehmen, vermuten, erschließen, begreifen, brüten, planen, grübeln und tüfteln sind nur einige Beispiele.

Um dieses weite Feld ein wenig zu ordnen, kann man drei Aspekte des Begriffs »Denken« unterscheiden: Erstens bezeichnen wir damit bestimmte mentale Ereignisse wie Ideen und Eingebungen. Zweitens geht es dabei um die Fähigkeit, Zusammenhänge zu erkennen und weitergehende Schlüsse daraus zu ziehen. Und drittens handelt es sich um eine regelgeleitete geistige Tätigkeit. Einfall, Können und Tun – all das können wir meinen, wenn wir vom Denken sprechen. Aber wie denken wir überhaupt?

Das hängt zunächst vom Gegenstand ab. Wir denken mal sprachlich, mal räumlich, mal bildhaft oder musikalisch, wir denken in Formeln oder Farben, in Vergleichen und Metaphern, wir versetzen uns denkend in andere hinein, blicken in die Zukunft oder stellen uns eine Welt vor, die es nicht gibt. Dabei spielen stets verschiedene Leistungen zusammen; Denken ist kein einheitlicher Prozess.

Drei Hauptarten zu denken

Schlussfolgern: Klassisches Beispiel hierfür ist das logische Urteilen in Form eines Syllogismus: Alle Menschen sind sterblich. Sokrates ist ein Mensch. Ergo ist Sokrates sterblich. Doch wie sieht es hiermit aus: Obst ist gesund. Äpfel sind gesund. Äpfel sind Obst! Unser Weltwissen erschwert es zu erkennen, dass dieser Schluss logisch unzulässig ist. Ersetzen Sie Äpfel doch einfach durch Gurken!

Problemlösen: Das wohl am meisten untersuchte Problemlöseszenario ist der »Turm von Hanoi« (siehe Bild). Übertragen Sie den Stapel aus verschieden großen Scheiben vom ersten auf den dritten Stift, wobei Sie bei jedem Zug nur eine Scheibe bewegen und nie eine große auf eine kleinere legen! Gar nicht so einfach, wie? Patienten mit geschädigtem Stirnhirn scheitern hieran regelmäßig; ihre geschwächte Exekutivfunktion vereitelt das schrittweise Lösen des Problems.

Assoziieren: Im Gegensatz zum »konvergenten«, auf ein Ziel gerichtetes Denken bezeichnen Psychologen das freie Assoziieren als »divergent«. Der Strom der Einfälle und Verknüpfungen, die wir ständig im Geist herstellen, ist vermutlich nur dem Menschen eigen. Diese Gedankentätigkeit setzt sich selbst im Schlaf fort, ist also nicht vom Wachbewusstsein abhängig.

Erinnern, imaginieren und geistig »präsent halten«

Angenommen Sie überlegen, wohin Sie im Sommer in Urlaub fahren sollen. Als Erstes fällt Ihnen wohl so manche frühere Reise ein; Sie aktivieren also autobiografische Erinnerungen. Dann versetzen Sie sich im Geist an verschiedene Orte und stellen sich vor, wie gut Sie dort Erholung fänden. Mit Hilfe solcher Szenarien entscheiden Sie dann: In die Berge oder ans Meer? Exotisch oder heimatnah? Per Ausschlussverfahren erledigt sich manches von selbst – ein langer Flug kommt nicht in Frage, und mehr als 1000 Euro soll der Spaß auch nicht kosten. Sobald Sie dann konkrete Angebote sichten, läuft Ihr Arbeitsgedächtnis auf Hochtouren, denn nun gilt es viele Faktoren abzuwägen, die Sie geistig präsent halten müssen: All-inclusive ist bequem, aber teuer; ein Campingurlaub günstig, aber nicht so komfortabel. Brauchen Sie einen Mietwagen? Was gibt es am Urlaubsort zu sehen? Wie ist das Wetter dort? Und ganz am Ende wirft ein Geistesblitz womöglich alles über den Haufen: Frühling auf Madeira – das ist es!

Der Abruf vorhandenen Wissens, Imaginationskraft und ein Arbeitsgedächtnis, auf dessen »Benutzeroberfläche« wir beides miteinander kombinieren, das sind wesentliche Bausteine des Denkens. Wie es neuronal organisiert ist, offenbaren zum Beispiel Studien an hirngeschädigten Menschen. Bei Demenzpatienten führt das massenhafte Absterben von Neuronen nicht etwa dazu, dass die geistige Landschaft weiße Flecken bekäme – es verschwinden also nicht der Reihe nach einzelne geistige Inhalte, sondern die Betroffenen verlieren auf breiter Front den Überblick. Neuropsychologen schlossen daraus, dass mentale Repräsentationen von Wissen nicht an die Aktivität einzelner Neurone oder kleiner Ensembles gebunden sind. Würde eine Information nur von einer oder wenigen Nervenzellen kodiert, wie es etwa die Theorie der »Großmutter-Zelle« besagt, verschwände mit dem Tod derselben (der Zelle, nicht der Großmutter!) auch das betreffende Konzept.

Gedanken sind ... dezentral!

Neuroimaging-Experimente mit gesunden Probanden zeigen zudem, dass sich Denkprozesse kaum an einem festen Ort im Gehirn lokalisieren lassen (s. Abb. 1). Das unterscheidet Gedanken von der Sinneswahrnehmung, Sprache oder Gedächtnis, für die es durchaus neuronale Zentren gibt: Bis heute kennt man kein »Denk-Areal«, in dem jeweils relevante Daten zusammenlaufen und weiterverarbeitet würden.

Allerdings haben Forscher grob drei verschiedene Netzwerke identifiziert, die beim Denken häufig etwas beizutragen haben: Da wäre das erwähnte frontotemporale Netzwerk, welches vor allem bei Abwägung und Auswahl zwischen verschiedenen Optionen aktiv wird. Der superiore temporale Sulcus – die obere Furche des Schläfenlappens – steuert Wissen bei, das wir aus dem Gedächtnis abrufen. Und weiter parietal, also zum Scheitel hin gelegene Abschnitte der Großhirnrinde sind beim Vorstellen und Generieren kreativer Einfälle beteiligt (s. Abb. 1). Von Denkaufgabe zu Denkaufgabe unterscheiden sich die gemessenen Aktivitätsmuster im Gehirn allerdings oft stark.

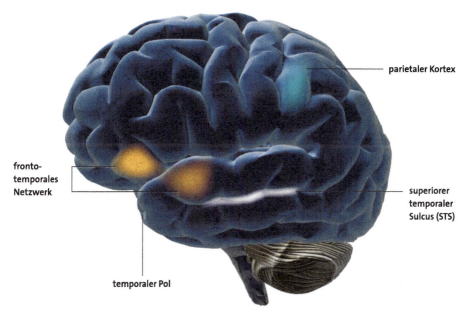

parietaler Kortex

fronto-
temporales
Netzwerk

superiorer
temporaler
Sulcus (STS)

temporaler Pol

Abb. 1 Wenn du denkst, du denkst, dann denkst du nur, du denkst … Konzepte und Gedanken sind nicht in genau fixierbaren Arealen repräsentiert, dazu ist das menschliche Denken zu facettenreich. Allerdings übernimmt der präfrontale Kortex als Teil des so genannten frontotemporalen Netzwerks (orange) häufig eine Hauptrolle bei der Steuerung des Arbeitsgedächtnisses. Der superiore temporale Sulcus (STS; weiß) ist am Abruf von vorhandenem Wissen beteiligt, und der parietale Kortex (grün) kommt vermehrt bei nichtsprachlichen, etwa räumlichen oder musikalischen, Vorstellungen zum Zug. Dies sind allerdings nur grobe Zuordnungen; die bei verschiedenen kognitiven Prozessen gemessenen Aktivierungen klaffen oft weit auseinander

Dennoch erweist sich regelmäßig der präfrontale Kortex (PFC) als wichtig. Dieser Teil des Stirnlappens fällt im Verhältnis zum Gesamthirn beim Menschen größer aus als bei anderen Spezies und ist an vielen kognitiven Prozessen beteiligt. Der britische Psychologe Bill Faw bezeichnete ihn daher als neuronales »Exekutivkomitee«.

Besser denken: 10 Tipps für helle Köpfe

Die folgenden Ratschläge schärfen den gedanklichen Blick fürs Wesentliche und ersparen so manche mentalen Um- und Abwege.

Verzichte auf Ballast!

Das nach dem Scholastiker Wilhelm von Ockham (1288 – 1347) benannte Sparsamkeitsprinzip besagt: Bevorzuge jene Erklärung für ein Phänomen, die mit den wenigsten Vorannahmen auskommt. »Ockhams Rasiermesser«, wie diese Maxime auch heißt, beugt Theorienwildwuchs vor.

8   Rätsel Mensch

Konzentriere dich aufs Wesentliche!

Oft ist es hilfreich zu prüfen, ob eine Information im betreffenden Fall überhaupt relevant ist. Beispiel: Zwei Züge rasen auf einer 100 Kilometer langen Strecke aufeinander zu, der eine mit 40 km/h, der andere mit 60. Ein Vogel fliegt beim Start vom langsameren Zug zum schnellen, wieder zurück und immer hin und her – mit exakt 90 km/h. Wie weit fliegt er, bis die Züge kollidieren? Fangen Sie gar nicht erst an, die Einzelstrecken zu berechnen und zu addieren – die Lösung ist 90. Denn bis zum Crash vergeht exakt eine Stunde.

Mache Gedankenexperimente!

Die beliebteste Form des Gedankenexperiments ist die »reductio ad absurdum«. Galileo Galilei (1564 – 1642) folgerte mit Hilfe des »Widerspruchsbeweises«, dass Objekte verschiedenen Gewichts gleich schnell zu Boden fallen (den Luftwiderstand außer Acht gelassen). Würden sie verschieden schnell fallen, müsste der langsame den schnelleren abbremsen, wenn man sie zusammenbände. Gemeinsam wären beide aber schwerer, müssten also schneller fallen als allein. Die Prämisse führt zu zwei unvereinbaren Schlüssen, muss also falsch sein.

Ändere die Sichtweise!

Der Mathematiker Carl Friedrich Gauß (1777 – 1855) bekam zu seiner Schulzeit angeblich einmal die Aufgabe, alle Zahlen von 1 bis 100 zu addieren. Sein Lehrer hatte die Rechnung nur ohne »klein Carl« gemacht, der flugs auf die Lösung kam: 5050! Man muss dafür nur 50 mal 101 rechnen (1 + 100, 2 + 99, 3 + 98 und so weiter bis 50 + 51). Klar denken ist oft eine Frage des Blickwinkels.

Verwende Analogien und Vergleiche!

Um den Perspektivwechsel zu erleichtern, bietet es sich an, nach Analogien zu suchen. Ein berühmtes Beispiel lieferte der Chemiker August Kekulé (1829 – 1896), dem die Ringstruktur des Benzols im Traum erschien – als Schlange, die sich in den Schwanz biss.

Stelle Fragen!

Keine Antwort ohne Frage, das dachte sich schon der Philosoph René Descartes (1596 – 1650) und zog alles in Zweifel. Übrig blieb: die eigene Existenz. »Cogito ergo sum«, »Ich denke, also bin ich.« Das scheinbar Selbstverständliche zu hinterfragen, ist eine hohe (und nützliche) Kunst.

Führe Selbstgespräche!

Wer seine Gedanken laut artikuliert, hilft Studien zufolge dem Denken auf die Sprünge: Probanden, die beim Lösen verschiedener Knobelaufgaben mit sich selbst sprechen, kommen im Schnitt schneller ans Ziel als stumme Tüftler.

Verbildliche deine Gedanken!

Ob Grafik, Flussdiagramm oder Schemazeichnung: Viele Ideen sind einprägsamer, wenn man sie bildhaft umsetzt. Oder kann man das Verhältnis von Bewusstsein und Unbewusstem sinnfälliger als so darstellen?

Keine Angst vor Fehlern!

Dass wir aus Fehlern lernen, ist ein Gemeinplatz. Aber es stimmt! Besonders produktiv sind Patzer, die uns verraten, ob eine Annahme falsch ist. Was man hingegen weder beweisen noch widerlegen kann (»Jeder Versprecher offenbart unbewusste Wünsche«), bleibt Glaubenssache.

Bedenke, wie du denkst!

Über das eigene Denken nachzudenken und es von höherer Warte zu betrachten, ist eine Spezialität des Menschen. Solche Metakognitionen können oft einen Weg aus geistigen Sackgassen weisen. So lässt sich die Paradoxie von Achilleus und der Schildkröte mit ihrer Hilfe auflösen: Während Achilleus zu dem Panzertier läuft, ist es immer schon ein Stück vorangekrochen; holt der griechische Held es also nie ein? Nur wenn sich Raum und Zeit aus unendlich vielen Einheiten zusammensetzten – doch das ist ein Denkfehler.

Eine kleine Warnung zum Schluss: Selbst das beste Denkwerkzeug sollte man nicht zur Allzweckwaffe erklären! »Wer nur einen Hammer hat«, so ein Sprichwort, »für den sieht jedes Problem wie ein Nagel aus.« Manchmal entpuppt es sich dennoch als Schraube.

Im Räderwerk des Geistes

Steigt man tiefer ins Räderwerk des Geistes hinab, landet man rasch bei den molekularen Abläufen an den Synapsen, den Verbindungsstellen zwischen den Nervenzellen. Neurobiologen um Amy Arnstein von der Yale Medical School in New Haven (USA) beschrieben 2012 die kurzfristige Modulation solcher neuronalen Kontakte im präfrontalen Kortex als Grundlage des Denkens. Wären wir beim geistigen Tun darauf angewiesen, neue Verknüpfungen zwischen Zellen aufzubauen, würde es Stunden bis Tage dauern, um auch nur einen simplen Schluss zu ziehen. Laut Arnstein sind vielmehr schnelle Veränderungen der Übertragungsstärke an den Synapsen entscheidend dafür, dass wir die in den Signalmustern repräsentierten Konzepte miteinander kombinieren können. Die Forscher sprechen hierbei von »dynamic network connectivity« (dynamische Netzwerk-Konnektivität), kurz DNC.

Eine Hauptrolle spielen dabei Kanalproteine, die das Einströmen elektrisch geladener Ionen an der Membran der Zellen regulieren und damit das Tor zur Erregungsübertragung zwischen den Neuronen öffnen oder schließen. Im hohen Alter oder auch bei Denkstörungen etwa bei einer Schizophrenie haken diese molekularen Schalter. Dadurch wird das Arbeitsgedächtnis geschwächt, und die gedankliche Flexibilität lässt nach.

Trotz dieser Einblicke ist die Mechanik des Denkens noch längst nicht verstanden. Nach wie vor gilt, was der Psychologe Steven Pinker von der Harvard University 1997 in seinem Bestseller »How the Mind Works« gestand: »Wir wissen nicht, wie das Denken im Kopf entsteht – jedenfalls nicht annähernd so genau, wie wir über die Funktionen unseres Körpers Bescheid wissen.«

Kein Neurowissenschaftler hat je einen Gedanken beobachtet oder konnte ihn anhand der Hirnaktivität nachvollziehen – auch wenn man inzwischen Computer darauf trainiert, exakt definierte geistige Operationen wie das Subtrahieren zweier Zahlen von anderen, etwa dem Addieren, zu unterscheiden. Wann und wie neuronale Aktivität aber so etwas wie Einsicht und Verstehen produziert, ist bis heute rätselhaft.

Derweil behilft man sich mit Modellen: Laut der Computational Theory of Thought (CTT) gibt es einen neuronalen Kode, eine Art Gedankensprache, die auf den formalen Eigenschaften von Konzepten statt auf Bedeutungen beruht. Demnach wird Wissen in die abstrakten »Formeln« logischer Operatoren ähnlich den binären 0- und 1-Zuständen im Computer übersetzt.

Der US-Philosoph Hilary Putnam und sein Schüler Jerry Fodor brachten diese Idee bereits in den 1970er Jahren auf. Bald spekulierten Hirnforscher über den Hort dieses so genannten »Mentalesisch«: Es habe seinen Sitz im frontalen Pol des Temporallappens, an der Spitze des Schläfenlappens. Die Belege dafür sind allerdings eher dürftig.

Der Philosoph John Searle bezweifelt, dass unser Gehirn wie ein Computer denkt, und begründet das mit einem berühmten Gedankenexperiment: dem »chinesischen Zimmer«. Darin befindet sich ein Mann, dem jemand unter dem Türschlitz Papiere mit chinesischen Schriftzeichen zuschiebt. Der arme Kerl im Innern versteht zwar kein Chinesisch, findet im Zimmer aber ein dickes Buch, in dem jedes Schriftzeichen wiederum durch andere erklärt wird (so vermutet er). Er beginnt, die Briefe zu »beantworten«, indem er die Schriftzeichen aus dem Buch kopiert und die Bögen unter der Tür zurückschiebt.

Vorbild Computer
Die Frage lautet: Denkt der Mann im chinesischen Zimmer? Er produziert zwar sinnvollen Output (für alle, die des Chinesischen mächtig sind), doch versteht er selbst nicht das Geringste davon. Er verarbeitet Informationen, ohne eine Ahnung zu haben, was sie bedeuten. Laut Searle könne man solch blindes Kopistenwerk kaum als Denken bezeichnen – aber genau das tue die CTT. Ihr zufolge braucht man kein Verstehen, um Denken als das »regelhafte Verarbeiten von Informationen« zu beschreiben.

Würde die Computeranalogie stimmen, was wäre das menschliche Pendant zum binären Kode des Elektrodenhirns? Das ließ sich bislang nicht aufklären. Was allerdings auch daran lag, dass neuronale Netzwerke von einigen Tausend bis hin zu Millionen Nervenzellen kaum experimentell erforschbar waren. Doch ebendiese mittlere Ebene der Hirnphysiologie, irgendwo zwischen den Vorgängen an den Synapsen und den Aktivitätsmustern auf der Landkarte des Kortex, birgt vermutlich den Schlüssel zum Denken.

Seit einigen Jahren macht ein neuer Ansatz der rein informationsbasierten CTT Konkurrenz. Er besagt kurz: Denken ist Probehandeln. Nicht abstrakte Operatoren sind der Stoff, aus dem der Geist ist, sondern Sensorik und Motorik.

Ausgangspunkt hierfür war die Beobachtung, dass Denkprozesse im Gehirn eng an Wahrnehmen und Handeln geknüpft sind. Probanden im Hirnscanner aktiveren etwa auch dann Areale des motorischen Kortex, wenn sie an Begriffe wie »gehen« oder »stolpern« denken. Ausholende Armschwünge fördern in Experimenten kreative Ideen. Und selbst einfache Sinnesreize wie das Gewicht einer Schreibunterlage oder der Eindruck räumlicher Weite beeinflussen kognitive Prozesse.

Experten wie Andreas Engel von der Universitätsklinik Hamburg-Eppendorf rufen bereits eine »pragmatische Wende« der Kognitionsforschung aus: Das so genannte Embodiment oder »verkörperte Denken« könne erklären, warum Verstehen oft im wahrsten Sinn ein Be-greifen ist. Je konkreter wir mit Konzepten hantieren, sei es, indem wir sie etwa in Metaphern übertragen oder schematische Skizzen entwerfen, desto besser kommen wir damit zurecht.

Dass der Körper mitdenkt, dürfte auch der Grund für ein verblüffendes Phänomen sein: Gedanken fliegen uns oft aus heiterem Himmel zu. Da fällt einem morgens beim Zähneputzen ein, wie das Softwareproblem im Büro zu knacken ist oder was den Chef zur Gehaltserhöhung bewegen kann. Solche Aha-Erlebnisse liefern meist Antworten auf Fragen, die schon lange in uns rumoren. Denken ist überraschend, unvorhersehbar – und auch etwas unheimlich. Wer würde es nicht lieber kontrollieren, statt davon übermannt zu werden? Besonders, wenn einen böse Gedanken plagen (»Wieso mache ich immer alles falsch?«). Die implizite Informationsverarbeitung, wie Psychologen das Unbewusste heute bezeichnen, hat auch ihr Gutes: Viele Ideen kommen einem, wenn man gar nicht damit rechnet.

»Es« denkt in uns – so könnte man die erste wichtige Erkenntnis von Kognitionsforschern zusammenfassen. Die zweite lautet: Denken braucht Werkzeuge. Das können Begriffe und Symbole sein, aber auch Analogien, Bilder oder Perspektivwechsel (s. Box »Besser denken: 10 Tipps für helle Köpfe«). Mit ihrer Hilfe finden wir heraus, was wirklich in uns steckt. Und das ist oft mehr, als wir denken.

Literaturtipp

- Dennett, D.: Intuition Pumps and other Tools for Thinking. Norton, New York 2013.
  Der Philosoph Daniel Dennett setzt sich in diesem Buch ausführlich und sehr unterhaltsam mit den Werkzeugen des Denkens auseinander.

Quellen

- Arnstein, A. F. T. et al.: Neuro-modulation of Thought: Flexibilities and Vulnerabilities in Prefrontal Cortical Network Synapses. In: Neuron 76, S. 223 – 229, 2012
- Engel, A. K. et al.: Where is the Action? The Pragmatic Turn in Cognitive Science. In: Trends in Cognitive Sciences 17, S. 202 – 209, 2013

»Wir haben Zugang zu den Dingen an sich«

Interview mit Markus Gabriel

Gaukelt unser Denkapparat uns die Welt nur vor? Der Bonner Philosoph Markus Gabriel widerspricht einer alten Ansicht, wonach »alles« eine Konstruktion des Gehirns ist. Sein Gegenmodell heißt: Neuer Realismus.

Markus Gabriel

wurde 1980 in Remagen geboren. Er studierte Philosophie, Klassische Philologie und Germanistik in Hagen, Bonn und Heidelberg. Nach einer Assistenzprofessur an der New School of Social Research in New York erhielt er 2009 einen Ruf als Professor für Erkenntnistheorie und Philosophie der Neuzeit an der Rheinischen Friedrich-Wilhelms-Universität in Bonn. Mit 29 Jahren war er damals jüngster Philosophieprofessor in Deutschland.

Herr Professor Gabriel, Denken ist das Metier von Philosophen. Was genau tun Sie, wenn Sie denken?
Das hängt von der Betrachtungsebene ab. Zunächst einmal sammle ich Texte und Aussagen anderer Menschen: Ich lese, bespreche mich mit Kollegen und tausche Meinungen mit ihnen aus. Aber was passiert dann? Ich würde sagen, Philosophen filtern Begriffe heraus. Wenn wir zum Beispiel wie jetzt gerade über das Denken nachdenken, versuchen wir, den Begriff des Denkens zu erfassen und Schlüsse darüber zu ziehen, was er bedeutet und wie er mit den Dingen in der Welt zusammenhängt. Philosophen glauben gerne, Denken gründe vor allen Dingen auf Logik. Das könnte aber auch ein Vorurteil sein. *(lacht)*

© Springer-Verlag Berlin Heidelberg 2017
S. Ayan (Hrsg.), *Rätsel Mensch – Expeditionen im Grenzbereich von Philosophie und Hirnforschung,*
DOI 10.1007/978-3-662-50327-0_2

Ist unser Denken, wenn es derart Begriffe seziert, zwangsläufig an Sprache gebunden?

Ich glaube nicht, dass es Denken nur in sprachlicher Form gibt. Die Artikulation von Gedanken geschieht eher beiläufig. Denken ist ein Umgang mit Bildern, Begriffsbildern. Ich entdecke einen Zusammenhang und denke »so sieht das für mich aus«, was viel mit Gefühl und Ahnung zu tun hat. Erst im zweiten Schritt versuche ich dann wie ein Steinmetz den Kern der Sache herauszumeißeln; Sprache ist hierfür ein nützliches Instrument. Der artikulierte Begriff muss sich dabei immer im jeweiligen Kontext bewähren, in welchem er erscheint.

Ist das philosophische Denken also letztlich nur ein Streit um Wörter?

Nein, es gibt ja Begriffe jenseits der Sprache; sie sind nicht mit Wörtern identisch. »Hund« und »Köter« zum Beispiel sind verschiedene Ausdrücke für denselben Begriff – eben diese haarigen Typen mit vier Beinen und einer bestimmten genetischen Ausstattung. Denken ist das Haben von Gedanken – aber was hat man da? Psychologen beschreiben, auf welche Arten und Weisen man Gedanken haben kann. Auch Hirnforscher untersuchen beispielsweise die Bedingungen für das Haben von Gedanken, und Evolutionsbiologen stellen Theorien darüber auf, wie sich diese Bedingungen entwickelten. Philosophen interessieren sich für die Gedanken selbst.

Benutzen Sie beim Denken Hilfsmittel?

Ich externalisiere meine Gedanken etwa, indem ich sie aufschreibe. Diagramme aufzuzeichnen, ist ebenfalls oft sehr hilfreich. Und vor allem lehren, Vorträge halten – eine These aufstellen und sie an den Reaktionen der anderen messen. Manchmal redet man stundenlang mit Kollegen, die anderer Ansicht sind als man selbst, und es kommen alle zu erwartenden Einwände zur Sprache. Dann geht man zusammen etwas trinken, und um Mitternacht sagt ein Kollege irgendwas aus dem Bauch heraus, und man merkt auf einmal: Stopp, in meiner Argumentation stimmt etwas nicht! Das sind beglückende Momente.

Woher wissen Sie, wann ein Gedanke zu Ende gedacht und eine Argumentation schlüssig ist?

Ganz sicher weiß man das nie. Philosophie ist ja auch eine fehlbare Wissenschaft. Mein Kriterium lautet meistens: wenn ich Kollegen, die eigentlich anderer Meinung sind, dazu bringe, mir zuzustimmen. Leider tun die das selten; kaum ein Philosoph sagt zum anderen: »Du hast Recht, und ich lag falsch.« In der Philosophie ist es aber letztlich wie in jeder anderen Wissenschaft: Etwas gilt so lange als richtig, bis es widerlegt wird.

Aber manche Annahmen und Theorien sind kaum endgültig zu entscheiden, oder?

Ja, hier kommt eine gewisse Unberechenbarkeit ins Spiel. 2000 Jahre lang dachten Mathematiker etwa, der euklidische Raum sei alles (s. Box »Euklidischer Raum«; Anm. d. R.). Dann merkt einer, wenn ich das über eine Kugel spanne, sind einige Sätze auf einmal falsch. Im gekrümmten Raum sieht die Sachlage eben ganz anders aus. Solche Paradigmenwechsel gibt es ebenso in der Philosophie.

Kurz erklärt

Euklidischer Raum
Euklid von Alexandria (etwa 3. Jahrhundert v. Chr.) beschrieb in seiner Schrift »Elemente« die Grundlagen des »Raums der Anschauungen«, auf denen die klassische Arithmetik und Geometrie aufbauten. Erst zu Beginn des 19. Jahrhunderts entdeckten Mathematiker wie Carl Friedrich Gauß (1777 – 1855), dass sich Euklids Axiome nicht schlüssig auf gekrümmte Räume anwenden lassen. Ohne die moderne, nicht-euklidische Geometrie wäre Albert Einsteins (1879 – 1955) allgemeine Relativitätstheorie im wahrsten Sinn undenkbar.

Wenn auf das Denken kein Verlass wäre, hätten Sie als Philosoph ein Problem. Führt das nicht dazu, dass man die Macht des Denkens vorsorglich gerne überschätzt?

Nun, Philosophen zweifeln ja von jeher. Das nennt man Skeptizismus. Was wäre denn, wenn alles Denken falsch wäre? Woher wissen wir, dass wir überhaupt wahre Gedanken haben? Für einen begründeten Zweifel an der Wahrheitsfähigkeit unserer Gedanken nimmt man eine Theorie in Anspruch, die man für wahr halten muss. Es ist deswegen prinzipiell unmöglich, die Macht des Denkens zu überschätzen oder sie umgekehrt vollständig in Zweifel zu ziehen.

In Ihrem Buch »Warum es die Welt nicht gibt« wenden Sie sich gegen die Vorstellung, dass uns die Filter der Wahrnehmung und des Denkens unüberwindlich von den Dingen »an sich« trennen. Galt das nicht seit Immanuel Kant als ausgemacht?

Vielleicht stehen wir hier gerade an der Schwelle zu einem Paradigmenwechsel. Es gibt eine Gruppe von Philosophen vor allem in den USA, aber auch hier zu Lande, in Italien und Frankreich, die argumentieren, dass wir notwendig einen Zugang zu Dingen an sich haben müssen. An die Kant-These in ihrer traditionellen Form glaubt eigentlich niemand mehr. Ich denke zum Beispiel, dass es Farben an sich gibt, nicht nur in unserer Wahrnehmung.

(Der anwesende Fotograf fragt:) **Ach, wirklich?**
Natürlich. Selbst wenn »grün« nur bedeuten würde »Wellenlänge x oder y«, wären die Dinge ja immer noch grün. Das Wort »grün« würde dann nur etwas anderes bedeuten. Man muss unterscheiden, ob es Farbwahrnehmungen gäbe, wenn niemand sie hätte (natürlich nicht!), und ob es Farben gäbe, wenn niemand sie wahrnähme (natürlich schon!).

Sie schreiben, die Welt sei weder eine »Welt ohne Zuschauer« noch »die Welt des Zuschauers«. Was denn dann?
Die Welt besteht aus Sinnfeldern, wie ich das nenne. Nehmen wir den einfachen Fall, dass ich gerade etwas wahrnehme. Es gibt dabei sowohl das Wahrgenommene als auch meine Wahrnehmung. Beide sind gleich real und objektiv. Nur die Gesamtheit aller Dinge und Tatsachen kann aus logischen Gründen nirgends vorkommen, das heißt, sie erscheint in keinem Sinnfeld. Und damit ist sie undenkbar.

Viele Menschen teilen die Vorstellung, dass die Welt, wie wir sie sehen, ein Produkt des Gehirns ist. Warum halten Sie das für falsch?
Der Neurokonstruktivismus, wie diese Haltung genannt wird, führt sich selbst ad absurdum. »Alles ist relativ« ist eine Aussage, die keinen Sinn ergibt. Einen solchen Standpunkt kann man aus logischen Gründen nicht einnehmen, denn wenn alles relativ wäre, also von der subjektiven Sichtweise des Betrachters abhinge, würde dies auch für diesen Satz selbst gelten. Ähnlich ist es mit dem Gehirn: Wir machen das Gehirn zum Objekt, um Aussagen über es zu treffen. Das Gehirn wird damit nicht »durch das Gehirn« selbst hervorgebracht. Wir finden heraus, dass wir Gehirne haben, und erfinden diese nicht. Unter anderem deswegen bringt das Gehirn nicht die wahrgenommene Wirklichkeit hervor.

Aber wenn wir nicht in absoluten Kategorien sprechen, also nicht sagen »alles ist relativ«, sondern nur »fast alles oder vieles«, zieht Ihr Argument schon nicht mehr. Ist es nicht etwas geschummelt, eine These so sehr zu erweitern, um sie dann ad absurdum zu führen?
Das ist in der Tat eine spannende Frage. Ich glaube schon, dass es Überzeugungsfilter gibt. Es kann also sein, dass mein Denken teilweise einer Verzerrung unterliegt. Aber das ändert nichts daran, dass es einen Unterschied zwischen wahren oder falschen Überzeugungen gibt. Das meinte übrigens auch René Descartes, als er alles in Zweifel zog – außer ebendiesen radikalen Zweifel selbst. Vielleicht träumen wir ja alles nur, das kann ich weder beweisen noch widerlegen. Aber gerade weil diese Frage weder zu begründen noch zu widerlegen ist, ist sie philosophisch gesehen egal.

Wie gut haben wir unser Denken im Griff? Ob jemand zu einer Einsicht gelangt oder nicht, liegt doch oft jenseits seiner Kontrolle.
Das stimmt, wir sind auf Eingebungen angewiesen. Aber wir können durchaus etwas tun, um diese zu fördern. Philosophisches Denken heißt, eine rationale Gründeordnung zwischen Gedanken herzustellen. Aber ohne Intuition und Bauchgefühl kann einem nichts einfallen, was man ordnen könnte. Wir sind eben keine Rechenmaschinen.

Worin unterscheidet sich produktives Denken von Tagträumerei und Grübeln?
Dadurch, dass sich Ersteres begründen lässt und zu geordnetem Weiterdenken Anlass gibt.

Was sind weit verbreitete Denkfallen?
Ich glaube, ein häufiger Fehler liegt darin, dass man Zusammenhänge, die man in einem Bereich als gültig erkannt hat, unzulässigerweise auf andere überträgt. Nehmen wir die Ansicht, die Voreinstellungen unseres Gehirns verzerrten unser Bild der Welt. Mit anderen Worten: Wir schütten gern das Kind mit dem Bad aus und überdehnen den Bedeutungshorizont einer Erkenntnis, zu der wir gekommen sind. So folgt aus der Tatsache, dass jede meiner Überzeugungen falsch sein könnte, keineswegs, dass alle meine Überzeugungen falsch sein können, denn von irgendeinem Begriff der Wahrheit muss ich ja ausgehen. Ein anderes, verbreitetes Beispiel: »Gehirn und Geist sind miteinander identisch, also bringt das Gehirn den Geist hervor.« Das funktioniert nicht! Was miteinander identisch ist, kann sich nicht gegenseitig hervorbringen. Entweder Gehirn und Geist sind identisch, *oder* das Gehirn bringt den Geist hervor.

Haben Sie einen Tipp für klareres Denken?
Ich finde es wichtig, den Zustand auszuhalten, wenn sich ein Gedanke noch in der Schwebe befindet. Man sollte nicht zu schnell nach dem erstbesten Strohhalm greifen und sich mit einer schnellen Antwort zufriedengeben. Wir machen geistig immer nur kleine Schritte, es dauert, bis wir beim Denken Samba tanzen können. Deshalb ist Geduld eine wichtige Tugend.

Das Interview fand in der Bibliothek des Deutsch-Amerikanischen Instituts (DAI) in Heidelberg statt. Gehirn&Geist-Redakteur Steve Ayan war beeindruckt davon, mit welcher Selbstverständlichkeit Markus Gabriel Sätze sagt wie: »Das Nichts ist undenkbar; wenn es das Nichts gäbe, gäbe es immerhin eins – nämlich nichts.«

Literaturtipp

- Gabriel, M.: Warum es die Welt nicht gibt. Ullstein, Berlin 2013.
  Allgemein verständliche Einführung in die Theorie des Neuen Realismus.

Einsame Klasse

Marc Hauser

Trotz vieler Gemeinsamkeiten zwischen Mensch und Tier sind die geistigen Fähigkeiten von Homo sapiens *denen aller anderen Spezies weit überlegen. Der Psychologe Marc Hauser über vier Merkmale, die unseren Geist unverwechselbar machen.*

Auf einen Blick

Allein unter Einfältigen?

1 Trotz der teils imposanten kognitiven Leistungen von Tieren ist der menschliche Verstand einzigartig.

2 Dies lässt sich an vier Charakteristika festmachen: Kreativität, Neukombination, symbolisches und abstraktes Denken.

3 Manche dieser Fähigkeiten finden sich in begrenztem Umfang auch bei Tieren. Doch es mangelt ihnen unter anderem am Talent, neue geistige Wege zu beschreiten.

Vor nicht allzu langer Zeit landeten drei Außerirdische auf der Erde, um zu überprüfen, wie weit die Entwicklung intelligenten Lebens auf unserem Planeten gediehen ist. Einer von ihnen war Ingenieur, der zweite Chemiker und der dritte Computerspezialist.

Der Ingenieur erstattete seinen Kollegen folgenden Bericht: »Alle hier vorkommenden Lebewesen sind in festem Aggregatzustand, manche in Segmente unterteilt, und die meisten können sich über Land, im Wasser oder in der Luft fortbewegen. Aber alle extrem langsam. Nicht besonders beeindruckend.« Anschließend zog der Chemiker Bilanz: »Alle Lebewesen sind einfach und sehr

© Springer-Verlag Berlin Heidelberg 2017
S. Ayan (Hrsg.), *Rätsel Mensch – Expeditionen im Grenzbereich von Philosophie und Hirnforschung,*
DOI 10.1007/978-3-662-50327-0_3

ähnlich aufgebaut, aus unterschiedlichen Abfolgen von nur vier chemischen Bausteinen.«

Schließlich resümierte der Computerexperte: »Allgemein sehr niedrige Verarbeitungskapazität. Nur eine Spezies, der haarlose Zweibeiner, sticht hervor. Er tauscht auf primitive und ineffiziente, aber bemerkenswert andere Weise Information aus. Er stellt viele sonderbare Objekte her, darunter solche, die er verbraucht oder wegwirft; andere stellen Symbole dar, und wieder andere dienen ihm dazu, Angehörige der eigenen Art zu vernichten.«

»Wie kann das sein?«, grübelte der Ingenieur. »Wenn er dieselbe Form hat und aus denselben chemischen Bausteinen aufgebaut ist, wie kann seine Verarbeitungskapazität dann so viel größer sein als das der anderen Spezies?« »Keine Ahnung«, gestand der Computerwissenschaftler. »Aber der haarlose Zweibeiner kann unendlich viel mehr Ausdrücke produzieren als alle anderen Lebewesen auf diesem Planeten. Ich schlage daher vor, ihn einer eigenen Gruppe zuzuweisen. Vermutlich hat er einen anderen Ursprung und stammt aus einer anderen Galaxie.« Die beiden anderen nickten. Dann düsten alle drei zurück in ihre kosmische Heimat, um gemeinsam Bericht zu erstatten.

Vielleicht lagen die fiktiven außerirdischen Kundschafter gar nicht so falsch damit, uns Menschen in eine andere Kategorie einzuordnen als unsere haarigen Verwandten. Schließlich bringt allein unsere Art Soufflees, Schusswaffen, Spielkarten und Skulpturen hervor, nur wir schreiben Gleichungen, Gesetze und Gebete nieder. Bienen, Ratten und Affen haben nicht nur niemals ein Soufflee gezaubert – sie sind noch nicht einmal auf den Gedanken gekommen. Ihr Gehirn scheint es ihnen einfach nicht zu ermöglichen, technische Geräte zu entwickeln oder kulinarische Leckerbissen zu kreieren.

Zu 98 Prozent Schimpanse?

Charles Darwin vertrat in seinem 1871 erschienenen Buch »Die Abstammung des Menschen« die Ansicht, dass zwischen menschlichen und tierischen Geisteskräften nur ein gradueller Unterschied bestehe, keinesfalls jedoch ein fundamentaler. Noch immer ist diese Auffassung unter Forschern populär, gestützt zum Beispiel auf genetische Studien, laut denen wir 98 Prozent unserer Gene mit den Schimpansen teilen. Doch warum schreibt dann kein Schimpanse diesen Aufsatz, warum treten Bonobos nicht als Backgroundsänger bei den Rolling Stones auf oder überraschen uns mit kulinarischen Köstlichkeiten?

Tatsächlich wurde in den letzten Jahren immer deutlicher, wie tief die Kluft doch ist, die den menschlichen Intellekt von dem der Tiere trennt. Natürlich trat unser Geist nicht einfach eines Tages voll entwickelt aus dem Nichts hervor. Bausteine unseres Denkens finden sich auch bei anderen Arten. Doch aus diesen Gemeinsamkeiten ließe sich höchstens das Fundament errichten, auf dem sich der Wolkenkratzer menschlichen Denkens erhebt.

Bevor Wissenschaftler enträtseln können, wie sich unser Verstand einst entwickelte, müssen sie zunächst genau bestimmen, worin sich unsere Fähigkeiten von denen anderer Lebewesen unterscheiden. Die winzigen genetischen Unterschiede zwischen Menschen und Schimpansen reichten offenbar aus, um ein Gehirn hervorzubringen, dessen Leistungsfähigkeit auf der Erde ihresgleichen sucht. Basierend auf den Studien meiner Arbeitsgruppe an der Harvard University und den Erkenntnissen vieler Kollegen weltweit lassen sich vier charakteristische Merkmale identifizieren, die zusammen unsere menschliche Einzigartigkeit ausmachen.

Die erste könnte man als schöpferische Verarbeitung bezeichnen. Damit ist die Fähigkeit gemeint, eine praktisch grenzenlose Vielfalt von Ausdrucksformen zu erschaffen: Menschen kombinieren Wörter und Töne, ersinnen komplizierte Handlungs- und Bewegungsabläufe und reihen mathematische Symbole zu ellenlangen Formeln aneinander. Schöpferische Verarbeitung kann entweder rekursiv oder kombinatorisch sein. Rekursion bedeutet, eine Regel wiederholt anzuwenden, um dadurch einen neuen Ausdruck zu erzeugen.

Ein Beispiel hierfür ist die einfache poetische Wendung von Gertrude Stein: »Eine Rose ist eine Rose ist eine Rose.« Bei der kombinatorischen Anwendung dagegen vermengen wir unterschiedliche Elemente, um daraus eine neue Idee zu schaffen. Beispiele dafür sind neue Wortschöpfungen oder neue musikalische Formen, die den Hörgewohnheiten des Publikums zuwiderlaufen wie die atonale Musik.

Die zweite Besonderheit des menschlichen Denkens besteht in unserer Fähigkeit, Ideen immer wieder neu zu kombinieren. Mühelos verbinden wir Konzepte und Begriffe aus ganz verschiedenen Bereichen, um Gesetze, soziale Regeln und Technologien zu erschaffen. Versuchen Sie einmal, den folgenden Satz zu verstehen: »Es ist nicht erlaubt, jemanden absichtlich vor einen Zug zu stoßen, selbst wenn man damit das Leben von fünf anderen retten könnte!« Dieser prägnant und verständlich formulierte Imperativ verknüpft moralische, psychologische und mathematische Konzepte mit Angaben zu Objekten und Bewegungen – eine für ein tierisches Gehirn unvorstellbare Leistung.

An dritter Stelle meiner Liste steht der Gebrauch mentaler Symbole. Wir wissen fast jede bewusste Wahrnehmung, ob real oder vorgestellt, spontan in ein Symbol umzuwandeln, das wir anderen auf verschiedenste Weise übermitteln können, sei es durch Sprache, Kunst oder einen Computerkode aus Nullen und Einsen.

Viertens besitzt nur der Mensch die Gabe zum abstrakten Denken. Während das tierische Verhalten immer an konkrete Sinneswahrnehmungen gebunden bleibt, hat ein Großteil unserer Gedanken keine klare Entsprechung zu wirklichen Ereignissen. Nur wir denken über so etwas wie Substantive und Verben nach, über Einhörner und Außerirdische, Unendlichkeit und Gott.

Grundzutaten der Kultur

Noch wissen wir nicht genau, wann im Lauf der Evolution sich dieser Sprung zum einzigartig menschlichen Geist ereignete. Doch eines ist gewiss: Alle Vertreter unserer Spezies, von den Jägern und Sammlern der afrikanischen Savanne bis zu den Nobelpreisträgern unserer Zeit, wurden mit den genannten vier Elementen menschlichen Denkens geboren.

Aus diesen Grundzutaten braut jede Kultur ihr ganz eigenes Rezept – menschliche Gesellschaften unterscheiden sich beträchtlich in ihrer Sprache, ihren musikalischen Vorlieben, ihren Normen und Gesetzen. Für Angehörige der einen Kultur wirken die Praktiken einer anderen oftmals unverständlich, zuweilen auch abstoßend oder unmoralisch. Keine andere Tierart zeigt eine derartig große Variationsbreite der Lebensweisen! So gesehen ist ein Schimpanse zum Wettlauf um Kultur erst gar nicht angetreten.

Einige Spezies zeigen freilich durchaus differenzierte Verhaltensweisen, in denen sich manche unserer Fähigkeiten gewissermaßen schon ankündigen. Männchen der auf Australien und Neuguinea vorkommenden Laubenvögel etwa erbauen aus Zweigen großartige architektonische Gebilde, schmücken sie mit Federn, Blättern oder Knöpfen und Farbe aus zerdrückten Beeren. Ihr Zweck: Weibchen anzulocken. Schimpansen brechen sich Äste zurecht und spitzen sie mit ihren Zähnen zu hölzernen Speeren, mit denen sie auf die Jagd nach Buschbabys (Galagos) gehen, kleinen, nachtaktiven Primaten. Auch verfügen zumindest manche Arten über die Fähigkeit, in begrenztem Maß über die unmittelbare Erfahrung hinaus zu verallgemeinern und neuartige Lösungen zu entwickeln. In einem Laborexperiment konfrontierten Forscher Orang-Utans und Schimpansen mit einer am Boden festgeschraubten Röhre, in der ganz unten eine Erdnuss lag. Manche Tiere beschafften sich den Leckerbissen, indem sie Wasser aus ihrer Tränke in den Mund nahmen und es dann in die Röhre spuckten, bis die Erdnuss obenauf schwamm.

Solche Beobachtungen lassen uns immer wieder staunen, zu welchen Leistungen unsere Vettern aus dem Tierreich fähig sind. Doch wenn der erste ehrfurchtsvolle Schauer abgeebbt ist, tut sich wieder die enorme Kluft zwischen uns und den anderen Spezies auf – ein schier bodenloser Abgrund!

Vergleichen Sie allein einmal einen mit den Zähnen angespitzten Speer mit einem handelsüblichen Bleistift. Schon in seiner gewöhnlichsten Form besteht das Schreibutensil aus einem lackierten Holzstab, den wir bequem festhalten können, einer Graphitmine, mit der wir Buchstaben oder Zeichnungen zu Papier bringen, und dem mittels einer Metallzwinge an der Spitze befestigten rosa Radiergummi.

Vier verschiedene Materialien, jedes mit einem bestimmten Zweck, zusammengefügt zu einem einzigen Werkzeug. Und obwohl es eindeutig zum Schreiben gedacht ist, können wir das Werkzeug auch als Haarnadel benutzen, als

Lesezeichen in einem Buch, als Lineal oder als Waffe. Von Tieren hergestellte Werkzeuge dagegen bestehen aus einem einzigen Material und dienen immer nur einem einzigen Zweck. Keines weist die kombinatorischen Eigenschaften eines simplen Bleistifts auf.

Ein weiteres einfaches Werkzeug – der teleskopartig ausziehbare Faltbecher, der sich in vielen Campingausrüstungen findet – ist ein gutes Beispiel für angewandte Rekursion. Um diesen Becher zu erfinden, mussten wir eine einfache Regel (»Füge einen Ring mit größerem Durchmesser zu dem vorigen Teilstück hinzu«) immer wieder anwenden, bis ein Objekt mit der gewünschten Größe entstand. Menschen verwenden solche rekursiven Operationen mühelos und praktisch überall: in Sprache, Musik und Mathematik bis hin zur unbegrenzten Palette von Bewegungen, die wir mit unseren Beinen, Armen, Händen, Fingern und Gesichtsmuskeln vollführen können.

Ein befreiter Geist

Auch Tiere nutzen rekursive Mechanismen – allerdings nur, um sich von A nach B zu bewegen, indem sie immer wieder einen Fuß vor den anderen setzen, oder um Nahrung zu verschlingen, bis ihnen ihr Magen das Signal sendet, damit doch bitte aufzuhören. In ihrem Gehirn ist das rekursive System gut abgeriegelt in jenen Gehirnarealen eingeschlossen, die für Bewegungen zuständig sind. Vielleicht entstand unsere eigene, unverwechselbare Art des Denkens, als die Rekursion durch eine Laune der Natur aus ihrem motorischen Gefängnis befreit wurde und somit plötzlich auch anderen Funktionsbereichen innerhalb des neuronalen Netzwerks zur Verfügung stand.

Was uns geistig vom Rest des Tierreichs trennt, wird besonders deutlich, wenn wir die menschliche Sprache mit der Kommunikation anderer Spezies vergleichen. Zwar verfügen manche Tiere über Laute, mit denen sie ihr eigenes Befinden mitteilen können, zuweilen sogar Informationen über Objekte wie Futter, Sexualpartner und nahende Fressfeinde.

Häufig ruft diese Behauptung Zweifel hervor: Vielleicht verstehen wir nur noch nicht, wie sich Tiere verständigen? In der Tat ist noch viel Forschung vonnöten, doch ich bin davon überzeugt, dass sich auch dadurch die breite Kluft zwischen menschlicher und tierischer Kommunikation niemals schließen wird. Es ist natürlich möglich, dass Schimpansen mit einem 500-Millisekunden-Grunzen eine Menge Information übermitteln: »Bitte lause mir jetzt den Rücken, dann werde ich später dich lausen, aber erst nachdem ich etwas gegessen habe.« Doch warum hätten wir Menschen eine derart komplexe Sprache entwickeln sollen, wenn wir auch alles mit ein paar Grunzlauten klarstellen könnten?

Selbst wenn wir annehmen, dass der Schwänzeltanz der Honigbiene auf den köstlichen Pollen zirka einen Kilometer nördlich hinweist und dass die Warnrufe der Großen Weißnasenmeerkatze verschiedene Raubtiere repräsentieren, unterscheiden sich diese Formen des Symbolgebrauchs doch immer noch in wesentlichen Punkten von dem unsrigen. Tiere sind zum Beispiel unfähig, ihre Symbole mit mehr als vielleicht einem weiteren zu komplexen Aussagen zu kombinieren. Ihre »Sprache« bezieht sich immer nur auf reale Objekte oder Ereignisse, niemals auf vorgestellte; und sie ist auf die Gegenwart begrenzt, ohne Vergangenheit und Zukunft.

Die menschliche Sprache ist zudem darin bemerkenswert, dass sie im visuellen und auditiven Modus gleich gut funktioniert. Wenn ein Singvogel seine Stimme einbüßt oder eine Biene ihren Schwänzeltanz, ist es mit der Kommunikation vorbei. Verliert jedoch ein Mensch sein Gehör, kann er lernen, sich per Gebärdensprache genauso umfassend und komplex auszudrücken wie zuvor mittels seiner Stimme.

Eine andere faszinierende Eigenart ist unsere Fähigkeit, sprachliche Vielfalt mit mathematischen Konzepten zu kombinieren, woraus ganz neue Formen des Denkens entstehen. Etliche Spezies verfügen über zumindest rudimentäre Zählfähigkeiten, die auch den Ursprung unseres eigenen mathematischen Verständnisses darstellen könnten. Meine Mitarbeiter und ich haben bei Rhesusaffen ein Zählsystem entdeckt, das immer dann aktiv wird, wenn Individuen mit mehreren Objekten auf einmal (im Unterschied zu mehreren Objekten nacheinander) konfrontiert sind. Es ist dafür verantwortlich, dass Rhesusaffen zwischen einer Banane und vielen Bananen unterscheiden können – nicht aber zwischen vielen Bananen und noch mehr Bananen.

In unserem Experiment zeigten wir einem Rhesusaffen einen Apfel und legten diesen in einen Behälter. Dann zeigten wir demselben Affen fünf Äpfel und legten sie alle gleichzeitig in einen zweiten Behälter. Vor die Wahl gestellt, entschied sich der Affe durchgängig für den zweiten Behälter mit den fünf Äpfeln. Dann legten wir zwei Äpfel in einen Behälter und fünf in den anderen. Nun zeigte der Affe keine eindeutige Vorliebe mehr. Wir Menschen verhalten uns im Prinzip nicht anders, wenn wir grammatikalisch nur zwischen »ein Apfel« und »zwei Äpfel«, »fünf Äpfel« oder »100 Äpfel« unterscheiden.

Universelle Zahlengrammatik

Aus der Kombination dieses entwicklungsgeschichtlich alten Zahlenverständnisses mit der modernen menschlichen Intelligenz entstehen kuriose Phänomene, wie der folgende Selbstversuch zeigt: Ergänzen Sie jeweils nach den Zahlen 0, −5 und 0,2 das angemessene Wort: »Apfel« oder »Äpfel«. Wenn es Ihnen geht wie den meisten deutschen Muttersprachlern einschließlich kleinen Kindern, haben Sie sich durchweg für »Äpfel« entschieden. Bestimmt hätten Sie sogar nach »1,0« ebenfalls »Äpfel« gesagt. Wenn Sie das überrascht – prima, das sollte es auch. Diese Regel haben wir nicht im Schulunterricht gelernt; streng genommen ist sie sogar grammatikalisch falsch. Doch sie gehört zu der universellen Regel, die besagt: Alles, was nicht »1« ist, wird in den Plural gesetzt.

Weshalb unsere kognitiven Fähigkeiten so deutlich über die anderer Tiere hinausgehen, ist nach wie vor weit gehend unbekannt. Ich bin zuversichtlich, dass Neurowissenschaftler noch aufschlussreiche Antworten auf diese Frage liefern werden. Vorerst aber bleibt uns wenig anderes, als zu konstatieren, dass zwischen unserem Denkvermögen und dem selbst unserer nächsten Verwandten Welten liegen.

In eigener Sache
Der Evolutionspsychologe Marc Hauser trat im Sommer 2011 nach 18-jähriger Lehr- und Forschungstätigkeit von seiner Professur an der Harvard University (USA) zurück. Zuvor hatte ihm eine interne Untersuchungskommission wissenschaftliches Fehlverhalten in mindestens acht Fällen vorgeworfen. Offenbar hatte Hauser Daten aus mehreren seiner in namhaften Journalen veröffentlichen Studien mit Primaten manipuliert. Trotz dieses schweren Verstoßes gegen die Regeln wissenschaftlichen Arbeitens haben wir uns für den Wiederabdruck dieses Beitrags entschieden, der im englischsprachigen Original in der Zeitschrift »Scientific American« erschien. Hauser skizziert darin auf bemerkenswert klare Weise die Sonderstellung der menschlichen kognitiven Fähigkeiten. Wir halten den Essay – ungeachtet des durch nichts zu rechtfertigenden Fehlverhaltens des Autors – daher nach wie vor für publikationswürdig.

Gehirn&Geist-Redaktion

Gewusst warum

Interview mit Tania Lombrozo

Wonach streben wir am meisten im Leben? Liebe, Glück, Gesundheit – oder viel-leicht Erklärungen? Für die Psychologin Tania Lombrozo von der Berkeley Univer-sity sind Antworten auf die Warum-Frage die Triebfeder des Denkens.

Tania Lombrozo

studierte Philosophie an der Stanford University in Palo Alto sowie Psychologie an der Harvard University (USA). Sie promovierte 2006 über die Rolle von Erklä-rungen für das menschliche Denken und erhielt im gleichen Jahr einen Ruf als Professorin für Psychologie an die Berkeley University in Kalifornien, wo sie bis heute forscht und lehrt.

Professor Lombrozo, Menschen legen sich laufend Erklärungen für Dinge zurecht, die um sie herum geschehen. Warum sind wir so versessen darauf?
Anders als viele meinen, suchen nicht nur Wissenschaftler und Intellektuelle nach Erklärungen. Jeder tut das, selbst Kleinkinder, allerdings eher beiläufig, oft sogar unbewusst. Wir fragen uns zum Beispiel, warum unser Partner auf eine bestimmte Weise gehandelt hat, warum die Leute so reden und sich so verhalten, wie sie es tun, oder warum nirgends ein Parkplatz zu finden ist und so fort. Die Erklärungen, die wir dafür heranziehen, offenbaren uns, wie die Welt funktioniert, und das wiederum hilft uns vorherzusehen, was in Zukunft geschehen wird.

© Springer-Verlag Berlin Heidelberg 2017
S. Ayan (Hrsg.), *Rätsel Mensch – Expeditionen im Grenzbereich von Philosophie und Hirnforschung*,
DOI 10.1007/978-3-662-50327-0_4

Bietet die Suche nach Erklärungen also einen evolutionären Vorteil?

Sicher. Meine Kollegin Alison Gopnik veröffentlichte einmal einen Fachartikel mit dem Titel »Erklärung als Orgasmus«. Darin beschrieb sie, dass wir Erklärungen so befriedigend finden und so sehr danach streben, weil sie eine ähnliche Funktion erfüllen wie der Orgasmus: Der Reiz guter Erklärungen motiviert uns dazu, Ursache-Wirkungs-Beziehungen zu erkennen, ähnlich wie der Orgasmus uns antreibt, uns fortzupflanzen.

Welche Erklärungen finden wir besonders sexy?

Eine Unterscheidung, die für meine Arbeit eine große Rolle spielt, ist die zwischen mechanistischen und teleologischen Erklärungen. Wenn ich frage, warum diese Tasse einen Henkel hat, könnte eine mechanistische Erklärung lauten, weil sie in der Fabrik auf bestimmte Weise aus Keramik geformt wurde. Aber natürlich würden wir eher eine Erklärung erwarten nach dem Muster: »Die Tasse hat einen Henkel, damit man sie anheben kann, ohne sich die Finger zu verbrühen.« Wir bevorzugen vielfach solche teleologischen Erklärungen gegenüber mechanistischen. Das kann in die Irre führen, denn nicht alle Dinge auf der Welt erfüllen einen Zweck. Warum gibt es Berge? Oder Flüsse? Teleologische Zweck-Erklärungen sind oft fehl am Platz, es sei denn, wir nehmen eine höhere Bestimmung an, etwa durch Gott.

Neigen wir zum Übererklären, weil wir nach Sinn und Zweck suchen, wo es sie in Wahrheit gar nicht gibt?

Ja, und das verleitet uns häufig zum magischen Denken. Man kann sogar sagen, dass religiöse Glaubenssysteme und Kreationismus in unserem Erklärungstrieb wurzeln. Es gibt allerdings auch säkulare Formen wie etwa die Überzeugung, dass jeder Schicksalsschlag einen Sinn hat. Laut Entwicklungspsychologen bevorzugen Kinder häufig teleologische Erklärungen in Fällen, wo Erwachsene diese ablehnen. Auf die Frage »Warum gibt es Berge?« würden Kinder etwa antworten: damit man sie besteigen kann. Warum haben wir eine Nase? Um die Brille zu halten, wenn man eine braucht. Solche Erklärungen erscheinen ziemlich ulkig, aber auch Erwachsene haben eine gewisse Neigung dazu. Vor allem, wenn sie unter Zeitdruck entscheiden müssen und nicht an das nötige Faktenwissen herankommen, oder etwa im Frühstadium einer Alzheimererkrankung. Funktionelle »Dazu ist das gut«-Antworten erscheinen dann besonders attraktiv.

Auch wenn sie oft falsch sind?

Genau. Teleologische Erklärungen sind attraktiv, obwohl wir eigentlich wissen, dass nicht alles einen Zweck erfüllt. Aber es gibt noch andere, vielleicht sogar schwerwiegendere Probleme. Ein großes Rätsel der Lernforschung war zum Beispiel lange Zeit, warum Leute, die sich Zusammenhänge laut erklären, meist deutlich besser bei Denk- und Gedächtnisaufgaben abschneiden als solche, die nur still vor sich hin knobeln oder die ein Feedback bekommen. Sich Dinge selbst zu erklären, liefert ja keine zusätzlichen Informationen, und doch fördert es die Leistung.

Wenn das Erklären so nützlich ist, warum tun wir es dann nicht immer und überall?
Darauf gibt es vermutlich mehrere Antworten. Erstens, es strengt an, und wir sind von Natur aus träge. Wir können uns auch nicht über alles den Kopf zerbrechen. Zweitens, wie Sie schon sagten, Übererklären kann Unsinn ergeben. Verschwörungstheorien sind dafür ein gutes Beispiel. Ein Funken Wahrheit ist ja meistens dran, doch Verschwörungstheoretiker erklären viele verschiedene Daten und Aspekte durch Rekurs auf ein einziges Faktum – sie wollen zu viel auf einmal. Oft sind die betreffenden Aspekte mehrdeutig oder einfach zufällig. Der Zufall erscheint uns aber als ungenügende Erklärung. Deshalb nehmen wir lieber Zusammenhänge an, die es nicht gibt.

Sollten wir die Unsicherheit besser aushalten und akzeptieren, dass vieles im Leben ein undurchschaubares Kuddelmuddel ist?
Jedenfalls gehorchen die wenigsten Dinge glasklaren Mustern, und zu jeder Regel gibt es etliche Ausnahmen. In meinem Labor erforsche ich etwa, wie Erklärungen das Lernen beeinflussen. Angenommen ich würde Ihnen eine Liste von Personen vorlegen, die mit unterschiedlicher Wahrscheinlichkeit bereit sind, einer wohltätigen Organisation Geld zu spenden. Sie sollen vorhersagen, wer etwas spenden wird und wer nicht. Dafür gebe ich Ihnen eine Reihe von Informationen an die Hand, etwa über Alter, Persönlichkeitseigenschaften und so weiter, ebenso wie Namen und Porträts. In acht von zehn Fällen genügt das Alter, um die Spendenbereitschaft sicher abzuschätzen – Junge spenden eher als Ältere –, bei zweien dagegen muss man weitere Faktoren berücksichtigen. Es gibt also ein Muster, aber das ist nicht perfekt. Wer alles richtig beurteilen will, dürfte demnach nicht nach einem Muster suchen, sondern müsste jeden Einzelfall gesondert betrachten. Und wer sich selbst erklären soll, woran er sich bei der Vorhersage orientiert, liegt unter solchen Bedingungen öfter falsch als jene, die sich nichts erklären. Offenbar konstruieren wir gern »perfekte Muster«, doch die gibt es in Wirklichkeit selten.

Erklärungen sind Theorien, die wahr oder falsch sein können. Was macht manche verlässlicher als andere?
Es gibt eine Reihe von Kennzeichen, die bestimmte Erklärungen besser als andere machen. Die wichtigsten sind Einfachheit und Breite. Einfache Theorien, die viel erklären, sind attraktiver als komplizierte mit engem Fokus. Außerdem mögen

wir Erklärungen lieber, die sich harmonisch in das einfügen, was wir bereits wissen oder glauben.

Viele Phänomene sind multikausal, das heißt, viele verschiedene Einflüsse wirken auf sie ein. Sollten wir die Komplexität einer Erklärung nicht besser von Fall zu Fall anpassen?
Der Physiker Isaac Newton forderte einst, man dürfe nicht mehr Faktoren postulieren, als ausreichend erscheinen, um ein Ereignis zu erklären. Die Natur betreibe keinen »Pomp um überflüssige Ursachen«. Die meisten heutigen Philosophen sind skeptisch, ob Naturphänomene diesem Einfachheitsgebot wirklich gehorchen. Aber es gibt durchaus andere Argumente dafür, warum einfache Erklärungen besser sind als komplizierte. So sind sie meist leichter zu überprüfen. Nach dieser Sichtweise ist also nicht die Natur selbst einfach gestrickt, sondern entsprechende Erklärungen sind für uns leichter zu handhaben. Wir können sie uns besser merken, eher auf neue Fälle übertragen und anderen leichter mitteilen.

Eine Menge Theorien in der Psychologie scheinen dagegen zu verstoßen, oder?
Ja, der freudschen Psychoanalyse etwa sagt man nach, dass sie zu kompliziert, redundant und nicht überprüfbar sei. Heutige Psychologen sind allerdings sehr darum bemüht, Erklärungen zu finden, die man testen und falsifizieren kann.

Anscheinend halten wir manchmal sogar unsere eigenen Erklärungen für die Realität: Psychologen erfinden etwa Konzepte wie das »Unbewusste« oder »Selbstvertrauen« und studieren diese dann, als handle es sich um natürliche Phänomene und nicht um begriffliche Konstruktionen. Verwechseln wir oft die Erklärung mit dem zu Erklärenden?
Ich vermute in der Tat, dass wir es oft schon für eine taugliche Erklärung halten, wenn Dinge nur einen Namen bekommen. Ein berühmtes Beispiel aus einem Theaterstück von Molière lautet so: »Warum machen uns manche Pillen schläfrig?« Antwort: »Weil sie eine dormitive Qualität besitzen.« Das erklärt eigentlich gar nichts – gleichwohl fühlt sich ein Schlagwort wie »dormitive Qualität« irgendwie nach Erklärung an. Ich glaube, dass Psychologen wie auch Laien manchmal in die gleiche Falle tappen. Allerdings gibt es dafür wohl einen guten Grund: Sprache zergliedert den Gegenstandsbereich der Welt nicht willkürlich. Soll heißen, wenn etwas einen Namen hat, ist es meist vernünftig anzunehmen, dass die jeweilige Klasse von Objekten oder Ereignissen etwas gemeinsam hat und dass dieses Gemeinsame mindestens einige ihrer Eigenschaften erklärt. Auch wenn wir es selbst nicht überblicken, nehmen wir doch an, dass es Experten gibt, die das können. Ich persönlich weiß sehr wenig über Quarks oder Myonen, aber ich glaube dennoch, dass es diese Begriffe deshalb gibt, weil sie in der modernen

Physik eine sinnvolle Rolle spielen. Auf ähnliche Weise nehmen wir intuitiv an, dass Konzepte oder Effekte, die einen Namen haben, auf zu Grunde liegende Erklärungen verweisen. Mitunter kleben sie den Dingen, die sie zu erklären scheinen, allerdings auch nur ein Etikett an.

Lindern Erklärungen die Angst vor dem Chaos der Welt?

Oft spenden uns Erklärungen ein Gefühl der Kontrolle. Diese emotionale Komponente kann sehr stark sein und ist wohl mitverantwortlich dafür, dass wir manche Erklärungen anderen vorziehen. So kann man Probanden sogar dazu bringen, bestimmte Erklärungen zu akzeptieren, indem man ihre Kontrollüberzeugung manipuliert: Wer glaubt, wenig Kontrolle zu haben, fühlt sich eher zu festen Gesetzen hingezogen, die Ordnung und Vorhersagbarkeit verheißen. Doch nicht alle Erklärungen haben tröstende Wirkung; man denke nur an die Idee der Hölle oder ewigen Verdammnis.

Und nicht immer sind es die einfachsten Erklärungen, die viele Anhänger finden – siehe Psychoanalyse.

Ja, wir scheinen mitunter tatsächlich gerade den komplizierten Erklärungen mehr Glauben zu schenken. Eine Studie ergab vor einigen Jahren, dass wissenschaftliche Paper mehr Eindruck machen, wenn man sie mit irrelevanten mathematischen Formeln garniert. Laut anderen Forschern erscheinen psychologische Erklärungen überzeugender, wenn man sie mit überflüssigen Hirnscanbildern versieht. In der Regel sehnen wir uns jedoch nach Erklärungen, die wir verstehen, und das bedeutet meist, dass man viele Wenn und Aber ausspart. Für Forscher, Lehrer, aber auch Journalisten besteht die Aufgabe darin, die richtigen Details wegzulassen, ohne dass der Rest falsch oder missverständlich wird.

Beliebte Pseudoerklärungen besagen zum Beispiel, Liebe sei nichts anderes als Erregungsmuster in bestimmten Hirngebieten oder Lernen sei die Neuverdrahtung von Synapsen. Warum finden wir solche Aussagen oft spontan erhellend, obwohl sie doch nur Dinge auf anderer, eben neuronaler Ebene beschreiben?

Ich glaube, darin kommen zwei gegensätzliche Intuitionen zum Ausdruck. Einerseits der Reiz des Reduktionismus: die Idee, wir könnten menschliches Verhalten auf Basis grundlegender Prinzipien aus der Biologie oder Physik erklären. Andererseits sind wir von Natur aus Dualisten. Wir erleben ja subjektiv zwei unterschiedliche Sphären – Körper und Geist. Je mehr wir uns daran gewöhnen, geistige Phänomene mit bestimmten Hirnzuständen zu verknüpfen, desto nüchterner werden auch die Reaktionen auf neurowissenschaftliche Entdeckungen ausfallen. Wir werden solche Beschreibungen, wie Sie sie zitieren, nicht mehr allzu informativ finden.

Glauben Sie, dass sich in dieser Hinsicht ein grundlegender kultureller Wandel vollzieht – eine »Neurologisierung« des Alltags?

Also, es gibt da zwei gegensätzliche Standpunkte, und ich befinde mich irgendwo in der Mitte. Einige Leute glauben, alles lasse sich letztlich auf die Begriffe der Hirnforschung reduzieren, und sobald wir die neuronale Maschinerie durchschauen, werden wir statt »Ich bin müde« nur noch »Mein Dopaminlevel ist niedrig« sagen. Die Neurophilosophin Patricia Churchland ist eine prominente Vertreterin dieser Sichtweise. Ich glaube jedoch, so weit wird es nie kommen, weil es keine genauen Eins-zu-eins-Beziehungen zwischen Gehirn und Geist gibt. Andere behaupten, wir könnten den Dualismus nie überwinden, weil er uns angeboren sei. Diese Ansicht teile ich genauso wenig. Wir unterschätzen zu oft unsere eigene kognitive Flexibilität. Je mehr wir uns daran gewöhnen, Geistiges als Produkte von Hirnprozessen zu betrachten, desto weniger werden uns Nachrichten erstaunen, die besagen, dass etwa Drogen oder Lernen das Gehirn verändern. Die Tatsache, dass Geist im Gehirn wurzelt, ist letztlich trivial; es kommt darauf an, worin genau diese Verwurzelung besteht.

Gibt es einen Unterschied zwischen Erklären und Verstehen?

Wenn man es sich einfach machen will, könnte man sagen: Verstehen ist das, was uns zu erklären erlaubt. Doch es gibt anscheinend eine Besonderheit, wenn wir das Verhalten anderer Menschen erklären wollen – im Gegensatz zu physikalischen Phänomenen. Warum tat jemand, was er tat? Um das zu beantworten, genügt es uns oft nicht, die Kette der Ereignisse zurückzuverfolgen und die jeweilige Handlung durch irgendwelche kausalen Verknüpfungen zu untermauern. Vielmehr haben wir das Bedürfnis, in die Haut des anderen zu schlüpfen und seine Beweggründe nachzuvollziehen. So erkennen wir leichter die Folgerichtigkeit und den Sinn darin.

Wenn es um moralische Fragen geht, ist es also wichtig, sich in andere hineinzuversetzen?

Der so genannten Simulationstheorie zufolge müssen wir Zustände, Gedanken und Gefühle anderer nachempfinden, um zu begreifen, warum er oder sie sich im betreffenden Fall so und nicht anders verhielt. Und nur dann können wir vorhersagen, was die Person als Nächstes tun wird. Eine andere Sichtweise beinhaltet die »Theorie-Theorie«. Die heißt wirklich so merkwürdig *(lacht)*. Demnach bilden Menschen meist intuitiv Annahmen über ihre Mitmenschen, ähnlich wie auch auf anderen Gebieten wie der Physik oder Biologie. Ich selbst neige meist der Theorie-Theorie zu, allerdings scheinen mir Erklärungen für das Verhalten anderer Menschen schon ein Sonderfall zu sein: Wir haben viel mehr Interesse daran zu wissen, warum ein uns nahestehender Mensch traurig ist, als zu erfahren, warum der Himmel blau ist. Wir investieren viel mehr Gefühle in andere und empfinden mit ihnen.

Wie kommen wir zu besseren Erklärungen?
Der Philosoph und Psychologe Kenneth Craik nannte Erklärungen einmal
» zeitliche Entfernungssensoren «: Wir wollen mit ihrer Hilfe aus der Gegenwart Schlüsse über die Zukunft ziehen. Dazu suchen wir nach einfachen und weit
reichenden Erklärungen. Wir dürfen jedoch nicht vergessen, unsere Erklärungen
mit den beobachtbaren Fakten über die Welt abzustimmen. Bei allem Drang, die
Dinge um uns herum zu erklären, sollten wir nicht erwarten, dass jede Erklärung
auch subjektiv attraktiv erscheint.

Das Interview führte Gehirn&Geist-Redakteur Steve Ayan.

Quellen

* Gopnik, A.: Explanation as Orgasm and the Drive for Causal Knowledge
  – The Function, Evolution, and Phenomenology of the Theory Formation
  System. In: Keil, F. C., Wilson, R. A. (Hg.): Explanation and Cognition.
  Cambridge, MIT Press 2000, S. 299 – 323
* Lombrozo, T.: The Instrumental Value of Explanations. In: Philosophy Com-
  pass 6, S. 539 – 551, 2010
* Williams, J. J., Lombrozo, T., Rehder, B.: The Hazards of Explanation: Over-
  generalization in the Face of Exceptions. In: Journal of Experimental Psycho-
  logy: General 142, S. 1006 – 1014, 2013

Irren ist ... sinnvoll!

Albert Newen und Gottfried Vosgerau

Gegenüber Fakten, die die eigene Person betreffen, sind wir oft taub und blind. Ist das vernünftig? Ja, sagen die Philosophen Albert Newen und Gottfried Vosgerau. Denn diese Form der Täuschung schützt und stabilisiert unser Selbstbild.

Auf einen Blick

Ein philosophisches Ich-Modell

1 Selbsttäuschung hat eine positive Funktion: Sie kann uns motivieren und persönliche Kernüberzeugungen stärken.

2 Hinweise auf eigene Mängel oder Probleme werden dabei zwar registriert, aber per Umdeutung in das Selbstbild eingepasst.

3 Dieser »gesunde« Selbstbetrug unterscheidet sich insofern von unkorrigierbarem Wahn, als er bei erdrückender Faktenlage veränderbar ist.

Repräsentativen Umfragen zufolge glauben 94 Prozent der Collegeprofessoren in den USA, dass sie ihre Arbeit besser machen als ihre Kollegen. Jeder vierte amerikanische Student ist davon überzeugt, zum leistungsstärksten Prozent der Kommilitonen zu gehören. Knapp zwei Drittel der Amerikaner zählen sich zur klügeren Hälfte der Bevölkerung. 77 Prozent der schwedischen Studenten geben an, sie würden überdurchschnittlich sicher fahren, und drei von vier Schachspielern halten ihre offizielle Spielstärke laut Rangliste für unterbewertet.

Zahlreiche psychologische Studien belegen: Wir tendieren dazu, uns selbst in einem allzu rosigen Licht zu sehen. Selbsttäuschung ist ein verbreitetes Phänomen. Problematisch wird der verzerrte Blick, wenn die Abweichung von der Wirklichkeit so groß wird und er negative oder gar zerstörerische Konsequenzen

© Springer-Verlag Berlin Heidelberg 2017
S. Ayan (Hrsg.), *Rätsel Mensch – Expeditionen im Grenzbereich von Philosophie und Hirnforschung*,
DOI 10.1007/978-3-662-50327-0_5

hat. Glaubt jemand, dass er als 50-Jähriger einen Marathon laufen kann, aber völlig untrainiert an den Start geht, riskiert er auf Grund dieser Selbsttäuschung einen körperlichen Zusammenbruch.

Auch Philosophen streiten über Sinn und Zweck der Selbsttäuschung – etwa anhand von Gedankenspielen wie dem vom betrogenen Ehemann: Peter ist mit Petra verheiratet. Petra fährt abends oft in die Stadt zu ihrer Freundin Tanja, wie sie sagt. An einem dieser Abende nun begegnet Peter Tanja beim Joggen – ohne Petra. Ein anderes Mal sieht er Petra mit einem anderen Mann im Café sitzen. Trotzdem zweifelt Peter nicht an der Treue seiner Frau. Er sagt sich: »Sie geht neuerdings viel mit Tanja aus. Manchmal bleibt sie in der Stadt, auch wenn Tanja sie kurzfristig versetzt. Sie würde mich doch nie betrügen!«

Selbsttäuschung hat etwas mit Blindheit gegenüber den offensichtlichen Fakten zu tun. Ist diese Art des »Nicht-wahrhaben-Wollens« nicht sehr unvernünftig? Die Antwort darauf ist keineswegs so klar, wie es auf den ersten Blick erscheint: Selbsttäuschung kann durchaus sinnvoll sein! Denn diese Strategie stützt sich ganz wesentlich auf vernünftige Abwägungsprozesse.

Welchen positiven Effekt eine Selbsttäuschung haben kann, zeigt ein weiteres Alltagsbeispiel: Der 14-jährige Gymnasiast Michael hat eine Fünf in Mathematik. Mathe liegt ihm nicht, seine Stärke sind eindeutig die Sprachen. Doch Michael glaubt: »Ich bin genauso begabt in Mathematik wie in Sprachen. Wenn ich für Mathe mehr täte, wäre ich darin auch genauso gut wie in Deutsch.«

Objektiv betrachtet mag das falsch sein, doch die verfehlte Selbsteinschätzung stärkt Michaels Motivation: Er lernt fortan intensiver und kommt schließlich auf eine Drei in Mathematik. Ein entscheidender Teilerfolg auf dem Weg zu einem guten Abitur.

Selbsttäuschung kann uns also in Situationen motivieren, in denen eine realistische Einschätzung eher dazu führen würde, die Flinte ins Korn zu werfen. Die Macht falscher Überzeugungen belegt etwa der Placeboeffekt in der Medizin. Ein Placebo ist ein Scheinmedikament ohne jeden Wirkstoff. Glaubt ein Patient, ein wirksames Präparat erhalten zu haben, kann ein solches Placebo zu einer Besserung der Symptome führen. Allein die Überzeugung, wirksam behandelt worden zu sein, aktiviert bereits die Selbstheilungskräfte.

Der Placeboeffekt tritt selbst dann ein, wenn die Probanden in klinischen Studien darüber aufgeklärt wurden, dass die Hälfte der Teilnehmer ein Scheinpräparat erhält und sie selbst möglicherweise dazugehören. Falsche Überzeugungen wirken jedoch nicht immer positiv: Placebos können auch unerwünschte Nebenwirkungen haben, wenn der Patient solche erwartet.

Wehre den Zweifeln!
Doch zurück zu Michael. Der Motivationsschub in Sachen Mathematik war für ihn zwar wichtig, aber eigentlich nur ein Nebeneffekt. Der tiefere Grund seiner

Selbsttäuschung lag darin, Zweifel an seinem Selbstbild abzuwehren. Michael betrachtet sich als talentierten Schüler ohne besondere Schwächen. Die Fünf in Mathe deutete er folglich als einmaligen Ausrutscher.

Ein stabiles Selbstbild ist zentral für jeden Menschen. Kinder entwickeln im dritten und vierten Lebensjahr ein autobiografisches Gedächtnis und können fortan die Wünsche und Überzeugungen anderer Menschen von den eigenen klar unterscheiden.

Auf dieser Grundlage bildet sich ein differenziertes Selbstbild heraus, ein Bündel von Einschätzungen der eigenen Fähigkeiten, Überzeugungen, Ziele, Wünsche und Befürchtungen. Dieses explizite autobiografische »Ich« konkurriert häufig mit unbewussten, insbesondere emotionalen Prozessen. Beide zusammen beeinflussen maßgeblich unsere Reaktionen, Entscheidungen und Zukunftspläne im Alltag.

Selbsttäuschung leistet einen wichtigen Beitrag zur Stabilisierung dieses Selbstbilds. Sie ist aber nicht überall gleich wirksam: Manche eher nebensächlichen Überzeugungen lassen sich leichter korrigieren als andere. So ist die Annahme, schwarze Schuhe zu tragen, obwohl man gedankenverloren zu den braunen griff, mit einem Blick in den Spiegel korrigierbar. Andere Aspekte des Selbstbilds sind dagegen stabiler. Michael ist nicht so schnell bereit, seine Vorstellung von sich selbst als umfassend begabtem Schüler aufzugeben. Bei den wichtigen Kernüberzeugungen erfolgen Änderungen des Selbstbilds nur bei entsprechend starkem Druck: Wenn Peter seine Frau mit ihrem Liebhaber in flagranti ertappt, wird er sein Selbstbild als Mann einer treuen Frau wohl notgedrungen aufgeben.

Es gibt mehrere Ansätze, das Phänomen der Selbsttäuschung philosophisch zu deuten. Der Sprachanalytiker Georges Rey von der University of Maryland in College Park (USA) fasst sie als Produkt der unwahren Rede auf: Eigentlich weiß Peter, dass seine Frau ihn betrügt, aber wenn er mit anderen darüber spricht, verleugnet er es. Er glaubt also selbst nicht recht, was er sagt.

Diese Annahme erscheint allerdings wenig plausibel. Sie unterstellt, dass Peter nicht aufrichtig über die eigenen Überzeugungen spricht. Damit wird aus der Selbst- eine Fremdtäuschung: Peter weiß, dass seine Frau ihn betrügt, will aber das Bild der intakten Ehe nach außen verteidigen. Solche Fälle treten sicher gelegentlich auf, sie können aber kaum als allgemeine Erklärung der Selbsttäuschung dienen. Einen intensiv diskutierten Vorschlag unterbreitete Alfred R. Mele von der Florida State University in Tallahassee (USA). Nach Meinung des Philosophen entsteht Selbsttäuschung durch verzerrte Aufmerksamkeitsprozesse. Es gibt vielfältige psychologische Mechanismen, die uns im Alltag dazu bringen, bestimmte Phänomene gar nicht oder nur einseitig wahrzunehmen: Wenn ich zum Beispiel gerade ein neues Mobiltelefon erworben habe, fallen mir plötzlich all die Menschen auf, die das gleiche Modell besitzen (selektive Wahrnehmung). Ähnlich verzerrt ist unsere Einschätzung der Fähigkeiten anderer: Wenn mir berichtet wird, ein Pianist sei exzellent, so werde ich seine Fehler beim Konzert auf eine schlechte Tagesform oder die miserable Akustik des Saals schieben – und nicht auf mangelnde Fähigkeiten des Virtuosen. Hat mir vorher aber jemand berichtet, der gleiche Musiker sei nicht besonders gut, so werde ich dies durch die Fehler bestätigt sehen.

Unstimmigkeit erzeugt Spannung

Alfred R. Mele ist der Meinung, dass vor allem solche Mechanismen uns dazu verführen, falsche Überzeugungen als Selbsttäuschungen zu etablieren und zu stabilisieren. Gegenbelege bleiben zwar prinzipiell verfügbar, werden aber im Licht der Kernüberzeugung gar nicht erst registriert. Obwohl dies eine wichtige Rolle beim Entstehen von falschen Selbstbildern spielen kann, lässt Meles Ansatz die entscheidenden Aspekte der Selbsttäuschung außer Acht. Denn sie begleitet zumeist eine typische psychische Spannung, eine Art Ahnung, dass etwas nicht stimmig ist. Eine solche Spannung setzt voraus, dass die betreffende Person die Gegenbeweise nicht völlig ausblendet, sondern in gewisser Weise zur Kenntnis nimmt. Obwohl Peter seine Frau mit einem anderen Mann im Café sah, interpretiert er das nicht als Fremdgehen, sondern etwa als belanglose Zufallsbekanntschaft. Entscheidend ist, dass der Selbsttäuscher die Beweise nicht übersieht, sondern sie lediglich im Sinn seiner Kernüberzeugung deutet. Genau diese Beobachtung bildet den Ausgangspunkt für unsere eigene Theorie.

Eine zentrale Rolle spielt dabei die enge Verbindung zwischen der falschen Überzeugung und unserem Selbstbild. Deshalb erhalten wir die Täuschung auch bei starken Gegenbelegen aufrecht. Erst wenn Fakten zu Tage treten, die kaum mehr wegzudiskutieren sind, kann der Selbstbetrug überwunden werden. Der Prozess der Neudeutung folgt durchaus rationalen Prinzipien. Das zeigt zum Beispiel eine Studie von Dirk Wentura von der Universität Saarbrücken und Werner Greve von der Universität Hildesheim: Die beiden Psychologen warben Versuchsteilnehmer an, die sich für überdurchschnittlich gebildet hielten und historisches Wissen als unverzichtbaren Teil der Bildung betrachteten. Bei einem Test musste jeder Proband gemeinsam mit einem eingeweihten Mitspieler Fragen zur Geschichte beantworten. Der Komplize der Versuchsleiter kannte die Antworten und schnitt somit deutlich besser ab. Der eigentlichen Testperson führte dies klar vor Augen, dass ihr Wissen lückenhaft war.

Dennoch versuchten die meisten Teilnehmer ihre Kernüberzeugung, gebildet zu sein, zu verteidigen: Dazu passten sie etwa ihre persönliche Definition von Bildung an und behaupteten nun, historisches Wissen sei gar nicht so wichtig. Diese Strategie ist nicht unvernünftig, denn eine bewährte Überzeugung sollte man nicht vorschnell aufgeben, nur weil ein Faktum nicht recht ins Bild passt. Oft reicht eine kleine Neujustierung der Theorie aus, um irritierende Befunde zu integrieren. Es scheint somit sinnvoll, am einmal gefassten Selbstbild festzuhalten.

Trotzdem ist die damit verbundene Täuschung letztlich pseudorational, weil sie einen doppelten Standard der Vernunft anlegt: Ein Selbsttäuscher neigt dazu, nur im Bereich seiner Kernüberzeugungen solche weit reichenden Reinterpretationen von Gegenbelegen vorzunehmen. In allen anderen Bereichen (etwa bei der Einschätzung anderer) orientiert er sich an der üblichen Bewertung von Fakten, was seine Einschätzungen nachvollziehbar macht.

Zwei Formen von Rationalität

Selbsttäuschung ist eine pseudorationale – das heißt durch duale Rationalitätsprozesse gestützte –, falsche Überzeugung, die mit dem Selbstbild eines Menschen eng verknüpft ist. Diese Theorie wird nicht nur durch eine ganze Reihe von psychologischen Befunden gestützt, sondern zusätzlich durch etablierte Modelle der dualen Rationalität des Menschen. Wir können Situationen und Probleme entweder intuitiv einschätzen (heuristisch) oder anhand von Regeln analytisch bewerten. Bei neutralen Merkmalen wenden wir meist die analytische, regelbasierte Bewertung an, im Fall von persönlich wichtigen Merkmalen meistens jedoch die intuitiv-heuristische Bewertungsstrategie.

Die Psychologen David Dunning und Keith S. Beauregard von der Cornell University in Ithaca (US-Bundesstaat New York) konnten zeigen, dass Versuchspersonen unterschiedliche Standards bei der Einschätzung von mathematischer Leistung nutzen: einmal eine objektive Bewertung über die Zahl der gelösten Aufgaben; zum anderen eine subjektive Skala, die sich an den eigenen Fähigkeiten orientiert. Wer es als wichtig erachtet, Mathematik zu beherrschen, für den sind andere eben genau dann mathematisch begabt, wenn sie mindestens so gut abschneiden wie er selbst.

Unsere Theorie der Selbsttäuschung als pseudorationale Verteidigung des Selbstbilds erklärt die wichtigsten Eigenschaften dieses Phänomens. So resultiert die innere psychische Spannung aus dem Gegensatz zwischen der Überzeugung, die Ehefrau sei treu, und dem Verdacht, es könne angesichts der Gegenbelege vielleicht doch anders sein. Erst die pseudorationale Neudeutung der Fakten führt zu einem in sich konsistenten Bündel von Überzeugungen. Auch der Umgang mit »harten« Gegenbeweisen wird dadurch verständlich: Erst wenn Peter seine Frau mit ihrem Liebhaber in flagranti erwischt, kann er seine Selbsttäuschung überwinden. Womöglich stürzt ihn das in eine Lebenskrise. Doch vielleicht kann er sich auch mit Petra versöhnen und eine ehrliche Beziehung aufbauen.

Selbsttäuschung ist ein psychischer Schutzschirm. Er dämpft kleinere Irritationen und motiviert uns gelegentlich dazu, dem eigenen Selbstbild gerecht zu werden.

Quellen

- Beauregard, K. S., Dunning,D.: Defining Self-Worth: Trait Self-Esteem Moderates the Use of Self-Serving Trait Definitions in Social Judgment. In: Motivation and Emotion 25, S. 135 – 161, 2001
- Greve, W., Wentura, D.: Immunizing the Self: Self-Concept Stabilization through Reality-Adaptive Self-Definitions. In: Personality and Social Psychology Bulletin 29, S. 39 – 50, 2003
- Michel, C., Newen, A.: Self-Deception as Pseudo-Rational Regulation of Belief. In: Consciousness and Cognition 19, S. 731 – 744, 2010

Das Labor im Geist

Frédérique de Vignemont

Philosophen benötigen für Gedankenexperimente weder Pipette noch Mikroskop, sondern allein den Verstand. Obwohl die Resultate schwerer zu verifizieren sind, können sie neue Erkenntnisse fördern.

Auf einen Blick

Mit Köpfchen statt Pipette

1 Durch Gedankenexperimente lassen sich Hypothesen theoretisch testen, die nicht real erforscht werden können.

2 Beim erdachten Experimentieren gelten dieselben Regeln wie bei Studien im Labor. Allerdings sind tatsächliche Beobachtungen oft unverzichtbar.

3 Dennoch sind Versuche in der Vorstellung nützlich: Sie werfen ein neues Licht auf unsere Überzeugungen und regen dazu an, Theorien zu überdenken.

Warum handeln wir moralisch? Um diese Frage zu beantworten, greifen Philosophen auf so genannte Gedankenexperimente zurück. So erzählt der griechische Philosoph Platon (427 – 347 v. Chr.) in seinem Werk »Politeia« die Geschichte des Hirten Gyges, der in den Besitz eines magischen Rings gelangt. Dieser macht seinen Träger unsichtbar. Dank seiner neuen Fähigkeit verschafft sich der Hirte Zutritt zum königlichen Hof, verführt die Königin, tötet den König und reißt die Macht an sich.

Wenn Sie wüssten, dass keine Justiz der Welt Sie für Ihre Taten zur Rechenschaft ziehen könnte: Was würden Sie tun? Würden Sie weiterhin moralisch handeln?

Gedankenexperimente dienen dazu, die Frage »Was wäre, wenn ...?« zu beantworten. Dabei wird in der Vorstellung ein fiktives Szenario durchgespielt. Die Methode bewährt sich auch, um Theorien unterschiedlichster Fachgebiete

© Springer-Verlag Berlin Heidelberg 2017
S. Ayan (Hrsg.), *Rätsel Mensch – Expeditionen im Grenzbereich von Philosophie und Hirnforschung*,
DOI 10.1007/978-3-662-50327-0_6

zu hinterfragen, zum Beispiel der Physik oder der Ethik. Mit ihr lassen sich im Geiste Annahmen überprüfen, die experimentell nicht erforscht werden können.

Dennoch erkennen manche Forscher dieses Vorgehen nicht an, eben weil es nicht überprüfbar ist. Andere halten es für unverzichtbar. So sah der Wissenschaftsphilosoph Thomas Samuel Kuhn (1922 – 1996) in diesen erdachten Experimenten ein entscheidendes Werkzeug, um sich gedanklich neu zu orientieren. Sie offenbaren ihm zufolge falsche oder verworrene Überzeugungen und können so helfen, eine Theorie zu entkräften oder zu bestätigen.

Für die »Versuche im Geiste« braucht man keinerlei technische Hilfsmittel, man manipuliert nichts außer die eigenen Gedanken, und als Labor dient einzig und allein der Verstand. Gedankenexperimente folgen dennoch denselben methodischen Regeln wie reale Studien im Labor. Wie bei einem »echten« wissenschaftlichen Versuch geht es darum, eine bestimmte Eigenschaft der Welt herauszugreifen und zu manipulieren. Alle anderen Bedingungen müssen gleich bleiben, um das Ergebnis sinnvoll interpretieren zu können. Dann überprüft man, ob die getroffenen Vorhersagen tatsächlich eintreten. Doch wie testet man eine Theorie im Geiste? Ganz einfach: indem man sich die Konsequenzen ausmalt, die sich aus der veränderten Bedingung ergeben.

Der Vorteil von Gedankenexperimenten liegt darin, dass man sie leichter ändern und anpassen kann als empirische Versuche, die den Beschränkungen der Naturgesetze, des technischen Fortschritts und ethischer Grundsätze unterliegen. So ist es beispielsweise unmöglich, das Gehirn eines Menschen in einen anderen zu verpflanzen. Aber wir können uns dieses Szenario durchaus vorstellen, um unser intuitives Verständnis zu überprüfen, wer wir sind und was uns zu dem macht, der wir sind.

Durch empirische Experimente lassen sich solche Fragen nicht klären. Das gilt auch für eine Frage, die bereits viele große philosophische Köpfe beschäftigt hat. Können wir unseren Sinnen trauen? Der amerikanische Philosoph Hilary Putnam von der Harvard University experimentierte mit der Vorstellung, wir alle seien nur Gehirne in einer Nährstofflösung. Unser Leben, unsere Erlebnisse und Gedanken – alles wäre nur eine Illusion (s. Box »Klassische Gedankenexperimente – Das Gehirn im Tank«).

Klassische Gedankenexperimente

1. Die Reise zum Mars
Stellen Sie sich vor, es wäre möglich, den Menschen an einen anderen Ort zu beamen, ihn also in seine einzelnen Bestandteile aufzulösen und diese woanders wieder zusammenzusetzen. Wenn Sie sich auf diese Weise auf den Mars teleportieren lassen: Sind Sie dann dort dieselbe Person wie auf der Erde?
Nehmen wir nun an, beim Beamen zum Roten Planeten geht etwas schief: Ihr Körper auf der Erde verschwindet nicht, obwohl eine Kopie von Ihnen auf dem Mars erscheint. Wer sind Sie dann: die Person auf der Erde, die auf dem Mars – oder gar beide? Und inwiefern unterscheidet sich diese Situation von einer erfolgreichen Teleportation?

Dieses Szenario wirft die Frage auf, welche Kriterien wir dafür festlegen, wir selbst zu sein. Außerdem zeigt es, wie knifflig es ist, Gedankenexperimente zu formulieren: Bereits leicht veränderte Bedingungen führen oft zu widersprüchlichen Schlüssen.

2. Das Gehirn im Tank

Angenommen: Alles, was wir wahrnehmen, ist nicht real. Was könnten wir dann sicher wissen? Bliebe uns keine Gewissheit mehr – müssten wir sogar unsere eigene Existenz anzweifeln? Bereits René Descartes (1596 – 1650) grübelte über dieser Frage. Er beantwortete sie mit seinem berühmten Satz »cogito ergo sum« – »ich denke, also bin ich«. Nach Descartes' »methodischem Zweifel« ist nichts sicher wahr außer unserer eigenen Existenz! Sie beweist sich durch unser Denken. Eine moderne Form des methodischen Zweifels schlug der Philosoph Hilary Putnam 1981 vor. Er experimentierte mit der Vorstellung, dass wir in Wirklichkeit nur Gehirne in einem Tank seien, die ein Supercomputer mit elektrischen Impulsen versorgt. Wir hätten keinen Kontakt mit der äußeren Welt und würden nicht einmal wissen, dass wir eigentlich nicht in der Weise existieren, wie wir glauben. Knapp 20 Jahre später taucht dieses Gedankenexperiment im Sciencefiction-Film »Matrix« auf.

Unsere Wahrnehmung und unser Empfinden beruhten dann allein auf einer Täuschung. Alles wäre eine Illusion: Wir nähmen an, einen Text zu lesen, aber in Wahrheit hätte der Computer lediglich die entsprechenden Signale über Elektroden an unser Gehirn geschickt. Wie also können wir wissen, ob wir wirklich mehr sind als Gehirne in einem Tank?

3. Marys Sinn für Farben

Eines der berühmtesten Gedankenexperimente formulierte der australische Philosoph Frank Jackson in den 1980er Jahren: Mary lebt, warum auch immer, in einem schwarz-weißen Raum und hat noch nie irgendeine Farbe gesehen. Sie ist eine brillante Wissenschaftlerin – und Spezialistin für Farbwahrnehmung. Mary weiß alles darüber, wie wir Farben wahrnehmen, und hat alle physikalischen Gesetze perfekt verstanden. Was passiert, wenn sie nun zum ersten Mal das Zimmer verlässt und eine reife Tomate sieht? Wird sie etwas Neues entdecken?

Nach Jackson wird sie erstmals erleben, wie es sich anfühlt, die Farbe Rot zu sehen. Keine objektive wissenschaftliche Erkenntnis hätte ihr diesen subjektiven Eindruck ermöglichen können. Wenn diese Überlegung zutrifft: Bedeutet das, dass wissenschaftliche Aussagen über das Bewusstsein nicht möglich sind?

4. Die Zombies unter uns

Die Funktion des Bewusstseins erkundet ein weiterer Gedankenversuch mit Hilfe von »Zombies«. Das sind keine Gestalten aus Horrorfilmen; äußerlich verhalten sich Zombies genau wie wir. Sie empfinden nur absolut nichts – weder, wenn sie eine Erdbeere essen, noch, wenn sie die Farbe Rot sehen. Es fehlt ihnen, wie einem Computer, das Bewusstsein und damit jegliches subjektive Erleben. Könnten solche Wesen unerkannt unter uns leben? Bejaht man diese Frage, würde das bedeuten, dass das Bewusstsein in unserem Leben keine soziale Funktion erfüllt. Einige Philosophen nehmen dagegen an, dass Zombies nicht existieren können, weil sich ihr fehlendes Empfinden in ihrem Urteilsvermögen oder ihrer Vorstellungskraft widerspiegeln würde. Solche Überlegungen ermöglichen es, die Funktion des Bewusstseins im menschlichen Leben auszuloten.

Carolin Wanitzek

Wie sicher ist unsere Intuition?

Doch sind die Schlüsse, die wir aus solchen Gedankenexperimenten ziehen, auch für die beobachtbare Welt gültig? Die Stärke, nicht auf reale Begebenheiten begrenzt zu sein, könnte zugleich eine Schwäche sein: Klassische Versuche erfassen Tatsachen, die man statistisch auswerten kann. Experimente im Geiste stützen sich dagegen nur auf unsere Vorstellungskraft. Wie zuverlässig unsere Intuition in einem fiktiven Szenario ist, hängt häufig davon ab, wie ähnlich die erdachte Situation einer realen ist. Vier Stufen lassen sich hierbei unterscheiden:

- eine reale Situation, die häufig auftritt;
- eine Situation, die zwar noch nie da war, aber Ähnlichkeiten mit bekannten Szenarien aufweist und den Naturgesetzen nicht widerspricht;
- eine Situation, die vorstellbar ist, aber kein Äquivalent in der realen Welt hat;
- eine Situation, die in unserer Welt unmöglich ist – die sich also nicht mit der Realität vergleichen lässt.

Je stärker die Umstände in einem Gedankenexperiment der realen Welt ähneln, desto eher können wir uns im Allgemeinen auf unsere Intuition verlassen. Manche dieser Versuche können allerdings auch ganz real überprüft werden. So bat der irische Forscher William Molyneux (1656 – 1698) einst den Philosophen John Locke (1632 – 1704) sich vorzustellen, dass ein von Geburt an blinder Mensch plötzlich sehen könne. Zuvor vermochte der Mann einen Würfel allein durch Ertasten von einer Kugel zu unterscheiden. Wäre er nun in der Lage, die beiden Gegenstände auf Anhieb rein optisch auseinanderzuhalten?

Heutige Wissenschaftler würden argumentieren: Wenn das visuelle System nicht stimuliert wird, entwickelt es nicht alle Fähigkeiten wie bei Sehenden. Zum Beispiel wäre räumliche Tiefe nur nach einer längeren Lernphase wahrnehmbar.

Die »wahre« Frage hinter dem Gedankenexperiment vermögen Forscher dennoch nicht zu beantworten: Haben wir ein visuelles und ein taktiles Konzept einer Kugel? Oder ein allgemeines, das unabhängig davon ist, mit welchem Sinn wir die Kugel erfassen?

Selbst wenn Versuche im Geiste oft mehrere Interpretationen zulassen, werfen sie ein neues Licht auf unsere Ansichten, erzeugen fruchtbare Diskussionen und stellen althergebrachte Theorien in Frage. Aus diesem Grund sind sie nicht ersetzbar. Durch sie können wir zu neuen Erkenntnissen über uns und die Welt gelangen.

Quellen

- Brown, J. R.: The Laboratory of the Mind: Thought Experiments in the Natural Sciences. Routledge, London, 2. Auflage 2010
- Mach, E.: Erkenntnis und Irrtum. Skizzen zur Psychologie der Forschung. Holzinger, Berlin, 3. Auflage 2014

Forscher beim Wort-TÜV

Christian Wolf

Viele Philosophen glauben, dass Neurowissenschaftler Begriffe wie »denken«, »fühlen« und »handeln« grundlegend falsch verwenden. Ist das nur spitzfindige Wortklauberei – oder hilft eine genaue Sprachanalyse, Irrwege der Forschung zu vermeiden?

Auf einen Blick

Bedenke, wie du sprichst!

1 Die Redeweise von Hirnforschern zeigt eine Tendenz, das Gehirn zu vermenschlichen und einzelnen Arealen Fähigkeiten zuzusprechen, die nur eine Person besitzt.

2 Laut Sprachkritikern führt dies zu einer Reihe von Missverständnissen und Fehlinterpretationen.

3 In Zusammenarbeit mit Philosophen könnten neurowissenschaftliche Experimente besser geplant und ihre Resultate sinnvoller interpretiert werden.

Unser Gehirn ist ein Alleskönner, scheint es. Es nimmt wahr, denkt, fühlt, versetzt sich in andere hinein und trifft Entscheidungen. Selbst einzelne Nervenzellen haben einiges drauf: Sie kommunizieren nicht nur miteinander, sondern repräsentieren Objekte oder ganze Landkarten der Umgebung. Was aus dem Mund vieler Neurowissenschaftler fast selbstverständlich klingt, ist aus sprachphilosophischer Sicht allerdings oft – Unsinn!

Den Kampf gegen die »Verhexung des Verstandes durch die Sprache«, wie Ludwig Wittgenstein (1889 – 1951) es formulierte, haben sich in den vergan-

© Springer-Verlag Berlin Heidelberg 2017
S. Ayan (Hrsg.), *Rätsel Mensch – Expeditionen im Grenzbereich von Philosophie und Hirnforschung*,
DOI 10.1007/978-3-662-50327-0_7

genen Jahren zahlreiche Denker auf die Fahnen geschrieben. Auch die Neurowissenschaften haben sie dabei ins Visier genommen: Die Philosophie kläre zwar keine empirischen Fragen und könne folglich nicht wissenschaftliche Experimente ersetzen, so das Kredo; doch sie helfe, begriffliche Unklarheiten zu beseitigen. Und das sei dringend nötig.

Betrachtet man die Redeweise von Hirnforschern näher, so merkt man schnell: Sie ist eine Mischung aus Fachjargon und Alltagssprache. Das liegt auch daran, dass »Hirnforschung« keine einheitliche Wissenschaft ist, sondern ein Sammelbecken für ganz verschiedene Disziplinen. Viele Vertreter entlehnen ihr Vokabular teils aus anderen Fächern wie der Biologie oder der Physik und garnieren es mit so manchem unscharfen Begriff aus der Umgangssprache: Sie reden etwa davon, dass Nervenzellen »feuern« – obwohl das natürlich allenfalls metaphorisch zu verstehen ist. Kann eine solche Redeweise womöglich zu Fehlinterpretationen führen?

Eine Reihe von Philosophen sieht das genau so. Neuroforscher geraten durch ihre sprachlichen Importe leicht auf Irrwege, glaubt etwa Peter Janich, emeritierter Professor für theoretische Philosophie an der Universität Marburg. Zum Beispiel sei es problematisch, Begriffe aus der Nachrichtentechnik auf das Gehirn zu übertragen: Aktionspotenziale oder die Ausschüttung von Botenstoffen würden oft als »Signale« bezeichnet. Doch Signale können wahr oder falsch sein, sie tragen eine Bedeutung, so Janich. Signale übermittelt nur jemand, der anderen etwas mitteilen will, und der Empfänger wiederum versucht, die Botschaft zu verstehen.

Ein Nerven*signal* hingegen sei weder wahr noch falsch. Es könne demnach nicht missverstanden werden, anders als zum Beispiel ein verdrehter Wegweiser oder ein defektes Bahnsignal. Auch seien weder einzelne Nervenzellen noch Gruppen von ihnen handelnde Agenten, die sich an einen Adressaten richten. Es gebe weder wissenschaftlich noch philosophisch einen Grund, neuronalen Prozessen sprachlich diese Rolle zuzuerkennen, erklärt Janich.

Was aber ist so bedenklich daran, wenn Hirnforscher behaupten, Nervenzellen »kommunizierten« miteinander? Laut Janich suggeriert dies ein Erklärungspotenzial, das neurophysiologische Vorgänge nicht besäßen. Das sei so ähnlich, als würde man die Leistung einer mechanischen Rechenmaschine damit erklären, dass jedes Zahnrad für sich betrachtet etwas »berechne«.

Unter Neurowissenschaftlern ist es allerdings gang und gäbe, einzelnen Hirnbereichen Fähigkeiten wie Wahrnehmen, Fühlen oder Denken zuzugestehen. Colin Blakemore, Neurobiologe von der University of Oxford, meint sogar, Neurone besäßen Intelligenz. Schließlich reagieren Zellen in der Sehrinde zum Beispiel spezifisch auf die Ausrichtung von Linien, die in unserem Gesichtsfeld erscheinen – sie besäßen also »Wissen« und böten »Argumente« auf Basis der ermittelten Merkmale an. Kurz: Das Gehirn stelle Wahrnehmungshypothesen auf.

Für Peter Janich macht das Gehirn vor allem dann eine erstaunliche Wandlung durch, wenn Hirnforscher ihre Ergebnisse in die Öffentlichkeit tragen: In der popularisierenden Rede mutiere es rasch zum selbstständigen Akteur, der denkt, entscheidet und handelt. So schrieb der Molekularbiologe und Nobelpreisträger Francis Crick (1916 – 2004): »Ihr Hirn erstellt die beste Interpretation, die es angesichts seiner früheren Erfahrung sowie der beschränkten und mehrdeutigen Information finden kann.« Nach Ansicht vieler Philosophen ist es sinnlos, einem Körperteil auf diese Weise psychologische Eigenschaften zuzuschreiben, die nur der Person als Ganzem eigen sein können.

Der Philosoph Peter Hacker vom St. John's College in Oxford und der Neurowissenschaftler Maxwell Bennett von der University of Sydney bezeichnen dies als mereologischen Fehlschluss. Mit ihrem Buch »Philosophical Foundations of Neuroscience« legten sie 2003 die bislang gründlichste Sprachkritik der Hirnforschung vor. Für Bennett und Hacker ist es nicht nur begrifflich unsinnig, das Gehirn zu psychologisieren, sondern es verleite sogar zu falschen Forschungsfragen.

Nicht das Auge sieht, sondern der Mensch
Diese Gefahr drohe, wenn man Wörter entgegen ihren Gebrauchsregeln verwendet. Nicht das Auge sehe, sondern der Mensch mittels seiner Augen. Daraus, dass ein Auto schnell fährt, folge auch nicht, dass Vergaser oder Kotflügel schnell fahren. Bennett und Hacker bezweifeln, dass Sätze wie »das Gehirn nimmt wahr« einen Aussagewert besitzen. Ob eine Person etwas sieht, könne man feststellen, indem man ihr Verhalten beobachtet oder sie befragt. Was aber »sieht« das Gehirn? Das lasse sich erst untersuchen, wenn man wisse, was eine solche Formulierung bedeutet. Genau davon hätten Forscher allerdings keine Vorstellung.

Anderes Beispiel: Kein Experiment der Welt könne zeigen, dass der präfrontale Kortex im Stirnhirn eine bestimmte Überzeugung hegt. Anders als eine Person verfüge weder das Gehirn noch eines seiner Areale über diese Fähigkeit, sondern wiederum nur der Mensch.

Viele Hirnforscher kontern angesichts solcher Kritik, es sei doch nur eine harmlose Übertreibung, dem Gehirn psychische Eigenschaften zuzuerkennen. Bennett und Hacker sehen das anders: In ihren Augen begehen Neurowissenschaftler nicht nur einen lässlichen Fehltritt – sie versuchen mit ihrer falschen Redeweise psychische Eigenschaften zu erklären. Tatsächlich pflanzten sie damit aber einen Homunkulus in den Kopf.

Das lässt sich etwa in Bezug auf »neuronale Landkarten« beobachten: Die Reizverarbeitung in der Sehrinde folgt dem Prinzip der Retinotopie. Das bedeutet, jedem Ort dieses Abschnitts der Großhirnrinde ist ein Ort auf der Netzhaut zugeordnet. Benachbarten Bereichen des Gesichtsfelds und der Netzhaut entsprechen folglich benachbarte Neurone im visuellen Kortex. Insofern könne man davon sprechen, dass einzelne Merkmale des Gesichtsfelds von der Aktivität bestimmter Neurone im visuellen Kortex abgebildet werden.

Doch viele Hirnforscher behaupten, das Gehirn mache von inneren Karten Gebrauch, um die Welt zu interpretieren. Es nutze sie etwa so, wie wir einen Atlas benutzen, und das ist nicht nur metaphorisch gemeint. Allerdings resultiert die Karte in einem Atlas aus bestimmten Abbildungsregeln – um sie lesen zu können, muss man diese Konventionen kennen. In ebendiesem Sinn nutze das Gehirn »neuronale Karten« aber sicher nicht, so Bennett und Hacker. Neuronale Aktivität in der Sehrinde könne zwar anzeigen, was sich gerade im Gesichtsfeld befindet, ähnlich wie Rauch Feuer anzeigt – doch der Rauch (oder das »Feuern« von Neuronen) stehe nicht stellvertretend für Dinge in der Welt. Es sei lediglich kausal mit ihnen verknüpft.

Die Psychologen Kathleen Slaney und Michael Maraun von der Simon Fraser University in Vancouver halten die vermenschlichende Rede vom Gehirn ebenfalls nicht für so harmlos, wie es auf den ersten Blick erscheint. Unklare und falsche Begriffe wirken ihnen zufolge auf die Forschungspraxis zurück: Sie können etwa zu irreführenden Fragestellungen verleiten.

Bindungsproblem? Nein danke!

Bei Bennett und Hacker klingt das so: »Es entsteht keine Begriffsverwirrung, wenn man den unteren Teil eines Berges Fuß nennt – aber dann, wenn man nach seinem Schuh zu suchen anfängt.« So ähnlich sei es auch mit dem so genannten Bindungsproblem. Teils weit voneinander entfernt liegende Nervenzellen im visuellen System reagieren entweder auf Form, Farbe oder auf die Bewegung eines Gegenstands im Gesichtsfeld. Fliegt etwa ein blauer Ball von rechts nach links an uns vorbei, repräsentiert eine Neuronengruppe »blau«, eine andere »rund« und wieder eine andere »bewegt sich von rechts nach links«. Werden Sinneseindrücke im Gehirn also quasi zerstückelt? Das führt zu der Frage, wie sich diese Merkmale zu der einheitlichen Wahrnehmung eines fliegenden blauen Balls zusammenfügen.

Wolf Singer vom Max-Planck-Institut für Hirnforschung in Frankfurt am Main schlug gemeinsam mit Kollegen Ende der 1980er Jahre folgende Lösung vor: Synchrones Feuern der beteiligten Neurone sorge für die Verknüpfung. Bennett und Hacker bieten eine ganz andere Lesart an: Das Bindungsproblem entstehe überhaupt erst, wenn man ein inneres Bild annehme, das vom Gehirn zusammengefügt wird und äußere Gegenstände repräsentiert. Doch weder die visuelle Szenerie vor dem Auge noch das Lichtmuster auf der Netzhaut seien innere Bilder.

Man könne Eigenschaften eines Objekts wie Form oder Farbe nicht einfach von diesem lösen; die von einem Gegenstand abgetrennte »Rundheit« ergebe keinen Sinn, denn darunter könne man sich nichts vorstellen. Natürlich würden verschiedene Gruppen von Neuronen aktiv, um einen Gegenstand in seiner Detailfülle zu sehen, argumentieren die Forscher – allerdings nicht, um ein geschlossenes Bild desselben wahrzunehmen. Denn wo nichts getrennt werde, müsse man auch nichts zusammensetzen!

Ein Blick in die Wissenschaftsgeschichte zeigt: Die Rede von den »inneren Bildern« ließ Forscher schon früher nach Lösungen für Probleme suchen, die gar nicht existierten. So zerbrach sich der Astronom Johannes Kepler (1571 – 1630) lange den Kopf darüber, warum wir die Welt aufrecht sehen, obwohl das Netzhautbild auf dem Kopf steht. Doch dieses Problem wurzelt überhaupt nur in der Annahme, dass »etwas auf der Netzhaut ist, was gesehen wird«, erklärt der Philosoph Geert Keil von der Humboldt-Universität zu Berlin in einem Aufsatz. Dieser Irrtum ergebe sich aus dem Begriff des Bildes als etwas, was man sehen könne. »Tatsächlich befindet sich in unserem Kopf niemand, der von hinten unsere Retina betrachtet«, so Keil. Statt von einem Netzhautbild sollte man besser von einem Bestrahlungsmuster sprechen. Die Verwendung des Begriffs »Bild« führe hier leicht aufs Glatteis.

Ob Uhrwerk, Dampfmaschine oder Computer – die zur jeweiligen Zeit gerade moderne Technik wurde von jeher als Modell für das Gehirn herangezogen (s. auch das Interview »Ein Organ allein denkt nicht«). Heute sprechen Hirnforscher nahezu bedenkenlos davon, dass das Gehirn »Informationen verarbeitet« oder »Berechnungen anstellt«. Nimmt man solche Metaphern allzu wörtlich, haben sie allerdings ihre Tücken.

Dies unterstreicht auch der Philosoph und Neuroinformatiker Markus Christen von der Universität Zürich: Unter dem Einfluss der Informationstheorie habe man im 20. Jahrhundert fieberhaft nach dem Kode gesucht, den das Nervensystem bei seiner Arbeit benutze, und wollte dessen Verarbeitungskapazität in Bits pro Sekunde bestimmen. Die Analogie zwischen Gehirn und Computer führe jedoch an den neurobiologischen Fakten vorbei.

Ein Ding namens Ich?
Besonders bei abstrakten Konzepten könnten unklare Begriffe dazu führen, dass Experimente falsch konzipiert würden. So sind etwa die Bedeutungshorizonte von Ich, Bewusstsein oder Wille keineswegs eindeutig definiert. Es bereitet uns im Alltag zwar keine Probleme, »ich« zu sagen; wir haben es schon als Kinder gelernt. Substantivierungen wie »das Ich« oder »das Bewusstsein« hingegen tauchen erst in der Bildungssprache auf. Sie suggerierten, es gebe eine Substanz, ein Ding namens Ich. Solche sprachlichen Fiktionen ließen sich aber experimentell nicht konkretisieren.

Bekannte Beispiele hierfür sind laut Kritikern etwa die Versuche zur Willensfreiheit. John-Dylan Haynes und seine Kollegen vom Bernstein Center for Computational Neuroscience in Berlin ließen Probanden im Hirnscanner die

Wahl, entweder eine linke oder eine rechte Taste zu drücken. Per funktioneller Magnetresonanztomografie (fMRT) maßen sie dabei die Hirnaktivität und speisten diese in eine Software ein, die jene Hirnmuster entdeckte, welche mit dem Willensentschluss in Verbindung standen. Tatsächlich »sagten« zwei Hirnregionen die Entscheidung »voraus« – und zwar volle sieben Sekunden vor dem bewussten Entschluss!

Doch ging es bei diesem Versuch überhaupt um einen freien Willensakt? Nein, erklären die Philosophen Andrea Lavazza und Mario De Caro von der Universität Rom: Die Probanden konnten ja nur wählen, welchen von zwei Knöpfen sie drücken wollten – und zwar sobald sie den »Drang dazu verspürten«. Der Drang, etwas zu tun, sei aber keine Bedingung für Freiheit. Meist verspüren wir gerade keinen Drang, wenn wir glauben frei zu handeln. Man könne bei dem besagten Experiment noch nicht einmal von einer Entscheidung sprechen, denn diese treffen wir, wenn wir entsprechend unseren Präferenzen zwischen verschiedenen Optionen wählen. Beim Drücken von linker oder rechter Taste habe man aber keine Präferenz – es gehe einfach um nichts.

Entschieden ist der Streit zwischen Sprachphilosophen und Hirnforschern noch lange nicht. Doch vieles spricht dafür, dass genaue Begriffsanalysen keine Luxusbeschäftigung sonst arbeitsloser Geisteswissenschaftler sind. Vielmehr können sie Hirnforscher – und jene, die über ihre Arbeit berichten – davor schützen, auf gedankliche Abwege zu geraten.

Literaturtipp

* Bennett, M. R., Hacker, P. M. S.: History of Cognitive Neuroscience. Blackwell, London 2013.
  Die beiden wichtigsten Neuro-Sprachkritiker legten eine umfassende Geschichte der Hirnforschung vor.

Quellen

* Bennett, M. R., Hacker, P. M. S.: Philosophical Foundations of Neuroscience. Blackwell, London 2003
* Janich, P.: Kein neues Menschenbild. Zur Sprache der Hirnforschung. Suhrkamp, Frankfurt am Main 2009
* Lavazza, A., De Caro, M.: Not so Fast. On some Bold Neuroscientific Claims Concerning Human Agency. In: Neuroethics 3, S. 23 – 41, 2010

»Ein Organ allein denkt nicht«

Interview mit Jan Slaby

Für den Philosophen Jan Slaby von der FU Berlin bilden die sprachlichen Fauxpas von Neurowissenschaftlern nur die Spitze eines Eisbergs. Darunter verberge sich ein größerer Irrtum – nämlich die Idee, man könne den ganzen Menschen aus einem seiner Teile erklären.

Jan Slaby

wurde 1976 in Herdecke geboren. Er studierte Philosophie, Soziologie und Anglistik an der Humboldt-Universität zu Berlin und promovierte 2006 an der Universität Osnabrück über den Weltbezug menschlicher Gefühle. Seit 2010 ist Slaby Juniorprofessor für Philosophie des Geistes und der Emotionen an der Freien Universität Berlin (siehe auch: www.janslaby.com).

Herr Professor Slaby, teilen Sie die Kritik an der falschen Redeweise von Hirnforschern, die das Gehirn »vermenschlichen«?
Im Großen und Ganzen ja. Aber dieses Problem wird meines Erachtens überschätzt, vor allem dann, wenn man es isoliert betrachtet. Andere Dinge liegen noch mehr im Argen: Viele Hirnforscher machen überzogene Versprechen, was die Erklärungsmacht ihrer Resultate betrifft, sie erliegen methodologischen Fehlschlüssen, und es mangelt ihnen bis heute an einem tieferen theoretischen Verständnis der Funktionsweise des Gehirns, um nur die wichtigsten Punkte zu nennen.

© Springer-Verlag Berlin Heidelberg 2017
S. Ayan (Hrsg.), *Rätsel Mensch – Expeditionen im Grenzbereich von Philosophie und Hirnforschung*,
DOI 10.1007/978-3-662-50327-0_8

Bleiben wir einen Moment bei der vermenschlichenden Rede. Was genau finden Sie daran problematisch?

Dahinter steht die Tendenz, das Gehirn von vornherein als das Geistorgan anzusehen und sich ihm als solchem zu nähern. Das Gehirn wird also schon im Vorfeld der konkreten Forschung mit einer psychologischen Begriffsmatrix überzogen, indem nach den Grundlagen von Gedanken, Wahrnehmungen, Gefühlen und Entscheidungen gesucht wird. Doch wer nur darauf schaut, wie der menschliche Geist im Gehirn entsteht, dem entgehen womöglich andere wichtige Zusammenhänge. Das Gehirn ist an allen möglichen regulativen Prozessen im Organismus beteiligt, und es ist noch weit gehend offen, auf welchen Funktionsprinzipien seine Aktivität basiert. Die Vorab-Psychologisierung kann Einsichten in die tatsächlichen Abläufe und Dynamiken des neuronalen Geschehens verdecken. Man sollte deshalb eher versuchen, das Gehirn »aus sich selbst heraus« zu verstehen und nicht im Rahmen einer von außen auferlegten Begrifflichkeit. Mehr echte Neurophysiologie mit Methoden aus der Physik und der Systemwissenschaft täte der Neuroforschung gut – und weniger Psychologie!

Ist es denn so schlimm, nicht immer dazuzusagen, dass nur Personen denken, fühlen und handeln können statt des Gehirns? Denn ohne das Gehirn könnte die Person es doch auch nicht!

Wir müssen zwischen notwendigen und hinreichenden Bedingungen unterscheiden. Ich bin ja auch darauf angewiesen zu atmen, um zu denken – doch deshalb denke ich nicht mit der Lunge! Jede Wissenschaft muss spezifizieren, was ein von ihr untersuchtes Phänomen genau ist. Was zum Beispiel ist ein Gedanke? Kann man wirklich sagen, ein Gedanke sei vollumfänglich im Gehirn präsent? Gehören dazu nicht vielleicht auch die Welt selbst, die Phänomene da draußen, über die wir uns den Kopf zerbrechen? Muss man dann nicht vielmehr sagen, Gedanken sind Teil des »situierten«, verkörperten Menschen in seiner Umwelt? Ein Organ allein genügt dafür nicht, selbst die Person allein, ohne ihre Einbettung in die materielle und soziale Umgebung, ist ziemlich hilflos. Wenn es nicht so scheußlich alternativmedizinisch klänge, würde ich sagen: Wir brauchen ganzheitliche Ansätze.

Wo sehen Sie den größten Zündstoff für Konflikte zwischen Philosophie und Neurowissenschaften?

Ganz grundsätzlich im Fehlen einer belastbaren »Gehirn-Theorie«. Die meisten Befunde in den humanen Neurowissenschaften sind lediglich Korrelationen von physiologischen Messdaten mit erlebnispsychologisch beschreibbaren Phänomenen. Nach dem Muster: Wenn jemand verliebt ist, grübelt oder sich unfair verhält, passiert dies und jenes in seinem Kopf. Mittels bildgebender Verfahren, dem ominösen »Blick ins arbeitende Gehirn«, stellt man dabei Zusammenhänge her, die bei näherem Hinsehen allerdings oft nicht eindeutig sind. Viele Hirnareale sind an allen möglichen Leistungen beteiligt – wobei über die genaue Art dieser Beteiligungen bislang nur wenig bekannt ist. Dabei werden die technischen Grenzen etwa der Magnetresonanztomografie, die auf vielen impliziten Annahmen beruht, unter Experten zwar intensiv diskutiert und erforscht; nur für die Außenwahrnehmung der Disziplin spielt das bisher kaum eine Rolle.

Gründet der Dissens nicht auch darauf, dass Geistes- und Naturwissenschaftler solche Methodenfragen oft unterschiedlich bewerten?
Interessanterweise sind sich die Fachleute auf Konferenzen oder ähnlichen Treffen oft erstaunlich einig. Das Problem beginnt meist bei der öffentlichen Vermittlung der Forschung. Hier ist die Versuchung, auf die simplifizierenden Begriffe der Alltagssprache auszuweichen, besonders groß.

Ist das Verhältnis von Philosophie und Neurowissenschaft zwangsläufig eines von »Sprachpolizei« versus »Alleserklärer«?
Eine Sprachpolizei, genauer: Begriffspolizei, ist wichtig, aber man sollte dabei nicht stehen bleiben. Die alte Idee Ludwig Wittgensteins, wonach Philosophieren nichts anderes bedeute, als Sprachkritik zu betreiben, trägt meines Erachtens nicht weit genug, denn Philosophen liefern auch inhaltliche Leitideen. Allerdings sollte man sich vor den Verführungen der Sprache hüten: Die Vermenschlichung des Gehirns und Fehlschlüsse wie die Idee des Homunkulus im Kopf sind schlecht, weil dadurch Pseudoerklärungen in die Welt kommen. Dabei verändert sich Sprache laufend und wird stets auch geprägt von technischen Entwicklungen. Unser Selbstverständnis war immer schon technomorph: Wir reden heute etwa bedenkenlos von Speicherkapazität und neuronaler Verarbeitung. Auch Burnout ist ein technomorpher Begriff. Und das soziale Internet, die Verknüpfung von allem mit allem, läutet schon die nächste Stufe der sprachlichen Überformung ein – die »Facebookisierung« des Gehirns.

Was wäre anders, wenn Hirnforscher neuronale Prozesse nicht derart verabsolutieren würden? Könnten sie dann bessere Experimente planen?
Die meisten Neurowissenschaftler wissen sehr genau, dass sie jeweils nur einen Ausschnitt, einen wichtigen, aber eben nur einen Ausschnitt aus einem ungeheuer komplexen Gefüge betrachten. Gene, Erfahrung, Umwelt, soziale Faktoren, das alles muss zusammenkommen, um so etwas wie Denken oder Emotionen zu ermöglichen. Nicht zuletzt die Erforschung der Neuroplastizität hat gezeigt, dass das dynamische Wechselspiel dieser sich verändernden Einflüsse für das Gehirn essenziell ist. Auch kulturelle Einbettungen spielen dabei eine große Rolle. Das bedeutet: Phänomene nur auf einer einzigen Ebene, etwa der

neurophysiologischen, zu betrachten, kann uns niemals erschöpfende Antworten liefern.

Aber tut Wissenschaft das nicht immer: Sie reduziert Phänomene auf einfache, systematisch untersuchbare Bedingungen und Mechanismen?
Sicher, die Forschung gibt enge methodische Grenzen vor. Aber man sollte sich dieser eben bewusst sein, statt sie auszublenden.

Nehmen wir das Beispiel der Willensfreiheit: Die Experimente von Benjamin Libet und anderen werden häufig kritisiert, weil die dabei untersuchten Entscheidungsszenarien nicht sehr alltagsnah waren. Sind die Resultate – nämlich, dass bewegungsrelevante Hirnpotenziale lange vor dem bewussten Entschluss auftreten, einen Finger zu heben – deshalb nicht valide?
Nicht, wenn es sich um gar keine Entscheidungen handelte! Die Libet-Experimente halte ich für äußerst problematisch, denn hier wird der Bedeutungshorizont einer neurophysiologischen Beobachtung extrem überdehnt: Mit dem Hinweis auf die Bereitschaftspotenziale, die eine Bewegung einleiten, bevor sich ein Proband bewusst dazu entschließt, wurde das Konzept des freien Willens, der Verantwortlichkeit, ja das gesamte Strafrecht in Frage gestellt. Ich denke, hier sollte man besser den Ball flach halten. Das Problem wurzelt letztlich in dem Glauben, wir wüssten im Großen und Ganzen bereits, was ein Willensentschluss oder ein Gedanke ist; nur die beteiligten Hirnprozesse seien noch rätselhaft. In Wahrheit stochern Forscher aber ziemlich im Dunkeln.

Wann erklärt ein neurowissenschaftlicher Befund tatsächlich etwas und beschreibt bestimmte Phänomene nicht bloß auf einer anderen, eben neuronalen Ebene?
Hirnforscher erklären zum Beispiel dann etwas, wenn sie nachweisen können, dass eine psychische Eigenschaft zwingend aus den Eigenschaften des neuronalen Substrats hervorgeht. Aber das ist schwerer, als man denkt. Und sehr vieles, was Neurowissenschaftler bis heute entdecken, sind zwar erste Schritte auf dem Weg zu einer Erklärung. Eine Menge Details müssen aber noch nachgetragen werden. Das ist erstens sehr schwierig, und zweitens verändert es immer wieder die Ausgangshypothesen.

Was heißt das konkret – könnten Sie das an einem Beispiel deutlich machen?
Nehmen wir die bildgebenden Verfahren: Mit ihrer Hilfe findet man Aktivierungen, die mit bestimmten mentalen Leistungen korrelieren. Aber erklärt ist damit noch lange nichts, weil die Aktivierungen viele Ursachen haben können und oft

so grob sind, dass kaum Rückschlüsse auf konkrete physiologische Prozesse möglich sind. Das allermeiste davon hat nicht annähernd den Status von Erklärungen. Selbst als Beschreibung taugt das oft nicht, höchstens als Indiz, ein erster Hinweis auf mögliche Prozesse, die man sich dann genauer anschauen muss.

Woher rührt die anhaltende Faszination für das Gehirn in der Öffentlichkeit?

Es geht dabei um das, was uns als Menschen ausmacht: Geist, Ich, Bewusstsein. Für viele scheint die physiologische Ebene auf Grund ihrer Materialität intuitiv die maßgebende zu sein, wenn es um deren Verständnis geht. Diesen Umstand nutzen Neurowissenschaftler aus: Um ihre sporadischen Befunde herum stricken sie immer wieder faszinierende Geschichten. Wie entsteht die Depression? Was hat es mit den Spiegelneuronen auf sich? Welche Rolle spielen Gefühle beim Entscheiden? Gibt es gar keine Willensfreiheit? Ist das Ich nur eine Illusion? Gepaart mit dem Versprechen, eines Tages psychiatrische und neurodegenerative Erkrankungen heilen zu können, Neuroprothesen zu entwickeln, die Kapazitäten des Gehirns auszubauen, entstand daraus eine regelrechte Zukunftsmaschinerie. Die Realität sieht allerdings anders aus: faszinierend allemal, aber längst nicht so revolutionär, wie es häufig erscheint.

Das Interview führte Gehirn&Geist-Redakteur Steve Ayan.

Webtipp

* Ein Netzwerk von Forschern, die sich mit den Neurowissenschaften kritisch auseinandersetzen: www.critical-neuroscience.org

Nimm's nicht so wörtlich

Dieter G. Hillert

Redewendungen, Metaphern und Ironie scheinen das Gehirn in besonderem Maß zu beschäftigen. Wie der Sprachpsychologe Dieter G. Hillert erklärt, wirken an ihrer Verarbeitung beide Hirnhälften mit.

Auf einen Blick

Komplexe Leistung

1 Figurative Sprache ruft Gefühle und mentale Bilder hervor, die oft das Verstehen fördern.

2 Ihre neuronale Verarbeitung leisten beide Hirnhälften, nicht nur die sprachdominante linke.

3 Vor allem bildliche und mehrdeutige Wendungen aktivieren Areale im rechten Stirn- und Scheitellappen.

Eine Mutter betritt das chaotische Zimmer ihrer Tochter und sagt: »Oh, das ist ja eine tolle Ordnung!« Worauf die Tochter spitz entgegnet: »Das kannst du laut sagen!« Da platzt der Mutter der Kragen. »Räum sofort auf! Hier ist wohl eine Herde Flusspferde durchgetrampelt oder wie?!«

In diesem erfundenen Dialog verwenden Mutter und Tochter bestimmte rhetorische Mittel, um ihre Emotionen zum Ausdruck bringen. Zunächst vermeidet die Mutter eine direkte Kritik und versucht, den sich anbahnenden Konflikt auf ironische Weise zu lösen. Die ebenfalls ironische Reaktion der Tochter zeigt ihr aber, dass sie damit nicht weiterkommt. Daraufhin benutzt sie eine Metapher, den bildhaften Vergleich mit einer Herde Flusspferde, um zu unterstreichen, wie wichtig ihr die Sache ist.

S. Ayan (Hrsg.), *Rätsel Mensch – Expeditionen im Grenzbereich von Philosophie und Hirnforschung*,
DOI 10.1007/978-3-662-50327-0_9

Wenn man solche Ausdrucksweisen, die im übertragenen Sinn gebraucht werden, allzu wörtlich nimmt, ist das oft sehr amüsant. Till Eulenspiegel, der berühmte Schalk aus dem Braunschweiger Land, hat seinen Mitmenschen damit immer wieder Streiche gespielt. So fragt er als Bäckergeselle einmal seinen Meister, was er bis zum nächsten Morgen backen solle. Der Bäcker ruft spöttisch aus: »Was pflegt man denn zu backen? Eulen oder Meerkatzen!« Eulenspiegel hält sich gewissenhaft an den Auftrag und formt aus dem Teig lauter Eulen und Meerkatzen – zum Entsetzen des Bäckers!

Die Geschichten vom Till Eulenspiegel zeigen, wie vieldeutig Sprache sein kann. Um die Absicht des Sprechers richtig zu verstehen, müssen wir stets unser Allgemeinwissen und die jeweilige Situation berücksichtigen. Figurative Sprache (s. Box »Kurz erklärt«) dient hierbei sehr verschiedenen Zwecken: Sie kann unterhalten, schwierige Sachverhalte anschaulich vermitteln oder auch Dinge ausdrücken, für die es (noch) gar keine Wörter gibt. Im Alltag verwenden wir Metaphern, Ironie und bildliche Redewendungen vor allem dann, wenn wir nicht nur Informationen übermitteln, sondern auch Gefühle ausdrücken oder diese bei anderen wecken möchten. Figurative Sprache ermöglicht somit einen besonders lebendigen Austausch.

Kurz erklärt

Zu den häufigsten Formen figurativer Sprache zählen:

Metapher Ausdruck, der nicht in seiner eigentlichen, sondern in einer übertragenen Bedeutung verwendet wird. Die wörtlich bezeichnete und die übertragen gemeinte Sache ähneln sich dabei in einem bestimmten Merkmal. Beispiele: Warteschlange, Flussarm, Fuß des Berges.

Idiom Wortverbindung mit einheitlicher, fester Bedeutung, die nicht aus den einzelnen Teilen abgeleitet werden kann. Wird auch als Redewendung oder idiomatische Wendung bezeichnet. Beispiele: ins Gras beißen, Berge versetzen, Farbe bekennen.

Ironie Äußerung, deren Inhalt vom eigentlich Gemeinten bewusst abweicht – meist in der Erwartung, dass der wahre Sinn verstanden wird. Dient oft dazu, Wertungen indirekt auszudrücken oder versteckten Spott zu üben. Beispiel: »Herrliches Badewetter!«, wenn es stürmt und hagelt.

Es gibt in jeder Sprache Tausende von figurativen Ausdrucksformen, so genannte Tropen. Einer weit verbreiteten Annahme zufolge sind sie eine Art Nebenprodukt des wörtlichen Sprachgebrauchs: Eine Redewendung wie »die Katze aus dem Sack lassen« würde demnach zunächst wörtlich verstanden und erst dann als Einheit in einen anderen Sinnzusammenhang übertragen. Das Verstehen liefe hierbei in zwei Stufen ab.

Wenn dem so wäre, müsste die geistige Verarbeitung von figurativer Sprache deutlich länger dauern und schwieriger sein als die von wörtlich verstehbaren Sätzen. Reaktionszeittests konnten diese Annahme aber nicht bestätigen. Vielmehr zeigte sich, dass die Verarbeitungsgeschwindigkeit von verschiedenen anderen Faktoren abhängt – darunter der Bekanntheit einer Formulierung, ihrer Länge oder davon, inwieweit die bildliche Bedeutung aus den einzelnen Wortbedeutungen abgeleitet werden kann. Insgesamt weisen Experimente von Sprachforschern darauf hin, dass zum Verstehen bildlicher Sprache kein wörtliches Verständnis der Einzelelemente nötig ist. Insofern stellen figurative Ausdrucksformen einen selbstständigen Eintrag des kognitiven Lexikons dar – wie jedes »normale« Wort auch.

Zudem gibt es zwischen wörtlicher und bildlicher Sprache zahlreiche Abstufungen, wie sich in der großen Bandbreite von figurativen Ausdrücken zeigt. Beispielsweise besitzen Ausdrücke wie »Rabeneltern«, »jemanden zur Minna machen« oder »seinen Friedrich Wilhelm daruntersetzen« ausschließlich übertragene Bedeutung, denn eine wörtliche Interpretation ergibt keinen Sinn.

Andere Ausdrücke oder Wendungen wie »Maus« (für Computermaus), »Eselsohren«, »blauäugig sein« oder »das Salz in der Suppe« sind mehrdeutig; sie können sowohl im wörtlichen als auch im übertragenen Sinn verstanden werden. Neu geschaffene, kreative Metaphern wie »die Sonne grinst« oder »Wortblumen für den Strauß der Rede« überwinden schließlich die Grenzen herkömmlicher Bedeutungsfelder und wirken deshalb oft originell oder witzig.

Auch ironische oder sarkastische Formulierungen erregen häufig besondere Aufmerksamkeit. Da ihre Aussage vom eigentlich Gemeinten abweicht – mal drastisch, mal eher augenzwinkernd –, regen sie an, darüber nachzudenken, was wohl dahintersteckt. Dies kann als subtiles Mittel der Kritik dienen: »Ironie ist das Körnchen Salz, durch welches das Aufgetischte erst genießbar wird«, schrieb einst Thomas Mann.

Indem Forscher herauszufinden versuchen, wie wir bildliche Sprache verarbeiten und welche Netzwerke im Gehirn dabei aktiv werden, gewinnen sie Informationen über den Zusammenhang von Sprache und Denken. In die geistige Verarbeitung des figurativ Gemeinten sind dabei verschiedene Hirnregionen eingebunden, je nach Funktion und Komplexität der Aussage, also ob es sich etwa um eine metaphorische oder eine ironische Aussage handelt. Auch Bedeutungsgehalt, Satzlänge, Häufigkeit und Vertrautheit der Wörter kann unterschiedliche neuronale Schaltkreise beanspruchen. Eines hat sich jedoch in Studien immer wieder gezeigt: Beim Verstehen von bildlicher Sprache werden vermehrt beide Hirnhälften aktiv – also nicht nur die sprachdominante linke.

Klassische Trennung von Verstehen und Sprechen
Seit Beginn der modernen Neuropsychologie in der zweiten Hälfte des 19. Jahrhunderts erforschte man Sprachstörungen, die auf Schädigungen der Großhirnrinde beruhen. Wie sich dabei zeigte, stören Hirnverletzungen in der Broca-Re-

gion im linken Stirnlappen sowie in angrenzenden Gebieten die Spracherzeugung bezüglich Satzbau und Wortbeugung. Schädigungen des oberen Schläfenlappens im Bereich des so genannten Wernicke-Areals und in benachbarten Hirnbereichen stören lexikalische Funktionen beim Verstehen von Sprache, etwa das Auffinden und den Abruf eines Inhaltsworts.

Diese klassische Zweiteilung – Spracherzeugung hier, Sprachverstehen dort – gilt heute jedoch als veraltet: Erstens ist es nicht möglich, von Ausfallerscheinungen unmittelbar auf ein allgemeines Modell der Sprachverarbeitung zu schließen. Zweitens entscheidet laut neueren Befunden nicht die sprachliche Modalität (Sprechen, Verstehen, Schreiben und Lesen) darüber, welche neuronalen Netzwerke aktiv werden, sondern die Struktur einer sprachlichen Äußerung. So ist das Broca-Areal offenbar daran beteiligt, bestimmte Satzbaustrukturen zu verarbeiten – unabhängig davon, ob diese erzeugt oder verstanden werden sollen.

Zudem zeigten Studien mittels funktioneller Magnetresonanztomografie (fMRT), dass die Broca-Region nicht ausschließlich für Sprache zuständig ist, sondern auch für Musik und Handlungen. Möglicherweise verarbeitet diese Region allgemein gegliederte Strukturen. Das Broca-Areal hätte demnach keine sprachspezifische Funktion, sondern wäre für unterschiedliche Aufgaben verantwortlich, die wegen ihrer Komplexität einen erhöhten kognitiven Aufwand erfordern.

Ein genaueres Bild zeichnen fMRT-Studien zum Informationsfluss innerhalb des frontotemporalen Netzwerks im Stirn- und Schläfenlappen des Gehirns. Die Verarbeitung der wörtlichen Lautsprache beginnt im linken primären Hörfeld, das mit dem oberen Schläfenlappen verbunden ist. Dieser aktiviert vermutlich benachbarte Regionen, um gespeicherte lexikalische Inhalte abzurufen. Dann wird, falls erforderlich, die abgerufene Information zum Weiterverarbeiten an die Broca-Region gesendet, wo inneres Sprechen das Verstehen ermöglicht. Doch wird auch die nichtwörtliche Redeweise auf diesem Weg verarbeitet?

Als in den späten 1970er Jahren die neuropsychologische Erforschung der figurativen Sprache begann, gingen die Wissenschaftler von der Annahme aus, dass eine strikte Arbeitsteilung zwischen beiden Hirnhälften bestehe: Die linke Hälfte sei für die wörtliche Verarbeitung zuständig und die rechte für die Verarbeitung von »außersprachlichen« Bedeutungen – darunter Metaphern, Ironie und Humor.

Diese Hypothese beruhte vorwiegend auf Patientendaten, wie sie beispielsweise Ellen Winner und Howard Gardner von der Boston University School of Medicine (US-Bundesstaat Massachusetts) im Jahr 1977 erhoben. In ihrer Studie forderten die Forscher hirngeschädigte Patienten dazu auf, Sätze wie »Er hatte ein schweres Herz« einem von mehreren Bildern zuzuordnen. Auf einem Bild hob ein Mann ein übergroßes Herz an, auf dem nächsten war ein weinender Mann zu sehen, auf weiteren Abbildungen wurden einzelne Aspekte der Wortbedeutung (nur ein großes Gewicht oder ein rotes Herz) dargestellt. Sowohl rechtsseitig hirngeschädigte Patienten als auch Sprachgestörte (Aphasiker) hatten Schwierigkeiten mit dieser Aufgabe: Sie verstanden die Sätze oft wörtlich.

Visuell-räumliche Metaphern

Wie kommt es dazu? Metaphern oder andere figurative Ausdrücke erfordern häufig eine visuell-räumliche Verarbeitung, die bekanntermaßen eine Domäne der rechten Hirnhälfte ist. Eine im Jahr 2006 veröffentlichte Studie von Sprachpsychologen um Costanza Papagno von der Università di Milano-Bicocca ergab, dass bei einer Bildzuordnungsaufgabe sowohl Aphasiker als auch rechtsseitig hirngeschädigte Patienten darin beeinträchtigt sein können, bildliche Redewendungen zu verstehen. Letztere hatten vor allem dann Probleme, wenn Beschädigungen im Frontalhirn oder in Arealen vorlagen, die an der Verarbeitung visuell-räumlicher Informationen beteiligt sind. Auch die Großhirnrinde der rechten Hirnhälfte scheint demnach an der Interpretation von figurativer Sprache beteiligt zu sein.

Solche Befunde weisen darauf hin, dass es für das Gehirn eine besondere Herausforderung darstellt, zwischen wörtlich gemeinten und im übertragenen Sinn gebrauchten Formulierungen zu unterscheiden. Wenn etwa der Balken (Corpus callosum), der beide Hirnhälften verbindet, bei Kindern unterentwickelt ist, dann beeinträchtigt das die Zusammenarbeit der Hirnhälften, und es treten Defizite beim Verarbeiten figurativer Sprache auf. Das untermauerte eine Studie, die Wissenschaftler um Joelene Huber-Okrainec von der University of Toronto durchführten. Kinder mit verkümmertem Balken verstanden zwar wörtlich interpretierbare Redewendungen, jedoch nicht solche mit ausschließlich bildhafter Bedeutung. Offenbar beruht die Fähigkeit, übertragene Sinnzusammenhänge herzustellen, auf dem engen Austausch zwischen beiden Hirnhälften.

Idiomatische Wendungen und Metaphern beanspruchen das Gehirn umfangreicher als rein wörtliche Sprache. Ein Beispiel für die Vielfalt der beteiligten Hirnareale lieferte eine Studie von 1994, durchgeführt von Wissenschaftlern um Gabriela Bottini, die damals am Hammersmith Hospital in London arbeitete. Die Forscher fragten gesunde Personen, ob eine Reihe von Sätzen plausibel sei (»Der Junge benutzte Steine als Papiergewicht«) oder nicht plausibel (»Die Dame benutzte einen Eimer als Gehstock«). Auch interpretierbare Metaphern (»Der Kopf des alten Mannes war voll mit toten Blättern«) und nicht interpretierbare (»Die Investoren waren Straßenbahnen«) wurden getestet.

Bei den wörtlichen Aussagen waren linksseitige Aktivitäten im Stirnlappen zu verzeichnen, außerdem im mittleren und unteren Schläfenlappen sowie im Präcuneus, einer Region des Großhirns zwischen den Hirnhälften. Bei bildlichen Aussagen waren die Muster hingegen beidseitig zu beobachten. Die Autoren vermuteten, dass besonders die Beteiligung des Präcuneus auf eine episodisch-bildhafte Verarbeitung von Metaphern hindeutet.

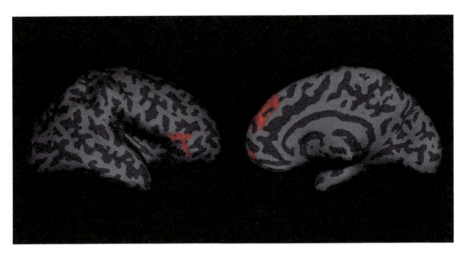

Abb. 1   Sinnentscheidend. Wie der Autor in einer Studie von 2009 zeigte, werden Regionen im linken Stirnlappen unterschiedlich aktiv, je nachdem welche Redewendungen der Hörer verarbeitet: Sind diese vorwiegend bildlich zu verstehen, regt sich vermehrt das Broca-Areal (rechts). Bei mehrdeutigen Ausdrücken hingegen regt sich besonders der präfrontale Kortex (links), der an Entscheidungsprozessen beteiligt ist. (© Dieter G. Hillert)

An der University of California in San Diego (USA) entdeckte ich gemeinsam mit Giedrius T. Buracas, dass der Grad der Bildlichkeit stark mit Aktivitäten in der Broca-Region zusammenhängt. Wir untersuchten, welche Hirnregionen sich vermehrt regten, wenn Hörer kurze Redewendungen verarbeiteten – wiederum entweder wörtlich und bildlich interpretierbare (»Er ließ die Katze aus dem Sack«) oder vorwiegend bildlich interpretierbare (»Sie lebte in einem Elfenbeinturm«). Im Ergebnis zeigten sich zwei Aktivierungsmuster im linken Stirnlappen: Ein Muster wird durch die Verarbeitung von eher bildlich interpretierbaren Redewendungen hervorgerufen, das andere durch mehrdeutige (s. Abb. 1).

Regionen im Frontalhirn und in den Schläfenlappen der rechten Hirnhälfte beteiligen sich also immer dann an der kognitiven Verarbeitung, wenn kreative Sprache verwendet wird, die den Abruf von mentalen Bildern oder Entscheidungsprozesse erfordert. Es gibt allerdings kein fest umrissenes neuronales Netz für figurative Sprache. Dies dürfte einer der Gründe dafür sein, dass computertomografische Untersuchungen der Sprachverarbeitung teils zu widersprüchlichen Ergebnissen führen.

Ist Sprache also gar keine Domäne der linken Hirnhälfte? Die Antwort hängt davon ab, wie man Sprache definiert. Solange man deren pragmatische, semantische und bildliche Aspekte ausklammert, spielt sich die neuronale Verarbeitung wohl tatsächlich vor allem in der linken Hemisphäre ab. Dies würde unserer sprachlichen Realität jedoch kaum gerecht.

Ein Forscherteam um Jean-Baptiste Michel von der Harvard University (USA) durchkämmte etwa fünf Millionen Bücher aus der Datenbank von »Google Books«. Die Analyse der englischen Texte ergab, dass mehr als die Hälfte der Wörter (Eigennamen nicht berücksichtigt) »lexikalisch dunkle Materie« darstellen: Sie sind nicht in Wörterbüchern auffindbar! Dieser dramatisch klingende Befund relativiert sich etwas, wenn man bedenkt, dass Wörterbücher oft keine zusammengesetzten Wörter wie »Walbeobachtung« führen und viele seltene Wörter wie »Serpent« (ein Musikinstrument) auslassen. Dennoch lässt das Ergebnis der Studie darauf schließen, dass die allgemein gebräuchliche Sprache viel reichhaltiger ist, als wir zumeist annehmen.

Die Art einer sprachlichen Äußerung entscheidet offenbar darüber, welche Hirnregionen ihre Verarbeitung beansprucht. Während das Verstehen einfacher Basissätze in der Wernicke-Region nahe dem Hörzentrum stattfindet, erfordert die Verarbeitung komplexerer Sätze insbesondere das linksseitige Frontalhirn. Kommen noch bildliche oder »außersprachliche« Aspekte ins Spiel, wie es im Alltag fast ständig der Fall ist, sind auch Areale im rechten Stirn- und Schläfenlappen beteiligt.

Quellen

- Bottini, G. et al.: The Role of the Right Hemisphere in the Interpretation of Figurative Aspects of Language: A Positron Emission Tomography Activation Study. In: Brain 117, S. 1241 – 1253, 1994
- Hillert, D. G., Buracas, G. T.: The Neural Substrates of Spoken Idiom Comprehension. In: Language and Cognitive Processes 24, S. 1370 – 1391, 2009
- Huber-Okrainec, J. et al.: Idiom Comprehension Deficits in Relation to Corpus Callosum Agenesis and Hypoplasia in Children with Spina Bifida-Meningomyelocele. In: Brain and Language 93, S. 349 – 368, 2005
- Michel, J.-B. et al.: Quantitative Analysis of Culture Using Millions of Digitized Books. In: Science 331, S. 176 – 182, 2011

Im Bann der Bilder

Siri Carpenter

Vom »Fuß der Berge« bis zur »kühlen Schönheit« – unsere Alltagssprache steckt voller Analogien zu sinnlich erfahrbaren Phänomenen. Für Kognitionsforscher ist das weit mehr als nur Spielerei: Es offenbart die enge Verbindung von Körper und Geist.

Auf einen Blick

Wo Körper und Geist sich treffen

1 Laut Kognitionsforschern sind Denken, Wahrnehmen und Motorik eng miteinander verknüpft.

2 So erkennen Probanden, deren Gesichtsmuskeln vorübergehend gelähmt sind, Emotionen schlechter. Auch das Geruchs- oder Tastempfinden kann unsere Urteile beeinflussen.

3 In sprachlichen Metaphern drückt sich laut Psycholinguisten die enge Beziehung von Körper und Geist aus.

Warum schauen wir zu Leuten *auf*, die wir respektieren, und auf jene *herab*, die wir verachten? Warum denken wir *voller Wärme* an die Menschen, die wir lieben, während uns andere *kalt* lassen? Warum wägen wir *gewichtige* Fragen ab und versuchen, Rückschläge *leicht*zunehmen? Warum blicken wir auf gestern *zurück* und dem Morgen *entgegen*?

Solche Redewendungen, die abstrakte Konzepte durch physische Gegebenheiten umschreiben, mögen auf den ersten Blick belanglos erscheinen. Doch laut Forschern können derartige Metaphern wichtige Hinweise darauf liefern, wie wir denken.

© Springer-Verlag Berlin Heidelberg 2017
S. Ayan (Hrsg.), *Rätsel Mensch – Expeditionen im Grenzbereich von Philosophie und Hirnforschung,*
DOI 10.1007/978-3-662-50327-0_10

»Unsere Kognitionen werden durch physisch wahrnehmbare Faktoren wie Wärme, Sauberkeit oder Gewicht beeinflusst«, erklärt der Psychologe Lawrence Barsalou von der Emory University in Atlanta. »Die empirische Beweislast dafür ist erdrückend.« Mit einer heißen Tasse Kaffee in der Hand beurteilen Probanden andere als warmherziger. Ein nach Reinigungsmitteln duftender Raum fördert altruistisches Verhalten. Ein schwerer Ordner, den man beim Ausfüllen eines Fragebogens in der Hand hält, verleiht dem Thema der Umfrage mehr Gewicht. All dies werten Kognitionspsychologen als Belege für »verkörpertes« (englisch: embodied) Denken.

Auch in unserem subjektiven Erleben gehen Denken und Erinnern häufig mit körperlichem Nachempfinden einher: Wenn ich im Geist auf den Urlaubstrip zum Grand Canyon zurückblicke, fühle ich mich ein bisschen wie damals, als ich die majestätische Felsschlucht bewunderte. Schlägt mich ein Roman in seinen Bann, vollziehe ich die im Text beschriebenen Empfindungen der Protagonisten innerlich zu einem gewissen Grad nach.

»Das Gehirn simuliert Erfahrungen, um die Welt zu verstehen«, erklärt Barsalou. Das ist insofern kaum überraschend, da unser Körper die einzige Verbindung zur Außenwelt bildet. Alle unsere Erfahrungen machen wir über die Sinne. Viele Evolutionspsychologen argumentieren sogar, dass unsere hoch entwickelten kognitiven Fähigkeiten auf jahrmillionenalten neuronalen Schaltkreisen basieren, welche ursprünglich für einfachere Wahrnehmungsleistungen oder für Gefühlsreaktionen zuständig gewesen seien. Und genau das bringe die Sprache an den Tag.

Emotionale Zustände spiegeln sich besonders oft in metaphorischen Redewendungen wider: Uns dreht sich der Magen um, wir hüpfen vor Freude oder könnten vor Zorn die Wände hochgehen. Neben dem vegetativen Nervensystem, das Herzfrequenz, Schweißproduktion und Körperspannung reguliert, werden beim emotionalen Erleben häufig auch Gesichtsmuskeln aktiv, die für den Ausdruck von Gefühlen zuständig sind.

Dass die Physiologie auch umgekehrt beeinflusst, wie wir sprachliche Reize beurteilen, ergab bereits in den 1970er Jahren eine mittlerweile klassische Studie unter Leitung des Würzburger Sozialpsychologen Fritz Strack.

Emotionale Muskelspiele

Stracks Probanden fanden vorgelegte Texte dann besonders amüsant, wenn sie dabei einen Stift zwischen den Zähnen hielten, ohne ihn mit den Lippen zu berühren. Dazu mussten sie die gleichen Muskeln aktivieren wie beim Lächeln. Hielten sie den Stift dagegen zwischen den Lippen, wobei sie diese unweigerlich herunterzogen, erschien ihnen das Gelesene weit weniger witzig. Der Forscher schloss daraus, dass die Gesichtsmuskeln Rückmeldungen ans Gehirn senden, die auch unsere Bewertung der Welt prägen können.

Viele Neuroforscher gehen heute davon aus, dass das Gehirn Emotionen nur dann vollständig erfasst, wenn es sie körperlich simuliert. In einer Studie von 2009 maßen Psychologen um Paula Niedenthal von der Purdue University in West Lafayette (USA) mittels Elektromyografie die Aktivität der Gesichtsmuskulatur von Probanden, während diese emotional belegte Begriffe lasen. Wörter, die typischerweise Abscheu hervorrufen – wie zum Beispiel »erbrechen« oder »faul« –, erzeugten eine erhöhte Aktivität der Gesichtsmuskeln zum Hochziehen der Oberlippe, Rümpfen der Nase und Runzeln der Stirn.

Mit Zorn verknüpfte Begriffe wie »töten« oder »wütend« lösten ebenfalls Aktivität in den Stirnmuskeln aus. Begriffe hingegen, die Freude umschreiben (etwa »lächeln«), regten Muskeln an, die die Wangen heben und die Augen mit Lachfältchen umgeben. Anders ausgedrückt: Wir simulieren beim Lesen emotional besetzter Wörter emotionale Zustände – Körper und Denken sind miteinander verflochten.

Was geschieht nun, wenn der mimische Ausdruck von Emotionen blockiert ist? 2009 injizierten der Neurologe Bernhard Haslinger und seine Kollegen an der Technischen Universität München Versuchsteilnehmern Botox in bestimmte Gesichtspartien von Probanden und verhinderten so vorübergehend, dass die Betreffenden die Stirn runzeln konnten. Siehe da: Die Behandlung hemmte die Aktivität in der Amygdala, einer Schlüsselregion der emotionalen Verarbeitung, wenn die Teilnehmer versuchten, ein trauriges Gesicht zu machen – nicht jedoch bei einem fröhlichen Ausdruck, für den das Runzeln der Stirn irrelevant ist.

Wie eine Studie von 2010 belegt, trifft Ähnliches auch für sprachliche Reize zu. Die Psychologen Arthur Glenberg und David Havas an der University of Wisconsin-Madison (USA) berichteten, dass Teilnehmer nach einer Botoxbehandlung gegen Stirnfalten Sätze, die Trauer oder Wut ausdrückten, nicht so schnell verstanden wie freudige Sachverhalte.

Sauber = moralisch?
Doch auch beim Nachdenken über abstrakte Begriffe spielt Körperliches offenbar eine Rolle. Nehmen wir etwa die Verknüpfung von Sauberkeit mit moralischer Reinheit, die schon Shakespeares Lady Macbeth dazu trieb, sich von ihren Sünden reinwaschen zu wollen: Die Psychologen Chen-Bo Zhong von der University of Toronto (Kanada) und Katie Liljenquist von der Northwestern University in Evanston (USA) baten Teilnehmer eines Experiments von 2006 zunächst, sich an eine frühere Handlung zu erinnern, die sie entweder für besonders nobel oder für unethisch hielten. Anschließend galt es für sie eine Reihe von Wortfragmenten zu vervollständigen.

Resultat: Wen nach dem Erinnern des persönlichen Fauxpas das schlechte Gewissen plagte, der ergänzte einen Wortanfang wie »wa ...« häufiger mit »waschen« (statt etwa »wachsen«) oder »Se ...« eher mit »Seife« als zum Beispiel

» Seite «. In einem Folgeversuch wählten 75 % der Teilnehmer, die sich an unethische Handlungen erinnert hatten, als Abschiedsgeschenk ein Erfrischungstuch statt eines Stifts – im Vergleich zu knapp 38 % in der anderen Gruppe.

Jeder vernünftige Mensch weiß zwar, dass Seife kein Fehlverhalten bereinigt. Dennoch scheint diese Verknüpfung tief in uns zu wurzeln. Zhong und Liljenquist vermuten, dass sie von unserem grundlegenden Bedürfnis zeugt, abstrakte Sachverhalte körperlich zu verankern.

Auch unsere natürliche Abscheu gegenüber verunreinigter Nahrung könnte sich nach Ansicht der Forscher auf kulturelle Inhalte ausgedehnt haben – mit der Folge, dass uns moralische Verstöße ebenso bedrohlich erscheinen wie Schmutz.

Dies hat sich bekanntermaßen in der Alltagssprache niedergeschlagen: Wir sprechen von schmutzigen Geheimnissen und einem reinen Gewissen. Unsere Sprache suggeriert zudem, dass Moral eng mit bestimmten Körperteilen verbunden ist, etwa wenn davon die Rede ist, man wolle sich mit einer Sache nicht die Finger schmutzig machen.

Lügenmärchen im Labor
Solche Finessen führten die Psychologen Spike Lee und Norbert Schwarz von der University of Michigan in Ann Arbor zu der Überlegung, ob Menschen moralisches Fehlverhalten regelrecht auch auf bestimmte Körperteile projizieren. In einer Untersuchung von 2010 forderten sie das schauspielerische Talent ihrer Probanden heraus: Diese sollten eine Szene spielen, bei der sie per E-Mail oder Voicemail eine boshafte Lüge über jemand anderen verbreiteten. Dann sollten die Teilnehmer bewerten, wie wichtig ihnen verschiedene alltägliche Konsumgüter erschienen.

Das verblüffende Ergebnis: Wer per E-Mail gelogen hatte, bevorzugte Handreiniger; wessen Flunkerei dagegen per Voicemail übertragen worden war, hob im Schnitt den Wert von Mundspülungen besonders hervor! Freilich blieben diese eigentümlichen Präferenzen den Betreffenden selbst unbewusst – die Probanden ahnten von alldem nichts.

So wie moralische Urteile offenbar eine körperliche Dimension haben, ist auch unsere Vorstellung der Zeit ziemlich real. Der Psychologe Lynden Miles von der schottischen University of Aberdeen und seine Kollegen registrierten in einer Studie von 2010 mittels spezieller Sensoren kleinste Bewegungen von Testpersonen. Auf diese Weise beobachteten sie, dass sich Menschen, die sich an Früheres erinnern, im Schnitt etwa zwei Millimeter zurückneigen, während sie sich bei Gedanken an die Zukunft kaum wahrnehmbar vorbeugen.

Zudem betrachten wir Zeit ganz so, als nehme sie Raum ein. Dabei liegt die Vergangenheit links und die Zukunft rechts – jedenfalls in unserem Kulturkreis. 2010 entdeckten der Psychologe Gün Semin von der Universität in Utrecht und seine Kollegen, dass dieser Links-rechts-Verlauf sich nicht nur auf unsere visuelle Raumwahrnehmung, sondern auch auf unser Gehör auswirkt. Teilnehmer lauschten per Kopfhörer zeitbezogenen Begriffen wie »gestern« und »morgen«, aber auch neutralen wie »identisch«. Die Forscher baten ihre Probanden jeweils anzugeben, ob die eingespielten Wörter in ihrem linken oder rechten Ohr lauter klangen. (Die Wörter ertönten in Wahrheit immer mit exakt gleicher Lautstärke.) Dennoch nahmen die Zuhörer vergangenheitsbezogene Begriffe im linken Ohr und zukunftsbezogene im rechten Ohr subjektiv als lauter wahr.

Oftmals sind unsere Wahrnehmungen und Bewegungen so flüchtig, dass wir ihre Auswirkungen auf unser Denken und Sprechen gar nicht bemerken. Untersuchungen des Psychologen John Bargh von der Yale University in New Haven (USA) und seiner Kollegen ergaben, dass das Ertasten grober Oberflächen soziale Interaktionen ebenfalls eher grob erscheinen lässt und dass wir andere als härter einschätzen, wenn wir harte Objekte berühren!

Einige Theorien zum verkörperten Denken besagen auch, dass es sogar die mentale Leistung verbessern kann, wenn wir dem körperlichen Inszenieren von Ideen mehr Aufmerksamkeit schenken. Kindern hilft das offenbar beim Lernen, wie Studien von Arthur Glenberg und seinen Kollegen gezeigt haben. Grundschulkinder, die beim Lesen die im Text beschriebenen Aktionen mit Spielzeugen oder Bildern nachstellten, entwickelten ein besseres Leseverständnis und einen größeren Wortschatz.

In einem solchen Experiment lasen Kinder eine Geschichte über einen Roboter und sollten die Zahl der Handlungen angeben, die die Maschine vollführt hatte. Der Haken: Die Beschreibung enthielt viele unwesentliche Angaben, etwa über Leute, die der Roboter gegrüßt hatte. Kinder, die das Tun und Lassen des Robos nachstellten, konnten diese Ablenkung eher ignorieren.

»Die Tatsache, dass unser Sprachverständnis ein hohes Maß an Simulation erfordert, wird häufig übersehen«, beklagt Arthur Glenberg. »Wir vertrauen zu sehr darauf, dass Kinder den Sprung vom geschriebenen Wort zur bezeichneten Handlung schon von allein schaffen. Aber ein bisschen Unterstützung kann dabei nicht schaden.«

Quellen

* Barsalou, L.: Grounded Cognition. In: Annual Review of Psychology 59, S. 617 – 645, 2008
* Glenberg, A.: Embodiment as a Unifying Perspective for Psychology. In: Wiley Interdisciplinary Reviews: Cognitive Science 1, S. 586 – 596, 2010
* Miles, L. K. et al.: Moving Through Time. In: Psychological Science 21, S. 222 – 223, 2010
* Niedenthal, P.: Embodying Emotion. In Science 316, S. 1002 – 1005, 2007

Der Körper denkt mit

Katrin Weigmann

Verblüffende Experimente zeigen: Unser Körper spielt beim Denken eine wichtige Rolle. So können gezielte Bewegungen sogar das Lernen im Alltag fördern.

Auf einen Blick

Bewegte Gedanken

1 Körperliche Prozesse prägen unser Denken von klein auf.

2 Das zeigt sich im Gehirn: Dort ist Wissen in erfahrungsabhängigen Netzwerken gespeichert, die auch motorische Areale umfassen.

3 Gezielte Bewegungen können daher vermutlich beim Lernen helfen.

Stellen Sie sich vor, Sie sollten einem Außerirdischen erklären, was eine Tasse ist. »Man füllt Flüssigkeit hinein«, sagen Sie. Unverständnis auf der anderen Seite – der Alien kennt keine Gravitation und versteht deshalb nicht, wieso die Flüssigkeit in der Tasse bleibt. »Bei uns bewegen sich alle Dinge in eine Richtung, die nennen wir ›unten‹«, erklären Sie dem Alien. »Damit die Flüssigkeit in der Tasse bleibt, muss die Öffnung nach ›oben‹ zeigen.« Wie lange wird es wohl dauern, bis der Außerirdische eine Tasse erkennen kann?

Als Nächstes bringen Sie ihm bei, was »Glück« ist. Ein sphärisches Wesen, das außerhalb des Gravitationsfelds schwebt, so schrieben George Lakoff and Mark Johnson bereits 1980, würde glücklich sein kaum als Hochgefühl beschreiben – es kennt ja kein Oben. Das heißt nicht, dass es nicht glücklich sein kann, aber es würde anders darüber denken. Das Gedankenspiel macht deutlich: Wir erlangen Wissen durch Erfahrungen, die wir in Interaktion mit der Umwelt machen. Und

© Springer-Verlag Berlin Heidelberg 2017
S. Ayan (Hrsg.), *Rätsel Mensch – Expeditionen im Grenzbereich von Philosophie und Hirnforschung*, DOI 10.1007/978-3-662-50327-0_11

Abb. 1 Runde Sache. Probanden, die die rechten Linien statt der linken nachzeichne-
ten, waren im anschließenden Test kreativer

so wirken sich räumliche Vorstellungen auf unser Denken aus: Zum Beispiel
assoziieren wir Glück mit oben und Traurigkeit mit unten.

Dennoch halten wir unser Denken gemeinhin für eine abstrakte, vom Körper losgelöste Fähigkeit. Nach dem französischen Philosophen René Descartes
(1596 – 1650) gehört das Denken in den Bereich des immateriellen Geistes und
ist vom mechanisch funktionierenden Organismus unabhängig. Diese Vorstellung hat die Wissenschaft über Jahrhunderte geprägt. Heute begegnen Forscher
dieser Sichtweise zunehmend mit Skepsis. Denn Experimente von Psychologen
und Neurowissenschaftlern zeigen, dass unser Körper das Denken viel stärker
beeinflusst als bisher angenommen.

Mitunter kann man sich über die Wirkung nur wundern: zum Beispiel wenn
die Art und Weise, wie wir einen Stift übers Papier bewegen, unsere Kreativität
verändert. Die US-Psychologen Michael Slepian und Nalini Ambady hatten
2012 ihre Probanden entweder geschwungene oder kantige Formen auf einem
Blatt nachzeichnen lassen (s. Abb. 1). Im Kreativitätstest schnitten jene, die die
eckigen Figuren nachzeichnen sollten, dann im Schnitt schlechter ab. Fließende
Bewegungen fördern offenbar den Ideenfluss.

Zahlreiche Experimente konnten seither den Zusammenhang von Bewegung
oder körperlicher Wahrnehmung mit dem Denken untermauern. Forscher ließen Probanden Puzzles legen, die entweder raue oder glatte Oberflächen hatten
– anschließend lasen die Testpersonen einen Text und sollten den Umgang der
Protagonisten miteinander beurteilen. Nach dem Anfassen von rauen Oberflächen erschien ihnen auch das Zwischenmenschliche »rauer« und ruppiger. Wer
in einem inszenierten Vorstellungsgespräch Kandidaten bewerten sollte, hielt

diese im Mittel für seriöser, wenn die Notizen auf einem schweren Klemmbrett gemacht wurden. Mit einem leichteren Modell ausgestattet, erschien den Probanden der Bewerber dagegen weniger solide.

Untrennbar verbunden

Doch wie kommt es zu solchen Effekten? Der Blick ins Gehirn liefert eine mögliche Erklärung: Wenn wir uns erinnern, nachdenken oder rechnen, sind mitunter dieselben Areale aktiv, die auch Bewegungen steuern oder Formen und Farben wahrnehmen.

Wenn wir etwa einen Hammer sehen, wird ein Netzwerk unterschiedlicher Hirnareale aktiv, zu dem auch der prämotorische Kortex (PMC) gehört – jene Region, die Bewegungen steuert und vorbereitet. Offenbar spielt unser Denkorgan unmittelbar eine Art »motorische Gebrauchsanweisung« ab. Das Wissen um die Handhabung von Objekten lässt sich im Gehirn also nicht von unserem konzeptionellen Wissen trennen.

Wahrnehmen, nachdenken, handeln – diese Funktionen sind im Gehirn nicht klar voneinander abzugrenzen. Es gibt nicht jeweils eine Region, mit der wir sehen, eine andere, mit der wir über Gesehenes nachdenken, und eine dritte, in der unsere Reaktion darauf gesteuert wird.

Nun beschäftigen wir uns aber nicht den ganzen Tag mit handfesten Dingen wie Werkzeugen. »Wir verbringen viel Zeit damit, über sehr abstrakte Dinge wie Freundschaft oder Werte nachzudenken«, sagt der Psychologe Daniel Casasanto. Er untersuchte, wie Bewegung im Raum abstraktes Denken beeinflusst. »Wir nutzen den Raum als ein Gerüst für abstrakte Konzepte«, so Casasanto. So assoziieren die meisten Menschen »links« mit kleinen, »rechts« dagegen mit großen Zahlen. Mit »oben« verbinden wir Glück; geht es uns nicht gut, sind wir »down« oder »in einem Tief«. Die Zukunft liegt räumlich gesehen vor uns, die Vergangenheit hinter uns.

In einer Reihe von Experimenten untersuchte Casasanto 2009, auf welche Weise abstrakte Werte wie Intelligenz, Attraktivität und Ehrlichkeit in unserer Vorstellung räumlich verankert sind. Er bat Probanden, Skizzen von »Außerirdischen« paarweise miteinander zu vergleichen. Ein Alien war dabei jeweils auf der rechten, der andere auf der linken Seite des Fragebogens abgebildet, dazwischen Fragen wie: Welches Wesen sieht intelligenter aus? Welches ist weniger ehrlich? Die meisten Probanden assoziierten positive Eigenschaften eher mit den Aliens auf der rechten Seite, negative mit den linken – obwohl sich die Wesen optisch stark ähnelten (s. Abb. 2).

Rechtshänder finden im Durchschnitt Dinge zu ihrer Rechten besser, bei Linkshändern ist es andersherum. Das erklärt auch Casasantos Studienergebnisse – denn 85 % der Teilnehmer waren Rechtshänder. »Wir beurteilen etwas positiver, wenn wir flüssiger damit interagieren können«, glaubt der Forscher.

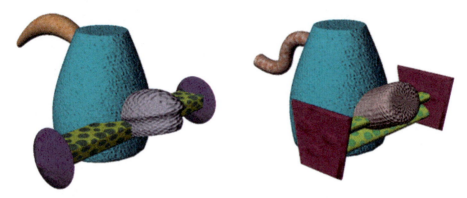

Abb. 2 Kunstwesen. Testpersonen sollten diese »Aliens« bezüglich verschiedener Eigenschaften wie Intelligenz oder Ehrlichkeit einschätzen. Nebeneinander angeordnet, wurde im Schnitt die rechte Figur besser beurteilt, was die Forscher mit der Rechtshändigkeit der meisten Probanden erklären. (Mit freundlicher Genehmigung von Michael J. Tarr, Center for the Neural Basis of Cognition and Department of Psychology, Carnegie Mellon University)

Dass sich dies auch im Alltag bemerkbar macht, zeigte der Forscher 2010 gemeinsam mit Kyle Jasmin vom Max-Planck-Institut in Nimwegen. Die beiden studierten Aufzeichnungen der Fernsehdebatten zu den US-Präsidentschaftswahlen von 2004 und 2008. 2004 waren beide Kandidaten Rechtshänder (John Kerry und George W. Bush), die Kontrahenten von 2008 – Barack Obama und John McCain – dagegen beide Linkshänder. Die Analyse ergab, dass Obama und McCain bei positiven Statements häufiger mit der linken Hand gestikulierten, bei abwertenden Aussagen eher mit der rechten; bei Kerry und Bush war es genau umgekehrt.

Sortieren hebt die Laune

Lassen sich Vorgänge im Kopf auch gezielt durch bestimmte Bewegungsabläufe beeinflussen? Mit seiner Kollegin Katinka Dijkstra von der Erasmus-Universität Rotterdam untersuchte Casasanto den Einfluss von Bewegung auf das Erinnerungsvermögen: Sie ließen Probanden Murmeln sortieren – entweder von einem unteren Fach in ein oberes oder aber von oben nach unten. Derweil befragten sie die Teilnehmer nach persönlichen Erinnerungen. Probanden, die Bewegungen von unten nach oben ausführten, erinnerten sich im Durchschnitt besser an positive Ereignisse, während jene, die nach unten umräumten, eher auf negative Begebenheiten kamen.

»Schon möglich, dass es unsere Stimmung heben würde, wenn wir morgens beim Kaffeetrinken und Zeitunglesen Murmeln sortieren«, scherzt Casasanto. Noch ist allerdings unklar, ob gezielte Bewegung auch allgemein – über das Abrufen von positiven und negativen Erinnerungen hinaus – die Gefühlslage beeinflusst.

Fest steht aber: Der Körper beeinflusst nicht nur unsere Urteile und Emotionen, wir nutzen ihn zudem als Hilfsmittel zum Denken. Für fast alle Kinder der Welt ist die Hand die erste Rechenmaschine, und laut Studien können Erstklässler, die ein ausgeprägtes Körpergefühl in den Fingern haben, ein Jahr später auch besser mit Zahlen umgehen. Von klein auf ordnen wir Zahlen räumlich an, kleine Zahlen assoziieren wir mit links, große mit rechts. Diese räumliche Vorstellung wird ganz unwillkürlich hervorgerufen, wenn wir mit Zahlen konfrontiert sind. Der »Zahlenstrahl« – die Vorstellung einer räumlichen Anordnung von Ziffern – erleichtert es, die Größe der betreffenden Zahl zu begreifen.

Pädagogen beginnen zwar gerade erst, das Lernen mit dem Körper zu entdecken. Doch Casasanto gibt sich optimistisch: »Möglicherweise lässt sich das Lernen verbessern, indem wir durch Bewegung mentale Metaphern aktivieren.« Die Forschung bestärkt ihn in dieser Hoffnung: Wie wir Dinge kategorisieren und Rechenaufgaben lösen, was wir unter Glück verstehen oder wie wir zwischenmenschliche Kontakte beurteilen – all diese höheren kognitiven Fähigkeiten wurzeln in der körperlichen Erfahrung der Umwelt. »Wir haben das Gehirn über Jahrzehnte als vom Körper losgelöst betrachtet«, klagt Casasanto. Diese Zeit scheint nun vorbei.

Quellen

* Casasanto, D.: Embodiment of Abstract Concepts: Good and Bad in Right- and Left-Handers. In: Journal of Experimental Psychology: General 138, S. 351–367, 2009
* Casasanto, D., Dijkstra, K.: Motor Action and Emotional Memory. In: Cognition 115, S. 179 – 185, 2010
* Klein, E. et al.: The Influence of Implicit Hand-Based Representations on Mental Arithmetic. In: Frontiers in Psychology 2, 10.3389/fpsyg.2011.00197, 2011
* Slepian, M. L., Ambady, N.: Fluid Movement and Creativity. In: Journal of Experimental Psychology: General 141, S. 625 – 629, 2012

Wettstreit der Metaphern

Gunnar Grah und Arvind Kumar

Ob Rechenmaschine, Netzwerk oder Datenwolke: Je nach aktuellem Stand der Technik beschrieben Menschen die Arbeitsweise des Gehirns ganz unterschiedlich. Die bildhaften Vergleiche helfen, die Komplexität des Denkorgans zu erfassen, bleiben aber immer vorläufig.

Auf einen Blick

Sprachbilder fürs Gehirn

1 Mit bildhaften Vergleichen versuchen Philosophen und Wissenschaftler seit der Antike, die Arbeitsweise des menschlichen Gehirns zu beschreiben.

2 Diese Metaphern sind Kinder ihrer jeweiligen Zeit. Sie spiegeln den aktuellen Stand der Technik wider und prägen somit die Vorstellung vom menschlichen Geist.

3 Die Begriffsschablonen können helfen, die Komplexität des Gehirns besser zu verstehen. Indem sie eine bestimmte Eigenschaft hervorheben, unterschlagen sie allerdings andere Aspekte, die für das Verständnis ebenso wichtig sein könnten.

Das Gehirn besitzt eine erstaunliche Fähigkeit: Es kann Parallelen zwischen völlig verschiedenen Dingen aufspüren. Das ist überlebenswichtig, um von einer Situation auf eine andere zu schließen und sich unter wechselnden Bedingungen zurechtzufinden. So versucht das Gehirn, durch Analogieschlüsse ein Phänomen zu verstehen und einzuordnen.

Mit dieser simplen Aussage verwenden wir eine in den Neurowissenschaften höchst gebräuchliche Metapher: Wir sprechen vom Gehirn als Person, die Absichten, Wünsche und Pläne hat (zu einer Kritik an diesem Sprachge-

© Springer-Verlag Berlin Heidelberg 2017
S. Ayan (Hrsg.), *Rätsel Mensch – Expeditionen im Grenzbereich von Philosophie und Hirnforschung*,
DOI 10.1007/978-3-662-50327-0_12

brauch (siehe den Beitrag »Forscher beim Wort-TÜV«)). Metaphern sind im täglichen Gespräch ebenso wie im philosophischen und wissenschaftlichen Denken tief verwurzelt. Mit ihrer Hilfe zeigen wir Parallelen auf, die ein schwer zu erfassendes Konzept leichter »be-greifbar« machen. So sucht mancher die »Nadel im Heuhaufen«, ein anderer hat mit einer Bemerkung vielleicht den »Nagel auf den Kopf getroffen«, während ein dritter etwas für »Schnee von gestern« hält.

Auch bei dem Versuch, das Gehirn zu ergründen, haben sich Metaphern als wertvolle Hilfsmittel bewährt. Im Lauf der Jahrhunderte dienten menschengemachte Systeme, mitunter aber auch natürliche Phänomene oft als Anschauungsmaterial. So entstand im antiken Ägypten eine der ersten technischen Metaphern für das Gehirn: Seine stark gefaltete Oberfläche erinnerte die Menschen damals an die als Abfallprodukt der Metallverhüttung entstehende Schlacke – und ähnlich nutzlos schien ihnen auch dieses Gewebe zu sein. Man schrieb stattdessen den Hirnhäuten größere Bedeutung zu, möglicherweise auf Grund von Erfahrungen bei einfachen Gehirnoperationen. Wie der Blick in den Schädel offenbarte, blieben Verformungen der Hirnhäute etwa nach einer Verletzung zurück.

Die Wissenschaft entwickelte sich weiter, und neue, passender erscheinende Metaphern kamen auf. Die Schule des griechischen Arztes und Gelehrten Hippokrates (um 460 – 370 v. Chr.) betrachtete den Körper als ein von Flüssigkeiten gesteuertes System, in dem sich schwarze und gelbe Galle, Schleim und Blut mischten. Gerate das Verhältnis der Körpersäfte aus dem Lot, führe dies zu Erkrankungen von Körper und Geist.

Parallel dazu konstruierten Techniker ausgefeilte hydraulische Apparate, die Hohlräume besaßen. Den Griechen schien daher wie schon den Ägyptern die Hirnmasse uninteressant – sie maßen den flüssigkeitsgefüllten Kammern im Innern des Gehirns, den Ventrikeln, eine größere Rolle für die geistigen Funktionen zu.

Das technische Wissen der alten Griechen kam mit der Renaissance in Mitteleuropa wieder in Umlauf, und ihre Hirnmetaphern dominierten noch zu Beginn der Neuzeit. So sah auch der französische Philosoph und Mathematiker René Descartes (1596 – 1650) in den efferenten Nerven, die Befehle vom Hirn zu den Muskeln leiten, eine Hydraulik am Werk, während er die afferenten, sensorischen Nervenbahnen als Fäden beschrieb, über deren Zugspannung Sinnesreize zum Gehirn gelangten. Die kognitiven Vorgänge siedelte er ebenfalls in den Ventrikeln an, ergänzt durch von ihm postulierte Ventile sowie die Zirbeldrüse als Steuerorgan der Seele. Obwohl Descartes auf eine alte Metapher aufbaute, läutete er eine neue Ära ein: Sein Vergleich des menschlichen Körpers mit menschengemachten Maschinen prägte die Vorstellung bis in unsere heutige Zeit.

Im 17. Jahrhundert herrschten Beschreibungen des Gehirns als mechanisches System vor. Demnach bildeten kleinste Bewegungen und Vibrationen von Partikeln die Grundlage der Denkprozesse, das Zusammenspiel unterschiedlicher Vibrationen führe zu Assoziationen und neuen Ideen. Diese Vorstellung vertrat noch im 19. Jahrhundert der britische Philosoph Herbert Spencer (1820 – 1903). Er verglich die Nerven mit Klaviersaiten, die durch den Geist in Schwingung versetzt werden. Diese Vorstellung ist im Prinzip auch unter heutigen Neurowissenschaftlern populär – wobei sie inzwischen eher an Schwingungen in der elektrischen Aktivität von Nervenzellen denken.

Ein verzauberter Webstuhl
Bis ins 20. Jahrhundert blieben Metaphern von mechanischen Systemen inspiriert: Der britische Neurophysiologe und Medizinnobelpreisträger Charles Sherrington (1857 – 1952) verglich die Arbeitsweise des Gehirns mit der eines verzauberten Webstuhls, »in dem Millionen blitzender Schiffchen ein sich auflösendes Muster weben«.

Geräte sind von jeher eine ergiebige Quelle für Metaphern. Durch den technischen Fortschritt müssen sie allerdings in regelmäßigen Abständen aktualisiert werden. Der 1932 geborene Philosoph John Searle stellte einmal fest: »In meiner Kindheit wurde uns immer versichert, das Gehirn sei ein Telefonschaltbrett.« Doch wer wollte heute noch den Hort von Wissen, Persönlichkeit und allen geistigen Fähigkeiten mit einer Technik von gestern beschreiben?

Nicht nur mit technischen Metaphern ließen sich das Gehirn und seine Funktionen veranschaulichen. Die Abstammungslehre von Charles Darwin (1809 – 1882) und Alfred Wallace (1823 – 1913) erlaubte es, einfache und hoch entwickelte Organismen in einen Zusammenhang zu stellen. Nachdem in embryonalem Gewebe bewegliche Nervenzellen entdeckt worden waren, bot die Vorstellung von individuellen, Verknüpfungen bildenden und lösenden Einheiten eine organische Basis, um Erinnerung und Vergessen, Kreativität und geistige Regheit zu erklären. So sah der Hirnforscher und Kybernetiker Valentin von Braitenberg (1926 – 2011) im Verhalten einfachster Organismen die Grundlage komplexerer Hirnfunktionen. Er stand damit in einer Metapherntradition, die im 19. Jahrhundert ihre Blütezeit erlebte: Polyp und Qualle mit ihren Fangarmen lieferten ein anschauliches Bild für das im wechselseitigen Austausch mit seiner Umwelt stehende Gehirn.

Diese Metaphern traten keineswegs als Konkurrenz zu technischen Vorstellungen auf. Sie koexistierten vielmehr, denn sie verdeutlichten jeweils unterschiedliche Aspekte des Nervensystems. Es entstand somit ein ganz neuer Zweig von Metaphern, und jede von ihnen erzeugte detaillierte Annahmen über die Arbeitsweise des Gehirns.

Eine wichtige und heute noch oft gebrauchte Hirnmetapher ist der Computer. Bereits der deutsche Philosoph und Mathematiker Gottfried Wilhelm Leibniz (1646 – 1716) ging davon aus, dass alle Wahrheiten der Vernunft auf eine Form mathematischer Berechnung zurückgeführt werden könnten. 250 Jahre später hatten Technik und Ingenieurskunst zu den Ideen des Philosophen aufgeschlossen: Elektronische Rechenmaschinen beherrschten nun die Geheimnisse der Logik. Die Computermetapher profitierte auch von Ähnlichkeiten in der Funktion der »Bauteile«, also zwischen Transistoren und Synapsen: Beide nutzen elektrische Signale. Dass man sich das Gehirn als Rechenmaschine vorstellte, lag damit quasi auf der Hand.

Neben der Informatik inspirierte vor allem die Kybernetik die Hirnforschung. Sie erforscht die Regelung von Systemen, die sich aus Automaten, Organismen oder auch Gruppen von Individuen zusammensetzen können. Kybernetiker liefern mathematische Methoden, um die Zusammenhänge zwischen einem Reiz, der Reaktion darauf sowie den vermittelnden kognitiven Prozessen zu verstehen. Gemäß dieser Sichtweise erscheint das Gehirn als dynamisches System, das mit den klassischen Methoden der Thermodynamik, der newtonschen Mechanik und der Theorie der Regelkreise studiert werden kann. Diesem Ansatz zufolge basiert die Arbeit des Denkorgans auf dem Zusammenspiel von verschiedenen Hirnbereichen.

Die Statistik trug ebenfalls dazu bei, Prinzipien der Informationsverarbeitung im Gehirn aufzudecken. So steht es täglich vor dem Problem, dass es sich nicht hundertprozentig auf die Informationen der Sinnesorgane verlassen kann. Die Reize aus der Umwelt treffen nicht immer wohlgeordnet ein, sie können sich gegenseitig überlagern oder unvollständig sein, und die Sinnesorgane selbst mischen statistisches Rauschen in die Signale.

Daher kann das Gehirn keine völlig gesicherten Aussagen über die Welt treffen, sondern nur begründete Vermutungen anstellen, um Voraussagen zu machen und Entscheidungen zu fällen. Statistische Methoden wie das bayessche Theorem liefern in solchen Fällen einen Wahrscheinlichkeitswert, um eine Beobachtung auf eine bestimmte Tatsache zurückzuführen.

Kurz erklärt

Kybernetik (von griechisch *kybernetike* = Steuermannskunst) nannte der US-Mathematiker Norbert Wiener (1894 – 1964) die von ihm begründete Wissenschaft von der Steuerung und Regelung von Systemen. Sie lässt sich auf Maschinen wie auch auf lebende Organismen oder soziale Organisationen anwenden.
Der englische Mathematiker und presbyterianische Pfarrer Thomas Bayes (1701 – 1761) stellte einen mathematischen Satz auf, der die Berechnung bedingter Wahrscheinlichkeiten erlaubt. Das **bayessche Theorem** lieferte eine wesentliche Grundlage der Statistik.

Informatik, Kybernetik und Neurowissenschaft waren im 20. Jahrhundert zwar nicht dabei, sich zu vereinen, aber immerhin stieß man auf eine gewisse Verwandtschaft. Alle drei Wissenschaften versuchen, Prinzipien der Informationsverarbeitung aufzudecken. Hierdurch entstand ein ganz neuer Zweig von

Metaphern, und jede erzeugte detaillierte Annahmen über die Arbeitsweise des Gehirns. Damit erhielten die Hirnmetaphern eine neue Rolle: Sie dienten nicht nur als eine Art Krücke, um über etwas Ungreifbares zu sprechen, sondern lieferten auch Ideen für spezifische Experimente.

Der Siegeszug des Computers ließ eine Metapher zwischenzeitlich fast untergehen: das Gehirn als Netzwerk. Schon Ende des 19. Jahrhunderts, als der spanische Neurowissenschaftler und Medizinnobelpreisträger Santiago Ramón y Cajal (1852 – 1934) die Feinstruktur des Gehirns analysierte, wurde klar, dass es sich um ein System verknüpfter Nervenzellen handelt. Zur gleichen Zeit breiteten sich die Telegrafenleitungen wie ein Geflecht über die Kontinente aus. Doch die Rechnermetapher wurde so mächtig – auch wenn sie einen Großteil der biologischen Komplexität des Gehirns ignorierte –, dass das Bild des Netzwerks bis zum Beginn des 21. Jahrhunderts kaum eine Rolle spielte.

Erst im vergangenen Jahrzehnt hat sich das geändert; das Netzwerkkonzept eroberte Wissensbereiche von der Quantenmechanik bis hin zur Soziologie. Der Erfolg des Internets dürfte die Popularität dieser Metapher vorangetrieben haben. Diese Betrachtungsweise inspiriert vor allem Methoden, mit denen sich die Zusammenhänge zwischen der Aktivität von Nervenzellen und den feinen Netzwerkstrukturen des Gehirns untersuchen lassen.

Allerdings könnte das Interesse am »Cloud Computing«, also an der Verteilung von Rechen- und Speicherleistung auf eine ganze »Wolke« von Computern, die Netzwerkmetapher bald wieder verblassen lassen. Dann wird das Augenmerk darauf liegen, dass kein Areal des Gehirns für sich allein eine kognitive Leistung erbringt – und es somit zwecklos ist, Fähigkeiten und Eigenschaften ausschließlich bestimmten Bereichen unseres Denkorgans zuzuordnen. Neurowissenschaftler werden sich dann vor allem fragen, wie Informationen von den Sinnesorganen schnell und effizient an verschiedene Regionen verteilt und nach ihrer Verarbeitung wieder zusammengeführt werden.

Der Neurowissenschaftler Karl Pribram von der Georgetown University entwickelte bereits 1969 ein weiteres, mutiges Bild: das holografische Gehirn. Hologramme sind Interferenzmuster, die aus mehreren Lichtwellen unterschiedlicher Phasen und Frequenzen bestehen. Sie besitzen eine große Kapazität, Informationen zu speichern. Gehirn und Hologramm ähneln sich in ihren Speicher- und Abruffähigkeiten sowie in der Robustheit gegenüber Beschädigungen. Pribrams Metapher des Hologramms setzte sich allerdings kaum durch.

Amoklauf der Sinnbilder

Und heute? Die Germanistin Juliana Goschler von der Universität Oldenburg hat in ihrer Dissertation die Metaphernverwendung in zwei kompletten *Gehirn&Geist*-Jahrgängen untersucht. Sie zeigte, dass dem Gehirn häufig Eigenschaften einer Person zugeschrieben werden, gleichzeitig aber die technischen

Metaphern als gebräuchliche Formulierungen dominieren (»feuernde« Neurone, »Kurzschlüsse«, »Schaltkreise«).

Die Geschichte der Hirnforschung legt nahe, dass auch die Netzwerk- und Computermetaphern neuen Bildern Platz machen werden. Welche das sein werden, können wir heute noch nicht erahnen. Doch eines ist sicher: Auch dann werden wieder Metaphern dazu beitragen, dass wir uns das Gehirn begreiflich machen.

Hierin liegt aber auch eine Gefahr: Indem Metaphern stets nur einen Aspekt hervorheben, lenken sie die Aufmerksamkeit fort von anderen, die vielleicht ebenso wichtig sind. Kathleen Slaney und Michael Maraun von der Simon Fraser University in Burnaby (Kanada) sprechen sogar von einem »Amoklauf« der Metaphern.

Die Psychologen kritisieren, dass manche sprachliche Analogien grundsätzlich unlogisch sind, die Grenze zwischen dem Gehirn und seinem Besitzer verwischen oder in ihrer Bildhaftigkeit mehr Verwirrung als Klarheit schaffen. Wenn Forscher von Karten, Kodes und Repräsentationen sprächen, umgingen sie die zentrale Frage, *wer* denn hier eigentlich denkt und handelt. Slaney und Maraun befürchten, dass damit, wenn auch unabsichtlich, die Idee eines »kleinen Männchens« im Kopf, des Homunkulus, am Leben bleibt.

Bewusst eingesetzte Metaphern können jedoch die Diskussion über ein schwer fassbares Phänomen bereichern und sogar neue Experimente anstoßen. Sie sind somit mehr als mentale Krücken, die wir benötigen, solange wir etwas nicht vollständig verstanden haben. Vor diesem Hintergrund sollten wir das Beste aus der Fülle der sprachlichen Bilder machen und mit ihrer Hilfe über das Gehirn in all seiner Vielfalt sprechen.

Quellen

- Goschler, J.: Metaphern für das Gehirn. Eine kognitiv-linguistische Untersuchung. Frank & Timme, Berlin 2008
- Slaney, K. L., Maraun, M. D.: Analogy and Metaphor Running Amok: An Examination of the Use of Explanatory Devices in Neuroscience. In: Journal of Theoretical and Philosophical Psychology 25, S. 153 – 172, 2005
- Smith, C. U. M.: The Use and Abuse of Metaphors in the History of Brain Science. In: Journal of the History of the Neurosciences: Basic and Clinical Perspectives 2, S. 283 – 301, 1993

Webtipp

- Mehr Informationen zum Freiburger Exzellenzcluster BrainLinks-BrainTools siehe: www.brainlinks-braintools.uni-freiburg.de

Das Hypothesen testende Gehirn

Manuela Lenzen

Unser Bild der Welt wird stets auch davon geprägt, was wir erwarten. Denn das Gehirn macht fortwährend Annahmen über die Umgebung und führt sie mit den Sinnesdaten zusammen. Forschern zufolge stellt das ein grundlegendes Arbeitsprinzip unseres Denkorgans dar.

Auf einen Blick

Kristallkugel im Kopf

1　Unser Gehirn erzeugt ständig Vorhersagen darüber, was als Nächstes passieren wird. Dabei greift es auf Erfahrungen zurück, um aus vielen möglichen Prognosen die wahrscheinlichste auszuwählen.

2　Dieses Verfahren erlaubt es, Sinneseindrücke schnell zu verarbeiten, weil das Gehirn nicht die gesamte Information analysieren muss, sondern nur die Abweichungen vom erwarteten Zustand.

3　In Experimenten lässt sich das ausnutzen, um unser Denkorgan zu überlisten. So kann man Menschen zum Beispiel leicht glauben machen, eine Gummihand gehöre zu ihrem Körper.

Neulich im Keller: Auf der Suche nach dem Glas mit den eingelegten Kürbissen tritt Frau Meier ans Vorratsregal hinten in der Ecke. Da flackert die altersschwache 40-Watt-Birne, gibt ein Zischen von sich und ist hinüber. Auf einen Schlag herrscht Finsternis. Frau Meier streckt die Arme aus und tastet sich Schritt für Schritt in Richtung Treppe vor. Irgendwo standen doch die Fahrräd ... Autsch! – hier war das also. Etwas nach links und weiter. Hoppla! Da ist wohl schon die erste Stufe.

© Springer-Verlag Berlin Heidelberg 2017
S. Ayan (Hrsg.), *Rätsel Mensch – Expeditionen im Grenzbereich von Philosophie und Hirnforschung*,
DOI 10.1007/978-3-662-50327-0_13

Auch wenn Frau Meier den Keller nicht sehen kann, hat sie doch ein Bild von ihm im Kopf – in diesem Fall eine Erinnerung. Nun prüft sie, wie weit diese Vorstellung zutrifft. Sie setzt vorsichtig einen Fuß vor den anderen und umrundet alle vermuteten Hindernisse. Wenn sie anstößt, korrigiert sie ihren Weg. Genau so agiert unser Gehirn – nicht nur im Dunkeln, sondern immer. Das glaubt jedenfalls eine wachsende Schar von Neurophysiologen, Kognitionsforschern und Philosophen, die sich der Theorie vom Hypothesen testenden Gehirn verschrieben haben.

Ob wir uns durch dunkle Räume tasten, mit Kollegen sprechen oder selig träumen: Dieser Theorie zufolge stellt unser Denkorgan stets Vermutungen darüber an, was als Nächstes passieren könnte, und gleicht sie mit den Sinnesinformationen ab. Stimmen Vorhersage und sensorischer Input überein, ist alles bestens. Wenn nicht, bemüht sich das Gehirn, die Diskrepanz zu beheben. Hierfür kann es entweder seine Prognose berichtigen (»die Fahrräder stehen wohl doch weiter links«) oder dafür sorgen, dass sich die einlaufenden Signale ändern (»einen Schritt seitwärts und weiter – aha, jetzt ist da kein Hindernis mehr«).

Damit bewältigen wir ein Problem, das so alt ist wie das Leben: die Notwendigkeit, Kontakt zur Umwelt zu halten. Organismen entstehen, indem sie sich von ihrer Umgebung abgrenzen, ob nun als einzelliges Bakterium oder als hoch organisierte Lebensform mit einem Gehirn, das wohlverwahrt im stabilen Schädel liegt. Je komplexer der Organismus, desto kniffliger die Verbindung nach draußen. Zwar scheint die Welt klar und deutlich vor uns zu liegen, wenn wir sie anschauen. Doch darüber vergessen wir leicht, dass das Einzige, zu dem unser Gehirn unmittelbaren Zugang hat, seine eigenen Zustände sind. Das Bild, das wir mit den Augen sehen, entsteht bei komplizierten Verarbeitungsschritten in der Netzhaut, im Sehnerv, im Zwischenhirn sowie in der Großhirnrinde.

»Wahrnehmen« kann für das Gehirn deshalb nichts anderes bedeuten, als aus der Veränderung des eigenen Zustands darauf zu schließen, was draußen in der Welt passiert. Der Erste, der diesen Gedanken formulierte, war der Physiker und Physiologe Hermann von Helmholtz (1821 – 1894). Allerdings sind die inneren Zustände denen der Umgebung nicht eindeutig zugeordnet. »Stellen Sie sich etwa vor, Sie sitzen in Ihrem Haus, hören ein Klopfen und fragen sich, wo es herkommt«, erläutert der Philosoph Jakob Hohwy von der australischen Monash University das Problem. »Hämmert ein Specht an die Wand, schlägt der Nachbar einen Nagel ein, oder klappert ein defektes Gerät?« Wenn man noch nie einen Specht in der Gegend gesehen hat und die Geräte im Haus alle intakt sind, der Nachbar aber neulich erzählt hat, er wolle Bilder aufhängen, entscheidet man zu Gunsten der zweiten als wahrscheinlichster Variante.

Ganz analog arbeitet das Gehirn. Es greift auf Erfahrungen zurück, um aus den vielen möglichen Erklärungen für eine bestimmte Wahrnehmung die wahrscheinlichste auszuwählen. Wenn wir ein Foto anschauen, das eine Gesichts-

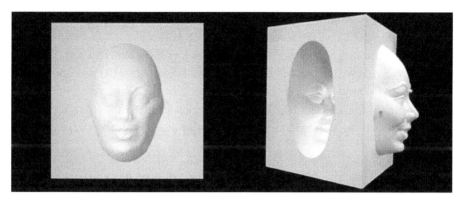

Abb. 1 Formfehler. Blicken wir von hinten in ein Hohlgesicht, scheint es so, als wölbe es sich zu uns hin statt von uns weg (links). Das funktioniert sogar, wenn wir ein »korrektes« Gesicht als Vergleich unmittelbar daneben sehen (rechts). Der Grund: Unser Gehirn stülpt das Abbild virtuell um, damit es plausibler wird (Kroliczak, G. et al.: Dissociation of perception and action unmasked by the hollow-face illusion. In: Brain Research 1080, S. 9–16, 2006, fig. 1; Abdruck genehmigt von Elsevier/CCC)

maske von hinten zeigt, scheint es uns oft so, als würden wir sie von vorn sehen (s. Abb. 1 links). Der Grund: Die Maske auf dem Foto wölbt sich vom Betrachter weg, und das widerspricht unserer Alltagserfahrung, stets nur Gesichter zu sehen, die sich zu uns hin wölben. Das Gehirn löst diesen Konflikt auf, indem es das abgebildete Antlitz virtuell umstülpt und somit als »von vorn betrachtet« interpretieren kann.

Vom Märchen beeinflusst
Lesen wir die Geschichte von Hänsel und Gretel und bekommen unmittelbar darauf ein Porträt präsentiert, dass sich sowohl als alte wie auch als junge Frau interpretieren lässt, sehen wir eine betagte Dame, weil wir noch an die Hexe denken. Der Vorteil liegt vermutlich in einer Zeitersparnis: »Ein Gehirn, das auf Voraussagen gestützt arbeitet, kann viel schneller reagieren als eines, das immer erst sämtliche einlaufenden Informationen abwarten und analysieren muss«, erklärt Werner Schneider, Psychologe an der Universität Bielefeld.

Die Idee vom Hypothesen testenden Gehirn wurde zuerst für die visuelle Wahrnehmung formuliert und später auf weitere kognitive Leistungen angewendet, etwa auf das Riechen, Hören, Lernen oder Schlussfolgern. Viele Forscher sind optimistisch, dass mit ihr eine einheitliche Theorie der Hirnfunktionen gefunden ist. Karl Friston, Professor für Neurologie am University College London, hat auf Basis der Informationstheorie eine mathematische Grundlage für dieses Gedankengebäude entwickelt. Sie erlaubt es, Vorhersagen über die neuronale Aktivität unseres Denkorgans zu treffen. Das macht die Theorie attraktiv, weil empirisch prüfbar. »Dieser Ansatz soll Wahrnehmen und Handeln erklären und alles Mentale dazwischen«, begeistert sich Jakob Hohwy. »Er wird stark beeinflussen, wie wir uns und unsere Stellung in der Welt beurteilen.«

Nach früheren Vorstellungen erleben wir die Welt mehr oder weniger passiv. Die neue Perspektive dreht das Bild um: Unsere Erwartungen formen, was wir wahrnehmen; Gedächtnis und Wahrnehmung sind untrennbar verknüpft. Die Welt drängt sich uns somit nicht auf, sondern sie antwortet gewissermaßen auf die Fragen, die unser Gehirn ihr stellt.

Belege dafür stammen vor allem aus Untersuchungen zur Architektur und den Aktivitätsmustern des Gehirns. »Hirnareale sind nie nur in einer Richtung miteinander verbunden, es gibt immer auch rückführende Verbindungen; im sensorischen System bilden sie sogar die Mehrheit«, erklärt Schneider.

Lars Muckli und seine Kollegen vom Centre for Cognitive Neuroimaging der University of Glasgow haben 2010 zahlreiche Studien ausgewertet, in denen Forscher den primären visuellen Kortex – den Teil der Großhirnrinde, der für das Sehen zuständig ist – mittels funktioneller Magnetresonanztomografie untersucht hatten. Die Analyse ergab, dass dieses Areal viel stärker damit beschäftigt ist, Rückkopplungssignale aus übergeordneten Hirnregionen zu verarbeiten, als damit, Informationen aus dem Sehapparat aufzubereiten. So erwies sich die Aktivität des primären visuellen Kortex als überraschend unabhängig von äußeren Reizen: Mehr als 90 % der Impulse, die in ihn einlaufen, stammen nicht etwa aus der Sehbahn, sondern aus anderen Bereichen der Großhirnrinde.

Schon in den 1990er Jahren begannen sich Forscher zu fragen, wozu die vielen Rückkopplungsschleifen im Gehirn gut sind. 1999 beschrieben der Neurobiologe Rajesh Rao (damals am Salk Institute in Kalifornien) und der Computerwissenschaftler Dana Ballard die so genannten nichtklassischen Effekte von Neuronen des visuellen Kortex. Bis dahin glaubte man, die Nervenzellen in diesem Areal seien allesamt dafür zuständig, visuelle Informationen zu repräsentieren. Doch die Funktionsweise mancher Neurone lässt sich viel stimmiger erklären, wenn man annimmt, dass sie die eingehenden mit erwarteten Signalen vergleichen, stellten Rao und Ballard fest.

Die Forscher bezeichneten diese Neurone deshalb als »Fehlerfinder« und beschrieben deren Aktivität mit dem Begriff des »predictive coding« – zu Deutsch: voraussagendes Kodieren. Dieses Verfahren ist aus Telefontechnik und Datenverarbeitung bekannt. Statt das gesamte Signal zu übertragen, reicht es oft aus, nur die Abweichung vom vorhergehenden Signal zu berücksichtigen. Beim Überspielen einer Bilddatei etwa ist es nicht sehr sinnvoll, für jeden einzelnen Bildpunkt gesondert die Farbe anzugeben. Nur wenn die Farbe sich von einem zum nächsten Punkt ändert, muss das übermittelt werden.

Indem man allein Abweichungen vom Erwarteten kodiert, reduziert man den Übertragungsaufwand und erhöht die Verarbeitungsgeschwindigkeit. Die

Theorie vom Hypothesen testenden Gehirn geht davon aus, dass den meisten Hirnfunktionen ein ähnliches Prinzip zu Grunde liegt.

Interessant ist nur das Neue

Untersuchungen mittels funktioneller Magnetresonanztomografie belegen, dass Signale im Gehirn unterschiedlich abgeschwächt werden, je nach Neuigkeitswert. Melden die Sinnesorgane eine Wahrnehmung, die der Normalität entspricht – etwa wenn Sie Ihr Büro betreten und alles so vorfinden wie immer –, stimmen vorausgesagtes und eingehendes Signal sehr gut überein. Beide werden voneinander abgezogen, wobei kaum etwas übrig bleibt. Öffnen Sie hingegen die Bürotür und sehen eine Klapperschlange auf Ihrem Schreibtischstuhl, passen vorhergesagtes und eingehendes Signal nicht zusammen. Die große Differenz zwischen ihnen wird als Prognosefehler an Neurone höherer Hierarchiestufen übermittelt.

Einfache Experimente machen deutlich, wie kreativ unser Gehirn zu Werke geht, wenn wir unsere Umwelt wahrnehmen. Bekommen wir ins linke Auge das Foto eines Gesichts projiziert und ins rechte Auge das Foto eines Hauses, sehen wir die beiden Objekte abwechselnd. Statt die Bilder zu verschmelzen, lässt das Gehirn die bewusste Wahrnehmung zwischen ihnen hin- und herspringen. Der Grund: Unser Denkorgan versucht, die widersprüchlichen Signale vom linken und rechten Auge sinnvoll zusammenzuführen und schlüssig zu interpretieren. Das gelingt bei so unterschiedlichen Objekten aber nicht. Also entscheidet sich das Gehirn für eine der beiden Alternativen, mal für die eine und dann wieder für die andere.

Das funktioniert sogar, wenn man zusammengesetzte Bilder präsentiert, jedes Auge also auf ein halbes Gesicht und ein halbes Haus blickt. Auch jetzt sehen wir abwechselnd ein Haus und ein Gesicht – jeweils vollständig. Das Gehirn manipuliert die Informationen der Sinnesorgane also massiv, um Sinn in die Welt zu bringen.

Einige Forscher meinen, dass ein Großteil unseres Handelns darauf gerichtet ist, Voraussagefehler zu minimieren: Es soll möglichst wenig Unvorhergesehenes passieren. Aber wie können wir mit einem derart konservativen Denkapparat neugierig oder abenteuerlustig sein?

»Tatsächlich sind wir nur in einem sehr trivialen Sinn konservativ«, beruhigt der Philosoph Jakob Hohwy, »nämlich insofern, als wir uns gewöhnlich in Situationen bewegen, in denen wir uns behaupten können.« Neugier, selbst die Suche nach dem extremen Kick, ist mit diesem Konservatismus nicht nur vereinbar. Wir müssen uns sogar regelmäßig auf Neues einlassen und die Welt erkunden, um langfristig die Kontrolle zu bewahren, meint Hohwy: »Auf lange Sicht vermindert das Suchen nach Neuem die Voraussagefehler, weil wir dadurch lernen, besser in einer veränderlichen Umwelt zurechtzukommen.«

Echte oder virtuelle Realität?

Wenn das Gehirn unsere Wahrnehmung so aktiv beeinflusst wie geschildert – ist dann überhaupt die Frage sinnvoll, ob wir die Welt so wahrnehmen, wie sie wirklich ist? Psychologe Werner Schneider verneint dies. »Die Vorstellung einer ›Welt an sich‹ ist völlig unklar. Wir können unsere Umgebung nur über unsere Sinnesorgane wahrnehmen; für ein Wesen mit anderen Sinnesorganen sieht sie ganz anders aus.«

Andy Clark hingegen, Philosoph an der University of Edinburgh, ist der Ansicht, dass wir durchaus die »echte« Welt erleben und keine virtuelle Realität: »Unser Gehirn lernt das Voraussagen, indem es auf die statistischen Regelmäßigkeiten der Umgebung reagiert.« Wahrnehmung sei zwar ein aktiver, konstruierender Prozess – doch der werde anhand von Rückmeldungen aus der Umwelt korrigiert.

Die Welt erscheint uns verlässlich, obwohl das Gehirn tatkräftig manipuliert, was wir von ihr sehen. Das liegt zum einen daran, dass sie tatsächlich vorhersagbar ist. In einer chaotischen Umgebung könnte kein noch so aktives Denkorgan eine Struktur entdecken. Zum anderen funktioniert auch das Gehirn stabil – meist jedenfalls. »Wenn unsere Erwartungen ein zu großes Gewicht bekommen und nicht mehr hinreichend von Sinneseindrücken korrigiert werden, sehen wir Dinge, die nicht da sind«, erklärt Schneider. So stellen sich Halluzinationen ein oder psychische Störungen. »Es genügen dann beispielsweise schon kleinste Auslöser, damit wir einen anderen Menschen als feindlich ansehen.«

Das andere Extrem könnte der autistischen Störung zu Grunde liegen. Die Betroffenen, so die These, halten die Welt für sehr verlässlich und messen den eigenen Prognosen wenig Bedeutung bei. Sie betrachten die Umgebung daher sehr eingehend, nehmen Details extrem wichtig und orientieren sich weniger an Kontextinformationen. Dies führt zu exzessiver Beschäftigung mit dem Augenblick, zu einem fehlenden Gesamtbild und zu geringerer Toleranz gegenüber Veränderungen – genau so, wie es Störungen aus dem autistischen Spektrum entspricht.

Psychologen wissen inzwischen, dass sich auch das gesunde Gehirn samt seiner Prognosen leicht aufs Glatteis führen lässt. Hohwy nennt als Beispiel die Gummihand-Illusion: Eine Versuchsperson positioniert ihren Arm so, dass er für sie selbst nicht zu sehen ist, etwa unter einer Tischplatte. Nun legt der Versuchsleiter einen Gummiarm direkt darüber auf den Tisch. Berührt er dann gut sichtbar die Kunststoffgliedmaße und zur gleichen Zeit die nicht sichtbare echte Hand, bekommt der Teilnehmer schon bald das Gefühl, die künstliche Hand gehöre zu seinem Körper. Offenbar erscheint es dem Gehirn in diesem Fall als nicht plausibel, den Gummiarm für ein körperfremdes Objekt zu halten, weshalb es die Wahrnehmung entsprechend beeinflusst.

Verschobenes Selbstbild

Wenn die Probanden erst einmal das Gefühl gewonnen haben, die künstliche Gliedmaße sei ein Teil von ihnen, »empfinden« sie dessen Berührungen sogar, wenn die Gummihand vor ihren Augen in die Luft gehalten wird. Und ersetzt der Versuchsleiter sie durch eine kleine Schachtel, meinen die Probanden es körperlich zu spüren, wenn diese angefasst wird.

Es gibt noch mehr solcher kuriosen Beobachtungen: Schütteln sich zwei Personen die Hand und die eine sieht sich per Kamera dabei selbst zu – quasi durch die Augen der anderen –, fühlt sie sich wie im Körper des Gegenübers. Wird die Kamera auf eine hölzerne Gliederpuppe montiert, so dass die Versuchsperson am Bauch der Puppe herabblicken kann wie am eigenen, dann »spürt« sie es, wenn jemand den Holzkameraden berührt. Setzen die Wissenschaftler nun noch eine künstliche Spinne auf den Arm der Gliederpuppe, bekommen die Teilnehmer den unerfreulichen Eindruck, dass das Tier auf ihrem eigenen Arm herumkrabbelt. Fazit: Das Ergebnis kann noch so unsinnig sein, unser Gehirn wird nicht müde, Erwartungen und Sinneseindrücke miteinander zu verschmelzen.

Die Theorie vom Hypothesen testenden Gehirn vermag scheinbar unvereinbare Dinge zusammenzuführen: Wahrnehmen, Handeln und Vorstellen erweisen sich als enge Verwandte. Selbst der Geist, von dem in den Arbeiten der Forscher erstaunlich selten zu lesen ist, wird so fassbar. »Der Geist, das sind die Prognosen unseres Denkorgans, verstanden als Wahrscheinlichkeiten, die in den Hirnneuronen und ihren Verknüpfungen realisiert sind«, erklärt Friston.

»Wir können ganz hervorragende Fragen stellen, wenn wir uns auf die Idee vom Hypothesen testenden Gehirn stützen, doch unser Denkorgan ist zu komplex, als dass es sich auf einen einzigen Mechanismus reduzieren ließe«, konstatiert Werner Schneider. So ist etwa Aufmerksamkeit nicht dasselbe wie Erwartung, auch wenn beide oft zusammenwirken. Erwartungen sind Hirnzustände, die Wahrscheinlichkeiten angeben, wobei sie sich auf frühere Erfahrungen stützen. Sie erleichtern dem Organismus die Wahrnehmung, indem sie die Menge der möglichen Interpretationen einschränken.

Aufmerksamkeit hilft dabei, nur solche Reize zu verarbeiten, die für unsere Ziele von großer Bedeutung sind. Denn sie blendet Dinge aus, die für uns gerade irrelevant sind. Dabei hat sie neuronal den gegenteiligen Effekt wie die Erwartung: Während Letztere die neuronale Aktivität senkt, wenn etwas Vorhergesehenes passiert, lässt die Aufmerksamkeit sie ansteigen. Zum Beispiel, wenn wir mit der Absicht, eine Tasse Tee zuzubereiten, in die Küche kommen und unser suchender Blick auf die vertraute Teedose fällt.

»Beide Mechanismen zusammen ergeben einen genialen Filtermechanismus«, sagt Gernot Horstmann, Psychologe an der Universität Bielefeld. »Alle eingehenden Reize werden auf Neuigkeit und Relevanz bewertet. An das irrelevante Erwartete verschwenden wir keine kognitive Energie; taucht hingegen etwas Unerwartetes und Relevantes auf, befassen sich höhere Hirnregionen damit.«

Unser Gehirn tut also noch einiges mehr, als Hypothesen zu testen. Um seine komplizierte Arbeitsweise zu entwirren, bleibt den Forschern nichts anderes übrig, als so vorzugehen wie das Denkorgan selbst: Hypothesen und Prognosen aufzustellen und sie anhand von Rückmeldungen aus der Realität zu überprüfen.

Quellen

- Clark, A.: Whatever Next? Predictive Brains, Situated Agents, and the Future of Cognitive Science. In: Behavioral and Brains Sciences 36, S. 181 – 204, 2013
- Hohwy, J.: The Predictive Mind. Oxford University Press, Oxford 2013
- Muckli, L.: What Are We Missing here? Brain Imaging Evidence for Higher Cognitive Functions in Primary Visual Cortex V1. In: International Journal of Imaging Systems and Technology 20, S. 131 – 139, 2010

Die Gabe der Sprache

Annette Leßmöllmann

In der Linguistik prallen starke Theorien auf experimentelle Ergebnisse von Hirnforschern und Psychologen. Dabei stellt sich immer wieder die große Frage: Was macht die menschliche Sprachfähigkeit aus?

Auf einen Blick

Sprich!

1 Zu den Rätseln der Linguistik zählt, was die menschliche Sprache so einzigartig macht und wie die Muttersprache das Denken prägt.

2 Hirnregionen, die als Sprachzentren fungieren, tun dies offenbar weniger spezifisch, als Forscher lange Zeit annahmen.

3 Umgekehrt beschränkt sich die Sprachverarbeitung nicht nur auf das Broca- und das Wernicke-Areal, die bei den meisten Menschen in der linken Hirnhälfte liegen. Viele weitere Hirnregionen sind ebenfalls beteiligt.

Menschen können sprechen. Diese simple Wahrheit hat unzählige Forschungsarbeiten angestoßen, die im Kern immer wieder um die gleichen Fragen kreisen: Was genau macht die menschliche Sprachfähigkeit einzigartig – was können wir, was Meisen, Hunde und Schimpansen nicht können? Wie ist diese Fähigkeit entstanden und warum? Wie wird Sprache im Gehirn verarbeitet? Können wir nur über das nachdenken, wofür wir Wörter haben? Wie viel Gestik braucht die Sprache? Und stiftet es womöglich Chaos in Kinderköpfen, wenn die Kleinen mit mehr als einer Muttersprache aufwachsen?

Das vergangene Jahrzehnt hat dabei viele Grundsatzdebatten gesehen. So untergruben Studien von Evolutionsbiologen und Verhaltensforschern die An-

© Springer-Verlag Berlin Heidelberg 2017
S. Ayan (Hrsg.), *Rätsel Mensch – Expeditionen im Grenzbereich von Philosophie und Hirnforschung*,
DOI 10.1007/978-3-662-50327-0_14

nahme, das menschliche Sprachvermögen sei einzigartig im Tierreich: Schimpansen und Hunde können die Bedeutung von bis zu 200 Wörtern lernen. Ein Graupapagei kombinierte sogar Objekt- mit Farb-»Wörtern« und kam so zu verfeinerten Kategorien. Zebrafinken schmettern komplizierte Lautfolgen, die sich in Silben unterteilen lassen, und scheinen ihre »Sprache« ganz ähnlich zu erwerben wie Menschen.

Schaltet man im Erbgut der Vögel das Gen *FOXP2* aus, so tragen die Tiere einen wesentlich eintönigeren Gesang vor. Auch der Mensch besitzt diese Erbanlage, und wenn sie mutiert ist, kann das bei den Betroffenen zu schweren Artikulationsstörungen führen.

Angeborene Fähigkeiten scheinen also bei der menschlichen Sprachkompetenz eine Rolle zu spielen. Vermutlich sind sie das Ergebnis evolutionärer Selektion. Die menschlichen Sprachen zeichnen sich nicht nur dadurch aus, dass sie viel mehr Begriffe umfassen als etwa Tiersprachen; sie erlauben es auch, Begriffe kreativ und variantenreich zu kombinieren, wobei komplizierte Sätze entstehen. »Schachtelsätze«, wäre Noam Chomskys Antwort auf die Frage, was die menschliche Sprache so besonders macht. Für den Linguisten vom Massachusetts Institute of Technology in Cambridge (USA) lag das Besondere unserer Sprache in der Fülle möglicher Muster, nach denen Wörter zu funktionellen Einheiten kombiniert werden können.

Diese Auffassung kritisieren viele Forscher – unter ihnen Michael Tomasello, Direktor am Max-Planck-Institut für evolutionäre Anthropologie in Leipzig. Symbole und Bedeutungen seien es, die die menschliche Sprache ausmachen, argumentiert er. Je weiter sich der Mensch evolutionär entwickelt habe, umso feiner habe er das Geschehen in seiner Umwelt kognitiv verarbeiten können und desto differenzierter sei seine Ausdrucksweise geworden. Irgendwann habe er angefangen, Sätze zu bilden, weil er damit auch kompliziertere Gedanken mitteilen konnte – und nicht, weil eine angeborene Universalgrammatik à la Chomsky es verlangt habe.

Auch Daniel Everett glaubt nicht an die Sache mit den Schachtelsätzen. Der Linguist und Anthropologe verbrachte sieben Jahre beim Volk der Pirahã im Amazonasgebiet und weiß Verblüffendes über ihre Sprache zu berichten, die äußerst ungewöhnlich zu sein scheint: keine verschachtelten Nebensätze, kaum Zahlwörter, so gut wie keine Unterscheidung zwischen Gegenwart und anderen Zeiten. Everett sieht die Ursache hierfür im fundamentalen Einfluss der Kultur auf die Sprache: »Offenbar bringen die Pirahã das nicht von Geburt an mit«, erklärt der Forscher. Er geht davon aus, dass die Pirahã bestimmte Dinge einfach nicht tun wollen, etwa zählen – und dass deshalb Zahlwörter für sie überflüssig seien.

Viele offene Fragen

Zur Evolution der Sprachen gibt es noch viele unbeantwortete Fragen. Neue Impulse auf diesem Gebiet kamen manchmal aus unerwarteter Richtung, etwa aus der Spieltheorie. Wie Gerhard Jäger von der Universität Tübingen vor einigen Jahren zeigte, kann man mit ihrer Hilfe nachvollziehen, warum fast alle Sprachen in ihrem Lautrepertoire die Vokale a, e, i, o und u aufweisen oder zumindest eine Auswahl daraus. Demnach lassen sich diese Laute akustisch besonders gut unterscheiden – im Gegensatz etwa zu ü und ö – und erleichtern damit die Kommunikation. Sie sind also nützlich und gehören wohl deshalb zu den »Gewinnern« im Prozess der Sprachentstehung.

In den zurückliegenden zehn Jahren rückten auch sprachbegleitende Gesten vermehrt in den Blick der Forscher, nachdem diese sich lange auf die reine Lautsprache konzentriert hatten. Gebärden unterstreichen das Gesagte und transportieren die Botschaft effektiver zum Adressaten – und sie helfen dem Sprachgedächtnis auf die Sprünge, wie Untersuchungen gezeigt haben. Das entspricht der These des »Embodiments«, der zufolge Intelligenz einen Körper benötigt. Michael Tomasello hält Gesten für den Ursprung der Lautsprache.

Ein ganz besonderer Körperteil bleibt in der Sprachforschung nach wie vor das Gehirn. Kein Gehirn & Geist, der jemals Sprachthemen behandelt hat, griff nicht irgendwann zum Telefonhörer und bestellte beim Illustrator ein Gehirn mit bunten Flecken. Rot, blau, gelb oder grün, dick gelackt oder dünn punktiert zeigen sie Areale an, in denen Sprache verarbeitet wird. Aber was genau passiert dort und in welcher Form? Die Entwicklung der letzten Jahre zeigt, dass dabei auch als etabliert geltendes Lehrbuchwissen wissenschaftlich immer wieder neu verhandelt wird.

Die Idee der Sprachzentren im Gehirn stammt aus der Zeit, als man nur per Ausschlussprinzip an sie herankam: Sie fielen lediglich auf, wenn sie fehlten oder verletzt waren. Auf diese Weise lokalisierten der französische Arzt Pierre Paul Broca (1824 – 1880) und der deutsche Psychiater Carl Wernicke (1848 – 1905) unabhängig voneinander die nach ihnen benannten Hirnareale. Das Broca-Areal galt als zuständig dafür, dass wir Wörter und Sätze hervorbringen können, denn wenn es ausfällt, kann sich der Betroffene kaum noch artikulieren. Carl Wernicke dagegen lieh seinen Namen der Region, in der das Verstehen von Sprache abzulaufen schien. Zwei wesentliche Fragen tauchten auf: Bedeutet die Existenz der beiden Sprachzentren, dass es nur diese gibt? Und welche Elemente der Sprachfähigkeit sind es, die »erfolgreiche Produktion« einerseits und »Sprachverstehen« andererseits bedingen?

Die erste Frage konnte mittels Neuroimaging-Methoden klar mit Nein beantwortet werden: Die Sprachfähigkeit beschränkt sich nicht auf diese beiden Gebiete, die bei den meisten Menschen in der linken Hirnhälfte liegen. So hat sich gezeigt, dass sowohl für das Verstehen als auch für das Produzieren von Sprache die Textmelodie wichtig ist – und diese quasimusikalische Komponente verarbeitet das Gehirn der meisten Sprecher auf der rechten Seite. Zudem sind beim Kommunizieren noch andere Hirnregionen aktiv, etwa der Thalamus beim

Verstehen von sprachlichen Fehlern. Ihn hatte man im neuronalen Konzert der Sprachverarbeitung lange als unbeteiligt angesehen.

Die zweite Frage richtet sich darauf, was das Broca- und das Wernicke-Areal konkret tun. Eine Zeit lang war es üblich, im Broca-Areal die grammatikalischen Fähigkeiten zu vermuten, das heißt das Beherrschen der Sprachregeln (Syntax), während man dem Wernicke-Areal eher die Aufgabe zuschrieb, Wortbedeutungen (also die Semantik) zu entschlüsseln. Allerdings hatte es vor Broca und Wernicke bereits Vertreter von holistischen Thesen gegeben, die annahmen, das Gehirn sei immer als Ganzes an der Sprachverarbeitung beteiligt. Auch heute wieder stellen manche Forscher das »Baukastenprinzip« des Gehirns in Frage – unter anderem deshalb, weil sich Syntax und Semantik nicht immer so klar unterscheiden lassen.

Kurz erklärt

Die Syntax ist in der Grammatik die Lehre vom Satzbau. Sie umfasst die Regeln, nach denen Wörter zu größeren Einheiten zusammengestellt werden.
Als **Semantik** bezeichnet man die Lehre von der Bedeutung sprachlicher Zeichen – etwa von Wörtern.

»Der Kuchen bäckt den Konditor«

Forscher um Herman Kolk von der Universität Nimwegen (Niederlande) sowie um Gina Kuperberg vom Massachusetts General Hospital in Boston (USA) haben hierzu eine überraschende Beobachtung gemacht. Sie untersuchten Hirnstrommuster von Probanden, die Sätze hörten wie »Der Kuchen bäckt den Konditor« – also Aussagen mit korrektem Satzbau, aber inhaltlich unmöglicher Bedeutung. Die Hirnreaktionen der Teilnehmer fielen jedoch so aus, als handle es sich um grammatikalische Fehler. Offenbar, so folgerten die Sprachforscher Ina Bornkessel-Schlesewsky und Matthias Schlesewsky, greifen Syntax und Semantik hirnphysiologisch enger ineinander als gedacht.

Die beiden Neurolinguisten leiten aus sprachvergleichenden Untersuchungen ab, dass »Form« und »Bedeutung« je nach Sprache unterschiedlich stark miteinander verrechnet werden, so dass die Bedeutung sogar manchmal die Rolle der Form, also der Syntax, übernimmt. Das widerspricht der Annahme, dass im Gehirn aller Menschen die Trennung zwischen Form und Inhalt, aber auch die Zusammenarbeit zwischen den entsprechenden Hirnarealen auf gleiche Weise geregelt sei. Damit nehmen die Forscher eine Gegenposition zu Altmeister Noam Chomsky ein, der von einer universal gültigen Unterscheidung der Bereiche und von einem Primat der Grammatik ausgeht.

Auch wenn die Funktion des Broca- und des Wernicke-Areals sowie weiterer an der Sprachverarbeitung beteiligter Hirnregionen umstritten ist: Noch gehen viele Wissenschaftler von funktionalen Trennungen im Gehirn aus. Vom Broca-Areal wird angenommen, dass es zwar an der Sprachverarbeitung beteiligt ist, aber deutlich weniger spezifisch als bislang gedacht – vielleicht wirken in ihm eher übergeordnete Kontrollmechanismen.

Wenn so viele Hirnregionen gleichzeitig in die Sprachverarbeitung involviert sind, wie arbeiten sie dann eigentlich genau zusammen? Klar ist immerhin, dass dies über Faserverbindungen geschieht. Bereits Carl Wernicke ging von solchen Verbindungen zwischen dem Broca- und dem Wernicke-Areal aus. Er nahm zudem an, dass sich im Gehirn bei jeder zu erledigenden Aufgabe verschiedene Areale zusammentun, die mitunter weit auseinanderliegen können. Eine Auffassung, die heute viele Hirnforscher teilen. »Die Funktion liegt im Netzwerk«, sagt etwa Angela D. Friederici, Leiterin der Abteilung für Neuropsychologie am Max-Planck-Institut für Kognitions- und Neurowissenschaften in Leipzig. Wie sich mittlerweile gezeigt hat, verknüpfen zwei verschiedene Nervenbahnen die Sprachzentren im Gehirn.

Die eine Verbindung in diesem »Zweiwegesystem« erlaubt es, dass Menschen Wörter und Sätze nachsprechen können, auch wenn sie inhaltsleer sind. Dieses so genannte dorsale Fasersystem – der Name leitet sich von seiner »rückenwärtigen« Lage zwischen Broca- und Wernicke-Areal ab – ist bereits bei Kindern ausgebildet und ermöglicht ihnen, Lautfolgen nachzuplappern. Doch mit dem Papageiendasein ist es in Sachen Sprache bekanntlich nicht getan.

Kurz erklärt

Das Broca-Areal, ein Gebiet in der Großhirnrinde, liegt meist in der linken Hirnhälfte. Es ist wichtig für die Sprachproduktion und galt lange als Sitz der grammatikalischen Fähigkeiten.
Das Wernicke-Areal ist meist ebenfalls in der linken Hirnhälfte lokalisiert und von großer Bedeutung für die Sprachverarbeitung. Es spielt eine Rolle beim Entschlüsseln von Wortbedeutungen.

Warum lernen Kinder so schnell?

Es muss also eine weitere Verbindung geben, in der die Bedeutung des Gesagten berücksichtigt wird, so dass wir eine Aussage wirklich verstehen können. Offenbar bildet sich diese zweite Nervenbahn – die »ventrale«, also »bauchwärts« gelegene – erst später in der menschlichen Entwicklung aus. Dies könnte erklären, warum Kinder mit deutscher Muttersprache im Alter von sechs Jahren noch Schwierigkeiten haben, Sätze mit ungewöhnlicher Grammatik richtig zu interpretieren, etwa »Den Tiger schubst der Bär«.

Eine der großen Fragen in der Linguistik lautet nach wie vor, warum Kinder ihre Muttersprache so viel rascher erwerben als Erwachsene eine Fremdsprache.

Offenbar handelt es sich um Lernvorgänge, denen unterschiedliche Prozesse im Gehirn zu Grunde liegen. Je früher und besser wir eine zweite oder dritte Sprache erlernen, desto näher kommt das Verarbeitungsmuster im Gehirn dem beim Erwerb der Muttersprache – was übrigens auch für die Gebärdensprache gilt.

Was uns zu der spannenden Frage führt: Denken Kinder in ihrer Muttersprache anders als in einer zweiten, die sie etwas später erlernt haben? Haben wir andere innere Einstellungen, wenn wir eine Fremdsprache sprechen? Manche Forschungsergebnisse legen tatsächlich nahe, dass Sprache kognitive Prozesse prägt. Doch denkt ein deutscher Muttersprachler deshalb grundsätzlich anders als ein Chinese? Stimmt es, dass Franzosen schlechtere Geschäftspartner sind als Amerikaner, weil es im Französischen keinen Begriff gibt, der direkt dem Wort »accountability« (Haftung) entspricht?

Die amerikanischen Linguisten Edward Sapir und Benjamin Whorf waren nach Feldstudien in der ersten Hälfte des 20. Jahrhunderts zu dem Schluss gekommen, dass, wer anders spreche, auch anders denke. Diese Annahme wurde, nach einer kurzen Phase der Popularität, stark kritisiert. Zum einen erwiesen sich empirische Befunde insbesondere von Benjamin Whorf später als nicht zutreffend. Zum anderen ging die »Sapir-Whorf-Hypothese« zu sehr am wissenschaftlichen Zeitgeist vorbei, der von der Idee einer universalen Denkstruktur geprägt war.

Inzwischen erlebt diese Hypothese eine Art Wiedergeburt, und viele Forscher neigen mittlerweile zu der Ansicht, dass Wörter bestimmen können, wie wir etwas wahrnehmen. Umstritten ist nach wie vor, ob davon auch abzuleiten sei, wie sich die Weltsicht der verschiedenen Muttersprachler unterscheidet.

Eine weit reichende Interpretation der Sapir-Whorf-Hypothese besagt, dass man nur denken kann, wofür man Wörter hat. Das wäre, was die spitzen Federn der Linguistik-Blogger im renommierten »Language Log« (s. Webtipp) die »No word for X-fallacy« nennen: der Fehlschluss, dass bestimmte Gedanken von vornherein unmöglich sind, nur weil angeblich ein Wort dafür fehlt. Ganz abgesehen von dem kulturellen Vorurteil, das hier mitschwingt, hieße das: Man bräuchte nur ein Wort in eine Sprache einzuführen, um bestimmte Probleme zu lösen.

Mehr Anklang findet deshalb die schwache Auslegung der Sapir-Whorf-Hypothese: Sprachen teilen das Außersprachliche in verschiedener Weise auf. Das Denken wird dabei auf Domänen heruntergebrochen, die sich experimentell untersuchen lassen. Da geht es etwa um die Wahrnehmung von Farben oder darum, wie Menschen die räumliche Umwelt repräsentieren. Doch wie kann man nicht sprachliche Konzepte – »das Denken« – unabhängig von der Sprache untersuchen? Ein Beispiel hierfür führt Klaus Wilhelm im nachfolgenden Beitrag (s. den Beitrag »Gedacht wie gesprochen«) auf: Er berichtet von den Studien der Kognitionsforscherinnen Lera Boroditsky von der University of California in San Diego und Caitlin Fausey von der Stanford University. Die beiden hatten untersucht, wie gut sich Probanden an Filmszenen erinnern. Dabei hing es von der Muttersprache der jeweiligen Person ab, wie sie die Szene verinnerlichte.

»Sprache formt das Denken« ist eine Aufsehen erregende These, vor allem, wenn sich daraus vermeintlich kulturtypische Charaktereigenschaften ableiten lassen. Kritiker monieren, dass »das Denken« ein weites Feld sei, das nicht allein über Sprachanalysen zu erfassen sei.

Der Linguist Geoffrey Pullum von der University of Edinburgh sowie der Brown University (USA) unterstellt Whorf sogar eine naive Sichtweise darauf, was eigentlich ein »Wort« sei. Haben die Inuit wirklich mehr Wörter für Schnee? Nein, sagt Pullum, zumindest nicht, wenn man lexikografisch sauber arbeite. Und selbst wenn es so wäre – was genau sage es über die Inuit aus? Auch die Neuropsychologin Angela Friederici meint, dass geistige Konzepte, die in Wortbedeutungen stecken, experimentell schwer zu erfassen seien.

Dass Studien über den Zusammenhang von Sprache und Denken oft um die Frage kreisen, wie wir Farben bezeichnen, kommt nicht von ungefähr: Es ist ein experimentell einigermaßen fassbares Gebiet. Hier zeigte sich, dass Menschen mit verschiedenen Muttersprachen die Welt tatsächlich etwas anders wahrnehmen. Es gibt also durchaus wissenschaftliche Daten, die auf unterschiedliche Arbeitsweisen des Gehirns hindeuten, trotz fulminanter Erfolge von Autoren wie Steven Pinker von der Harvard University, der von einer universalen Sprachfähigkeit ausgeht.

Die Debatte geht weiter – und vermutlich haben am Ende beide Seiten Recht: Es gibt bestimmte Fähigkeiten, die alle Menschen teilen, und Ansätze davon finden sich schon bei einigen Tieren. Aber vielleicht sind diese gar nicht sprachspezifisch. Und zugleich gibt es in unserem Sprachgebrauch kulturell und sprachlich bedingte Unterschiede.

Webtipp

* Linguisten debattieren über neue – und manchmal auch alte – Forschungsergebnisse der Sprachwissenschaft (auf Englisch): www.languagelog.com

Quellen

* Bornkessel-Schlesewsky, I. et al.: Think Globally: Cross-Linguistic Variation in Electrophysiological Activity during Sentence Comprehension. In: Brain and Language 117, S. 133 – 152, 2011
* Regier, T. et al.: Language and Thought: Which Side are you on, anyway? In: Malt, B., Wolff, P. (Hg.): Words and the Mind: Perspectives on the Language-Thought Interface. Oxford University Press, New York 2010

Gedacht wie gesprochen

Klaus Wilhelm

Prägen die Besonderheiten der Muttersprache, wie Menschen die Welt wahrnehmen und Urteile fällen? Lange galt dies als bloße Spekulation. Doch nun finden Forscher immer neue Belege dafür, dass Grammatik und Wortschatz auch unser Denken beeinflussen – auf oft subtile Weise.

Auf einen Blick

Sprache ist relativ

1 Wahrnehmen, Denken und Urteilen von Menschen unterliegen subtilen Voreinstellungen, die auch linguistisch bedingt sind.

2 Probanden reagieren schneller auf Sinnesreize, für die sie verschiedene Begriffe haben, und verbinden je nach Muttersprache andere Eigenschaften mit Objekten.

3 Die verbreitete These, der Mensch könne nur das begreifen, wofür er auch Wörter besitzt, ist dennoch falsch. Denn die Bedeutungsnuancen anderer Sprachen können wir lernen.

Lera Boroditsky bewegt ihre Hand in Richtung einer Kaffeetasse, die vor ihr auf dem Schreibtisch steht. »Wenn ich die Tasse jetzt berühre und sie hinunterfällt, würde ein englischsprachiger Beobachter sagen: Sie hat die Tasse umgeschmissen. Selbst wenn es nur ein Versehen war!« Im Japanischen, erklärt die junge Forscherin von der Stanford University weiter, zähle dagegen die Absicht. Wenn jemand mutwillig eine Tasse umwerfe, komme eine andere Verbform zum Einsatz, als wenn es sich um einen Unfall gehandelt habe. »Die Tasse ist von selbst umgefallen«, würde es dann sinngemäß heißen.

© Springer-Verlag Berlin Heidelberg 2017
S. Ayan (Hrsg.), *Rätsel Mensch – Expeditionen im Grenzbereich von Philosophie und Hirnforschung*,
DOI 10.1007/978-3-662-50327-0_15

Linguisten verzeichnen dies als weitere Besonderheit mancher der etwa 7000 Sprachen der Welt. Doch Boroditsky ist Kognitionswissenschaftlerin und interessiert sich dafür, was solche Unterschiede über den Geist aussagen. »Sprachliche Merkmale beeinflussen, wie sich Menschen an vergangene Ereignisse erinnern«, erklärt die Forscherin.

Das habe zum Beispiel Konsequenzen für die Glaubwürdigkeit von Augenzeugen. Zusammen mit ihrer Mitarbeiterin Caitlin Fausey veröffentlichte Boroditsky 2010 und 2011 zwei Studien, in denen US-Amerikaner, Spanier und Japaner unter einem Vorwand verschiedene Filme zu sehen bekamen. Zwei Schauspieler brachten darin Ballons zum Platzen, zerstörten Eier und verschütteten Getränke, entweder mutwillig oder anscheinend unabsichtlich. Kurz darauf sollten die Versuchspersonen angeben, was sie in den Videos beobachtet hatten – so, als würden sie als Zeugen vor Gericht aussagen.

Tatsächlich wirkte sich die Muttersprache der Probanden auf deren Erinnerungen aus. Wenn sie etwa gefragt wurden, welcher der beiden Männer den Ballon zum Platzen gebracht hatte, erinnerten sich Sprecher aller Nationalitäten gleich gut – aber nur, wenn der Schuldige dem Anschein nach mutwillig gehandelt hatte. Bei Unfällen indes konnten sich die spanischen und japanischen Muttersprachler schlechter als die amerikanischen Probanden erinnern, welche der beiden Personen sie verursacht hatte. Ihr Gedächtnis funktionierte ansonsten jedoch genauso gut wie das der englischsprachigen Teilnehmer, wie Kontrollversuche bewiesen.

Schuldig oder nicht?

Sprache beeinflusst also offenbar, wie wir etwas wahrnehmen und wie gut wir uns daran erinnern. Oder provokanter formuliert: Amerikaner unterstellen anderen Menschen eher eine Absicht als Spanier oder Japaner. Denn englische Muttersprachler neigen genau wie deutsche dazu, Geschehnisse mit einem verantwortlichen Akteur zu beschreiben. »Sprecher des Japanischen und Spanischen«, so Boroditsky, »setzen dagegen einen anderen Schwerpunkt.«

Allerdings könnten auch kulturelle Unterschiede hinter den Gedächtnislücken der Spanier und Japaner stecken. Vielleicht sind sie von ihren Eltern eher dazu erzogen worden, vorsichtig mit Schuldzuweisungen umzugehen? Doch wie ein Experiment von Fausey und Boroditsky aus dem Jahr 2010 belegt, lässt sich der Einfluss der Sprache auf das Denken auch innerhalb einer Kultur nachweisen.

Die Forscher hatten ausschließlich Amerikanern einen Text vorgelegt, in dem der legendäre Auftritt der Popstars Janet Jackson und Justin Timberlake in der Halbzeitpause des Superbowl (dem Endspiel um die US-Football-Meisterschaft) 2004 beschrieben wurde. Zu Beginn ihres Duetts hatte Timberlake seine Hand auf Jacksons Top gelegt und einen Teil des Kostüms heruntergerissen, was eine Brust der Sängerin entblößt hatte.

Trug Timberlake nun die Schuld an dem Missgeschick oder nicht? Die Probanden bekamen eine von zwei Versionen des Vorfalls zu lesen, die sich nur in wenigen Details unterschieden. In der einen Variante hieß es beispielsweise, »er öffnete einen Druckknopf und riss die Corsage entzwei«, in der anderen dagegen »ein Druckknopf öffnete sich und die Korsage riss entzwei«. Wer den ersten Text zu lesen bekommen hatte, verurteilte Timberlake anschließend zu einer deutlich höheren (fiktiven) Geldstrafe als die Leser der passiven Beschreibung. Das war selbst dann der Fall, wenn beide Gruppen vorher dasselbe Video des Auftritts zu sehen bekommen hatten!

»Allein die Wortwahl«, sagt Boroditsky, »verändert, wie wir über einen Vorfall denken.« Daher fragt sich die Psychologin, ob die feinen Unterschiede zwischen den Sprachen – etwa, ob sie Geschehnisse vorzugsweise mit einem handelnden Akteur beschreiben oder nicht – die kognitiven Prozesse ihrer Sprecher grundlegend beeinflussen. Interpretiert ein Spanisch sprechender Richter einen Satz wie »Das Gewehr ging los« anders als ein Englisch sprechender? Leben Menschen mit unterschiedlichen Muttersprachen gar gedanklich in verschiedenen Welten?

Renaissance von Sapir und Whorf

Davon waren die US-Wissenschaftler Edward Sapir (1884 – 1939) und Benjamin Whorf (1897 – 1941) überzeugt. Sie schufen in den 1930er Jahren die nach ihnen benannte Sapir-Whorf-Hypothese. Die Annahme: Da Sprache die Art unseres Denkens fundamental präge, sollten Sprecher verschiedener Sprachen die Welt unterschiedlich wahrnehmen.

In der Folgezeit sammelten Forscher einige Daten, die diese Idee zu stützen schienen. So gebrauchen etwa die Zuni, ein Indianerstamm aus Nordamerika, dasselbe Wort für Gelb und Orange. Tatsächlich konnten sie sich in einer Studie schlechter als weiße US-Amerikaner daran erinnern, ob ein zuvor gesehenes Objekt gelb oder orange war. Doch spätestens Anfang der 1970er Jahre begann das empirische Fundament der Theorie zu bröckeln.

Obwohl beispielsweise die Dani aus Neuguinea nur zwei Farbwörter kennen (in etwa »hell« und »dunkel«), zeigten Experimente der Psychologin Eleanor Rosch von der University of California in Berkeley, dass sie farbliche Nuancen genauso differenziert wie englische Muttersprachler wahrnehmen.

Gleichzeitig gewann die Idee des berühmten Linguisten Noam Chomsky an Einfluss, wonach alle Menschen durch die gleiche universelle Denkstruktur vereint seien – unabhängig von ihrer jeweiligen Muttersprache. Die Sprachen auf der Welt drückten demnach immer dieselben Gedanken aus, nur eben in unterschiedlicher Weise. Bis zum Ende des 20. Jahrhunderts investierten Forscher folglich kaum noch Mühe darin, die Sapir-Whorf-Hypothese zu prüfen.

Doch Boroditsky und andere Neowhorfianer glauben nicht, dass Sprache und Denken ganz unabhängig voneinander sind. In immer neuen Experimen-

Abb. 1 Blauer als blau? Russische Muttersprachler verwenden lexikalisch unterschiedliche Begriffe für dunkel- und hellblau. Das erleichtert es ihnen zu erkennen, ob dem Quadrat oben farblich eines der beiden unteren entspricht

ten sammeln sie Indiz um Indiz für subtile kognitive Unterschiede zwischen Menschen mit verschiedenen Muttersprachen. Die Kritik folgte auf dem Fuß: Die Linguistin Lila Gleitman von der University of Pennsylvania in Philadelphia glaubt, Boroditsky unterschätze die Komplexität des menschlichen Denkens. »Sprache ist nur ein kleiner Teil gemessen am großen Reichtum unserer Gedanken.«

Um das Thema wird hart gerungen, weil es die Natur unseres Geistes berührt: Wie erwerben wir Wissen? Was macht *Homo sapiens* so intelligent? Kognitionsforscher müssen diese großen Fragen des Menschseins in handliche experimentelle Bedingungen übersetzen – folglich lässt sich der Effekt von Sprachstrukturen auf das Denken oft nur an Nuancen festmachen. Traditionell spielt dabei die Farbwahrnehmung eine wichtige Rolle. Diese müsste bei allen Menschen, die nicht unter einer Farbenfehlsichtigkeit leiden, im Prinzip gleich ablaufen. Doch tatsächlich scheint es Unterschiede zu geben.

2008 untersuchte Lera Boroditsky mit Jonathan Winawer und weiteren Kollegen 24 englische und 26 russische Muttersprachler aus der Gegend um Boston an der US-Ostküste. Die Probanden sahen jeweils drei blaue Felder in einem Dreieck angeordnet. Ihre Aufgabe bestand darin, möglichst schnell anzugeben, welches der beiden unteren Quadrate den gleichen Farbton wie das obere Viereck hatte (s. Abb. 1).

Im Russischen werden hellblau (goluboj) und dunkelblau (sinij) unterschieden, und die verwendeten Farbschattierungen hatten russische Muttersprachler zuvor eindeutig als »goluboj« oder »sinij« identifiziert. Sahen die russischen Muttersprachler nun etwa eine Tafel, auf der die beiden zusammenpassenden Blöcke in einem »Goluboj«-Ton gefärbt waren, das dritte Quadrat dagegen in einer Schattierung aus dem »Sinij«-Spektrum, so erkannten sie das richtige untere Feld schneller, als wenn alle Farbtöne »goluboj« waren. Für US-Probanden machte es dagegen keinen Unterschied, in welchen Bereichen des Blauspektrums die Felder gefärbt waren.

In einer Variante des Tests sollten die Versuchspersonen gleichzeitig zur Sortierung der blauen Quadrate noch eine räumlich-visuelle Aufgabe bearbeiten – nämlich sich ein Muster aus schwarzen und weißen Quadraten merken. Noch immer schnitten die russischen Probanden besser ab, wenn die beiden Blauschattierungen in ihrer Sprache verschiedene Namen trugen.

In einer zweiten Testvariante lenkten die Forscher die Versuchspersonen dagegen mit einer sprachlichen Tätigkeit ab: Sie sollten sich eine achtstellige Zahl merken, indem sie diese immer wieder still vor sich hin sagten. Nun war es auch für die russischen Muttersprachler egal, welche Blautöne sie auseinanderhalten sollten: Sie waren immer gleich schnell. Offenbar spielt also die Sprache eine aktive Rolle bei der Wahrnehmung von Farben.

Doch wie tief wurzeln solche sprachlichen Kategorien im Gehirn? Handelt es sich um automatische Reaktionen oder eher um bewusste, sprachlich ausformulierte Gedanken wie »Das ist hellblau, das ist dunkelblau«? Der Psychologe Guillaume Thierry von der walisischen Bangor University versuchte das 2009 zu klären. Gemeinsam mit Linguisten und Neurowissenschaftlern untersuchte er die Hirnströme von griechischen und englischen Muttersprachlern per Elektroenzephalografie (EEG).

Im Griechischen sind hellere (*galazio*) und dunklere (*ble*) Blautöne ebenfalls zwei eigenständige Farben. Die Probanden sahen auf einem Bildschirm eine Reihe aufeinander folgender bunter Kreise, die überwiegend in einer Farbe gehalten waren – entweder einem helleren oder dunkleren Blau. Zwischendurch tauchten in zufälligen Abständen Kreise im jeweils anderen Blauton auf. Dasselbe wiederholten die Forscher anschließend mit hell- und dunkelgrünen Kreisen – für Grün gibt es auch im Griechischen nur einen Begriff.

Sprachlich geeichter Fehleralarm
Wann immer die Farbe der Stimuli unerwartet von hell nach dunkel wechselte, fanden Thierry und seine Kollegen im EEG aller Probanden einen charakteristischen Ausschlag: die »mismatch negativity« (etwa: Abweichungsnegativität). Dabei handelt es sich um eine Art neuronalen Fehlerdetektor, der anzeigt, dass ein unerwartetes Objekt aufgetaucht ist.

Bei den griechischen Probanden war diese Reaktion deutlich stärker, wenn die Farbe zwischen den beiden Blautönen wechselte, als wenn sie von Hell- auf Dunkelgrün oder umgekehrt sprang. Für die britischen Versuchspersonen machte das hingegen keinen Unterschied: Ihr Gehirn reagierte immer gleich intensiv auf das Umschalten.

Die »mismatch negativity« ist eine automatische Reaktion nach etwa 200 Millisekunden – zu früh, um einen klaren Gedanken zu formulieren. Daher folgert Thierry, dass sich griechische und englische Muttersprachler auch auf einer unbewussten, sehr frühen Ebene in ihrer Farbwahrnehmung unterscheiden, noch bevor sie ihre bewusste Aufmerksamkeit auf die Farbschattierung richten. Sie scheinen die Welt tatsächlich etwas anders wahrzunehmen.

Diese feinen Unterschiede sind vermutlich nicht nur auf Farben beschränkt – immerhin unterscheiden sich die Sprachen der Erde auf unzählige Arten. So auch bei den Begriffen zu Richtungen und räumlichen Relationen. Die Thaayorre, ein Aborigine-Volk aus dem Norden Australiens, kennen keine Bezeichnungen für rechts und links, vorne oder hinten. Räumliche Verhältnisse definieren sie nicht vom Standpunkt des Beobachters aus, sondern ausschließlich über Himmelsrichtungen wie westlich, östlich, nördlich und südlich – egal in welchem Maßstab! Eine Ameise kann also westlich von der nördlichen Hand eines Menschen krabbeln und eine Tasse südlich des Tellers stehen. Wer so spricht, muss ständig im räumlichen Koordinatensystem orientiert sein, sonst klappen einfachste Unterhaltungen nicht.

In der Tat können Thaayorre fast immer exakt angeben, wo sie sich gerade befinden, allemal besser als die Vertreter anderer Aborigine-Stämme, die zwar in der gleichen Umgebung wohnen, deren Sprache aber keine Angaben von absoluten Richtungen erfordert. Was die Thaayorre zu dieser erstaunlichen kognitiven Leistung befähige, sei ihre Sprache, so Boroditsky.

Nun sind aber räumliche Verhältnisse zentral für unser Denken, denn wir bauen andere, komplexere Vorstellungen darauf auf: Töne sind hoch oder tief, politische Einstellungen links oder rechts. Menschen können eine niedere Moral offenbaren und Hochgefühle erleben. Dasselbe gilt für unser Zeiterleben. Stellen Sie sich eine Zeitleiste Ihres Lebens vor, mit der Geburt an einem Ende, der Gegenwart am anderen! Verläuft die Linie, die Sie gerade gedanklich zusammenbasteln, horizontal von links nach rechts? Die meisten Muttersprachler des Deutschen oder des Englischen folgen diesem Prinzip: weit links die entsetzliche Matheprüfung im Abitur damals, weiter rechts die sensationelle Asienreise, noch weiter rechts der erste Familienurlaub.

Die Linguistin Alice Gaby hat gemeinsam mit Lera Boroditsky 14 Muttersprachler der Thaayorre-Sprache untersucht, sieben Frauen und sieben Männer im Alter zwischen 40 und 70 Jahren. Zuerst bekamen die Probanden verschiedene Kartensets vorgelegt, von denen jedes eine zeitliche Abfolge darstellte: etwa einen Mann in verschiedenen Lebensphasen vom Kleinkind bis zum Greis oder eine immer weiter abgebissene Banane. Die Aborigines sollten die Bilder jeweils in die richtige zeitliche Reihenfolge bringen.

Im Fluss der Zeit

In der zweiten Teilstudie legten die Forscherinnen einen Stein auf den Boden, der »heute« symbolisieren sollte. Nun baten sie die Testpersonen, »gestern«

und »morgen« mit weiteren Steinen zu markieren. Während jeder Aufgabe wechselten die Probanden ihre Sitzposition, so dass ihr Kopf stets in eine andere Richtung wies. Ergebnis: Fast alle Thaayorre stellten die Zeit von Osten nach Westen verlaufend dar, so dass die »Zeitleiste« stets die Richtung wechselte, je nachdem wie die Probanden saßen. Wies der Kopf beispielsweise nach Norden, floss die Zeit von rechts nach links, bei östlicher Ausrichtung dagegen auf den Körper zu. Für alle 14 Teilnehmer einer Kontrollgruppe aus den USA schritt die Zeit dagegen immer von links nach rechts fort.

Warum? Vergleiche mit anderen Kulturen zeigen, dass etwa Mandarin sprechende Chinesen sich die Zeit vertikal vorstellen. Geschehnisse aus der Vergangenheit sortieren sie nach oben, zukünftige Ereignisse möglichst weit nach unten. Offenbar hängen solche abstrakten Vorstellungen auch davon ab, in welcher Richtung wir unsere Schriftsprache lesen und schreiben.

In einem zweiten Experiment behinderten die Forscher die natürliche Denkweise von Mandarinsprechern, indem diese etwa Objekte horizontal anordnen mussten. Dabei konnten sie Fragen nach Zeitfolgen wie »Kommt der November vor oder nach dem Oktober?« nicht mehr so schnell und sicher beantworten. Analog verlief der Versuch mit englischen Muttersprachlern, die von oben nach unten sortieren mussten. Die Richtung des Schreibens und unsere Zeitvorstellung scheinen also eng verknüpft zu sein. Hindert man Probanden daran, sich die Richtung räumlich vorzustellen, bringt das auch ihre Zeitwahrnehmung aus dem Lot.

Um ihre These vom sprachlich beeinflussten Denken weiter zu erhärten, lehrte Boroditsky manche Probanden im Labor, unterschiedlich über Zeit zu sprechen. Beispielsweise sollten Sprecher des Englischen die Reihenfolge von Ereignissen mit einer vertikalen Metapher beschreiben. »Anschließend ähnelte ihre Zeitwahrnehmung stärker der von Mandarinsprechern«, sagt Boroditsky. »Wenn wir eine neue Sprache lernen, machen wir uns also tatsächlich auch eine neue Denkweise zu eigen.«

Viele Sprachen – darunter das Deutsche – ordnen unbelebten Dingen ein Geschlecht zu, sogar wenn das unsinnig erscheint: Warum sollte ein Fußball männlich sein, eine Regenrinne dagegen weiblich? Brücken etwa sind in Spanien maskulin, während es im Deutschen *die* Brücke heißt. 2007 zeigte ein Versuch von Boroditsky, dass Deutsche eine Brücke automatisch mit femininen Attributen beschreiben – etwa elegant, schlank, zierlich, hübsch oder friedlich. Spanier hingegen assoziierten Eigenschaften wie stark, gefährlich, groß oder solide. Wenn man französische Probanden bittet, sich vorzustellen, eine vor ihnen auf dem Tisch liegende Gabel könne sprechen, weisen sie ihr eine hohe Stimme zu. Es heißt ja auch ganz niedlich »la fourchette«. Für einen Spanier hingegen spräche die Gabel mit tiefer, sonorer Stimme – sie ist schließlich »el tenedor«.

Mentale Geschlechterfrage

Der grammatische Artikel aktiviert offenbar tief verwurzelte Konzepte von Weiblichkeit oder Männlichkeit, wenn man an das betreffende Objekt denkt. »Wenn Amerikaner das grammatische Geschlecht eines Objekts in einer Fremdsprache erlernen, beeinflusst das anschließend ihre mentale Repräsentation dieses Gegenstands auf die gleiche Weise wie bei den Muttersprachlern«, so Boroditsky.

Um derlei Auswirkungen des sprachlichen Genus zu beobachten, braucht man sich noch nicht einmal ins Labor zu begeben. In jedem Museum finden sich Beispiele für Personifizierung, also für die künstlerische Darstellung abstrakter Begriffe wie Tod, Sünde, Sieg oder Zeit in menschlicher Gestalt. Wie entscheidet ein Künstler, ob er beispielsweise den Tod als Mann oder als Frau darstellt? Wie sich in einer Studie Boroditskys herausstellte, tragen 85 % solcher Personifizierungen das Geschlecht, das sie auch grammatikalisch in der Muttersprache des Künstlers innehaben. Deutsche Maler stellen zum Beispiel den Tod gern als Mann dar, auf den Gemälden russischer Maler ist er dagegen häufig eine Frau.

All diese Phänomene zeigen, dass die Sprachen unterschiedliche Wege gefunden haben, die Welt zu beschreiben und in Kategorien aufzuteilen, und dass sich diese Unterschiede messbar in den kognitiven Prozessen ihrer Sprecher niederschlagen. Das heißt jedoch nicht, dass sich Menschen verschiedener Sprachräume grundlegend fremd bleiben müssten. Das Gehirn ist flexibel genug, um andere Bedeutungen und Begriffe zu lernen – und damit neue Sichtweisen.

Literaturtipp

- Deutscher, G.: Im Spiegel der Sprache: Warum die Welt in anderen Sprachen anders aussieht. dtv, München 2012.
  Sammlung von Anekdoten und wissenschaftlichen Studien über den Zusammenhang zwischen Sprache und Geist.

Quellen

- Boroditsky, L., Gaby, A.: Remembrances of Times East. Absolute Spatial Representations of Time in an Australian Aboriginal Community. In: Psychological Science 21, S. 1635 – 1639, 2010
- Fausey, C. M. et al.: Constructing Agency: The Role of Language. In: Frontiers in Cultural Psychology 10.3389/fpsyg. 2010.00162, 2010
- Fausey, C. M., Boroditsky, L.: Subtle Linguistic Cues Influence Perceived Blame and Financial Liability. In: Psychonomic Bulletin & Review 17, S. 644 – 650, 2010

- Winawer, J. et al.: Russian Blues Reveal Effects of Language on Color Discrimination. In: Proceedings of the National Academy of Sciences USA 104, S. 7780 – 7785, 2007

Teil II

Bewusstsein und Willensfreiheit

Dem Geheimnis auf der Spur

Tobias Schlicht

Wie wir unsere geistigen Vorgänge und Zustände subjektiv erleben, gibt Hirnforschern nach wie vor Rätsel auf. Sie suchen nach den neuronalen Grundlagen und entwickeln gemeinsam mit Philosophen Modelle darüber, wie wir einzelne Empfindungen und Gedanken zu bewussten Vorstellungen verknüpfen.

Auf einen Blick

Annäherung an ein Rätsel

1 Noch weiß niemand, wie Bewusstsein entsteht. Mehrheitlich sind Philosophen wie Naturwissenschaftler jedoch der Ansicht, dass es sich um ein biologisches Phänomen handelt.

2 Philosophen unterscheiden verschiedene Merkmale bewusster Erlebnisse, wie ihren repräsentationalen Gehalt, ihre Subjektivität und ihre phänomenale Einheit.

3 Hirnforscher suchen nach Zusammenhängen zwischen diesen Merkmalen und neuronalen Vorgängen. Allerdings ist fraglich, ob sich Erkenntnisse über die beteiligten Hirnregionen zu einer Theorie des Bewusstseins ausweiten lassen.

Sie liegen am Strand, einen Cocktail in der Hand – Entspannung pur, es könnte nicht angenehmer sein. Doch dann wachen Sie auf. Es war nur ein Traum! Es ist früher Morgen, Sonnenlicht flutet durchs Fenster und blendet Sie. Zum Glück steht schon der Kaffee an Ihrem Bett, und sein Duft hebt Ihre Stimmung. Bis Sie merken, dass Sie Ihren linken Arm nicht heben können – Sie haben zu lange daraufgelegen. Dann kommen Ihnen in rascher Folge anstehende Termine in den Sinn. Den Gedanken daran überlagert die Vorstellung, wie schön es doch wäre, jetzt wirklich am Strand zu liegen und nicht ins Büro zu müssen ...

© Springer-Verlag Berlin Heidelberg 2017
S. Ayan (Hrsg.), *Rätsel Mensch – Expeditionen im Grenzbereich von Philosophie und Hirnforschung*,
DOI 10.1007/978-3-662-50327-0_16

Diese Szene enthält zahlreiche Empfindungen, Wahrnehmungen und Gedanken mit Merkmalen, die charakteristisch für das Bewusstsein sind. So haben sie jeweils eine bestimmte Qualität, durch die sie sich voneinander unterscheiden: Den Kaffeeduft empfinden Sie anders als die Taubheit im Arm. Die Wahrnehmungen sind jeweils auf unterschiedliche Gegenstände in Ihrer Umgebung gerichtet, haben also einen » repräsentationalen Gehalt«. Dabei ist all Ihren Vorstellungen eines gemeinsam: Nur Sie selbst wissen, wie es ist, sie zu haben oder sich darin zu befinden. Dieses Gefühl der Meinigkeit macht Ihre Empfindungen, Wahrnehmungen und Gedanken auf einzigartige Weise subjektiv, ja privat.

Außerdem werden Ihnen die Einzelheiten nicht isoliert voneinander bewusst, sondern als Elemente einer einzigen globalen und einheitlichen Vorstellung, wie das Timothy Bayne von der University of Oxford dargelegt hat. Thomas Metzinger von der Universität Mainz beschreibt das Bewusstsein entsprechend als das »Erscheinen einer Welt«, die in sich stark differenziert und in ständigem Wandel begriffen ist. Allein Ihre Aufmerksamkeit bestimmt, welche Elemente hervorgehoben sind und welche nicht, welche ins Unbewusste absinken oder daraus auftauchen.

Damit einher geht der mal mehr, mal weniger starke Eindruck eines grundlegenden, unveränderlichen Selbstgefühls: Sie empfinden sich als einzelnes, beständiges und in dieser Welt verankertes Subjekt von Vorstellungen, als Protagonist. All das – die unterschiedlichen Qualitäten, der repräsentationale Gehalt, die Subjektivität und Meinigkeit sowie die phänomenale Einheit Ihrer Vorstellungen zusammen mit dem Selbstgefühl – sind wesentliche Merkmale des Bewusstseins, die eine philosophische Theorie erfassen und verständlich machen sollte.

Doch charakterisieren wir nicht nur Vorstellungen als »bewusst«. So sagen wir etwa: »Dieser Patient ist bei Bewusstsein.« Hier bezeichnet das Wort eine variable Verfassung, in der sich ein ganzer Organismus befindet. Diese kann graduell verschiedene Manifestationen annehmen – vom tiefen Koma über den so genannten vegetativen Zustand und durch Anästhesie ausgelöste Dämmerzustände sowie das Träumen bis hin zum vollen Wachbewusstsein. Der jeweilige globale Zustand des Organismus, den man auch als Hintergrundbewusstsein bezeichnen kann, bestimmt die Palette der möglichen Vorstellungen, die das Lebewesen haben kann. Im Koma sind das offensichtlich weniger, als wenn man wach ist. Umgekehrt beeinflussen einzelne Vorstellungen das Hintergrundbewusstsein, etwa durch emotionale Tönung. Auch dies muss eine philosophische Theorie des Bewusstseins abdecken.

Ignoramus – ignorabimus?

All die geschilderten Merkmale machen das Bewusstsein zu einem der letzten großen Rätsel der Menschheit – neben der Entstehung des Universums und des Lebens. Wie es zu Stande kommt und sich in die menschliche Natur einfügt, sind Fragen, auf die es nach Überzeugung von etlichen meiner Kollegen nie eine Antwort geben wird. Aber Philosophen interessieren sich nicht als Einzige für das Bewusstsein. In den letzten Jahrzehnten ist es zum Gegenstand einer empirischen Wissenschaft geworden, in deren Zentrum die Hirnforschung steht. Diese hat mit rasantem Tempo neue Einsichten geliefert, die uns dem Ziel, den »neuronalen Kode« bewusster Vorstellungen im Gehirn zu entschlüsseln, immer näher zu bringen scheinen.

Im »Manifest der Hirnforschung«, das 2004 in GuG erschien, vertraten elf Neurowissenschaftler die Ansicht, man könne »in den nächsten 20 bis 30 Jahren den Zusammenhang zwischen neuroelektrischen und neurochemischen Prozessen einerseits und perzeptiven, kognitiven, psychischen und motorischen Leistungen andererseits ... erklären«. Diese Prognose unterschätzt jedoch die noch vorhandenen großen Wissenslücken auf der Ebene von Hirnprozessen, etwa bei der Funktionsweise größerer Zellverbände. Hinzu kommt eine prinzipielle Erklärungslücke: Wir verstehen nicht, wie aus objektiv messbaren neuronalen Vorgängen das subjektive bewusste Erleben hervorgehen soll. Warum nehmen wir die Aktivität bestimmter Nervenzellen als Schmerzgefühl oder Farbeindruck wahr?

Trotz unterschiedlicher Bewertung der Zukunftsperspektiven und begrifflicher Auseinandersetzungen stimmen viele Philosophen, Hirnforscher, Psychiater, Psychologen, Biologen und Physiker aber heute darin überein, dass das Bewusstsein keiner immateriellen, rein geistigen Sphäre angehört, sondern ein biologisches Phänomen ist. Offen bleibt nur, wie es zu Stande kommt sowie ob und auf welchem Weg sich die zu Grunde liegenden Vorgänge aufklären und verstehen lassen. Hierbei vertreten die meisten Experten einen gemäßigten Materialismus, wonach eine bloße Reduktion des Mentalen auf physikalisch-chemische Prozesse zu kurz greift. Vielmehr können auf höheren Komplexitätsebenen jeweils genuin neue, nicht reduzierbare Eigenschaften hinzukommen.

Die Grundannahme lautet also: Bewusstsein ist an ein funktionierendes Nervensystem gebunden und entsteht als höherstufiges biologisches Phänomen aus neuronalen Prozessen. Dafür sprechen im Übrigen auch medizinische Befunde, denen zufolge das Bewusstsein bei Gehirnschäden komplett oder teilweise ausfallen kann. Sein »neuronales Korrelat« aufzuspüren, ist mithin ein Hauptziel der Hirnforscher: Sie wollen zentrale Merkmale bewusster Erlebnisse wie die oben genannten mehr oder weniger konkreten Gehirnprozessen zuordnen können, das heißt die ihnen zu Grunde liegenden neuronalen Substrate finden. Dabei helfen bildgebende Verfahren, aber auch invasive Methoden – etwa die Messung der elektrischen Aktivität einzelner Neurone bei Affen. Eine weitere Möglichkeit ist, bestimmte Stellen im Gehirn gezielt zu stimulieren und die Folgen zu beobachten.

Worin könnte das neuronale Korrelat des Bewusstseins bestehen? Die einen vermuten es in bestimmten Hirnregionen – auf der Ebene einzelner Neurone oder in größeren Populationen. Für andere steckt es in gewissen neuronalen Vorgängen. Beide Sichtweisen schließen einander jedoch nicht aus, sondern lassen sich kombinieren. Ein generelles Problem ist aber, dass stets auch unbewusste mit bewussten Vorgängen verwoben sind. Wird etwa ein Gegenstand nur ganz kurz präsentiert, nehmen wir ihn nicht bewusst wahr; dennoch verarbeitet das Gehirn Informationen über ihn, die dann auch unser Verhalten beeinflussen. Neuronale Vorgänge, die zum Bewusstsein beitragen, lassen sich von anderen also nicht leicht trennen.

Deshalb untersuchen viele Forscher die Frage, was eine einzelne bewusste Vorstellung wie das Sehen eines bestimmten Gegenstands von einer unbewussten unterscheidet. Dazu präsentieren sie zum Beispiel rechtem und linkem Auge einer Versuchsperson unterschiedliche Bilder, die auf getrennten Wegen im Gehirn verarbeitet werden. Verblüffenderweise nehmen die Probanden dann nicht beide zugleich bewusst wahr, sondern abwechselnd mal das rechte, mal das linke. Parallel dazu alterniert trotz konstantem Reiz auch die neuronale Aktivität in der Sehrinde. Dieses Phänomen wird als binokulare Rivalität bezeichnet.

Ausgeklügelte Experimente wie dieses ergaben zahlreiche Hinweise auf die Grundlagen einzelner bewusster Wahrnehmungen. Das visuelle System der Primaten besteht demnach aus mehreren hoch spezialisierten Regionen, die Form, Farbe, Ort, Orientierung, Bewegung und so weiter eines wahrgenommenen Objekts getrennt voneinander verarbeiten. Neurone in der Region MT/V5 reagieren zum Beispiel vornehmlich auf den Aspekt der Bewegung.

Lässt sich das Erleben in Einzelelemente zerlegen?
Dieser weit verbreitete » atomistische « Forschungsansatz beruht auf der Annahme, das neuronale Korrelat des Bewusstseins lasse sich Schritt für Schritt zusammensetzen. Wenn man also etwa herausgefunden hat, welche neuronalen Vorgänge die Wahrnehmung von Bewegung, Farbe und so weiter vermitteln, besteht die Hoffnung, durch ihre Kombination zu dem Korrelat aller visuellen Wahrnehmungen und schließlich aller Sinnesmodalitäten zu gelangen. Am Ende könnte man das auf diese Weise erhaltene komplexe neuronale Aktivitätsmuster mit der bewussten Wahrnehmung gleichsetzen.

Aber Vorsicht! Ob man in einer philosophischen Theorie den neuronalen mit dem bewussten Vorgang gleichsetzt oder weiterhin von zwei getrennten Phänomenen ausgeht, die nur miteinander zusammenhängen, ist nicht mehr Gegenstand der Messung, sondern eine Frage der Interpretation. Außerdem wird bei solchen Tests vorausgesetzt, dass Menschen alles, was ihnen bewusst ist, auch mitteilen können. Ob das stimmt, ist stark umstritten (vgl. Abb. 1).

Problematisch an diesem Ansatz ist auch die Annahme, dass die Einzelerlebnisse – etwa die Wahrnehmung eines sich bewegenden Objekts, ein Schmerzgefühl und ein Geschmackseindruck – zunächst isoliert voneinander bewusst werden und erst in einem zweiten Schritt die Bündelung zu einer gemeinsamen

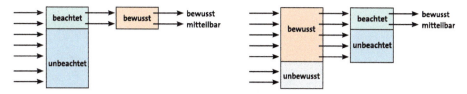

Abb. 1 Im Fokus. Manchen Forschern zufolge gelangt nur das ins Bewusstsein, worauf wir unsere Aufmerksamkeit richten (links). Andere meinen, dass uns auch Dinge bewusst sein können, die wir gerade nicht beachten (rechts). Darüber könnten wir anderen dann allerdings nichts mitteilen (nach: Lamme, V.: Why visual attention and awareness are different. In: Trends in Cognitive Sciences 7, S. 12–18, 2003, fig. 2)

Vorstellung erfolgt. Tatsächlich existieren keinerlei Hinweise auf einen solchen Mechanismus, auch keine indirekten auf Grund pathologischer Ausfälle. Francis H. Crick (1916 – 2004) und Christof Koch vom California Institute of Technology in Pasadena stellten Anfang der 1990er Jahre die viel diskutierte Hypothese auf, dass die Bündelung der unterschiedlichen Aspekte eines Sinneseindrucks durch neuronale Oszillationen mit einer Frequenz von 40 bis 70 Hertz Bewusstsein erzeuge. Wie sich erwies, erklärt dieser Mechanismus jedoch nur die Konstruktion neuronaler Repräsentationen von Objekten – unabhängig davon, ob sie dann auch bewusst wahrgenommen werden.

Der atomistische Ansatz, dem Korrelat des Bewusstseins auf die Spur zu kommen, leidet generell unter seinem begrenzten Blickwinkel. So ignoriert er die Rolle der jeweils anderen Gehirnregionen für einzelne Vorstellungen. Wenn sich ein bestimmtes Areal als zuständig für die Wahrnehmung von Bewegungen herausstellt, heißt das ja keineswegs, dass der Rest des Gehirns dafür völlig unerheblich wäre (vgl. Abb. 2). Niemand würde ernsthaft behaupten, eine in einem Reagenzglas aufbewahrte und mit Hilfe eines Computers angemessen stimulierte Region MT/V5 würde plötzlich eine subjektiv erlebte Wahrnehmung von Bewegung produzieren.

Das gilt analog für alle anderen spezialisierten Neurone und Areale des Gehirns. Da nur ein Lebewesen, das bei Bewusstsein ist – und nicht etwa im betäubten oder komatösen Zustand –, ein Objekt bewusst wahrnehmen kann, muss jedes spezifische Korrelat einer Sinneswahrnehmung im Kontext eines vollständigen Korrelats des Bewusstseins betrachtet werden. Dazu taugt der atomistische Ansatz aber nicht, zumal er weder Subjektivität und Meinigkeit noch phänomenale Einheit und Selbstgefühl einbezieht. Angemessener scheint darum ein alternatives Modell, das empirische Befunde und theoretische Annahmen diverser Forscher zusammenführt.

Subjektivität, Körper und Selbstgefühl
Dieses Modell geht vom Hintergrundbewusstsein aus, das die Voraussetzung für jedes spezifischere Bewusstsein von besonderen Inhalten bildet. Zu ihm gehören

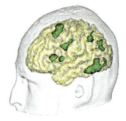

Abb. 2 Subtiler Effekt. Die unterschwellige Wahrnehmung eines gedruckten Worts aktiviert Hirnregionen am Übergang zwischen Hinterhaupt- und Schläfenlappen (links). Sie sind auf die Analyse der visuellen Wortform spezialisiert. Eine zweite, schwächere Aktivierung im prämotorischen Areal bereitet vermutlich die Aussprache des Worts vor. Wird der Ausdruck bewusst gelesen (rechts), reagieren beide Areale dagegen sehr viel stärker. Außerdem treten weitere Hirnregionen in Aktion, die ein weitläufiges Netzwerk bilden. (Hirnscans: Lionel Naccache und Stanislas Dehaene; 3-D-Hirne: Dehaene, S. et al.: Conscious, preconscious, and subliminal processing – a testable taxonomy. In: Trends in Cognitive Sciences 10, S. 204–211, 2006, fig. 2b; Abdruck genehmigt von Elsevier / CCC)

zum Beispiel die Merkmale Subjektivität und Meinigkeit, die allen Vorstellungen gemeinsam sind – im Gegensatz etwa zur Qualität, die eine Vorstellung von einer anderen unterscheidet. Demnach sollte das neuronale Korrelat des Hintergrundbewusstseins diejenigen Hirnstrukturen umfassen, die bei allen bewussten Vorstellungen gleichermaßen aktiviert werden. Mit anderen Worten: Es handelt sich um denjenigen Teil des vollständigen neuronalen Korrelats des Bewusstseins, der nicht zu einem spezifischen Bewusstseinsinhalt gehört, sondern an allen bewussten Vorstellungen beteiligt ist.

Seinen Sitz hat das Hintergrundbewusstsein vermutlich in stammesgeschichtlich älteren Hirnstrukturen, die der Aufrechterhaltung des Bewusstseins überhaupt dienen und somit das »bewusste« vom »unbewussten Gehirn« unterscheiden helfen, wie es der Philosoph John R. Searle von der University of California in Berkeley ausdrückt (s. auch das Interview »Wir sind biologische Apparate«).

Diese Strukturen, insbesondere bestimmte Hirnstammkerne und der Hypothalamus, lassen sich indirekt über Gehirnschädigungen ermitteln, nach denen das bewusste Erleben größtenteils oder vollständig ausfällt. Auf der Basis solcher Untersuchungen hat Antonio Damasio von der University of Southern California in Los Angeles die betreffenden unterhalb der Großhirnrinde liegenden Regionen metaphorisch unter dem Begriff der »Proto-Selbst«-Strukturen zusammengefasst.

Ihre Funktion besteht nach Ansicht des Forschers darin, den körperlichen Zustand des gesamten Organismus zu überwachen und derart zu regulieren, dass sein »homöostatisches Gleichgewicht« aufrechterhalten bleibt – dass also alle in ihm ablaufenden Prozesse in einem gewissen Rahmen bleiben, was sein

Überleben ermöglicht. Folglich unterstützen diese Strukturen laut Damasio ein noch unbewusstes biologisches Selbst, das die Grundlage von Subjektivität und Selbstgefühl bildet.

Unser Körper trägt gleichfalls in vielfältiger Weise zu unserer bewussten Wahrnehmung bei. Dieser Aspekt erhält in neueren Debatten und Untersuchungen wieder stärkeres Gewicht. Nach Auffassung des Philosophen Alva Noë (s. auch das Interview »Wir suchen an der falschen Stelle«) von der University of California in Berkeley sorgt der Körper für die egozentrische Perspektive, die wir innerhalb unserer Umgebung innehaben: Unsere jeweilige Position und Kopfhaltung bestimmen, wie wir einen Gegenstand sehen; um eine andere Perspektive einzunehmen, müssen wir uns bewegen. Der Körper dient sozusagen auch als Sinnesorgan, insofern er uns jederzeit über die Stellung unserer Gliedmaßen informiert. Zugleich vermittelt und prägt er unser Selbstbild und Ichgefühl.

Jede Interaktion des Organismus mit einem Objekt der Außenwelt lässt sich laut Damasio als Störung des homöostatischen Gleichgewichts deuten. Es veranlasst das Gehirn zu Gegenreaktionen, um das Gleichgewicht wiederherzustellen – was wir als emotionale Effekte erleben. Nach Ansicht Damasios verknüpfen Rückkopplungsprozesse die Objektrepräsentationen im Gehirn mit den Proto-Selbst-Strukturen zu umfassenderen neuronalen Verschaltungen und machen sie so zu bewussten Objektwahrnehmungen.

Zwar beantwortet diese Hypothese noch nicht die schwierige Frage, wie und warum das bewusste Erleben überhaupt entsteht; vielleicht lässt sich das prinzipiell nicht empirisch klären. Aber sie liefert eine plausible Deutung des komplexen Zusammenhangs zwischen Objekt- und Körperrepräsentation einerseits und Subjektivität und Selbstgefühl des bewussten Organismus andererseits.

Bei diesen verschiedenen Ansätzen geht es darum, die Aspekte Qualität, Hintergrundbewusstsein, Subjektivität und Selbstgefühl zu erfassen. Die große Frage aber lautet schlussendlich: Wie kommt die phänomenale Einheit zu Stande? Die Annahme, dass spezifische Vorstellungen zunächst isoliert voneinander bewusst werden und dann erst zu einer globalen Vorstellung verschmelzen, haben wir bereits verworfen.

Komplexe Aktivierung

Vieles spricht dafür, dass stattdessen ein zunächst unbewusster Prozess der Informationsverarbeitung – etwa eine Aktivierung in MT/V5 – immer dann zu einer vom Subjekt bewusst erlebten Vorstellung avanciert, wenn sein spezifisches Korrelat in jenen bereits bestehenden Basisschaltkreis integriert wird, der dem globalen bewussten Zustand des Subjekts zu Grunde liegt. Dann modifiziert die mit diesem spezifischen neuronalen Korrelat einer einzelnen Wahrnehmung verbundene Qualität die gesamte bewusste Erfahrung des Organismus.

Diese Grundidee vermeidet zahlreiche Probleme anderer Theorien, zum Beispiel von Varianten des Repräsentationalismus (s. Box »Theorien des Bewusstseins«), und findet sich im Übrigen schon bei Immanuel Kant (1724 – 1804). Aber gibt es auch empirische Belege dafür? Wie könnte dieser Integrationsprozess im Gehirn realisiert sein? Interessante Antworten darauf haben Damasio, Gerald M. Edelman vom Neurosciences Institute in San Diego und Giulio Tononi von der University of Wisconsin in Madison geliefert. Entscheidend für das Erscheinen einer inhaltsreichen Bewusstseinswelt ist ihren Untersuchungen zufolge das so genannte thalamokortikale System, bestehend aus der Großhirnrinde und Teilen des Zwischenhirns. Es bietet günstige Bedingungen für Rückkopplungsschleifen, die auch eine Verbindung zwischen Neuronen in relativ weit voneinander entfernten Regionen herstellen können.

So erzeugt dieses System ein »dynamisches Kerngefüge« aus miteinander verschalteten Nervenzellen, das sich beständig wandelt. Es repräsentiert dabei eine globale Vorstellung mit hohem Informationsgehalt, die viele Aspekte des Bewusstseins integriert. In das betreffende Netzwerk können jederzeit spezifische Vorstellungen als qualitative Modifikationen eingebunden werden, während andere ausscheiden und dadurch ins Unbewusste absinken. Dieses Modell steht auch im Einklang mit Kochs Hypothese, dass neuronale Gruppen, die verschiedene Inhalte kodieren, miteinander um den »Eintritt« ins Bewusstsein konkurrieren: Diejenigen, die stärker vernetzt und mithin besser integriert sind, machen das Rennen.

Anatomisch sind drei Systeme von zentraler Bedeutung für das Bewusstsein. Hirnstammkerne und Hypothalamus (1) signalisieren der Großhirnrinde (2) den Grundzustand wie Koma, Schlaf oder Wachsein. Dieser bestimmt, ob spezifische Informationsverarbeitungen – etwa in der Region MT/V5 – überhaupt in den globalen Bewusstseinszustand des Organismus eingebunden, das heißt bewusst erlebt werden können. Dabei dient der Thalamus (3) als Relaisstation, die durch Rückkopplungen mit der Großhirnrinde Informationen über den Zustand des Organismus mit Objektinformationen vernetzt.

Jedes spezifische Korrelat, etwa für die Wahrnehmung eines Hauses, muss in das dynamische Kerngefüge integriert werden, damit die zugehörige Vorstellung dem Subjekt bewusst werden kann. Daher lässt sich die Wahrnehmung eines Hauses nicht isoliert von anderen Vorstellungen betrachten, sondern nur als eines von vielen Elementen einer globalen, einheitlichen Vorstellung. Darin unterscheidet sich das skizzierte Modell wesentlich vom atomistischen Ansatz. Durch die Aktivierung der mit dem dynamischen Kerngefüge verbundenen Proto-Selbst-Strukturen wird die eingebundene Wahrnehmung vom Organismus subjektiv als die seine erlebt.

Theorien des Bewusstseins

Die gegenwärtig populärsten philosophischen Theorien des Bewusstseins sind Varianten des Funktionalismus, Repräsentationalismus und Biologismus.

1. Bewusstsein entsteht im globalen Arbeitsspeicher

Dieser funktionalistischen Theorie zufolge stellen die Wahrnehmungssysteme Informationen bereit, die in einem Ensemble aus vernetzten Nervenzellen gespeichert sind. Wenn diese in einen »globalen Arbeitsspeicher« (manche Forscher sprechen auch von Arbeitsgedächtnis) mit beschränkter Kapazität gelangen, der sie für viele Gehirnfunktionen – etwa sprachliche und motorische – zugänglich macht, werden sie bewusst. Dabei entscheidet die Aufmerksamkeit darüber, welches neuronale Ensemble in den abstrakten Arbeitsspeicher eingebunden wird. Dieses Konzept stimmt mit vielen empirischen Befunden überein. Allerdings beschränkt es den Umfang des bewusst Erlebten auf die Aufmerksamkeitsspanne. Weil es von den biologischen Details unseres Gehirns unabhängig ist, ließe sich der globale Arbeitsspeicher prinzipiell auch durch ein Computernetzwerk realisieren.

2. Bewusstsein ist ein Zustand höherer Ordnung

Nach dieser Theorie setzt ein bewusstes Erlebnis voraus, dass gleichzeitig ein davon verschiedener Gedanke existiert, der es repräsentiert – etwa: »Ich spüre gerade einen starken Zahnschmerz.« In einer schwächeren Variante muss ein solcher Gedanke nur prinzipiell möglich sein. Damit ist diese Theorie sowohl funktionalistisch als auch repräsentationalistisch. Sie geht davon aus, die Merkmale des Bewusstseins allein über ihren repräsentationalen Gehalt erklären zu können, der experimentellen Methoden besonders gut zugänglich sein soll. Eine Schwäche dieses Ansatzes besteht in der Möglichkeit von Fehlrepräsentationen. So könnte der höherstufige Gedanke das ursprüngliche Erlebnis falsch wiedergeben. Wessen sich eine Person dann bewusst ist, bleibt unklar. Des Weiteren knüpfen die Varianten des Repräsentationalismus Bewusstsein an das Vorliegen begrifflicher Fähigkeiten, was zahlreiche Lebewesen prinzipiell auszuschließen scheint. Überdies setzen einige Varianten dieser Theorie voraus, dass bewusstes Erleben in dem Sinn transparent sei, dass wir uns nur unserer Umgebung, nicht aber unserer Erlebnisse selbst bewusst werden könnten, weil wir gewissermaßen durch sie hindurch auf die Welt blicken. Insbesondere neuere Experimente zur Aufmerksamkeit stellen diese »naiv-realistische« Annahme in Frage.

3. Bewusstsein ist eine hirnspezifische Eigenschaft

Diese biologistische Theorie, die in unterschiedlichen Varianten auftritt, setzt das bewusste Erlebnis entweder mit dem zugehörigen Gehirnprozess gleich oder betrachtet es als durch diesen notwendig verursacht. Sicherlich ist das die einfachste Deutung einer gemessenen Korrelation zwischen Vorgängen im Gehirn und bewussten Vorstellungen. Allerdings bleibt unverständlich, warum die betreffenden Gehirnprozesse subjektiv erlebt werden, andere hingegen unbewusst bleiben. Auch hier besteht also eine Erklärungslücke. Manche Forscher ziehen daraus den radikalen Schluss, dass Bewusstsein nicht auf irgendeinen physischen Vorgang reduziert werden könne, sondern wie Masse und Energie als elementare Eigenschaft des Universums anzusehen sei.

Von der Einzelempfindung zum ganzen Erleben

Bewusstsein basiert demnach auf einem höchst komplexen Aktivierungszustand, der weite Teile des Gehirns einbezieht. Dies scheint auch plausibel, wenn wir die neuronale Architektur unseres Denkorgans betrachten und uns vergegenwärtigen, welche Fülle an Erscheinungen in ihm verarbeitet und unserem geistigen Auge zugänglich gemacht wird.

Die Stärke des skizzierten Modells besteht darin, dass es wesentliche Merkmale des Bewusstseins – Qualität, Subjektivität, Meinigkeit, Selbstgefühl und Hintergrundbewusstsein – berücksichtigt und zugleich mit empirischen Befunden in Einklang steht. Zweifellos hat es noch viele Lücken. Doch zeigt es auch Wege auf, diese Lücken zu schließen und so letztlich nachvollziehbar zu machen, wie unterschiedliche Qualitäten einzelner Empfindungen, Wahrnehmungen und Gedanken zu einer einheitlichen Vorstellung verschmelzen können, die der Organismus als seine ureigene erlebt.

Quellen

- Bayne, T.: The Unity of Consciousness. Oxford University Press 2010
- Damasio, A.: Self Comes to Mind. Constructing the Conscious Brain. Pantheon, New York 2010
- Dehaene, S. et al.: Conscious, Preconscious, and Subliminal Processing: A Testable Taxonomy. In: Trends in Cognitive Sciences 10, S. 204 – 211, 2006
- Edelman, G., Tononi, G.: Gehirn und Geist. Wie aus Materie Bewusstsein entsteht. C.H.Beck, Hamburg 2002
- Schlicht, T.: Erkenntnistheoretischer Dualismus. Das Problem der Erklärungslücke in Geist-Gehirn-Theorien. Mentis, Paderborn 2007

Die große Illusion

Christian Wolf

Ist unser Bild der Welt nur das Produkt neuronaler Prozesse? Laut Forschern prägen die Eigenarten des Gehirns, was und wie wir wahrnehmen. Trotzdem sei unser Erleben kein Hirngespinst, halten Philosophen dagegen.

Auf einen Blick

Wahr was?

1 Neuronale Voreinstellungen prägen unsere Sicht der Welt. Hirnforscher glauben daher, unsere subjektive Wirklichkeit sei konstruiert.

2 Dagegen spricht, dass nicht alles eine Illusion sein kann – denn dieser Begriff hat nur Sinn, wenn man eine Art »Wahrheit« annimmt.

3 Laut Embodiment-Forschern fußt der Konstruktivismus auf dem Irrtum, es gebe innere Repräsentationen.

»Wenn du die blaue Kapsel schluckst, ist es aus«, sagt Morpheus mit bedeutungsschwerem Blick. »Du wachst in deinem Bett auf und glaubst das, was du glauben willst.« Der Computernerd Neo hat die Wahl: Entscheidet er sich gegen die blaue Kapsel und für die rote, wird er die Wahrheit sehen, verspricht Morpheus. Neo nimmt – logisch: die rote!

Im nächsten Moment erwacht er in einem schleimigen Kokon, aufgehängt in einem mit Flüssigkeit gefüllten Tank. Er ist nackt und an diverse Schläuche angeschlossen. Maschinen haben die Herrschaft auf der Erde übernommen und halten sich die Menschheit als Energiespender. Um sie in Ruhe ausbeuten zu können, speisen sie in das Nervensystem der Erdlinge eine Matrix ein: die Welt, wie Neo sie kannte. Sie ist in Wahrheit nichts weiter als eine kolossale Computersimulation.

© Springer-Verlag Berlin Heidelberg 2017
S. Ayan (Hrsg.), *Rätsel Mensch – Expeditionen im Grenzbereich von Philosophie und Hirnforschung*,
DOI 10.1007/978-3-662-50327-0_17

Manchen Kinogänger des Jahres 1999 brachte der Film »Matrix« vielleicht zum ersten Mal auf die Idee, die Welt könne eine einzige große Illusion sein. Laut dem Neurokonstruktivismus (s. Box »Kurz erklärt«) ist an diesem Hollywood-Szenario womöglich mehr dran, als wir glauben. Demnach leben wir tatsächlich in einer Art virtueller Kunstwelt. Ihr Schöpfer ist allerdings nicht das Computerprogramm irgendeiner überlegenen Intelligenz, sondern unser Gehirn.

Die Liste der Kronzeugen für diese Simulationstheorie ist lang. Der Neurophilosoph Thomas Metzinger von der Universität Mainz hält das subjektive Erleben des Menschen für nicht mehr als eine elegante »Benutzeroberfläche«. Das Gehirn errechne sie, ohne dass wir etwas davon mitbekämen, und konstruiere so eine mentale Scheinwelt, die von der realen, messbaren in systematischer Weise abweiche.

Auch nach Ansicht des 2004 verstorbenen Neurowissenschaftlers und Nobelpreisträgers Francis Crick gibt es das, was wir für die Wirklichkeit halten, eigentlich gar nicht – jedenfalls nicht in der von uns wahrgenommenen Form. Was wir sehen, fühlen oder schmecken, sei vielmehr eine Art Projektion, eben die vom Gehirn konstruierte Wirklichkeit. Und der US-amerikanische Hirnforscher Antonio Damasio spricht von einer »geistigen Multimediashow«, zu der unsere Neurone den Strom der inneren und äußeren Reize verarbeiteten.

Kurz erklärt

Konstruktivismus bezeichnet in der Erkenntnisphilosophie eine Palette von Theorien, die die Trennung von Erkennendem und zu Erkennendem, zwischen Subjekt und Objekt, aufheben. Demnach beeinflusst der Akt des Erkennens stets auch Art und Inhalt des Erkannten. Radikale Konstruktivisten lehnen die Annahme einer objektiv gegebenen (oder wahrnehmbaren) Realität ab, etwa mit Verweis auf deren mutmaßlich einzige Quelle: das Gehirn (»Neurokonstruktivismus«).

Illusionismus mit langer Tradition

Die Idee, dass die Wirklichkeit mehr oder weniger illusionär sei, hat auch in der Philosophie eine lange Tradition. Bereits der antike Denker Platon (zirka 427 – 347 v. Chr.) verglich den Menschen mit einem Höhlenbewohner, der nur jene Schatten betrachte, die die Dinge außerhalb seiner Behausung an die Höhlenwand werfen. Wir könnten demnach nur Abbilder jener ewigen Ideen erkennen, die das wahre Sein ausmachten.

Der englische Philosoph George Berkeley (1685 – 1753) wiederum hielt die äußere Wirklichkeit einzig und allein für einen Bewusstseinsinhalt. Die Welt, so seine mutige These, verschwinde augenblicklich, sobald niemand mehr ihrer gewahr werde. »Esse est percipi« (»Sein ist Wahrgenommenwerden«) lautet sein berühmtes Diktum.

Doch auch jenseits der philosophischen Spekulation regten sich in jüngerer Zeit Zweifel an der Verlässlichkeit unseres Weltbilds. So sammelten etwa Psychologen und Neurowissenschaftler zahlreiche Belege für den konstruierten Charakter der menschlichen Wahrnehmung. Ein weithin bekanntes Beispiel ist der »blinde Fleck«: An der Stelle unserer Netzhaut, wo die Nervenfasern der lichtempfindlichen Zellen des Auges als Sehnerv zusammenlaufen, gibt es keine Fotorezeptoren. Fällt Licht auf diesen Bereich der Retina, so passiert – nichts! Kein Nervensignal wird dann zum Gehirn gesendet.

Dennoch nehmen wir den betreffenden Abschnitt im Sichtfeld nicht etwa als dunklen Fleck wahr. Wahrnehmungsforschern zufolge hat das einen einfachen Grund: Unser Gehirn füllt den blinden Fleck automatisch und selbstständig auf; es stopft also jene Lücke, die der Bauplan unserer Retina in die Wahrnehmung schlägt.

Die Eigenarten der neuronalen Sinnesverarbeitung prägen das Bild, welches wir uns von der Umgebung machen, auf vielfältige Weise. So nehmen wir die Dinge um uns herum meist als kontinuierlich und stabil wahr, obwohl unsere Augen permanent in Bewegung sind. Sie vollführen nämlich Sakkaden – kurze, ruckartige Sprünge –, selbst wenn wir den Blick fest auf einen Punkt heften. Das auf die Retina projizierte Bild ruckelt folglich andauernd; dennoch erscheint die Welt in unserer subjektiven Wahrnehmung scharf und unbeweglich.

Auch können wir in der Regel sicher unterscheiden, ob sich ein Objekt »da draußen« bewegt oder nur dessen Projektion auf unserer Netzhaut. Das ist bemerkenswert, denn während das Abbild eines unbewegten Gegenstands auf der Retina ständig hüpft, kann das eines bewegten Dings, dem wir mit den Augen folgen, tatsächlich vergleichsweise still stehen. Wie kommt es, dass wir Eigen- beziehungsweise Fremdbewegungen dennoch so spielend auseinanderhalten können?

Laut dem Bremer Hirnforscher Gerhard Roth resultiert unser Urteil aus einem aktiven Verrechnungsvorgang. Jede Kontraktion der Augenmuskeln wird schließlich vom Gehirn selbst veranlasst, und genau das berücksichtigt es auch bei der Verarbeitung eintreffender Reize in der Sehrinde, dem visuellen Kortex. Von uns selbst verursachte »Wackler« zieht das Gehirn dabei einfach ab.

Nehmen wir ein anderes, ebenso erstaunliches Beispiel: Von Tagesanbruch bis zur Dämmerung sieht die Farbe eines Blatts Papier für uns stets relativ gleich aus. Physikalisch jedoch verändert sich die spektrale Zusammensetzung des Lichts, das es reflektiert, je nach Tageszeit dramatisch. Frühmorgens und abends überwiegt langwelliges, rotes Licht – Gegenstände, die es vermehrt reflektieren, müssten eigentlich in purpurner Farbenpracht erscheinen. Unser Sehsystem aber lässt das Papier unter allen Beleuchtungsverhältnissen konstant weiß erscheinen. Wie es dieses Phänomen der Farbkonstanz genau zu Stande bringt, ist im Detail noch ungeklärt. Doch eines steht fest: Das Gehirn sorgt dafür, dass wir die wahre Zusammensetzung des reflektierten Lichts schlichtweg ignorieren.

Trügerisch ist häufig auch das Erleben des eigenen Körpers. Neurokonstruktivisten zitieren gerne das Beispiel der Phantomglieder: Wer etwa infolge einer Amputation eine Gliedmaße verloren hat, empfindet oft weiterhin Schmerzen in dem nicht mehr vorhandenen Köperteil. Diese höchst unangenehme Erscheinung beruht offenbar auf Umbauarbeiten im somatosensorischen Kortex – jenem Abschnitt der Hirnrinde, in dem die einzelnen Gliedmaßen neuronal repräsentiert sind.

Wie leicht das gesunde Körperempfinden ebenfalls täuschen kann, offenbart die Gummihandillusion. Dabei wird eine offen sichtbare Handattrappe aus Plastik synchron mit der eigenen, aber vor dem Blick des Probanden verborgenen Hand berührt. Binnen weniger Sekunden bereits nimmt der Betreffende das Replikat als seine reale Hand wahr!

Empfindungen, die außerhalb der Grenzen des Körpers lokalisiert sind, scheinen zu belegen: Auch unsere Eigenwahrnehmung ist ein Konstrukt des Gehirns. Der subjektiv wahrgenommene Körper ist demnach lediglich eine Hypothese, der wir aus praktischen Gründen vorübergehend anhängen. Sind wir quasi in der »Matrix« gefangen, weil sowohl unser Erleben des eigenen Körpers als auch das der Welt Täuschungen unterliegt?

Spinnt man derartige Überlegungen weiter, so kann die physikalisch definierte Wirklichkeit letztlich gar nicht durch sinnliche Wahrnehmung, sondern nur mittels naturwissenschaftlicher Methoden erfasst werden. In dieser »echten« Welt duften weder die Blumen noch sind die Wiesen grün, und auch die Vögel zwitschern nicht – hier existieren keine Farben, sondern nur elektromagnetische Wellen, keine Klänge, sondern bloß Schall.

Gehirne im Tank

Konsequent zu Ende gedacht, landen wir geradewegs beim eingangs geschilderten Szenario: Wir könnten genauso gut Hirne in einem Tank voll Nährflüssigkeit sein. Mit einem Supercomputer verbunden würde unser Gehirn eben so stimuliert werden, als empfange es über den Körper vermittelte Umweltreize.

Manche Philosophen argumentieren, wir könnten schlichtweg nicht entscheiden, ob dem so ist oder nicht. Dass das skizzierte Gedankenspiel ganz so abwegig nicht ist, zeigt jedenfalls die Tatsache, dass Hirnforscher heute durch Stimulation bestimmter Kortexareale bei Probanden gezielt Sinneseindrücke hervorrufen können. Ist die Welt also doch nichts anderes als eine große Illusion – ein Hirngespinst?

In den vergangenen Jahren widersprachen vor allem Anhänger der Embodiment-Forschung dieser Vorstellung. Sie betonen eine ebenso simple wie oft vernachlässigte Tatsache: Menschen sind nicht isolierte Gehirne, sondern Lebewesen, die in eine Umwelt eingebettet sind.

So hält der Philosoph Alva Noë von der University of California in Berkeley die
»Gehirn im Tank«-Idee für irreführend (s. Interview »Wir suchen an der falschen
Stelle«). Er gibt zu bedenken, dass sich die durch neuronale Stimulation hervor-
gerufenen Illusionen äußerst bescheiden ausnehmen. Auf diesem Weg ließen sich
zwar einfache Lichtempfindungen auslösen; bislang könne jedoch niemand ein voll
entwickeltes Bewusstsein aus dem Nichts erschaffen. Denn um dies zu simulieren,
müsste man dem Gehirn eine komplette virtuelle Realität zur Verfügung stellen,
samt einem Körper und einer Umwelt, mit der es interagieren könne.

Besteht aber nicht dennoch eine auffällige Diskrepanz zwischen dem, was wir
wahrnehmen, und dem, wie sich die Welt physikalisch betrachtet darstellt? So
gibt es doch nicht nur ein, sondern gleich zwei Netzhautbilder, die noch dazu auf
dem Kopf stehen – wieso sehen wir trotzdem eine Welt, die richtig herum steht?
Offenbar, so eine naheliegende Vermutung, dreht das Gehirn die Netzhautbilder
und fügt sie passend zusammen.

Tückische Pseudoprobleme

Laut Noë ist dies ein typisches Pseudoproblem, das sich nur daraus ergibt, dass
wir das Retinabild als tatsächliches »Bild« missverstehen. Weder wir noch unser
Gehirn nehmen es wahr; das Netzhautbild existiert letztlich nur im übertragenen
Sinn. Und sobald man es nicht mehr als ein Bild behandle, müsse man auch nicht
davon ausgehen, dass das Gehirn es irgendwie »richtig herum« drehe.

Im Kern besagt die Idee des Embodiment: Wahrnehmung und Bewusstsein
lassen keine inneren Repräsentationen entstehen. Vielmehr ist der Mensch als
»verkörpertes Wesen« untrennbar mit der Umwelt verbunden und agiert in
ihr. Unser Denkorgan müsse also nicht erst mühsam aus bruchstückhaften Sinnesdaten die Welt konstruieren; es gleiche weder einem Detektiv noch einem
Wissenschaftler, der intelligente Rückschlüsse auf die äußeren Ursachen für die
Aktivität der Retinazellen zieht. Wahrnehmung und Bewusstsein entstünden
vielmehr aus der Interaktion mit der Welt.

Kurz erklärt

Embodiment (deutsch: Verkörperung) bezeichnet die Wechselwirkung zwischen
Bewegung, Wahrnehmung und Kognition. In der neueren, phänomenologisch
beeinflussten Philosophie auch Überbegriff für die physiologischen oder interaktionellen Grundlagen des Denkens.
Repräsentation (von lateinisch: *repraesentatio* = Darstellung) Unter Hirnforschern oft verwendeter Begriff für neuronale Aktivitätsmuster, die bestimmte
Eigenschaften oder Dinge der äußeren Welt widerspiegeln. Inwiefern das Gehirn
tatsächlich feste Repräsentationen bildet oder vielmehr dynamisch mit seiner
Umwelt interagiert, ist umstritten.

Diese ungewohnte Betrachtungsweise entlarvt die »Illusion der Wahrnehmung« selbst als Illusion, glaubt Noë. Schützenhilfe bekommt er von dem Psychiater und Neurophilosophen Thomas Fuchs von der Universitätsklinik in Heidelberg. Der Irrtum des Neurokonstruktivismus, so Fuchs, reiche weit zurück: Schon René Descartes (1596 –1650) und John Locke (1632 – 1704) stellten sich das Bewusstsein als eine Art von der Welt separierten Raum vor. Dort würden lediglich Abbilder der Außenwelt generiert, »neuronale Repräsentationen«, wie wir heute sagen, die die Wirklichkeit mehr oder weniger gut widerspiegeln.

Dagegen betont Fuchs, der Mensch sei eben gerade nicht in sein Bewusstsein oder in das Gehirn »eingeschlossen«. Schon grundlegende Wahrnehmungen wären ohne eigene Bewegungen unmöglich. So lernen beispielsweise neugeborene Katzen nur dann, sich im Raum zu orientieren, wenn sie sich nach der Geburt frei bewegen können, statt mittels eines Geschirrs passiv gezogen zu werden. Das wiesen Entwicklungsbiologen in entsprechenden Verhaltensexperimenten bereits vor Jahrzehnten nach.

Für Fuchs werden die Probleme des Neurokonstruktivismus augenscheinlich, sobald man die Interaktion zwischen Menschen betrachtet. Der Forscher verdeutlicht das am Beispiel eines Arztbesuchs: Ein Patient habe Schmerzen im Fuß. Wären diese lediglich ein Konstrukt seiner grauen Zellen, könnte der Arzt den vom Patienten lokalisierten Schmerz getrost ignorieren und sich allein dem Gehirn des Betreffenden zuwenden. Doch selbstverständlich widmet sich der Mediziner – gemäß dem leiblichen Empfinden des Patienten – dem Fuß. Er sucht an der jeweils bezeichneten Stelle nach der Ursache des Problems und nicht etwa im Gehirn.

Der schmerzende Fuß existiere also nicht »nur« in irgendeinem neuronal erzeugten, subjektiven Raum, sondern in einem von Individuen geteilten und damit objektiven Zusammenhang. Würden Arzt und Patient völlig getrennt voneinander in ihrem virtuellen Illusionstheater leben, könnten sie sich darüber nicht verständigen, so Fuchs. Jedes Zeigen auf etwas verlöre seinen Sinn, da es kein gemeinsames Referenzobjekt mehr gäbe.

Ähnlich argumentiert der Bonner Philosoph Markus Gabriel. Für ihn gerät der Neurokonstruktivismus in ein Dilemma, sobald er jede Wahrnehmung als Illusion deklariert: »Wenn alle Elemente, die auf unserem Bewusstseinsschirm auftauchen, Illusionen sind, dann ist auch das Gehirn und mit ihm das Bewusstsein nur eine Illusion«, schreibt er in seinem Buch »Warum es die Welt nicht gibt« (s. auch das Interview »Wir haben Zugang zu den Dingen an sich«).

Wäre der sinnesphysiologische Konstruktivismus wahr, wäre er also selbst auch illusionär, und dann gäbe es für uns keinen Unterschied mehr zwischen einer Halluzination und einer normalen Wahrnehmung, so Gabriel. Man könne folglich gar nicht mehr zwischen Wahrem und Falschem unterscheiden. Aber genau das gelinge dem Menschen augenscheinlich durchaus. Die Wissenschaft könne uns zwar über diese oder jene Fehlwahrnehmung aufklären, aber keinesfalls zeigen, dass unsere bewusste Wahrnehmung komplett illusorisch sei.

Auch für Thomas Fuchs steht fest: »Die erlebte Welt, in der wir gemeinsam leben, bleibt unsere primäre Wirklichkeit.« Jeder Einzelne müsse von dieser Voraussetzung ausgehen. Keine Frage: Das Gehirn hat großen Anteil daran, wie wir die Welt und uns selbst wahrnehmen. Dass es dabei zu einer Reihe von »Berichtigungen« kommt, zeigt die neurowissenschaftliche Forschung. Doch all unser Erleben als Hirngespinst abzutun, führt in eine logische Sackgasse. Die Matrix gibt es wohl nur im Film.

Literaturtipps

- Gabriel, M.: Warum es die Welt nicht gibt. Ullstein, Berlin 2013
  Markus Gabriels Einführung in den Neuen Realismus.
- Holt, J.: Gibt es alles oder nichts? Eine philosophische Detektivgeschichte. Rowohlt, Reinbek 2014
  Spannendes Philosophie-Sachbuch des Journalisten Jim Holt.
- Roth, G.: Aus Sicht des Gehirns. Suhrkamp, Frankfurt am Main 2009
  Der Neurobiologe Gerhard Roth über die Argumente »pro Neurokonstruktivismus«.

»Wir suchen an der falschen Stelle«

Interview mit Alva Noë

Bewusstsein entsteht im Kopf – ist doch klar! Irrtum, sagt der Philosoph Alva Noë. Er hält den verbreiteten Neurozentrismus für einen folgenschweren Fehler: Bewusstsein sei zwar auf Hirnprozesse angewiesen, gehe aber weit darüber hinaus.

Alva Noë

wurde 1964 in New York geboren, studierte Philosophie in Oxford (Großbritannien) und promovierte 1995 an der Harvard University in Cambridge (USA) über Ludwig Wittgenstein. Noë war wissenschaftlicher Mitarbeiter bei Daniel Dennett, Direktor am Zentrum für Kognitionswissenschaften der Tufts University, bevor er 1996 zum Professor für Philosophie an die University of California in Santa Cruz berufen wurde. 2003 wechselte er nach Berkeley, wo er bis heute lehrt und forscht.

Moses Hall liegt etwas versteckt hinter alten Bäumen, nur einen Steinwurf vom Campanile entfernt, dem Wahrzeichen der 1868 gegründeten Berkeley University. Das Gebäude wurde nicht nach der biblischen Gestalt benannt, sondern nach Bernard Moses (1846 – 1930), dem ersten Geschichtsprofessor der kalifornischen Eliteuniversität. Die Sandsteinfassade wirkt trutzig mit ihren Zinnen und schmalen Fenstern. Hier gehen Berkeleys Philosophen ihrer Denkarbeit nach. Unter ihnen der 51-jährige Alva Noë.

Auf den schmalen Fluren ist von der Mittagshitze draußen wenig zu spüren. Ich streife von Tür zu Tür – auf der Suche nach Raum 130, Noës Büro. Er hatte angeboten, wir könnten das Gespräch auch auf Deutsch führen. Seine Frau stammt aus Österreich, die beiden Kinder erzieht das Paar zweisprachig. Zudem hat Noë als Stipendiat am Wissenschaftskolleg in Berlin einen Großteil jenes

© Springer-Verlag Berlin Heidelberg 2017
S. Ayan (Hrsg.), *Rätsel Mensch – Expeditionen im Grenzbereich von Philosophie und Hirnforschung*,
DOI 10.1007/978-3-662-50327-0_18

Buchs geschrieben, über dessen Thesen ich mich mit ihm unterhalten will. Mit »Du bist nicht dein Gehirn« übersetzte der deutsche Verlag den Originaltitel »Out of our Heads« großzügig.

In Noës spärlich eingerichtetem Büro nehme ich auf einem orangeroten Sofa gegenüber dem Schreibtisch Platz. Wir beschließen, uns der Einfachheit halber doch auf Englisch zu unterhalten.

Professor Noë, bevor Sie 2003 hierher nach Berkeley kamen, lehrten Sie einige Jahre in Santa Cruz – einem Küstenort, der für seine Surfkultur bekannt ist. Surfen Sie selbst?

Ja, ich komme nur leider selten dazu. Surfen hat in Santa Cruz eine lange Tradition – es war einer der ersten Orte außerhalb von Hawaii, wo sich jemand auf ein Brett stellte, um Wellen zu reiten. Ich kam mit Anfang dreißig dorthin und hatte noch nie gesurft. Als mich Freunde mitnahmen, war ich sofort begeistert. Warum fragen Sie?

Weil ich mir vorstellen kann, dass Ihre Art, über Gehirn und Bewusstsein nachzudenken, vom Surfen beeinflusst wurde.

Hm, interessant. Beim Surfen muss man das Meer genau lesen. Anders als beim Schifahren verändert sich das Medium, auf dem man sich bewegt, ja permanent. Man muss hellwach sein, das Wasser beobachten und die eigenen Bewegungen ständig darauf abstimmen. Und in seltenen Glücksmomenten macht man dann die Erfahrung, wie das alles miteinander verschmilzt.

Ist Ihre Bewusstseinstheorie davon inspiriert?

Das wäre zu viel gesagt. Aber tatsächlich habe ich einige dieser Gedanken damals in Santa Cruz entwickelt. Meine Kernthese lautet: Bewusstsein ist nicht wie Verdauung – ein Prozess, der sich in einem Körperteil vollzieht –, sondern eher wie Tanzen. Oder Surfen. Es ist eine besondere Art, mit der Umwelt zu interagieren.

Sie gehen so weit zu behaupten, dass Bewusstsein nicht im Gehirn entsteht. Wo sonst?

Ich glaube, es liegt ein tiefes Missverständnis darin zu glauben, es müsse einen bestimmten Ort geben, wo Bewusstsein entsteht oder geschieht. Es geht nicht darum, ob es im Kopf oder außerhalb stattfindet – Bewusstsein ist eine Leistung, die das ganze Tier, die ganze Person im Wechselspiel mit der Umwelt erbringt. Natürlich brauchen wir unser Gehirn, um etwas bewusst zu erleben. Doch Neurone allein genügen dafür nicht. Das kann man sich einfach herleiten, indem man etwa fragt: Ist eine einzelne Nervenzelle zu Bewusstsein fähig? Wohl kaum. Zwei Zellen? Auch nicht. 100 oder 10.000? Nein, selbst Ensembles von einigen

Millionen Zellen »machen« noch kein Bewusstsein, etwa indem sie eine bestimmte Repräsentation der Welt irgendwie »eintünchen«. Genau so stellen sich Hirnforscher das aber meistens vor.

Warum ist die richtige Verortung des Bewusstseins überhaupt so wichtig?
Dafür gibt es vor allem zwei Gründe. Erstens hat die Neurowissenschaft beim Versuch, Bewusstsein zu erklären, bislang kläglich versagt. Wir wissen zwar enorm viel darüber, wie das Gehirn arbeitet, aber eine Erklärung für Bewusstsein hat immer noch niemand. Mein Verdacht ist: Wir suchen an der falschen Stelle! Hier kommt der zweite Grund ins Spiel. Viele Hirnforscher verfallen noch heute einer alten Ideologie, dem cartesianischen Denken. Es besagt, dass Ich und Bewusstsein innere Prozesse seien, etwas, das *in mir* passiert, ohne direkte Verbindung zur Außenwelt. Man betont zwar allenthalben, Descartes' Trennung von Geist und Materie – von »res cogitans« und »res extensa« – sei falsch. In der konkreten Forschungspraxis lebt dieser Mythos jedoch fort. Ich halte es für kurzsichtig, die Grundlagen von Bewusstsein allein im Gehirn zu suchen. Das ist die Quelle vieler Irrtümer. Wir sollten besser betrachten, wie das Gehirn in die Welt und die Interaktion mit ihr eingebunden ist.

Sie sprechen von »enacted cognition« – »verkörpertem Denken«. Was bedeutet das?
Dieses Konzept hat eine lange Geschichte, die bereits in der Phänomenologie Edmund Husserls und Maurice Merleau-Pontys wurzelt. Ich entwickelte eine Variante davon mit meiner verstorbenen Kollegin Susan Hurley. Wir begannen bei der Überlegung, dass es unmöglich ist, bestimmten Strukturen oder Vorgängen im Gehirn Bewusstsein zuzuschreiben. Forscher, die das versuchen, wie etwa Christof Koch, der den »neuronalen Korrelaten« nachspürt, werden nie fündig werden. Wir müssen Bewusstsein auf einer anderen Ebene betrachten, nämlich als eine besondere Art, wie die Person in ihre physikalische und soziale Umwelt eingebunden ist. Ich glaube, es gibt kein Bewusstsein ohne Handeln! Bewegung, Wahrnehmung und Welterfahrung verschmelzen dabei.

Können Sie das an einem Beispiel erläutern?
Nehmen wir einen einfachen Fall, das Sehen. Früher glaubte man, die Fotorezeptoren im Auge senden Signale ans Gehirn und dieses rekonstruiert daraus unser Bild der Welt. Tatsächlich aber, das belegen zahlreiche Studien, bewegen sich die Augen und unser Körper ständig – und das ist zwingend notwendig, damit uns die Welt erscheint! Ein Bild, das vollkommen still steht, verblasst augenblicklich, weil die lichtempfindlichen Zellen sehr schnell adaptieren. Mit anderen Worten: Wahrnehmen heißt agieren, es heißt, sich in der Welt bewegen.

Selbst wenn wir in die Welt eingebunden sind, warum sollte das Gehirn nicht der Hort unserer bewussten Wahrnehmung sein?

Dahinter steckt die Vorstellung, es gebe interne Repräsentationen. Das ist eine tückische, implizite Annahme, die viele Hirnforscher in Denkfallen tappen lässt. Die Rede von den Repräsentationen setzt einen wie auch immer gearteten Betrachter voraus, der diese inneren Bilder anschaut – den so genannten Homunkulus. Doch den gibt es nicht; es steckt eben niemand in unserem Kopf, der sich des Gehirns wie eines Werkzeugs bedient. Die mit dieser Idee verbundenen Irrtümer sind alt. Schon Leonardo da Vinci grübelte darüber, warum wir die Welt aufrecht sehen, obwohl das Bild auf der Retina auf dem Kopf steht. Doch dieses Retinabild existiert ja in Wahrheit nicht. Es gibt keine solche Repräsentation, die das Gehirn erst aufbaut, um sie anschließend zu dechiffrieren. Wir übersehen dabei, dass Bewusstsein ein dynamischer, interaktiver Prozess ist. Solange man nur Gehirne untersucht, bekommt man ihn nicht zu fassen.

Kurz erklärt

Phänomenologie (von griechisch: *phainomenon* = Sichtbares und *logos* = Wort, Lehre) Philosophische Denkrichtung, die als Grundbedingung von Erkenntnis das unmittelbar gegebene Erscheinen der Dinge, die »Phänomene«, ansieht. Sie lassen sich nicht auf einfachere Elemente reduzieren. Als wichtigste Vertreter gelten der Deutsche Edmund Husserl (1859 – 1938) und der Franzose Maurice Merleau-Ponty (1908 – 1961).

Homunkulus (von lateinisch: *homunculus* = Menschlein) In der Neurophilosophie geläufiger Name für die Idee eines »inneren Agenten«, der Sinnesreize und Bilder im Gehirn wahrnimmt und sich der neuronalen Maschinerie wie eines Werkzeugs zu willentlichen Handlungen bedient. Laut vielen Philosophen eine der häufigen Denkfallen der Bewusstseinstheorie.

Aber ohne Gehirn ist auch kein Bewusstsein vorstellbar.

Sicher, Hirnprozesse sind notwendig, aber nicht hinreichend. Ich bestreite keineswegs, dass Bewusstsein eine biologische Grundlage hat und eng mit dem Gehirn verknüpft ist. Die Frage ist nur, wie diese biologische Grundlage auszusehen hat. Viele Neuroforscher folgen der Devise: Wenn dies oder das im Gehirn passiert, ist die Person in dem Moment bewusst. Diesen Ansatz halte ich für falsch. Bewusstsein ist keine Eigenschaft neuronaler Zustände, sondern das Wechselspiel zwischen Gehirn, Körper und Welt.

Dass die von uns wahrgenommene Welt nur ein Produkt neuronaler Berechnungen ist, glauben Sie folglich auch nicht?

Zunächst einmal widerspricht das unserem subjektiven Eindruck. Ich sehe und spüre kein »Abbild« der Welt, sondern die Dinge liegen offen vor mir, unmittelbar zugänglich. Dieser Tisch, die Tasse, das Bücherregal, Sie – dass alles erscheint nicht konstruiert oder irgendwie durch eine Scheibe von mir getrennt. Gut, mag man einwenden, der Eindruck kann trügen. Wer aber einen neuronalen Mechanismus annimmt, der die Welt erst in erlebbare Form bringt, der setzt eine Instanz voraus, die das Illusionstheater des Gehirns wie auf einem Bildschirm betrachtet. Neurokonstruktivismus gründet auf der Fiktion des Homunkulus, der in unserem Kopf haust. Tatsächlich aber sind wir *in der Welt* und ein Teil von ihr.

Das klingt schon fast mystisch.
Ich gebe zu, der Gedanke mag ungewohnt sein. Die Vorstellung, es gebe innere Repräsentationen und einen Homunkulus, ist uns schon zu geläufig. Das bedeutet allerdings nicht, dass sie auch richtig sein muss. Wir sollten uns von ihr verabschieden, denn sie verwirrt eher, als dass sie uns weiterhilft.

Kommt es bei alldem nicht sehr darauf an, wie man Bewusstsein definiert?
Das ist richtig – wir neigen dazu, von *dem* Bewusstsein zu sprechen, meinen aber oft ganz Verschiedenes. Visuelle Aufmerksamkeit für bestimmte Reize ist etwas anderes als das Gefühl, ein stabiles Ich zu sein. Doch das Versagen der Hirnforschung, Bewusstsein zu beschreiben, geschweige denn es zu erklären, ist grundlegend: Niemand kann allein anhand der Hirnaktivität aufzeigen, ob wir einen Reiz bewusst wahrnehmen oder nicht – und auch nicht, wie das Ich zu Stande kommt.

Und wenn das mit verfeinerten bildgebenden Verfahren eines Tages doch möglich werden sollte?
Dann handelte es sich zunächst immer noch um bloße Anzeichen von Bewusstsein, um Korrelationen – nicht um das Bewusstsein selbst. Ähnlich wie Rauch, der einen Brand anzeigt, aber nicht mit ihm identisch ist.

Kann man Ihre Bewusstseinstheorie als phänomenologisch bezeichnen?
Zumindest gibt es in der Philosophiegeschichte eine Reihe von Vorläufern, die ebenfalls zu dem Schluss kamen: Die Welt erscheint uns, indem wir in ihr agieren. Der französische Philosoph Maurice Merleau-Ponty fasste das in dem schönen Satz zusammen: »Wir sind leere Gefäße, der Welt zugewandt.«

Soll das heißen, unser Denkapparat besitzt keinerlei evolutionäre oder kulturelle Voreinstellungen?
Nein, so ist das nicht gemeint. Dass die Welt unmittelbar gegeben ist, bedeutet nicht, dass wir sie in jedem Fall adäquat wahrnehmen. Natürlich gibt es Täuschungen, Illusionen und verzerrte Urteile. Aber sie sind das Resultat einer missglückten Interaktion mit der Welt, kein neuronal bedingtes Schicksal.

Wie reagieren Neurowissenschaftler auf Ihre Thesen? Konnten Sie eine Debatte anstoßen?

Die Embodiment-Theorie hat in den letzten Jahren großen Zuspruch erfahren. Allerdings erweisen sich manche Hirnforscher als erstaunlich stur. Sie sagen sich wohl, lasst die Philosophen nur reden, wir machen unsere Arbeit, und wir wissen selbst am besten, wie das geht. Ich will mir auch gar nicht anmaßen, ihnen in ihre Experimente hineinzureden. Trotzdem sind viele Schlussfolgerungen, die sie ziehen, aus philosophischer Sicht problematisch. Dazu kommt es meist dann, wenn man implizite Voraussetzungen nicht genügend bedenkt. Man kann eben nicht einerseits den Homunkulus für tot erklären und ihn andererseits durch die Hintertür immer wieder hereinlassen. Noch mal: Es gibt keine Instanz im Gehirn, die sich neuronaler Prozesse wie einer Art Werkzeug bedient.

Ist das Verhältnis von Philosophen und Hirnforschern eines der gegenseitigen Kontrolle?

Neurowissenschaftler setzen vieles als gegeben voraus, das keineswegs selbstverständlich ist. Ich glaube, sie sind auf eine Philosophie angewiesen, die ihre Begriffe und Konzepte zurechtrückt. Insofern: Ja, es ist eine unserer Aufgaben, Naturwissenschaftlern auf die Finger – oder besser: auf den Mund zu schauen.

Angenommen, Forscher würden sich Ihre Ansicht zu eigen machen: Würden sie dann wirklich anders arbeiten oder nur anders über das Gehirn reden?

Es geht um mehr als um Worte. Die Fallstricke der Hirnforschung werden überall da sichtbar, wo man allein auf Prozesse im Gehirn als Grundlage von Denken, Fühlen, Erleben oder Lernen verweist. Nehmen wir die Wirkung von Kunst, ein Thema, mit dem ich mich in letzter Zeit intensiv beschäftige. »Kunst sein« ist keine Eigenschaft von Dingen und unserer Wahrnehmung. Kunst macht sich daran fest, wie wir mit bestimmten Objekten – ob real oder geistig – umgehen, in welchen Kontext wir sie stellen. Kunst ist nichts, was ich passiv betrachten kann, ich muss etwas machen.

Sind Sie selbst künstlerisch tätig?

Ich habe zum Beispiel in Deutschland mit Tanzkompanien zusammengearbeitet und an einigen Choreografien mitgewirkt. Mich fasziniert die Parallele zwischen Tanz und Bewusstsein und wie man sie auf der Bühne umsetzen kann. Ich habe außerdem ein Buch über Kunst und das Gehirn geschrieben, das demnächst erscheinen soll. Ich glaube, die künstlerische Auseinandersetzung mit der Welt ist ein Paradebeispiel dafür, wie Bewusstsein funktioniert.

Das Interview führte Gehirn&Geist-Redakteur Steve Ayan.

Quelle

- Noë, A.: Du bist nicht dein Gehirn. Eine radikale Philosophie des Bewusstseins. Piper, München 2011

Innenansichten der Psyche

Steve Ayan

Was ist das »Ich«? Forscher sehen darin ein sich ständig wandelndes Mosaik des Geistes. Wie Experimente zeigen, bleiben viele Prozesse, die unser Selbstbild formen, unter der Oberfläche des Bewusstseins.

Auf einen Blick

Mein Ich und ich

1 Das Selbst umfasst jene Einstellungen und Urteile, die wir über das eigene Ich bilden. Es speist sich teils aus dem bewussten Nachdenken, vor allem aber aus unbewussten Verarbeitungsprozessen.

2 Unsere persönliche Selbsteinschätzung ist flexibler, als es subjektiv erscheint. So können kurzzeitig präsentierte Reize (»Priming«) oder Hirnstimulationen ichbezogene Urteile verändern.

3 Wie das Gehirn ein geschlossenes, stabil wirkendes Selbst erzeugt, ist bis heute ein Rätsel.

Manchmal muss die Welt stehen bleiben, damit wir zu uns selbst finden. So erging es einem jungen Franzosen in einem Dorf in Süddeutschland, wo ihn ein heftiger Wintereinbruch wochenlang festhielt. In seiner Unterkunft, umgeben von Schnee und Eis, begann er, die Quellen des menschlichen Wissens zu erforschen – eine Beschäftigung, die ihn Jahre später zu dem berühmten Satz »Cogito ergo sum« führte. Ich denke, also bin ich.

Der junge Mann war kein anderer als der Mathematiker und Philosoph René Descartes (1596 – 1650), der Ende 1619 vermutlich in Neuburg an der Donau festsaß. Das unfreiwillige Exil mag seinen Schluss gefördert haben, dass nichts sicher

S. Ayan (Hrsg.), *Rätsel Mensch – Expeditionen im Grenzbereich von Philosophie und Hirnforschung*,
DOI 10.1007/978-3-662-50327-0_19

sei außer der Existenz des eigenen Denkens. Damit hatte Descartes, wie der Autor Richard David Precht schreibt, »das Ich ins Zentrum der Philosophie gerückt«.

Den Optimismus des französischen Rationalisten hinsichtlich unserer Fähigkeit, uns selbst zu durchschauen, teilen Psychologen und Hirnforscher heute allerdings nicht mehr. Zu ihnen zählt Timothy Wilson von der University of Virginia in Charlottesville. Er argumentiert, dass die geistige Innenschau des Menschen – die Introspektion (s. Box »Umstrittene Innenschau«) – ungeeignet sei, dem Ich auf die Spur zu kommen. Der Grund: Die meisten Prozesse, die es formen, werden uns nicht bewusst.

Wir fällen Entscheidungen, erkennen Gefahren und interagieren mit anderen auf Grundlage einer mentalen Maschinerie, die im Verborgenen arbeitet, so Wilson. Wie ein Autopilot navigiere uns dieses »adaptive Unbewusste« durchs Leben. Um uns selbst zu ergründen, müssten wir daher hinter die Kulissen des Bewusstseins blicken. Nur, wie geht das?

Bleiben wir noch einen Moment beim Augenschein: Ob ich den Wind auf der Haut fühle, an meine Großmutter denke oder mir vorstelle, wie schön der nächste Sommerurlaub wird – in jedem dieser Momente weiß ich, dass ich es bin, der fühlt, denkt, sich etwas vorstellt. Diesem Ich, dem Bezugsrahmen des subjektiven Erlebens, stellte schon der amerikanische Psychologe William James (1842 – 1910) das »Mich« gegenüber (englisch: I versus me). Letzteres umfasse jene Überzeugungen, die wir über uns selbst bilden.

Umstrittene Innenschau: Introspektion als Forschungsmethode

Lange galt die geistige Innenschau, die Introspektion, als Königsweg zur Ergründung der Seele. Wie Generationen von Philosophen schöpften auch Vertreter der frühen experimentellen Psychologie, die Ende des 19. Jahrhunderts entstand, ihre Erkenntnisse vor allem aus dem exakten Beobachten eigener Wahrnehmungen, Gedanken und anderer psychischer Vorgänge. Wer wüsste schließlich besser über seine innere Welt Bescheid als der Betreffende selbst?

Die Vorstellung, dass wir über einen privilegierten Zugang zu uns selbst verfügen, geriet allerdings bald ins Wanken. Wahrnehmungsforscher wie der Physiker und Sinnesphysiologe Ernst Mach (1838 – 1916) erkannten, dass auf den subjektiven Augenschein häufig kein Verlass ist, wie etwa bei optischen Illusionen oder anderen Fehlurteilen (vgl. Abb. 1). Auch die Wissenschaft, so Mach, sei von »metaphysischen Obskuritäten« durchsetzt.

Der von Mach beeinflusste Behaviorist Burrhus F. Skinner (1904 – 1990) erklärte daher das äußerlich beobachtbare Verhalten von Mensch oder Tier zum alleinigen Gegenstand der Psychologie. Diese radikale Haltung fand ab Mitte des 20. Jahrhundert immer mehr Kritiker.

Bis heute liefern Psychologen eine Fülle von Belegen dafür, dass unser Blick auf das eigene Ich getrübt ist – sei es, weil unsere Selbsteinschätzung vom tatsächlichen Handeln abweicht (»Ich bin willensstark – aber das Rauchen aufgeben? Unmöglich!«), sei es, weil wir sozial Erwünschtes schlecht von unseren eigentlichen Überzeugungen trennen können.

Um Verzerrungen bei Persönlichkeitstests zu reduzieren, enthalten diese oft Fangfragen, auf die es nur eine Antwort geben kann, etwa: »Haben Sie jemals gelogen?« Auch die so genannte Blindtestung, bei der den Versuchspersonen das eigentliche Ziel einer Studie unklar bleibt, gehört zum Arsenal der Vorsichtsmaßnahmen.

Trotz aller Zweifel sind Psychologen in vielen Experimenten auf subjektive Einschätzungen von Probanden angewiesen.

So lässt sich das Erleben eines Menschen nicht allein aus Reaktionszeiten oder den Assoziationen beim Betrachten bestimmter Bilder erschließen, ebenso wenig wie aus Mustern der Hirnaktivität. Die Introspektion bleibt daher vorerst eine feste Größe im Instrumentarium der Seelenkunde.

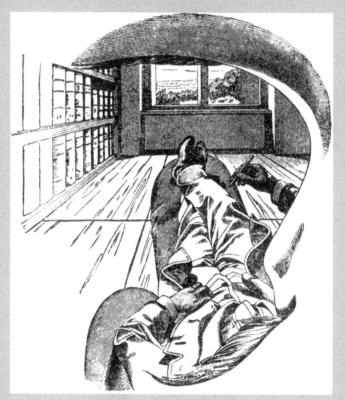

Abb. 1   Eingeschränkter Blickwinkel. Diese Skizze von Ernst Mach symbolisiert die enge und verzerrte Perspektive unseres Selbstbilds (aus Ernst Mach: Die Analyse der Empfindungen und das Verhältnis des Physischen zum Psychischen. Jena 1886)

Denken jenseits des Denkens

Jeder Mensch macht die eigenen Gedanken und Gefühle zum Gegenstand seines Denkens, er bildet »Metakognitionen« (von griechisch: *meta* = jenseits, oberhalb, und lateinisch: *cogitare* = denken). Etwa ab dem Alter von 18 Monaten beginnen Kleinkinder, ihr Spiegelbild zu erkennen. Fast jeder Zweijährige wischt sich dabei einen Fleck von der Stirn, den man ihm zuvor dorthin gemalt hat. Ungefähr im gleichen Alter sagen die Kleinen zum ersten Mal »ich« – vorher sprechen sie von sich oft in der dritten Person: »Max Hunger!«

Die neuronalen Mechanismen hinter dieser Geburt des Ichs liegen im Dunkeln. Doch während es relativ früh etabliert ist, tritt die Fähigkeit, die eigenen Gefühle und Wünsche zu kennen und sich selbst als Individuum mit besonderen Eigenarten zu begreifen, erst nach und nach hinzu. Dies speist sich zum einen aus Zuschreibungen, die von Eltern, Geschwistern oder anderen Personen übernommen werden (»Du bist ein kluges Mädchen!«), zum anderen aus dem eigenen Empfinden in bestimmten Situationen (etwa Angst beim Alleinsein). Mit zunehmendem Alter wird das Ich auch gedanklich immer differenzierter bewertet, so dass sich etwa bis zur Schulreife feste Selbsteinschätzungen ausbilden. Nach der Pubertät verändert sich das bewusste Selbstbild eines Menschen kaum noch grundlegend. Doch stimmt es auch damit überein, wie der Betreffende »wirklich« ist?

Bittet man eine Person etwa unverblümt »Beschreiben Sie sich selbst!«, so sind die Auskünfte, die man dabei erhält, nicht unbedingt verlässlich. Denn sie weichen vom realen Verhalten mitunter stark ab – meist zu den eigenen Gunsten: So mancher hält sich für einen aufmerksamen Zuhörer, fällt seinen Gesprächspartnern aber laufend ins Wort. Andere wähnen sich hochintelligent, ohne zu bemerken, dass sie oft nur wiederkäuen, was ohnehin jeder weiß. Unsere Neigung zur Selbstüberschätzung, der so genannte Positivitätsbias (englisch: Positivity Bias), ist ein in zahlreichen Studien bestätigtes Phänomen.

Doch wie kommt man den verborgenen Motiven und Charakterzügen einer Person auf die Spur? Forscher benutzen hierfür verschiedene Verfahren wie zum Beispiel den Impliziten Assoziationstest (IAT), den der Psychologe Anthony Greenwald von der University of Washington in Seattle Ende der 1990er Jahre entwickelte.

Dabei muss der Proband möglichst schnell auf einen Reiz reagieren, zum Beispiel ein Wort oder Bild, der auf einem Bildschirm erscheint. Zuvor wurde er etwa darauf trainiert, stets mit der linken Hand eine Taste zu betätigen, wenn der eingeblendete Begriff ihn selbst beschreibt; rechts dagegen gilt es zu drücken, wenn er auf einen anderen – etwa einen guten Freund – zutrifft. Die Schnelligkeit, mit der derjenige »ich« mit verschiedenen Adjektiven wie »ängstlich« oder »selbstbewusst« verknüpft, lässt Rückschlüsse auf sein Selbstbild zu.

Auch der »name letter effect« gilt als taugliches Indiz dafür, wie das Selbstbild von Menschen beschaffen ist. Er basiert auf dem verblüffenden Phänomen, dass wir die im eigenen Namen enthaltenen Buchstaben, vor allem die Initiale, besonders bevorzugen. Der Grad dieser Vorliebe zeigt das implizite Selbstwertgefühl des Probanden an: Erkennt etwa Peter systematisch schneller positive

Wörter, die mit seinem Namen assoziiert sind (»patent«), als negative (»pedantisch«), so verrät dies einiges über seine Person.

Wie groß die Macht solcher impliziten, also unbewussten Verarbeitungsprozesse ist, belegen so genannte Priming-Experimente. So können Reize, die unterhalb der Schwelle zur bewussten Wahrnehmung liegen (»Primes«, von englisch: to prime = vorbereiten), das Selbstbild von Probanden verändern. Nur wenige Millisekunden lang präsentierte Bilder oder Wörter haben mitunter verblüffende Wirkung. Wie etwa die Arbeiten des Sozialpsychologen Thomas Mussweiler von der Universität Köln zeigen, passt sich unser Selbstbild flexibel an den jeweiligen Kontext an – ohne dass wir etwas davon mitbekommen.

In einer Studie von 2010 baten Mussweiler und seine Kollegen Jan Crusius sowie Karlene Hanko knapp 100 Probanden, zunächst zwei Bilder miteinander zu vergleichen. Sie stellten zum Beispiel Unterwasserlandschaften oder die Skylines von Städten dar. Ein Teil der Probanden sollte mindestens drei Gemeinsamkeiten der Zeichnungen benennen, die anderen hatten umgekehrt die Aufgabe, auf Unterschiede zu achten. Dieser als »Wahrnehmungstest« getarnte Durchgang diente als Priming.

Anschließend galt es, über ein beliebiges Ereignis aus dem letzten Jahr zu schreiben, bei dem sich der Betreffende entweder besonders introvertiert oder extrovertiert verhalten hatte. Der Text sollte vor allem die eigenen Gefühle und Gedanken zum damaligen Zeitpunkt in Worte fassen. Dann folgte ein standardisierter Test, in dem Aussagen wie »Ich bin gerne unter Menschen« oder »Ich bin eher schüchtern« bezüglich der eigenen Person zu bewerten waren.

Wie war ich früher?

Der Vergleich zwischen dem erinnerten Ich und der Selbsteinschätzung im Hier und Jetzt ergab: Wer auf Gemeinsamkeiten getrimmt war, beschrieb sich als dem früheren Alter Ego sehr ähnlich. Egal, ob sich die Betreffenden an introvertiertes oder extrovertiertes Verhalten erinnert hatten, das aktuelle Selbstbild wies in die gleiche Richtung. Wer dagegen zu Versuchsbeginn nach Unterschieden zwischen den Bildern gesucht hatte, wähnte sich deutlich verändert! War man damals ausgelassen, hielt man sich nun für verschlossen – und umgekehrt.

Auch Zukunftsvisionen können das aktuelle Selbstbild beeinflussen, wie Mussweiler und Kollegen in einem weiteren Experiment feststellten. Sie wählten dafür ein für viele Menschen sensibles Thema: das Körpergewicht. Nachdem sich vier Gruppen von zusammen knapp 200 Probanden (drei Viertel davon Frauen) jeweils vorstellten, sie wären 2 oder 15 kg schwerer oder leichter als heute, wurden sie nach ihrem aktuellen Gewicht gefragt. Zusätzlich sollten sie angeben, ob sie sich selbst eher zu füllig oder zu mager fanden – oder genau richtig. Durch Kombination beider Angaben errechneten die Forscher einen »subjektiven Gewichtsindex«.

Das Fantasieszenario, man habe schlappe zwei Kilo zugelegt oder verloren, übertrug sich auf das Selbstbild: Die Probanden unterschätzten ihr momentanes Gewicht nach der Abnehmvision und überschätzten es umgekehrt bei zuvor imaginierter Zunahme. War ihr Augenmerk jedoch extrem vom Istzustand abgelenkt worden, sah das anders aus. Wer sich zum Leichtgewicht »geträumt« hatte, dessen aktuelles Gefühl sagte: Ich bin zu dick! Dies beruhte allein auf der Verschiebung des Blickwinkels in dem wenige Minuten dauernden Test.

Selbst vermeintlich nebensächliche motorische Aktionen können Priming-Effekte haben. Allein eine Faust zu ballen, veränderte in einer Untersuchung der Psychologen Thomas Schubert und Sander Koole von 2009 das Selbstbild von männlichen Probanden. Sie neigten anschließend dazu, sich selbst für machtvoller zu halten, als dies bei Kontrollpersonen der Fall war, und zwar sowohl in einem Persönlichkeitsfragebogen als auch bei einem (impliziten) Test der Reaktionszeiten auf Begriffe wie »kraftvoll« oder »autonom«. Vor diesen Adjektiven hatten die Forscher jeweils von den Probanden unbemerkt das Wort »ich« aufblitzen lassen.

Wie anfällig das Selbst für solch subtile Beeinflussungen ist, hängt allerdings auch davon ab, wie klar umrissen es ist. In einer Untersuchung von 2009 bat ein belgisch-niederländisches Forscherteam gut 150 Probanden zu einem Computertest, bei dem es verschiedene Kombinationen von Plus- und Minuspunkten an sich selbst sowie an einen virtuellen »anderen« zu vergeben galt. Aus den wiederholten Wahlentscheidungen der Teilnehmer ergab sich eine Art individueller Ego-Index – je nachdem, wie sehr derjenige an den eigenen Vorteil dachte oder auch dem Mitspieler etwas spendierte.

Dann folgte das Priming in Form eines Sprachtests, in den verschiedene Wörter eingestreut waren, die nur für 17 Millisekunden erschienen – viel zu kurz, um sie bewusst zu sehen. Die Begriffe stammten aus dem religiösen Kontext (Gebet, Psalm, Gnade, heilig) oder aus der Wirtschaftssprache (Geschäft, Aktie, Karriere). Das Kalkül dahinter: Wörter im thematischen Umkreis der Nächstenliebe sollten die Spendierfreude fördern, der Businessjargon dagegen den Egoismus.

Und genauso kam es – allerdings nur bei jenen, die im Vortest keine klare Linie zeigten und mal sich selbst, mal den Kollegen beglückt hatten. Wer dagegen eindeutig sozial oder eigennützig tickte, war für das Priming unempfindlicher. Schützt ein starkes Selbstbild also vor Beeinflussung? Tendenziell schon, aber weder Altruisten noch Egomanen sind vor der Macht der unterschwelligen Reize gefeit.

Mussweiler und sein einstiger Doktorvater Fritz Strack von der Universität Würzburg prägten den Begriff des »relativen Selbst«: Vergleiche mit anderen seien eine zentrale Stellschraube für das ständige Nachjustieren des Selbst. Werden Sie zum Beispiel gefragt, wie sportlich oder extrovertiert Sie sind, brauchen Sie zur Beantwortung der Frage ein Vergleichsmaß. Dieses kann leicht »geprimt« werden: Das blitzschnelle Einblenden der Namen von Spitzensportlern wie »Boris Becker« setzte die Selbsteinschätzung von Probanden in Sachen

Sportlichkeit herab. Wie wir uns selbst sehen, hängt offenbar stark davon ab, mit wem wir uns spontan vergleichen.

Manipulation per Knopfdruck

Zu einer ungewöhnlichen Methode, um das Selbstbild von Menschen zu manipulieren, griff Julian Paul Keenan von der Montclair University bei New York in einer Studie von 2007. Er reizte das Frontalhirn von Probanden mittels transkranieller Magnetstimulation (TMS), während diese eine simple Aufgabe lösten: Die Versuchspersonen sollten insgesamt 144 Adjektive per Knopfdruck mit »ja, trifft auf mich zu« oder »nein, trifft nicht auf mich zu« bewerten. Dieser Wortschatz war zuvor darauf geeicht worden, dass er jeweils gleich viele positive, neutrale und negative Eigenschaften umfasste – von liebenswert bis unausstehlich.

Im Normalfall machte sich der Positivitätsbias bemerkbar – die Probanden nahmen mehr schmeichelnde als unschöne Adjektive für sich in Anspruch. Bei der richtigen Magnetfeldstärke und Position der Spule am Kopf gelang es Keenan und seinem Team nun, den medialen präfrontalen Kortex (MPFC) der Versuchspersonen vorübergehend auszuschalten. Die Wirkung war verblüffend: Die Tendenz zur Selbstaufwertung sank! Dies war hingegen nicht der Fall, wenn andere Regionen wie das supplementärmotorische Areal (SMA) gereizt wurden oder die Stimulation nur vorgetäuscht wurde.

Wie war das zu erklären? Gibt es eine Zentrale der Selbsttäuschung im Gehirn? Auch unter anderen experimentellen Bedingungen erwies sich der MPFC als An-/Ausschalter für die Selbstüberschätzung von Probanden – zum Beispiel, wenn diese still für sich eine Reihe von »schwierigen Wörtern« durchgingen und jeweils angaben, ob sie wüssten, was sie bedeuteten. War der MPFC zwischenzeitlich lahmgelegt, sank die Zahl der »Kenne ich!«-Antworten rapide.

Aus anderen Studien wissen Forscher jedoch, dass der MPFC nicht bloß bei Selbstlob verstärkt aktiv wird. Auch bei negativen Urteilen sowie an der Einschätzung anderer Menschen scheint er beteiligt zu sein. Zudem ist eine Reizung per transkranieller Magnetstimulation nur recht grob möglich; die dadurch ausgelöste, räumlich weit verteilte Erregung gibt keinen Aufschluss darüber, welche der betroffenen Frontalhirnregionen mit anderen Arealen zusammenarbeiten.

In einer Folgestudie konnte Keenans Team allerdings das frühere Ergebnis bestätigen und zudem zeigen, dass das Ausschalten des MPFC vor allem die unmittelbar selbstbezogene Überhöhung schwächt. Während die Probanden bei angeschalteter Magnetspule dem Ego schmeichelnde Wörter wie »ehrgeizig« oder »beliebt« seltener für sich beanspruchten, waren moralische Begriffe (etwa »integer« oder »verständnisvoll«) nicht betroffen. Offenbar gibt es subtile Unterschiede in der Art des Eigenlobs, das der MPFC vermittelt oder nicht: In moralischen Werten steckt eine starke soziale Komponente, die womöglich andere Verarbeitungswege im Gehirn beansprucht.

mediale Schnittansicht des Großhirns

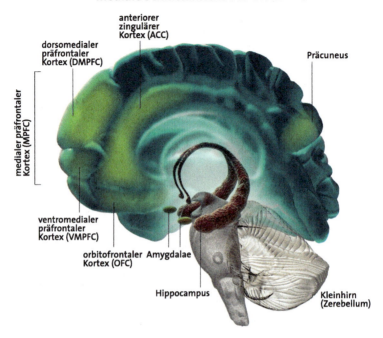

anteriorer
zingulärer
Kortex (ACC)

dorsomedialer
präfrontaler
Kortex (DMPFC)

Präcuneus

medialer präfrontaler
Kortex (MPFC)

ventromedialer
präfrontaler
Kortex (VMPFC)

orbitofrontaler Amygdalae
Kortex (OFC)

Hippocampus

Kleinhirn
(Zerebellum)

Abb. 2   Mediale Schnittansicht des Großhirns (Grafik: Gehirn und Geist/Meganim)

Selbst ist das Hirn: Das neuronale Ich-Netzwerk

Mittels der funktionellen Magnetresonanztomografie (fMRT) lassen sich verschiedene Aspekte unseres Selbst im Gehirn aufzeigen. Sollen Probanden auf den
eigenen Körper achten, steigt die Aktivität im Präcuneus sowie im anterioren
zingulären Kortex (ACC). Ichbezogene Gedanken (»Bin ich klug/humorvoll/groß-
zügig?«) beanspruchen den dorsomedialen präfrontalen Kortex (DMPFC), der
mit dem Hippocampus verknüpft ist. Emotionale Aspekte des Selbst wiederum
aktivieren vornehmlich den ventromedialen präfrontalen Kortex (VMPFC), den
orbitofrontalen Kortex (OFC) sowie die Amygdalae.
Der mediale präfrontale Kortex (MPFC) scheint eine Rolle bei der Aktualisierung
des Selbstbilds zu spielen: Wird er gehemmt, sinkt die Tendenz zur Selbstüberschätzung.

Dennoch spielt der MPFC eine wichtige Rolle bei der Konstruktion unseres
Selbstbilds. Darüber hinaus verarbeiten allerdings noch viele andere Hirnregionen ichbezogene Reize (s. Abb. 2). *Das* neuronale Zentrum der Selbstbetrach-
tung gibt es also nicht.

Sich gut zu kennen und mögliche Selbsttäuschungen zu durchschauen, erscheint vielen erstrebenswert – doch ist es das wirklich? Und kann man es lernen?

Timothy Wilson und seine Kollegin Elizabeth Dunn von der Harvard University in Boston sichteten in einem Überblicksartikel die Forschung dazu – und zogen ein ernüchterndes Fazit. So seien die Belege dafür, dass Menschen ihre expliziten und impliziten Selbstkonzepte dauerhaft zur Deckung bringen könnten, rar – und der Nutzen zweifelhaft.

Eine noch recht gut gesicherte Methode besteht in der Beschäftigung mit den eigenen Gefühlen und Erlebnisse, etwa durch Tagebuchschreiben. Die Arbeiten des Psychologen James Pennebaker von der Texas University in Austin zeigten, dass die schriftliche Auseinandersetzung mit eigenen Erfahrungen die damit verbundenen Gefühle zu ordnen hilft.

Ob dies mit Selbsterkenntnis gleichzusetzen ist, bezweifeln Wilson und Dunn jedoch. Wir können uns selbst vielfältig interpretieren, aber was heißt das? Wer nach dem dritten Stück Kirschtorte zu dem Schluss kommt, er liebe Kirschtorte, mag Recht haben – vielleicht ignoriert er jedoch die Tatsache, dass er als Kind nie vom Naschwerk der Großmutter probieren durfte und deshalb nun an keiner Konditorei vorbeigehen kann.

Die bewussten (expliziten) Annahmen über sich selbst mit den verborgenen Motiven seines Tuns in Einklang zu bringen, scheint ein günstiger, wenn auch steiniger Weg zu sein. Ein Team um den Motivationspsychologen Oliver Schultheiß bewies 2008 in zwei Studien, dass es uns nur dann befriedigt, unseren Zielen nahezukommen, wenn auch die implizite Motivation dazu hoch ist. Als Maß für die unbewusste Motivlage verwendeten die Forscher eine Variante des Thematischen Apperzeptionstests (TAT).

Was wir wirklich wollen
Dabei sollten sich die Probanden zu bestimmten Bildern, die ihnen vorgelegt wurden – etwa von einem Architekten im Büro, einem Paar am Flussufer oder einem Seiltänzer –, jeweils eine Geschichte ausdenken, die das Dargestellte beschrieb. Die so entstehenden Texte wurden nach festgelegten Kriterien analysiert, so dass jeweils ein individuelles Profil der Bedürfnisse nach Macht, Erfolg und sozialem Anschluss entstand. Zudem gaben die Teilnehmer verschiedene persönliche Ziele an und erläuterten, wie wichtig es ihnen war, sie zu erreichen. Resultat: Nur wenn sich implizite Motive mit den offenen Angaben deckten, also etwa der Wunsch nach Anerkennung in beiden dominierte, waren Engagement und Zufriedenheit gleichermaßen hoch.

Explizite und implizite Motive lassen sich einander annähern – zum Beispiel durch Imagination! In einer früheren Untersuchung zusammen mit Jochen Brunstein zeigte Schultheiß, dass intensives Visualisieren von Zielen hilft, diese »innerlich« anzunehmen und entsprechend zu reüssieren. Dabei ging es um so unterschiedliche Situationen wie ein Beratungsgespräch oder ein Computerspiel.

Hatten die Probanden Gelegenheit, sich ihr Tun zuvor genau auszumalen, bestimmte das Maß ihres impliziten Bedürfnisses nach Macht und Anschluss über ihr jeweiliges Engagement in dieser Sache. Ohne die geistige Vorübung ließ der Auftrag die Probanden eher kalt.

Was lernen wir aus alldem? Unser Selbstbild ist kein Nebenprodukt der Wahrnehmung geistiger Prozesse; diese bleiben dem Bewusstsein vielmehr verborgen. Es ergibt sich auch nicht aus der Abschätzung persönlicher Stärken und Schwächen. Dafür tendieren wir zu stark dazu, unangenehme Gedanken auszublenden. Vielmehr dient das Selbst vor allem dem Zweck, uns laufend flexibel auf unsere Umwelt einzustellen – und handlungsfähig zu bleiben.

Das eigene Potenzial dabei etwas zu hoch als zu niedrig einzuschätzen, lässt uns eher aktiv werden, Probleme angehen und Ziele verfolgen. Ein leicht ins Positive verzerrtes Selbstbild, so Wilson und Dunn, sei daher von Vorteil: Es wirke als Katalysator für das eigene Tun.

Eine andere Strategie empfehlen die Psychologen John Updegraff und Eunkook Suh. Sie stießen in einer Untersuchung von 2007 darauf, dass die per Fragebogen erhobene Lebenszufriedenheit von Probanden statistisch daran gekoppelt war, wie unkonkret die Selbstbeschreibung ausfiel: Menschen, die sich eher in allgemeinen Begriffen mit »klug« oder »ein guter Freund« titulierten, rangierten auf der Glücksskala im Mittel höher als solche, die Selbiges exakt festmachten: »Ich helfe Freunden beim Umzug.«

Um zu prüfen, ob die Abstraktheit ursächlich wirkte, baten die Forscher in einem zweiten Test 96 Probanden, sich entweder konkret an ein wichtiges Faktum aus ihrem Leben zu erinnern oder eine allgemeine Idee, die sie kennzeichnete, ins Auge zu fassen. Siehe da: Die Gruppe mit abstrakter Ichbetrachtung schnitt im Zufriedenheitscheck besser ab. Eine gewisse Unschärfe im Selbstbild hätte demnach ihr Gutes. Persönliche Ziele hingegen solle man möglichst konkret definieren. Vielleicht tun wir uns deshalb so schwer mit einem Appell, der vager kaum sein könnte: »Erkenne dich selbst!«

Quellen

* Hanko, K. et al.: When I and Me are Different: Assimilation and Contrast in Temporal Self-Comparisons. In: European Journal of Social Psychology 40, S. 160 – 168, 2010
* Kwan, V. S. Y. et al.: Assessing the Neural Correlates of Self-Enhancement Bias: A Transcranial Magnetic Stimulation Study. In: Experimental Brain Research 182, S. 379 – 385, 2007

- Schultheiß, O. C. et al.: The Role of Implicit Motivation in Hot and Cold Goal Pursuit: Effects on Goal Progress, Goal Rumination, and Emotional Well-Being. In: Journal of Research in Personality 42, S. 971 – 987, 2008
- Smeeters, D. et al.: When Do Primes Prime? The Moderating Role of the Self-Concept in Individuals' Susceptibility to Priming Effects on Social Behavior. In: Journal of Experimental Social Psychology 45, S. 211 – 216, 2009
- Updegraff, J. A., Suh, E. M.: Happiness is a Warm Abstract Thought: Self-Construal Abstractness and Subjective Well-Being. In: Journal of Positive Psychology 2, S. 18 – 28, 2007
- Wilson, T. D., Dunn, E.: Self-Knowledge: Its Limits, Value, and Potential for Improvement. In: Annual Review of Psychology 17, S. 1 – 17, 2004

»Wir sind biologische Apparate«

Interview mit John Searle

John R. Searle zählt zu den wichtigsten Denkern der Gegenwart: Er hat die Philosophie des Geistes über Jahrzehnte geprägt. Ein Besuch bei dem 82-Jährigen in Berkeley, Kalifornien.

Wie oft muss er das schon gehört haben: *Professor Searle, was ist Bewusstsein? Wie hängen Körper und Geist zusammen? Wo liegen die Grenzen des menschlichen Denkens?* Der alte Mann im bunt gemusterten Freizeithemd gibt sich nicht sonderlich viel Mühe, seine Langeweile zu verbergen. Während ich ihn befrage, rutscht er auf seinem Stuhl herum, sieht bisweilen zur Decke oder lächelt mich an wie einen Jungen, der nicht viel versteht – aber er tut das auf sympathische, verschmitzte Art.

Ich bin zu Besuch bei dem Philosophen John Searle (sprich: »Sörl«) an der Berkeley University. In seinem kleinen Büro stapeln sich Bücher und Manuskripte. Neben uns sortiert eine junge Frau, Searles Assistentin, munter Papiere. Als ich ihn frage, ob er Zeit habe, erwidert er: »Zeit? Junger Mann, in meinem Alter hat man keine Zeit.« *Was macht Sie glücklich?* Sein Blick signalisiert auf einmal Interesse. »Glücklich? Eine Dummheit erkannt zu haben. Wenn man sie schon nicht aus der Welt schaffen kann.«

Die Natur des menschlichen Bewusstseins ist Searles Lebensthema. Mehr als ein halbes Jahrhundert lang, seit er 1959 – im Alter von 27 Jahren – zum Professor in Berkeley berufen wurde, hat er darüber philosophiert, Gedankenexperimente ersonnen und Debatten angestoßen. Und alles, was ihn glücklich macht, war, eine Dummheit erkannt zu haben? Zwei Dinge erstaunen mich daran: erstens, dass dieses Glück nicht auf etwas positiv Gegebenem beruhte, sondern auf Widerlegung, Verneinung. Und zweitens, dass hier Wissen und Sein auseinanderklafften: Eine Dummheit zu durchschauen, bedeutet noch nicht, dass sie aus der Welt ist.

© Springer-Verlag Berlin Heidelberg 2017
S. Ayan (Hrsg.), *Rätsel Mensch – Expeditionen im Grenzbereich von Philosophie und Hirnforschung*, DOI 10.1007/978-3-662-50327-0_20

»Sie glauben nicht, wie viel Unsinn immer noch über Bewusstsein geredet wird. Sogar auf wissenschaftlichen Konferenzen«, erklärt Searle. Auf keinem anderen Gebiet seien so viele Irrtümer in Umlauf wie in der Philosophie des Geistes. »Eines meiner vielen Ziele besteht in dem Versuch, die Wahrheit vor dem überwältigenden Drang nach Falschheit zu retten«, schrieb er in einem Grundlagenwerk, das 2006 auf Deutsch unter dem schlichten Titel »Geist« erschien.

John Searle kam 1932 als Sohn eines Elektroingenieurs und einer Ärztin im US-Bundesstaat Colorado zur Welt. Nachdem er sich bereits mit 17 Jahren an der University of Wisconsin eingeschrieben hatte, bekam er 1952 ein Stipendium, um im englischen Oxford Philosophie und Volkswirtschaftslehre zu studieren. Zu Searles Lehrern dort zählte John Langshaw Austin (1911 – 1960), der Begründer der Sprechakttheorie (s. Box »Kurz erklärt«). Austins Vorlesungsreihe »How to do things with words« – zu Deutsch: »Wie man mit Wörtern Dinge tut« – gilt als Geburtsstunde dieser Denkschule, mit der auch Searles Name eng verknüpft ist.

Der Begriff Sprechakt bezeichnet dabei zunächst die simple Tatsache, dass wir, wenn wir reden, beinah immer etwas bezwecken: Sprechen heißt handeln. Es genügt also nicht, Sprache bloß als regelgeleitetes Referenzsystem zu betrachten, in dem bestimmte Symbole (das Bezeichnende) für die Dinge in der Welt (das Bezeichnete) stehen.

Ausgehend von Austins Vorarbeit unterschied Searle in seinem 1969 erschienenen Buch »Speech Acts« vier Komponenten: den Äußerungsakt selbst, die Proposition (den Aussagegehalt) sowie einen »illokutiven« und einen »perlokutiven« Akt. Letztere lassen sich am besten an einem Beispiel erläutern. Nehmen wir an, jemand sagt zu Ihnen: »Das hast du toll gemacht!« Dann besteht die Illokution darin, dass es sich um ein für jeden erkennbares Lob handelt. Illokution ist der Fachausdruck für konventionalisierte sprachliche Handlungen wie etwa loben, bitten, Komplimente machen oder sich entschuldigen. Als Perlokution bezeichnet man dagegen die bezweckte Wirkung, in unserem Beispiel, Anerkennung zu zollen. Zwischen beidem zu unterscheiden ist sinnvoll, denn sie fallen oft nicht zusammen: »Hast du toll gemacht« könnte auch ironisch gemeint sein; es ist dann formal zwar immer noch ein Lob, bewirkt aber etwas ganz anderes – es wird als Kritik verstanden.

Es geht noch komplizierter: Womöglich ist die Äußerung bloß eine symbolische Geste, die Ihnen nur das Gefühl geben soll, dass man Ihnen Aufmerksamkeit schenkt. Mit so einem Hintergedanken würden wir das Lob etwa einem Kind gegenüber aussprechen. Das gleiche könnte einen Erwachsenen wiederum verärgern: »Was lobt der mich so blöd?« Offenbar ist die vom Sprecher *bezweckte* Wirkung nicht unbedingt die *erzielte*: Mancher mag sich geschmeichelt fühlen – obwohl man ihn in Wahrheit veralberte. Und so nimmt das heillos vertrackte Spiel der zwischenmenschlichen Kommunikation seinen Lauf.

Wenige Jahre, nachdem Searle in Berkeley zum Professor berufen wurde, entwickelte sich die Eliteuniversität nahe San Francisco zu einem Zentrum der Studenten- und Bürgerrechtsbewegung. Ende 1964 schloss sich Searle, als Erster aus der Riege der Lebenszeitprofessoren, der »Freedom of Speech«-Bewegung an. Sie trat für ein freies Rede- und Versammlungsrecht auf dem Campus ein. Als Berkeley ab 1967 immer wieder Schauplatz gewalttätiger Auseinandersetzungen zwischen der Polizei und Vietnamkriegsgegnern wurde, wirkte Searle ausgleichend. Ohne selbst politisch zu agitieren, setzte er sich für die Meinungsfreiheit ein, die der Universitätsleitung ein Dorn im Auge war.

Etwa zur gleichen Zeit konkretisierten sich Searles Ideen darüber, wie wir Zwecke und Ziele verfolgen, indem wir miteinander reden. Es geht beim Kommunizieren ja oft weniger um das, was wir sagen, als um das, was wir beabsichtigen: »Weißt du, wie spät es ist?« ist keine Erkundigung nach den Kenntnisstand meines Gegenübers, »Schön, Sie zu sehen!« kein Ausdruck authentischer Freude. Vom Nachdenken über sprachliche Absichten – Intentionen – ist es nur ein kleiner Schritt zur Intentionalität, einem Kernmerkmal von Bewusstsein.

Intentionalität beschreibt die »Gerichtetheit« geistiger Zustände. Ob Wahrnehmungen, Gefühle oder logische Schlüsse – die meisten dieser mentalen Akte sind intentional: Sie beziehen sich auf einen Gegenstand oder ein Ziel. Wie kommt es, dass neuronale Vorgänge intentionalen Charakter annehmen können? Das ist für Searle eine zentrale Frage der Philosophie.

»Die größte Herausforderung besteht für mich darin, zu erklären, wie sich unsere menschliche Realität in die physisch gegebene Realität einfügt«, sagt er. »Wie lassen sich all die sozialen Phänomene, die uns fest im Griff haben, wie Geld, Besitz, Ehe, Regierungen oder Gesetze, gemäß denselben Prinzipien erklären, die auch die natürliche Welt bestimmen?« *Warum müssen es denn dieselben Prinzipien sein?* »Weil es keinen Grund gibt, von etwas anderem auszugehen. Im Gegenteil: Die Annahme, das Mentale und das Physische seien getrennte Sphären, ist dafür verantwortlich, dass die einflussreichsten Theorien der Philosophie des Geistes allesamt falsch sind.«

Jegliche Varianten des Dualismus, Epiphänomenalismus oder der Emergenztheorie, aber auch des Monismus könne man vergessen, sagt Searle. Sobald man ihre gemeinsame Voraussetzung – nämlich die Trennung von Materiellem und Geistigem – aufgebe, lösten sich die Fragen, die sie zu beantworten vorgeben, in nichts auf. »Bewusstsein ist das Produkt neuronaler Prozesse, daran besteht kein Zweifel«, erklärt er. *Ihr Kollege Alva Noë, der hier ein paar Türen weiter sein Büro hat, bezweifelt das* (s. den Beitrag »Wir suchen an der falschen Stelle«). »Mag sein. Aber wer glaubt, Bewusstsein würde außerhalb des Organismus stattfinden, irgendwie zwischen unseren Köpfen flottieren, den kann ich nicht ernst nehmen. Wir wissen genug darüber, wie das Gehirn funktioniert, um zu erkennen, dass das falsch ist. Bewusstsein ist nicht mehr und nicht weniger rätselhaft als die Eigenart von Wasser, flüssig zu sein. Dies ist genauso von bestimmten physikalisch beschreibbaren Vorgängen abhängig wie Bewusstsein. Nur, dass die Vorgänge im Kopf eben etwas komplizierter sind. Bewusstsein ist ein biologisches Phänomen.«

In diesem Moment unterbricht uns Searles Assistentin: »Professor, wohin kommt diese Abrechnung?« Die junge Frau hält ein Blatt Papier hoch.

Searle beugt sich vor. »Visa?« »Ja.« Er zeigt auf eine Pappschachtel in der Ecke: »Legen Sie sie da hinein.«

Kurz erklärt

Sprechakttheorie im angelsächsischen Raum verbreitete, sprachphilosophische Tradition, die verschiedene Aspekte und Funktionen kommunikativer Akte in den Blick nimmt.

Dualismus auf den französischen Philosophen René Descartes (1596 – 1650) zurückgehende Lehre, die von der Existenz zweier getrennter Seinsformen ausgeht: Materie (res extensa) und Geist (res cogitans).

Epiphänomenalismus bewusstseinsphilosophische Annahme, die Geist als ein Nebenprodukt (»Epiphänomen«) körperlicher Vorgänge auffasst.

Emergenztheorie Variante des Dualismus, die Bewusstsein als »emergente« (darüber hinausgehende) Eigenschaft physiologischer Prozesse ansieht: fußt auf der Annahme, dass komplexe neuronale Vorgänge eine neue, geistige Qualität hervorrufen können.

Monismus Seinslehre (Ontologie), wonach es in der Welt nur eine einzige Form der Existenz gibt; Materialismus und Idealismus sind beides Varianten des monistischen Denkens.

Was Searles Denken von jeher fesselte, ist die Tatsache, dass Menschen mächtige Fiktionen aus dem Nichts erschaffen – durch bloße Übereinkunft. Der Wert von Geld etwa sei nichts, was man sehen und anfassen könne, sondern eine Funktion: Wir schreiben Objekten die Eigenschaft, Geld zu sein, zu. Ein Stück Papier, auf das einige Zahlen und andere Dinge gedruckt sind, wird so zur Banknote, gegen die man nach allgemein anerkannten Regeln Dinge tauschen kann. Geld gewinnt Realität, indem wir eine Vereinbarung treffen. Searle spricht von »kollektiver Intentionalität«. Ihr verdanken wir unsere Existenz als soziale Wesen.

Statt zwischen Geist und Materie unterscheidet Searle zwischen beobachterunabhängigen und beobachterabhängigen Phänomenen. Erstere existieren losgelöst von denkenden Subjekten, wie etwa Wasser, Giraffen oder Galaxien. Die zweite Art von Dingen rufen wir dagegen selbst ins Leben. Der Dreh- und Angelpunkt liegt hierbei darin, dass beobachter*abhängigen* Phänomenen stets eine besondere Form der Intentionalität zu eigen ist, die Searle indirekte oder abgeleitete Intentionalität nennt. Eine Landkarte zum Beispiel ist nur dadurch interpretierbar, dass wir ihre Symbole auf die Topografie der Welt »da draußen« beziehen. Wir stellen ihre Bezüglichkeit oder Intentionalität her, leiten sie ab.

Hat die Bewusstseinsphilosophie in den letzten 50 Jahren wirklich Fortschritte gemacht – oder kaut man immer noch auf denselben offenen Fragen herum? »Ich kann nicht für andere sprechen«, sagt Searle. »Mein Denken hat sehr wohl Fortschritte gemacht. Wir haben zum Beispiel die irrige Idee überwunden, Bewusstsein sei eine Art Computerprogramm.«

Um diese in den 1970er Jahren dominierende Sichtweise zu widerlegen, entwarf Searle ein Gedankenexperiment, das als »chinesisches Zimmer« in die Philosophielehrbücher einging. Ein Mann sitzt in einem geschlossenen Raum. Jemand schiebt ihm unter dem Türschlitz Zettel mit chinesischen Schriftzeichen durch. Der Mann im Zimmer weiß weder, von wem die Botschaften stammen, noch, was sie bedeuten. Er findet jedoch eine Anleitung, die in seiner eigenen Muttersprache beschreibt, mit welchen Zeichen die Zettel zu beantworten sind. Weil er nichts Besseres zu tun hat, malt er die ihm schleierhaften Symbole auf das Papier und schiebt es unter der Tür zurück. Kann man dem Mann in dem Zimmer nun ein Bewusstsein (des Chinesischen) unterstellen? Wohl kaum, so Searle.

Das Zimmer steht hier stellvertretend für die Blackbox des Geistes, der Informationen verarbeitet. Der Mann im Innern hat keine Ahnung von dem, was er tut – folglich denkt er auch nicht. Doch genau diese Annahme liege dem Computerfunktionalismus zu Grunde. Er verwechsle das von Algorithmen geleitete Verarbeiten von Informationen mit Bewusstsein.

Kurz erklärt

Computerfunktionalismus vor allem in den 1970er und 1980er Jahren beliebte Ansicht, wonach sich Geist und Bewusstsein mit den Begriffen der Informationsverarbeitung beschreiben lassen.

»Was dem Mann im chinesischen Zimmer fehlt, ist ein Verständnis der Intentionalität; er weiß nicht, worauf sich die Zeichen beziehen. Das Problem ist: Wir wissen zwar, dass das Gehirn Intentionalität produziert, aber wir wissen nicht, wie es das tut. Noch nicht.« *Manche Skeptiker behaupten, Bewusstsein sei mehr als das Produkt von Neuronenaktivität. Sie fürchten, dass wir uns selbst reduzieren und Wichtiges verloren geht, wenn wir uns als biologische Apparate begreifen.* »Aber wir sind biologische Apparate! Schauen Sie, jede neue Erkenntnis erscheint anfangs befremdlich. Aber wir sind sehr anpassungsfähig. Wer hätte gedacht, dass wir einmal viele Stunden am Tag auf winzige Handybildschirme starren würden? Es gibt keinen Grund, Angst vor dem Neuen zu haben oder davor, überkommene Ideen aufzugeben.«

Glauben Sie, dass wir eines Tages die Natur des Bewusstseins verstehen werden? »Unser Denken hat natürlich Grenzen, keine Frage. Auch das meines Hundes hat Grenzen: Er ist zwar ziemlich schlau, aber rechnen kann er trotzdem nicht.

Kein evolutionär geformtes Wesen kann alles begreifen. Genauso sicher aber können wir nicht wissen, *was* wir nicht begreifen – wir können nicht über die Grenzen des Denkens hinaussehen. Deshalb ist es müßig, sich darüber den Kopf zu zerbrechen.«

Was wird anders sein, wenn wir die biologischen Grundlagen von Bewusstsein einmal vollständig durchschaut haben? »Die meisten Probleme bleiben, egal wie gut wir das Gehirn verstehen: Wir müssen unsere Kinder erziehen, für Frieden und Wohlstand sorgen. Das ist keine Frage der richtigen Hirnstimulation oder Ähnlichem. Aber es wird neue Mittel und Wege geben, Bewusstsein gezielt zu manipulieren. Jede neue Erkenntnis bringt auch Gefahren mit sich.«

Searle denkt geradlinig, das Metaphysische und Obskure liegt ihm fern. Auch deshalb sind seine Bücher, anders als die mancher Kollegen in Europa, auch für philosophische Laien gut verständlich. Searle stellt nicht das Offensichtliche in Frage, etwa die Tatsache, dass es eine einheitliche Welt gibt, die unabhängig von uns existiert, oder dass das Bewusstsein – ebenso wie das Unbewusste – ein Resultat neurobiologischer Vorgänge ist. »Wir sollten Denken und Intentionalität genauso als Teil der natürlichen Welt verstehen wie Fotosynthese und Verdauung.«

Damit wendet sich Searle nicht zuletzt auch gegen die populäre Ansicht, dem wissenschaftlichen Denken seien bestimmte Teile der Wirklichkeit wie der Geist oder die Seele prinzipiell gar nicht zugänglich. »Es gibt so etwas wie die wissenschaftliche Welt nicht. Es gibt einfach nur die Welt, und wir versuchen zu beschreiben, wie sie funktioniert und was unsere Situation in ihr ist.«

Ausgewählte Bücher von John Searle

- Wie wir die soziale Welt machen. Suhrkamp, Berlin 2012
- Neurowissenschaft und Philosophie (mit Maxwell Bennett, Daniel Dennett und Peter Hacker). Suhrkamp, Frankfurt am Main 2010
- Geist. Eine Einführung. Suhrkamp, Frankfurt am Main 2006
- Die Konstruktion der gesellschaftlichen Wirklichkeit. Suhrkamp, Frankfurt am Main 2005

Webtipp

- Mehr zu Searles Leben und Werk: http://socrates.berkeley.edu/~jsearle

Nur ein Haufen Neurone?

Manuela Lenzen

Kein Gott, keine unsterbliche Seele und auch kein über den Dingen schwebender Geist – allein unser Gehirn produziert Bewusstsein. Dieser Anspruch mancher neurobiologischer Reduktionisten erregt immer noch viele Gemüter. Ein Beruhigungsversuch.

Auf einen Blick

Make it simple!

1 Mit Blick auf neurowissenschaftliche Erklärungen für unser Verhalten und Erleben beklagen viele Menschen den »reduktionistischen« Ansatz von Forschern.

2 Doch Wissenschaft fußt ihrem Wesen nach darauf, komplexe Phänomene mittels einfacher Modelle und Gesetze zu erklären.

3 Das bedeutet aber nicht, dass die betreffenden Phänomene keine darüber hinausgehende Bedeutung für unser Leben haben.

So ein Regenbogen ist schon herrlich anzuschauen. Bunt schillernd spannt er sich weit über den Horizont, als könnte man darauf spazieren gehen. Doch wie wir alle einmal in der Schule gelernt haben, geht das faszinierende Phänomen darauf zurück, dass die Sonnenstrahlen von feinsten Regentröpfchen in ihre Spektralbestandteile aufgespalten werden. Pure Physik also.

Das tun Forscher ständig: Sie übersetzen facettenreiche Erscheinungen in Theorien, die mit möglichst wenigen Grundbegriffen auskommen und dennoch die beobachtbaren Daten erklären können. Auf den menschlichen Geist angewandt, weckt dieses Vorgehen allerdings häufig ein giftiges kleines Gespenst.

© Springer-Verlag Berlin Heidelberg 2017
S. Ayan (Hrsg.), *Rätsel Mensch – Expeditionen im Grenzbereich von Philosophie und Hirnforschung*,
DOI 10.1007/978-3-662-50327-0_21

Sein Flattergewand besteht aus Sätzen der Form »x ist nichts anderes als y«, weshalb der Philosoph Donald Davidson ihm den Spitznamen »Nichts-anderes-als-Reflex« gab.

Die Seele ist »nichts anderes als« das Produkt neuronaler Aktivität, Liebe »nichts anderes als« eine Abfolge neurophysiologischer Reaktionen und das Selbst »nichts anderes als« ein Trugbild. Dieses Gespenst beschwören regelmäßig sowohl Forscher wie auch Popularisierer von Wissenschaft – mit zugespitzten Formulierungen und der Verheißung, die Erkenntnisse der Neurowissenschaft würden das abendländische Weltbild revolutionieren. Auf der anderen Seite weisen empörte Kritiker dies als Anmaßung zurück. Die Wissenschaft könne den Menschen niemals auf das bloße Feuern von Neuronen reduzieren. Aber was genau verbirgt sich hinter diesem Wort – »Reduktionismus«?

»Eigentlich ist das eine eher technische und trockene Frage«, sagt der Mainzer Philosoph Thomas Metzinger. »An den heftigen Reaktionen auf reduktionistische Erklärungen erkennt man, dass dabei noch andere Dinge mitschwingen – etwa die Frage, ob es eine immaterielle Seele gibt.« Kein seriöser Forscher, so Metzinger, wolle dem Menschen bestimmte Aspekte seines Seins absprechen. Die Liebe werde nicht dadurch abgeschafft, dass man sie mit Botenstoffentladungen und neuronalen Aktivitätsmustern beschreibt. Schließlich mache es auch den Genuss eines Konzerts nicht zunichte, wenn man wisse, dass Töne auf Luftschwingungen beruhen.

Obwohl wir nur dann fühlen und denken, wenn unsere Hirnzellen auf bestimmte Weise zusammenarbeiten, sind wir doch »mehr« als eine Ansammlung von Neuronen. So wie auch unser Empfinden beim Anblick eines Regenbogens mehr ist, als die bloßen physikalischen Eigenschaften hergeben.

Reduktionismus ist zunächst nur eine recht unspektakuläre Strategie, um zu wissenschaftlicher Erkenntnis zu gelangen. Es geht kurz gesagt darum, höherstufige, komplizierte Zusammenhänge auf einfachere Prinzipien zurückzuführen. Für Thomas Metzinger hat das erst einmal gar nichts mit der Lebenswelt des Menschen zu tun: »Man kann nicht oft genug betonen: Reduktion ist eine Beziehung zwischen Theorien und nicht zwischen Phänomenen.«

Doch die Art, wie Wissenschaftler unser subjektives Erleben erklären, geht nicht spurlos an uns vorüber. Die Hirnforschung beeinflusst zweifellos, wie wir uns selbst betrachten. Wie, das hängt vor allem von den Antworten auf drei Fragen ab: Ist Bewusstsein naturwissenschaftlich erklärbar? Macht die Hirnforschung die Psychologie überflüssig? Und brauchen wir dann womöglich ein neues Menschenbild?

1. Ist Bewusstsein wissenschaftlich erklärbar?
Philosophen haben im Lauf der Zeit viele Gedankenexperimente und Regalmeter voller Argumente dafür ersonnen, dass sich menschliches Bewusstsein einer

wissenschaftlichen Erklärung grundsätzlich entziehe. Im Kern geht es hierbei um das, was der Philosoph David Chalmers das »harte Problem des Bewusstseins« nennt: die subjektive Erlebnisqualität oder »Qualia« – die Tatsache eben, dass es sich auf eine bestimmte Weise anfühlt, ein leckeres Kuchenstück zu verspeisen, Zahnschmerzen oder Angst vor Spinnen zu haben.

Was auch immer Hirnforscher bislang darüber herausgefunden haben, wie die Neurone zusammenarbeiten – sie können nicht erklären, warum es sich so anfühlt, Schmerzen, Angst oder Lust zu haben. Sie wissen nicht einmal, warum sich das überhaupt irgendwie anfühlt. »Wenn wir Wesen mit einem ganz anders aufgebauten Nervensystem begegnen würden, hätten wir keine Idee, wie sich das Leben für diese Wesen anfühlt. Und wir wüssten auch nicht, wie wir das herausfinden sollten«, so Metzinger.

Neurowissenschaftler wie der Franzose Stanislas Dehaene vom Collège de France in Paris sind hingegen davon überzeugt, dass sich die Lücke schließen lässt. Hierfür müsse man lediglich jene Hirnmechanismen aufklären, die den Unterschied machen zwischen bewusster und unbewusster Wahrnehmung. »Das Studium des Bewusstseins ist eine experimentelle Wissenschaft geworden«, schreibt Dehaene in seinem Buch »Wie das Gehirn Bewusstsein schafft«. Einen Grund, sich auf Übernatürliches zu besinnen, sieht er nicht.

Bis zum Beweis des Gegenteils hält das Gros der Forscher also an der grundsätzlichen Erklärbarkeit von Bewusstsein fest. Allerdings, und das führt uns zur zweiten Frage, hilft uns das nicht unbedingt zu verstehen, was uns am meisten interessiert: warum Menschen so handeln, wie sie handeln.

2. Wird die Psychologie überflüssig?
Seinen wohl mutigsten Ausdruck fand der Reduktionismus in der Vision der Einheitswissenschaft, die von den Philosophen Hilary Putnam und Paul Oppenheim schon 1958 formuliert wurde. Alle wissenschaftlichen Fächer, so ihre Idee, könnten schrittweise auf eine grundlegendere Disziplin zurückgeführt werden: die Verhaltenswissenschaften auf die Biologie, die Biologie auf die Chemie, die Chemie auf die Physik. Dann könnten alle Phänomene der Welt letztlich in der Sprache der Physik erklärt werden, auch das Verhalten von Menschen oder die Vorgänge in ihrem Geist.

Diese Vision ließ sich bis heute nicht verwirklichen. Der Bielefelder Philosoph Martin Carrier resümiert: »In den letzten 50 Jahren ist das Bewusstsein für die grundlegende Verschiedenheit der Forschungsdisziplinen stark gewachsen. Das Projekt der Einheitswissenschaft trat dagegen in den Hintergrund.« Heute gelte als ausgemacht, dass etwa die Medizin, die Ingenieur- oder die Sozialwissenschaften jeweils ihre eigene Agenda und ihre eigenen Konzepte, Methoden und Erfolgskriterien hätten. »Wir haben ein größeres Verständnis für die Vielfalt der Zugangsweisen entwickelt«, sagt Carrier. »Was nicht bedeutet, dass die Kriterien für gute Forschung aufgeweicht wurden.« Definieren, vereinheitlichen, Voraussagen machen – das seien nach wie vor die Ziele der Wissenschaft.

»Wir sehen immer klarer, dass wir zur Erklärung mentaler Phänomene auf vielfältige Ansätze angewiesen sind. Wir brauchen die Hirnforschung, aber auch psychologische Theorien, um beispielsweise psychische Störungen zu verstehen. Eine Erklärungsweise allein reicht nicht«, glaubt Albert Newen, der an der Ruhr-Universität Bochum Philosophie lehrt.

Auch in der Kognitionsforschung kombinieren Wissenschaftler ganz selbstverständlich verschiedene Erklärungsebenen miteinander. Zum Beispiel bei der Frage, wie unser subjektiver Eindruck entsteht, Urheber der eigenen Handlungen zu sein. »Damit sich dieses Gefühl einstellt, benötigen wir nach Stand der Forschung eine Art Komparatormechanismus«, erklärt Newen. Wer nach einem Glas greife, vergleiche seine Erwartung, wohin sich die Hand bewegt, mit den Sinnesdaten, die er etwa von den Augen erhält. Passt beides zusammen, so hat die Handlung ihr Ziel erreicht, und das Gefühl der Urheberschaft stellt sich ein: *Ich* habe nach dem Glas gegriffen.

In trickreichen Studien konnten Hirnforscher zeigen, dass sich dieser Komparator überlisten lässt: Hält jemand, der hinter mir steht, seine Arme so, dass es mir vorkommt, als seien es meine eigenen, und bewegt sich nach Kommandos, die ich auch höre, so habe ich rasch das Gefühl, die fremden Arme gehörten zu meinem Körper. Ob ich etwas als eigene Handlung erlebe oder nicht, ist also flexibel und hängt von meinen Erwartungen ab.

Könnte also die Psychologie auf neurowissenschaftliche Theorien reduziert werden? Dies ist nicht in Sicht, und zwar aus mindestens zwei Gründen – einem methodischen und einem pragmatischen. Da wäre erstens das Wechselspiel von Gehirn und Umwelt: Erfahrungen prägen das Gehirn, und das Gehirn sucht wiederum ganz bestimmte Erfahrungen. Wer nur das neuronale Geschehen betrachtet, unterschätzt diese Dynamik. Noch sind Neuroforscher nicht so weit, dass sie die Interaktion zwischen und die gegenseitige Prägung von Gehirn und Umwelt adäquat beschreiben könnten.

Der zweite, eher pragmatische Grund lautet: Selbst wenn auf Ebene der Neurone eine vollständige, kausale Geschichte eines Bewegungsbefehls vorläge, würde uns das noch nicht weit bringen. Denn die Neurowissenschaft verrät uns nichts über die Motive und Überzeugungen von Personen. Diese sind als Ergänzung zu neuronalen Kategorien – vorläufig zumindest – unverzichtbar, um das zwischenmenschliche Miteinander verstehen und gestalten zu können.

3. Brauchen wir ein neues Menschenbild?
Reduktionisten versuchen, komplexe Theorien auf einfachere zurückzuführen – etwa solche über die subjektiven Überzeugungen von Menschen auf solche über Prozesse in ihren Gehirnen. Die so genannten Eliminativisten dagegen halten

sich mit solchen Vermittlungsbemühungen nicht auf: Ihrer Ansicht nach beruhen alltagspsychologische Erklärungen auf einem falschen Menschenbild, das man über Bord werfen sollte. Nicht das Selbst sei der eigentliche Urheber von Handlungen, sondern andere, unbewusste Prozesse. Daher sollten wir unsere psychologischen Erklärungen durch neurowissenschaftliche ersetzen.

Auch wenn die Erklärungen der Hirnforscher unserem subjektiven Urteil zuwiderlaufen? Ja, auch dann, denn es ist nicht einzusehen, warum eine Theorie des Bewusstseins unmittelbar einleuchten muss. »Wir beklagen uns ja auch nicht bei Physikern, dass wir uns elfdimensionale Strings nicht vorstellen können«, so Metzinger. »Es kann sein, dass eine Erklärung für Bewusstsein, wenn wir sie einmal haben, kontraintuitiv und gefühlsmäßig unbefriedigend ist. Aber wenn die Theorie Voraussagen ermöglicht, ist sie gut.«

Tatsächlich gibt es bis heute keinen wirklich brauchbaren Ersatz für alltagspsychologische Erklärungen. »Es mag durchaus sein, dass alles auf physiologischen Prozessen basiert, aber wir haben keine Vorstellung davon, was das letztlich eigentlich erklärt. Die Hirnforschung konnte bislang wenig dazu beigetragen«, mahnt Martin Carrier. Um zu verstehen, warum etwa der kleine Max an der Bushaltestelle wartet, werden wir uns also vorläufig weiter darauf berufen, dass er zu seiner Oma fahren will – und nicht, dass ihn diese oder jene neuronale Aktivität steuert.

Dennoch betont Metzinger: »Wir verwenden im Alltag nicht nur intentionale Erklärungen, die sich auf Wünsche und Überzeugungen beziehen.« Mit anderen Worten: Wir erklären uns die Griesgrämigkeit eines anderen manchmal zum Beispiel auch damit, dass derjenige nicht ausgeschlafen ist, oder die Ungeduld des Chefs mit dessen Kopfschmerzen. »Damit betrachten wir die Betreffenden ja schon ein wenig wie eine Maschine mit einer Funktionsstörung«, erklärt Metzinger. Das halte auch niemand für unmenschlich, im Gegenteil, es gelte eher als besonders rücksichtsvoll.

Zwar könnten reduktionistische Erklärungen das Erleben und Verhalten eines Menschen nicht komplett aus der Aktivität von Neuronen herleiten oder vorhersagen. Dennoch liegt es im Wesen der Forschung, nach solchen subpersonalen Vorgängen zu fahnden. Und das muss keineswegs immer so negativ sein, wie viele Zeitgenossen befürchten.

Es könnte nach Ansicht des Mainzer Philosophen beispielsweise auch dazu führen, dass wir die Unterschiede zwischen Menschen stärker würdigen, weil wir besser verstehen, woher sie rühren. Das würde dann etwa so aussehen: Klarträume, in denen der Schläfer sein Handeln aktiv steuern kann, treten am häufigsten zwischen dem 7. und dem 14. Lebensjahr auf – also in einem Alter, in dem das Gehirn noch reift. Das lässt vermuten, dass Wachen und Schlafen hier noch nicht scharf voneinander getrennt sind. Das wiederum könnte uns als Erklärung dafür dienen, warum Kinder besonders lebhaft träumen – ohne auf die psychologische Ebene der unbewussten Konflikte oder Ähnliches ausweichen zu müssen.

Andere Entwicklungen könnten uns mehr irritieren: Vielleicht wird es im wissenschaftlichen Beschreibungssystem eines Tages keinen Begriff mehr für das geben, was wir heute das »Selbst« nennen. Nach Metzingers eigener Theorie handelt es sich dabei um ein vom Hirn generiertes Modell. »Im schlimmsten Fall verstärkt eine reduktionistische Anthropologie die Verunsicherung«, sagt der Neurophilosoph. »Das kann zu einer Art Vulgärmaterialismus und zur gesellschaftlichen Entsolidarisierung beitragen.« Im besten Fall führt uns der Reduktionismus vor Augen, wie ungeheuer komplex wir gestrickt sind – und das könnte helfen, etwas nachsichtiger miteinander umzugehen.

Literaturtipps

- Metzinger, T.: Der Ego-Tunnel. Eine neue Philosophie des Selbst: Von der Hirnforschung zur Bewusstseinsethik. Piper, München 2014.
  Eine Theorie des Selbst auf neurowissenschaftlicher Basis.
- Wandschneider, D.: Reduktionismus in der Hirnforschung – das »Ego-Tunnel«-Verdikt. In: Grießer, W. (Hg.): Reduktionismen – und Antworten der Philosophie. Königshausen & Neumann, Würzburg 2012, S. 69 – 85.
  Der Aachener Philosoph Dieter Wandschneider setzt sich kritisch mit Metzingers Modell des Selbst und dem neurowissenschaftlichen Reduktionismus auseinander.

Mein Gehirn und ich

Michael Pauen

Der Berliner Philosoph Michael Pauen sichtet die häufigsten Denkfallen der Leib-Seele-Debatte.

Über das Verhältnis von Gehirn und Geist zu diskutieren, ist manchmal ganz schön vertrackt! Nicht nur, dass viele Positionen heftig umstritten sind – oft lässt uns schlicht unsere Sprache im Stich. Und als wäre das nicht genug, pflastern noch einige hartnäckige Denkfehler wie Tretminen den Weg des Dialogs. Kostproben gefällig?

Die Mutter aller Missverständnisse ist der »Ich-und-mein-Gehirn-Irrtum«: Zwar kann man sich mit einiger Fantasie eine immaterielle Seele vorstellen, die nach Ende ihres Erdendaseins auf einer bequemen Wolke ruht und leicht wehmütig von sich und »ihrem Gehirn« erzählt. In der modernen Leib-Seele-Debatte hat eine solche Unterscheidung jedoch keinen Platz. Das Gehirn ist ein konstitutiver Bestandteil meiner Person – kein Ding, von dem »ich« mich trennen könnte wie von einem Auto oder einer Schallplattensammlung.

Ein wenig mehr Raffinesse legt an den Tag, wer von »seinem Ich« spricht: Mein Ich und ich, ein entzückendes Zwillingspaar – finden Sie nicht? Wieder besteht der Fehler darin, dass man einen Aspekt der eigenen Person wie ein separates Etwas behandelt. Nach diesem geheimnisvollen Ich-Ding können Neurowissenschaftler und Psychologen allerdings lange fahnden: Sie werden es weder im Gehirn noch sonst irgendwo finden – und können prompt stolz verkünden, das Ich sei nur eine Illusion. Doch die Behauptung »Ich existiere nicht« klingt nicht nur unsinnig, sie ist es auch. Wie kann ich etwas über mich aussagen, wenn ich nicht existiere?

Geradezu unheimlich wird es beim »Gehirn-in-der-Höhle-Fehler«: Diesem Irrtum zufolge bin ich lediglich ein Stück weiße oder graue Materie, eingeschlossen in die dunkle Höhle eines Schädels und nur über Nervenstränge mit der

© Springer-Verlag Berlin Heidelberg 2017
S. Ayan (Hrsg.), *Rätsel Mensch – Expeditionen im Grenzbereich von Philosophie und Hirnforschung,*
DOI 10.1007/978-3-662-50327-0_22

163

Außenwelt verbunden. Das Leben ein Blindflug, die bunte Außenwelt eine reine Illusion – schaurig! Doch jetzt mal halblang: Zwar ist das Gehirn ein konstitutiver Teil von mir, doch es ist nicht mit mir identisch. Ich kann zum Beispiel laufen und Fahrrad fahren – mein Gehirn dürfte damit ziemliche Schwierigkeiten haben! Auch kann ich sehen und befinde mich nicht in einer dunklen Höhle, sondern gerade in meinem Arbeitszimmer am Computer, sorgsam meine Worte für diesen Beitrag zurechtlegend.

Auch der beliebte Reduktionismusvorwurf (s. den Beitrag »Nur ein Haufen Neurone?«) beinhaltet einen Denkfehler: Die Neurowissenschaften reduzieren den Geist auf das Gehirn – und plötzlich ist kein Geist mehr da. Frechheit! In der Tat: Wissenschaftliche Erklärung ist Reduktion. Reduktion aber nicht im Sinn von Verminderung, sondern von Zurückführung komplexer, unverstandener Phänomene auf Mechanismen und Gesetzmäßigkeiten, die wir bereits verstehen. Doch so wenig Wasser aufhört zu frieren, nur weil wir die Eisbildung mittlerweile aus molekularen Prozessen ableiten können, genauso wenig geht es unseren bewussten Gedanken und Empfindungen an den Kragen, sollten wir sie eines Tages widerspruchsfrei auf ihre neuronalen Grundlagen zurückführen können.

Die Debatte über die Willensfreiheit stellt eine ebenso reiche Fundgrube für gedankliche Irrungen und Wirrungen dar. Besonders beliebt ist hier der »Diktatur-der-Naturgesetze-Fehler«: Wenn geistige Prozesse neuronale Prozesse sind, dann stehen unsere vermeintlich freien Willensakte unter dem Diktat ewiger Naturgesetze. Ächzen auch Sie manchmal unter dieser Last? Nein? Zu Recht: Unsere Gedanken mögen zwar determiniert sein – gezwungen werden sie damit noch lange nicht.

Denn anders als juristische Gesetze verbieten Naturgesetze nichts. Sie beschreiben lediglich, was Planeten, fallende Körper oder eben die Neurone »von sich aus« tun. Dabei wird kein Zwang ausgeübt; bei Abweichungen müssen die zuständigen Forscher das vermeintliche Gesetz sogar revidieren. Die Wirklichkeit in einer Diktatur sieht anders aus!

Schon diese wenigen Beispiele zeigen, wie schnell man sich durch gedankliche Fehltritte in scheinbar unlösbare Probleme verstrickt. Natürlich müssen wir deshalb nicht gleich hinter jeder Gedankenwindung einen philosophischen Begriffspolizisten aufstellen. Mein Tipp: Hüten wir uns vor allem davor, geistige Prozesse als Dinge zu betrachten. Auch viele Metaphern, Vergleiche und sprachliche Bilder stellen eine schier unerschöpfliche Fehlerquelle dar. Doch immerhin: Wer die Fallen kennt, fällt nicht so leicht hinein.

Zoom in die Denkzentrale

Anna von Hopffgarten

Vor fast einem Vierteljahrhundert entstand der erste Hirnscan per funktioneller Magnetresonanztomografie. Heute ist die Methode aus der Neuroforschung nicht mehr wegzudenken und bereitet immer neuen, innovativen Techniken den Weg.

Auf einen Blick

Bilder des Geistes

1 Die funktionelle Magnetresonanztomografie (fMRT) ermöglicht es, die Grundlagen geistiger Prozesse im Gehirn zu beobachten.

2 Da die Methode nur indirekt neuronale Aktivität misst, müssen die Messdaten mit Vorsicht interpretiert werden.

3 Forscher entwickeln das Verfahren immer weiter. In Zukunft könnte es sogar möglich sein, per fMRT Gedanken zu lesen.

Die Geburt der Hirnbildgebung war strapaziös. Der amerikanische Neurochirurg Walter Edward Dandy stach im Jahr 1919 eine Nadel in den Rückenmarkskanal eines Patienten und tauschte über ein Schlauchsystem die austretende Flüssigkeit gegen Luft aus. Als das Nervenwasser fast vollständig ersetzt war, drehte er seinen Patienten auf einem rotierbaren Stuhl mit dem Kopf nach unten und durchleuchtete den Schädel mit Röntgenstrahlen. Die resultierende Aufnahme zeigte eine diffuse, von einem weißen Schleier umgebene Struktur – das Gehirn.

Pneumenzephalografie nannte Dandy seine Erfindung, die im frühen 20. Jahrhundert die Neurologie revolutionierte. Durch die unterschiedliche Dichte von Luft und Hirnmasse konnten erstmals Tumoren und Läsionen im

© Springer-Verlag Berlin Heidelberg 2017
S. Ayan (Hrsg.), *Rätsel Mensch – Expeditionen im Grenzbereich von Philosophie und Hirnforschung*,
DOI 10.1007/978-3-662-50327-0_23

Gehirn lokalisiert werden, ohne die Schädeldecke zu öffnen. Die Methode war allerdings äußerst schmerzhaft und gefährlich für die Patienten – Kopfschmerzen und Erbrechen waren meist die Folge, manche erlitten sogar epileptische Anfälle.

Heute geht der Blick ins Denkorgan deutlich bequemer vonstatten. Ausgestreckt auf einer Liege, ein Kopfkissen im Nacken, liegt der Patient in einer Röhre und muss lediglich Enge und Lärm über sich ergehen lassen. Doch nicht nur der Komfort hat sich durch die Anfang der 1970er Jahre unter anderem von den späteren Nobelpreisträgern Paul Lauterbur und Peter Mansfield entwickelte Magnetresonanztomografie (MRT) verbessert. Produzierte die Pneumenzephalografie noch äußerst verschwommene zweidimensionale Bilder, lässt sich das Gehirn per MRT und auch mit der etwa zeitgleich entwickelten Computertomografie (CT, s. Box »Die wichtigsten Verfahren der Hirnbildgebung«) dreidimensional und äußerst detailliert abbilden.

Interessant für Psychologen und kognitive Neurowissenschaftler wurde die MRT aber erst vor gut zwei Jahrzehnten. Forscher entdeckten, dass das Blut je nach Sauerstoffgehalt unterschiedliche magnetische Eigenschaften hat, die sich im Scanner registrieren lassen. Da die Aktivität von Nervenzellen im Gehirn mit einer verstärkten Durchblutung des entsprechenden Areals einhergeht (s. Box »Was misst die funktionelle Magnetresonanztomografie?«), war klar: Die so genannte funktionelle Magnetresonanztomografie (fMRT) erlaubt es – wenn auch indirekt –, dem Gehirn bei der Arbeit zuzusehen, während sein Besitzer etwa Bilder betrachtet oder Denkaufgaben löst. »Erstmals konnten Forscher nach den neuronalen Korrelaten kognitiver Prozesse suchen«, erklärt Rainer Goebel, Leiter des Maastricht Brain Imaging Center in Holland.

Die wichtigsten Verfahren der Hirnbildgebung

Bei der **Computertomografie (CT)** wird der Körper des Patienten schichtweise von Röntgenstrahlen durchleuchtet. Ein Computer setzt anschließend die Daten zu einem dreidimensionalen Bild zusammen. Vor allem Hirntumoren und Blutungen können damit gut untersucht werden. Ein Nachteil ist die hohe Strahlenbelastung, der die Patienten ausgesetzt sind.

Die **Magnetresonanztomografie (MRT)** misst das physikalische Verhalten von Wasserstoffkernen im Gewebe. Die Drehachsen der Kerne richten sich im MRT-Scanner an einem starken Magnetfeld aus. Durch ein elektromagnetisches Signal werden sie angeregt. Sobald sie wieder in ihren ursprünglichen Zustand zurückspringen, senden sie Wellen aus, die vom Gerät gemessen und per Computer zu dreidimensionalen Bildern verarbeitet werden. Die fMRT erfasst die Durchblutung des Gehirns (s. »Was misst die funktionelle Magnetresonanztomografie?«).

Die **Positronenemissionstomografie (PET)** registriert die Verteilung einer zuvor injizierten radioaktiv markierten Substanz im Körper. Das erlaubt Rückschlüsse auf Stoffwechselvorgänge im Gewebe.

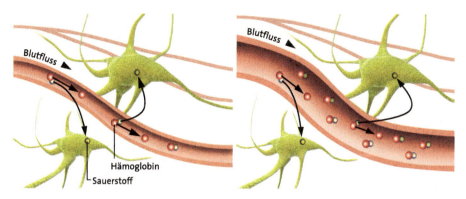

Abb. 1 Durchblutung des Nervengewebes (Grafik: Gehirn&Geist/Meganim)

Was misst die funktionelle Magnetresonanztomografie?

Anders als oft angenommen, weisen die bunten Flecken auf Hirnscans nur indirekt auf neuronale Aktivität hin. Denn die fMRT registriert die Durchblutung des Nervengewebes (Abb. 1). Schon 1935 stellten Linus Pauling und Charles D. Coryell fest, dass die magnetischen Eigenschaften des Blutfarbstoffs Hämoglobin variieren, je nachdem, ob er mit Sauerstoff beladen ist oder nicht. Wie Forscher Anfang der 1990er Jahre entdeckten, lassen sich diese Änderungen als »BOLD«-Signal (blood oxygen level dependent) im Kernspintomografen erfassen. In Hirnarealen, die gesteigert durchblutet werden (Abb. 1, rechts), erhöht sich die Konzentration an sauerstoffbeladenem Hämoglobin in den Blutgefäßen, da mehr Sauerstoff nachgeliefert wird, als die Nervenzellen tatsächlich brauchen. Die Folge: Das fMRT-Signal wird stärker. Doch wie hängt das mit der Hirnaktivität zusammen? Nikos Logothetis vom Max-Planck-Institut für biologische Kybernetik in Tübingen konnte durch zeitgleiche Messungen mit Spezialelektroden zeigen, dass das BOLD-Signal weniger mit dem Feuern der Neurone als mit der synaptischen Aktivität zusammenhängt – also dem Einlaufen von Signalen aus anderen Hirnregionen.

Dem Unbewussten auf der Spur

Tatsächlich hat die fMRT der Hirnforschung zu faszinierenden Erkenntnissen verholfen. So war etwa das Phänomen der unbewussten Wahrnehmung unter Experimentalpsychologen zuvor tabu. 1998 veröffentlichte dann Paul Whalen, damals an der Harvard Medical School in Boston, eine fMRT-Studie, die das mit einem Schlag änderte. Whalen wies nach, dass unbemerkt präsentierte Bilder von ängstlichen Gesichtern die Aktivität der Mandelkerne enorm steigerte. Mittlerweile ist belegt, dass bei vielen kognitiven Vorgängen unbewusste Prozesse ablaufen – etwa bei der Konsolidierung, also der Speicherung von Gedächtnisinhalten.

Zwar hatte man schon früher Hirnarealen bestimmte Funktionen zugeschrieben, wenn etwa ihre Beschädigung zu Ausfällen führte. Doch durch die fMRT

gelang das nun viel sicherer. »Zu Beginn der funktionellen Bildgebung gab es
ständig neue Hirnareale zu vermelden«, so Goebel. Als man die groben Zustän-
digkeiten kannte, beispielsweise die Rolle des so genannten fusiformen Gyrus
als Gesichtserkennungsareal, änderten sich die Fragestellungen jedoch wieder.
»Heute interessieren wir uns weniger für das Wo als für das Wie«, erklärt der
Psychologe und Informatiker. So untersuchen Hirnforscher zunehmend, wie
verschiedene Hirnareale zusammenarbeiten.

Wie die Regionen miteinander verdrahtet sind, lässt sich beispielsweise durch
die Diffusions-Tensor-Bildgebung aufklären. Diese Variante der Magnetresonanztomografie misst die Bewegung von Wassermolekülen im Gehirn. Weil
das Wasser in lang gestreckten Zellen wie Neuronen bevorzugt in Richtung der
Längsachse hin- und herflottiert, erlaubt das Verfahren, große Nervenfasern
sichtbar zu machen. Auch manche neurologischen Erkrankungen, die mit ge-
schädigten Nervenbahnen einhergehen, lassen sich damit diagnostizieren.

Methode mit praktischer Relevanz
Bei einem anderen Verfahren, der so genannten esfMRT (von englisch: electrical
stimulation), reizen Forscher bestimmte Hirnareale und beobachten per fMRT,
wie sich die Erregung im Gehirn ausbreitet. Dazu erzeugen sie etwa ein starkes
Magnetfeld an der Schädeldecke über der entsprechenden Region oder stimulieren die Neurone mit einer feinen Elektrode. Pionier auf diesem Gebiet ist der
Tübinger Hirnforscher Nikos Logothetis, der damit die Interaktionen zwischen
verschiedenen Hirnarealen misst.

Doch die bunten Bilder aus dem Hirnscanner bereichern nicht nur die
Grundlagenforschung. Die Methode ist auch in der Praxis angekommen. So
berichtete Herta Flor vom Zentralinstitut für Seelische Gesundheit (ZI) in
Mannheim, wie Psychiater und Psychotherapeuten von der fMRT profitieren
könnten. Zwar eignen sich bildgebende Verfahren derzeit noch nicht zur Indi-
vidualdiagnostik, so die Psychologin. Aber sie liefern Hinweise auf mögliche
Ursachen und machen außerdem die Wirkung von Psychotherapie physiolo-
gisch nachvollziehbar. Ein willkommener Begleiteffekt: Auch Patienten und
Angehörige lassen sich mit Hirnaufnahmen oft leichter von der Richtigkeit einer
Behandlung überzeugen.

Martin Hautzinger von der Eberhard Karls Universität Tübingen ist allerdings
skeptisch, ob man am Hirnscan wirklich erkennen kann, wenn bei psychischen
Störungen physiologisch etwas aus dem Lot geraten ist. »Wir wissen viel zu wenig darüber, was dieses Lot überhaupt ist.« Man bräuchte eine riesige Stichprobe
von standardisierten Hirnscans, um so etwas wie »normale« Hirnaktivierungen
bei einer ganz bestimmten Aufgabe oder einem Reiz auch nur ansatzweise definieren zu können, so der Psychologe.

Das berührt ein allgemeines Problem der fMRT-Bildgebung: »Weil wir mit dieser Methode nur Durchblutungsänderungen messen, können wir Hirnaktivität nicht absolut quantifizieren«, so Rainer Goebel. Es geht also immer um »Mehr-Aktivität« verglichen mit anderen Hirnzuständen, nie um absolute Werte. Das mache die Vergleichbarkeit zwischen Versuchspersonen enorm schwierig. Allein eine Tasse Kaffee am Morgen könne dazu führen, dass sich der Blutfluss im Gehirn gravierend verändert. Um eine psychische Störung richtig einordnen und gezielt behandeln zu können, müsse man daher möglichst viele Quellen berücksichtigen, meint Martin Hautzinger. Dazu gehörten Gespräche und Fragebögen ebenso wie Verhaltenstests und Hirnscans.

Wenn die fMRT auch bahnbrechende Erkenntnisse hervorgebracht hat – kaum eine neurowissenschaftliche Methode hat so viele hitzige Debatten provoziert wie die bunten Hirnbilder. Zu indirekt, zu ungenau, zu langsam, monieren die Kritiker. Schließlich gebe das Verfahren lediglich Auskunft über den Blutfluss im Gehirn, mit neuronaler Aktivität habe das nur sekundär zu tun. Das sei etwa so, als versuche man die Funktionsweise eines Computers zu ergründen, indem man seinen Stromverbrauch messe, während er verschiedene Aufgaben abarbeite.

Indirekt sei die Methode schon, aber dennoch sehr aufschlussreich, entgegnen die Befürworter. So konnte etwa Nikos Logothetis durch gleichzeitige Einzelzellableitungen und fMRT bei Affen zeigen, dass das Signal des Hirnscanners durchaus mit neuronalen Antworten einhergeht – jedoch weniger mit dem Feuern der Nervenzellen als mit der synaptischen Aktivität, also damit, wie viele Botenstoffe eine Synapse ausschüttet.

Dennoch gibt es laut Logothetis ein weiteres Problem: Die Stärke des fMRT-Signals werde maßgeblich durch die Zahl der aktiven Neurone bestimmt. Für viele Wahrnehmungs- und Denkleistungen sei die Masse aber gar nicht entscheidend. Vielmehr komme es auf das Zusammenspiel verschiedener, eng umgrenzter Nervenzellverbände an. Um die Daten vernünftig interpretieren zu können, müssten sie mit weiteren Methoden wie etwa Einzelzellableitung bei Tieren oder EEG bei Menschen kombiniert werden, so der Neurowissenschaftler.

Bitter stößt vielen Forschern auch der schlampige Umgang mit der statistischen Auswertung von fMRT-Daten auf. Während einer Messung nimmt der Scanner eine gigantische Datenmenge auf, die anschließend mittels statistischer Verfahren ausgewertet wird. Komplizierte Algorithmen berechnen für jeden dreidimensionalen Bildpunkt, in der Fachsprache »Voxel« genannt, ob sich dessen Aktivität zwischen verschiedenen Versuchsbedingungen unterscheidet. Da für jedes der rund 100.000 Voxel ein statistischer Test durchgeführt wird, kann es zu vielen falsch-positiven Ergebnissen kommen. Dafür gibt es eigentlich mathematische Korrekturverfahren, die allerdings oft ungenutzt bleiben.

Kurz erklärt

Ein **Voxel** ist das dreidimensionale Pendant zu einem Pixel, also der kleinste Bereich, den man per MRT abbilden kann. Ein typisches Voxel von 55 mm³ enthält etwa 5,5 Mio. Neurone.

Als **BOLD-Signal** (von englisch: blood oxygen level dependent) bezeichnen Forscher die Änderung des Blutflusses in einem Hirnareal, die per fMRT registriert wird.

Die **Diffusions-Tensor-Bildgebung** (DTI) macht die Wanderung von Wassermolekülen im Gehirn sichtbar. Das erlaubt es, Verknüpfungen von Hirnarealen aufzuklären.

Rege Hirnaktivität in einem toten Lachs?

Auf dieses methodische Problem wollten Craig Bennett und sein Team von der University of California in Santa Barbara 2009 mit einem kuriosen Experiment hinweisen: Die Forscher legten einen toten Lachs in einen Hirnscanner und präsentierten ihm Fotos von Menschen in unterschiedlichen sozialen Situationen. Wie die Auswertung der fMRT-Daten ergab, traten im Gehirn des Fisches tatsächlich vereinzelt höhere Aktivierungen bei Präsentation der Fotos auf als unter einer Ruhebedingung!

Trotz zahlreicher kritischer Stimmen sind sich die meisten Hirnforscher und Psychologen darin einig, dass die Bilder aus dem Hirnscanner – sorgfältig analysiert und behutsam interpretiert – momentan die zuverlässigsten Aufschlüsse über die Funktionsweise des menschlichen Denkorgans liefern. Forscher arbeiten zudem permanent daran, die Methode zu verbessern. So entwickeln sich auch die Scanner immer weiter.

Konnten die ersten Geräte nur Bereiche von etwa vier bis fünf Millimetern auflösen, offenbaren heute übliche Scanner bereits Details von zwei Millimeter Größe. Moderne »Hochfeldscanner« mit besonders starken Magnetfeldern haben sogar eine Auflösung von unter einem Millimeter. »Das eröffnet ganz neue Möglichkeiten«, schwärmt Rainer Goebel.

Der Psychologe träumt schon vom Gedankenlesen per fMRT: »Wir wollen in die Hirnareale hineinzoomen und untersuchen, wie einzelne Komponenten kognitiver Leistungen darin kodiert sind.« Das reicht von der Frage, wie genau Gesichter im Areal für Gesichtserkennung repräsentiert sind, bis zu dem Rätsel, warum Dyslexiker die Buchstaben p und q verwechseln.

Über erste Erfolge in Sachen Gedankenlesen per Hirnscan berichtete der Neurowissenschaftler und Wissenschaftsautor Daniel Bor. So konnten Forscher mit Hilfe eines komplizierten Rechenverfahrens allein anhand von fMRT-Daten mit einer Wahrscheinlichkeit von bis zu 80 % korrekt identifizieren, welches von zwei Objekten eine Testperson gesehen hatte.

Rainer Goebel verfolgt noch eine andere Fährte: Neurofeedback per fMRT. Hierbei lernen Probanden, ihre neuronale Aktivität selbst zu beeinflussen. Während sie in der Röhre liegen, bekommen sie auf einem Bildschirm die Reaktion eines bestimmten Hirnareals quasi in Echtzeit zurückgemeldet. Konzentrieren sie sich nun auf verschiedene Aufgaben, etwa in Gedanken durch die heimische Wohnung zu gehen, löst das typische Aktivierungsmuster aus, die sich mit einiger Übung steuern lassen. Neue Echtzeithirnscanner erlauben dabei sogar eine Rückmeldung aus tieferen Hirnregionen, die etwa für Emotionen wichtig sind.

»Das fMRT-Neurofeedback wird mehr und mehr zu einem klinischen Hilfsmittel«, sagt Goebel. Erste Studien zeigen, dass die Methode die Symptome von depressiven Patienten reduzieren kann. Bei neueren Verfahren sehen die Betroffenen nicht nur, wie stark ein Areal aktiviert ist, sondern auch, wie es andere Regionen beeinflusst. »Wir hoffen, damit irgendwann auch andere Störungen wie Schizophrenie behandeln zu können.« Möglicherweise könnten die Patienten auf diese Weise Hirnareale wieder miteinander in Einklang bringen, die nicht mehr richtig zusammenarbeiten, so der Psychologe. »Doch das ist noch Zukunftsmusik.«

Quellen

* Logothetis, N.: What We can Do and what We cannot Do with fMRI. In: Nature 453, S. 869 – 878, 2008
* Raichle, M. E.: A Brief History of Human Brain Mapping. In: Trends in Neurosciences 32, S. 118 – 126, 2008

»Mich wundert, wie zahm wir waren«

Interview mit Katrin Amunts und Gerhard Roth

2004 veröffentlichten elf führende Hirnforscher ein Manifest über Chancen und Grenzen ihres Fachs. Damals stellten die Autoren für die nächsten zehn Jahre »bedeutende Fortschritte« in Aussicht. Was ist daraus geworden? Ein Gespräch mit dem Manifest-Mitinitiator Gerhard Roth und der Hirnforscherin Katrin Amunts.

Katrin Amunts

geboren 1962, ist Medizinerin und Direktorin des C. und O. Vogt Instituts für Hirnforschung an der Heinrich-Heine-Universität Düsseldorf. Mit Hilfe von Supercomputern am Forschungszentrum Jülich, wo sie das Institut für Neurowissenschaften und Medizin (INM-1) leitet, entwickelte Amunts den 3-D-Hirnatlas »BigBrain«, der 2013 veröffentlicht wurde.

Gerhard Roth

(Jahrgang 1940) war langjähriger Leiter des Hanse-Wissenschaftskollegs in Delmenhorst und Professor für Hirnforschung an der Universität Bremen. Der Neurobiologe und Philosoph war von 2003 bis 2011 zudem Präsident der Studienstiftung des deutschen Volkes.

Ein Text und seine Folgen

In der Oktober-Ausgabe 2004 von »Gehirn und Geist« publizierten elf renommierte Neuroforscher gemeinsam eine Standortbestimmung ihres Fachs. Sie begann mit den Worten: »Angesichts des enormen Aufschwungs der Hirnforschung in den vergangenen Jahren entsteht manchmal der Eindruck, unsere Wissenschaft stünde kurz davor, dem Gehirn seine letzten Geheimnisse zu entreißen.«

© Springer-Verlag Berlin Heidelberg 2017
S. Ayan (Hrsg.), *Rätsel Mensch – Expeditionen im Grenzbereich von Philosophie und Hirnforschung*,
DOI 10.1007/978-3-662-50327-0_24

Dem widersprachen die Autoren des Manifests, unter ihnen die Max-Planck-Direktoren Angela Friederici und Wolf Singer, der Bremer Hirnforscher Gerhard Roth und sein Magdeburger Kollege Henning Scheich: Zwar wisse man schon recht genau über die Aufgabenverteilung zwischen verschiedenen Arealen der Großhirnrinde Bescheid. Und auch die Vorgänge an einzelnen Nervenzellen und Synapsen seien gut verstanden. Doch dazwischen – auf der Ebene neuronaler Netzwerke, bestehend aus einigen hundert bis zigtausenden von Zellen – liege eine Terra incognita. Sie zu ergründen, stelle die wissenschaftliche Herausforderung der Zukunft dar.

Es folgte ein Ausblick auf den zu erwartenden Wissenszuwachs der nächsten zehn Jahre sowie auf jene Erkenntnisse, die prinzipiell einmal möglich sein sollten. Dabei prognostizierten die Hirnforscher einen grundlegenden Wandel unseres Menschenbildes, sobald sich auch in der Öffentlichkeit die Ansicht durchgesetzt habe, dass alle geistig-seelischen Phänomene widerspruchsfrei aus biologischen Prozessen erklärbar seien.

Das Medienecho auf das Manifest war enorm – in den Wochen und Monaten nach dem Erscheinen brachten fast alle deutschsprachigen Printmedien Einschätzungen zum Thema. Die »Frankfurter Allgemeine Zeitung« nannte das Manifest gar ein »Meisterwerk«, dessen breite Rezeption in der Bevölkerung »dualistische Erklärungsmodelle zunehmend verwischt«. Demgegenüber sah die »Neue Zürcher Zeitung« in den Erklärungsansprüchen der ManifestAutoren eine »latente Anmaßung«. Vor allem von philosophischer Seite wurden Zweifel an der vermeintlichen »Leitwissenschaft« Hirnforschung laut. Dabei plädierte das Manifest gerade für mehr interdisziplinäre Zusammenarbeit: »Geisteswissenschaften und Neurowissenschaften werden in einen intensiven Dialog treten müssen, um gemeinsam ein neues Menschenbild zu entwerfen.«

Frau Professor Amunts, als im Jahr 2004 das »Manifest der Hirnforschung« erschien, traten Sie Ihre erste Professur an der RWTH Aachen an. Wie wurde die Wortmeldung in Gehirn&Geist unter Ihren Forscherkollegen aufgenommen?

Amunts: Das Manifest wurde breit diskutiert – was nicht selbstverständlich ist. Es erschien in einer Zeit der Aufbruchsstimmung. Die Dekade des Gehirns war ausgerufen worden, und die Euphorie in Sachen Neurowissenschaften war sowohl in der Forschung als auch beim Laienpublikum groß. Das Manifest war ein Versuch, die tatsächlichen Möglichkeiten unseres Fachs stärker ins Bewusstsein zu rücken, und das hat viele kontroverse Diskussionen ausgelöst.

Haben Sie den Text als eine Art PR-Aktion pro Hirnforschung verstanden?

Amunts: Ich denke, das war nicht das primäre Ziel. Es ging eher darum, Zwischenbilanz zu ziehen und einen Ausblick auf die Zukunft der Hirnforschung zu wagen. Natürlich für eine breite Öffentlichkeit, an die sich ein Magazin wie Gehirn&Geist wendet. Aber das ändert ja nichts daran, dass die dort aufgegriffenen Fragen relevant waren.

DAS MAGAZIN FÜR PSYCHOLOGIE UND HIRNFORSCHUNG

Spektrum DER WISSENSCHAFT

Gehirn&Geist

Nr. 6/2004 (€ 7,90/15,40 sFr)

HIRNFORSCHUNG IM 21. JAHRHUNDERT

DAS MANIFEST

WAS IST

WAS SEIN WIRD

WAS SEIN KÖNNTE

EXKLUSIV:

Deutschlands
führende Hirnforscher
blicken gemeinsam
in die Zukunft
des Menschen

Herr Professor Roth, Sie waren damals ein maßgeblicher Initiator des Textes. Wie entstand die Idee dazu?

Roth: Seit 1997 leitete ich das Hanse-Wissenschaftskolleg in Delmenhorst bei Bremen. Eines von damals drei Schwerpunktgebieten waren die kognitiven Neurowissenschaften, und ich hielt es für wichtig, sich einmal gemeinsam zu dieser relativ jungen, eigenständigen Forschungsdisziplin zu bekennen. Dann kam eins zum anderen, aus der ursprünglichen Idee eines gemeinschaftlichen Interviews wurde das Manifest, und die Arbeit daran hat allen Beteiligten viel Spaß gemacht. Ich denke, ein solcher Text wäre nie zu Stande gekommen, wenn die Autoren nicht so einen engen Draht zueinander gehabt hätten.

Haben Sie mit der großen, teils auch kritischen Resonanz gerechnet, die das Manifest in den Medien fand?

Roth: Die hält sogar bis heute an, die Anfeindungen haben eher noch zugenommen. Nein, gerechnet habe ich damit nicht, es überrascht mich immer wieder. Zum Jubiläum habe ich den Text kürzlich noch einmal sorgfältig gelesen und fand, dass wir uns wirklich sehr abwägend, ja zurückhaltend geäußert haben. Wir schwingen uns an keiner Stelle zu Welterklärern auf und betonen im Gegenteil, dass die Hirnforschung noch ganz am Anfang steht. Dennoch hat man uns die aberwitzigsten Positionen unterstellt.

Zum Beispiel?

Roth: Platten Reduktionismus. Wir hätten behauptet, in zehn Jahren sei das Gehirn verstanden, wir könnten Gedanken lesen oder würden psychische Krankheiten allein mit neuronalen Prozessen erklären. Bei der erneuten Lektüre wunderte mich eher, wie zahm wir formuliert haben. Im Manifest steht von dem meisten, was man uns vorwarf, überhaupt nichts drin.

Aber es ist durchaus die Rede davon, man werde »widerspruchsfrei Geist, Bewusstsein, Gefühle, Willensakte und Handlungsfreiheit als natürliche Vorgänge ansehen, denn sie beruhen auf biologischen Prozessen«.

Roth: Sicher, was denn sonst? Alles andere führt zu Geisterglauben und Mystizismus! Dass Psyche und Geist auf biologischen Prozessen beruhen, dieser Naturalismus also, ist schlicht nicht zu bezweifeln. Er bedeutet aber noch lange nicht, dass wir psychisch-geistige Phänomene vollständig aus der Biologie heraus erklären oder vorhersagen könnten. Hier befinden wir uns, wie es im Manifest heißt, »auf dem Stand von Jägern und Sammlern«.

Aber war es nicht der Gestus des gemeinschaftlichen Statements, der Anspruch auf Deutungshoheit, der böses Blut erregte?

Roth: Was Philosophen, die den Naturalismus ablehnen, erzählen, kann uns eigentlich egal sein. Ich glaube, es ging eher darum, dass sich hier eine Gruppe von Forschern über die Grundlagen ihres Fachs verständigte. Das wäre selbst in der Psychologie und schon gar in den Geisteswissenschaften undenkbar. Es dürfte manchem so erschienen sein, als würde sich hier die »Neuromafia« kollektiv ins Rampenlicht drängen.

Andererseits ist seither enorm viel interdisziplinäre Forschung angestoßen worden. Hat das Manifest Brücken zwischen den verschiedenen Fachrichtungen gebaut oder eher die Gräben vertieft?

Amunts: Wir arbeiten heute viel interdisziplinärer als früher. Das ist gar nicht mehr anders möglich. Man kann das Gehirn nicht verstehen, wenn nicht Neurobiologen, Neurologen, Psychologen und Psychiater mit Mathematikern, Physikern und Informatikern kooperieren; um nur einige Fachvertreter zu nennen. Inwiefern das Manifest hierzu beigetragen hat, ist schwer zu sagen. Sicher hat es aber den Austausch zwischen den Disziplinen angeregt.

Roth: Etwa zu der Zeit, als das Manifest erschien, habe ich bei den Lindauer Psychotherapiewochen als einer der ersten Neurowissenschaftler überhaupt Vorträge gehalten. Es ist eine sehr erfreuliche Entwicklung, dass die Berührungsängste zwischen Psychiatern, Therapeuten und Hirnforschern so stark zurückgegangen sind. Sie sind noch nicht verschwunden, doch wer in diesem Bereich arbeitet, muss heute unbedingt das Gehirn in seine Betrachtung mit einbeziehen.

Das Manifest prognostizierte, es werde eines Tages eine theoretische Neurowissenschaft geben, deren Modelle und Vorhersagen uns ein umfassendes Verständnis des Gehirns ermöglichen. Wie sieht es damit in der Rückschau aus?

Roth: Ich muss zugeben, hier scheint mir bisher nicht so furchtbar viel herausgekommen zu sein. Ich kann den aktuellen Großprojekten, die an der Simulation des Gehirns arbeiten, nur viel Glück wünschen. Aus meiner Sicht liegt eine theoretische Neurobiologie, die diesen Namen verdient, immer noch in weiter Ferne. Da haben wir uns im Manifest wohl doch etwas verschätzt. An dem Ziel muss aber unbedingt festgehalten werden.

Hirnforscher befinden sich also nicht in ähnlicher Lage wie Physiker, die ein Teilchen erst theoretisch vorhergesagt und dann in Experimenten nachgewiesen haben?

Roth: Es gibt derzeit keine umfassende Theorie des Gehirns, die etwas Vergleichbares zulassen würde. In viel kleineren Bereichen, bei der Sinneswahrnehmung etwa, können wir anhand von theoretischen Modellen natürlich empirische Resultate berechnen. Doch dies gelingt nur bezogen auf sehr überschaubare Gegenstände.

Amunts: Neurowissenschaftler sind traditionell stark empirisch ausgerichtet. Unsere Modelle sind ja nur so gut, wie sie uns helfen, die realen Verhältnisse im Gehirn zu begreifen. An vielen Stellen brauchen wir immer noch viel mehr und viel detailliertere Informationen, um darauf aufbauend allgemeine Organisationsprinzipien zu erarbeiten. Genau die erhoffe ich mir von den jüngst ausgerufenen Initiativen wie dem Human Brain Project der EU.

**Im Manifest war außerdem von der noch weit gehend unerforschten
»mittleren Ebene« des Gehirns die Rede – also dem Bereich der
neuronalen Verarbeitung zwischen einzelnen Neuronen auf der einen
Seite und großen Kortexarealen auf der anderen. Ist diese Lücke heute
geschlossen?**

Amunts: Methodisch haben wir in den letzten Jahren große Fortschritte gemacht; das Arsenal unserer Werkzeuge, um auch neuronale Netzwerke und ihre
Funktion zu untersuchen, ist deutlich gewachsen. Was uns häufig noch fehlt, ist
das Wissen, wie die verschiedenen Skalen im Gehirn – von der molekularen über
die zelluläre bis hin zur Ebene kleiner Schaltkreise und schließlich größer funk-
tionaler Systeme – zusammenhängen und was das über Erleben und Verhalten
aussagt. Insofern, nein, nicht alle Lücken sind geschlossen, aber wir verfügen über
bessere Mittel, um daran zu arbeiten.

**Die Neurowissenschaften bereiten manchen Menschen regelrecht Sorge:
Wird man durch den Blick ins Gehirn individuelle Diagnosen stellen oder
zukünftiges Verhalten vorhersagen können?**

Roth: Nein, nicht im Einzelfall, nur in Form von statistischen Aussagen. Nehmen wir eine konkrete Frage: Warum werden manche Menschen kriminell und
andere nicht? Hier kommen natürlich viele verschiedene Faktoren zusammen
– genetische Einflüsse, familiäre Verhältnisse, Traumatisierungen und so weiter.
Wir können deren Folgen im Gehirn heute sehr gut nachvollziehen. Im Mittel
über größere Populationen betrachtet hat dies einen gewissen Vorhersagewert,
nur auf den Einzelfall bezogen können wir nicht sagen: Dieser oder jener Mensch
wird zwangsläufig straffällig werden, weil es in seinem Kopf so und so aussieht.
Das werden wir wohl auch niemals können. Aber das ist ja in der Medizin nicht
anders: Welcher Raucher genau Lungenkrebs bekommt, ist ungewiss, doch dass
Rauchen das Risiko erhöht, steht außer Frage.

Amunts: Die genannten Faktoren, egal ob genetischer Art oder durch Um-
welteinflüsse bedingt, wirken sich jeder für sich oft nur schwach aus. Erst ihr
Zusammenspiel führt dazu, dass jemand kriminell oder psychisch krank wird. So
etwas kann man in den meist üblichen Untersuchungen mit kleinen Stichproben kaum sinnvoll erforschen. Wir brauchen deshalb große Kohortenstudien an
vielen tausend Personen, die über längere Zeit begleitet werden. Daneben gibt es
auch Konstellationen, bei denen man sehr genau individuelle Diagnosen stellen
kann. Klinische Neurowissenschaftler wollen ja letztlich auch dem einzelnen
Patienten helfen.

Noch einmal zum Streit mit den Geisteswissenschaften: Entzündet sich der nicht daran, ob der Blick ins Gehirn genügt, um menschliches Verhalten und Erleben zu erklären?

Roth: Die Zahl derer, die das ernsthaft bestreiten, geht immer mehr zurück. Die Verbliebenen meinen zum Beispiel, dass sich die Interaktion zwischen Menschen nicht im Gehirn abbilde. Aber da frage ich mich: Wo denn sonst? Die Leute, die soziale Neurowissenschaft betreiben, wie Tanja Singer oder Ernst Fehr, jagen die etwa Hirngespinsten hinterher?

Dennoch lässt sich nicht alles, was unser Leben und unsere sozialen Beziehungen ausmacht, im Gehirn wiederfinden, oder?

Roth: Welche nicht? Das Gehirn ist ein Organ, das natürlich auch durch sozial konstruierte Bedeutung geprägt wird. Diese Tatsache geht in die Köpfe mancher Philosophen anscheinend nicht hinein. Uns könnte das im Prinzip egal sein; was uns aber nicht egal sein kann, sind die Juristen und forensischen Psychiater. Die Hirnforschung liefert Erkenntnisse, die etwa für Strafrechtler und Richter relevant sind.

Inwiefern?

Roth: Die verheerenden Folgen früher Traumatisierung haben eine wichtige Konsequenz: Eine Freiheitsstrafe allein bewirkt gar nichts. Der Täter kommt raus und tut es gleich wieder. Die Verurteilung zu reinen Gefängnisstrafen ist deshalb unsinnig. Wir können keine individuellen Vorhersagen machen, aber die Hirnforschung hilft, die Wirkung von Strafe oder Therapie abzuschätzen. Der Fokus unseres Rechtssystems kann nur auf der Therapie und nicht auf Strafe liegen.

Amunts: Der Deutsche Ethikrat, dem ich angehöre, hat dazu in einer Tagung über Neuroimaging die rechtlichen und ethischen Konsequenzen erörtert und diskutiert, was neurowissenschaftliche Erkenntnisse zu unserem Menschenbild beitragen können.

Die Möglichkeiten, das Gehirn zu manipulieren, waren ebenfalls ein großes Thema in den letzten Jahren. Wie beurteilen Sie die Entwicklungen auf diesem Gebiet?

Roth: Mich beschäftigt besonders die Frage nach den Behandlungsmöglichkeiten bei psychischen Störungen. Hier zeigen Psychotherapien langfristige Wirkung. Und dabei ist die Therapierichtung weniger entscheidend als die so genannte therapeutische Allianz, also die Beziehung zwischen Therapeut und Patient. Die Neurowissenschaften könnten zusammen mit Psychologie und Psychiatrie erklären, warum das so wichtig ist. Die verbreitete Haltung »Therapie taugt doch nichts – da gibt es ein paar Pillen und gut« scheint mir fatal. Offenbar stecken hinter den meisten Störungen viel komplexere Hirnmechanismen, als dass man sie mit ein paar Wirkstoffen in den Griff bekommen könnte.

Wird man das Verhalten von Menschen einst schlüssig aus der Hirnarchitektur herleiten?

Amunts: Das kommt darauf an, was man unter »herleiten« versteht. Eindeutige, langfristige Vorhersagen, nein – aber Wahrscheinlichkeitsaussagen könnten wir sehr wohl treffen. Es lassen sich Zusammenhänge zwischen dem Bau des Gehirns und dem Verhalten herstellen, doch diese erzählen nie die ganze Geschichte. Aus dem Feuern von Neuronen soziale Interaktionen zwischen Menschen im Detail zu modellieren, dürfte auch in Zukunft unmöglich bleiben. Die ungeheure Komplexität des Gehirns mit seinen Milliarden Nervenzellen scheint hier prinzipielle Grenzen zu setzen, auch wenn der einzelne Prozess sehr wohl verstanden werden kann.

Im Zuge der erwähnten Großforschungsprojekte scheint man sich mehr darauf zu verlegen, das Gehirn technisch zu simulieren. Ist das der richtige Weg, um Erfolge bei der Behandlung psychischer Störungen und Hirnerkrankungen zu erzielen?

Amunts: Simulation ist ein Werkzeug, um komplexe Systeme zu verstehen und Hypothesen zu prüfen. Dabei ist es wichtig, zunächst das gesunde Gehirn zu betrachten. Die neuronalen Prozesse und ihre individuelle Variation zu kennen, sind Voraussetzungen dafür, Patienten effektiv helfen zu können. Ich sehe die Simulation als Teil eines Forschungsprozesses: von der Beobachtung etwa der Wirkmechanismen eines Medikaments an der Synapse bis zu ihrer Modellierung und Simulation, die dann wieder mit empirischen Messdaten abgeglichen wird.

Roth: Ohne Modelle ist die Forschung hilflos, das gilt auch für die Neuropharmakologie. Doch ich rate zur Vorsicht bei großen Heilsversprechen! Wie gesagt, wir Hirnforscher sehen ja, wie wichtig die Therapeut-Patienten-Beziehung ist. Das ist von Neuroreduktionismus weit entfernt.

Was war aus Ihrer Sicht die wichtigste methodische Neuerung der Hirnforschung in den letzten zehn Jahren?

Amunts: Methoden wie die Optogenetik, Diffusions-Tensor-Imaging, Polarized Light-Imaging (PLI) oder auch CLARITY erlauben tiefe Einblicke in die Verbindungsstruktur des Gehirns. Auf diese Weise werden Netzwerke identifiziert, die mentalen Prozessen zu Grunde liegen. Höchstleistungsrechner helfen dabei, zeitlich und räumlich immer höher aufgelöste Hirnmodelle zu entwerfen. Wir haben vor gut zehn Jahren begonnen, das »BigBrain« zu prozessieren, das wir 2013 vorstellten. Es ist das erste Hirnmodell mit einer Auflösung von 20 tausendstel Millimetern. Als wir damals begannen, war so eine Datenmenge gar nicht dreidimensional darstellbar, erst die technischen Neuerungen der letzten Zeit haben uns das ermöglicht.

Wie beurteilen Sie die Erfolgsaussichten des Human Brain Project?
Roth: Die Idee, das Gehirn als Ganzes zu verstehen, ist utopisch. Ein solches Simulationsprojekt wird erst grundlegende Vorgänge der Wahrnehmung und Aufmerksamkeit in den Blick nehmen und viel später, wenn überhaupt, die Psyche des Menschen zu erklären versuchen.

Amunts: Ich denke, das Human Brain Project ist notwendig, um ein tiefes Verständnis der grundlegenden Vorgänge im Gehirn zu erreichen. Es wird auch für die Neurologie und Psychiatrie nützliche Ergebnisse bringen, so zum Beispiel über eine neurobiologisch basierte Klassifizierung psychischer Erkrankungen.

Herr Roth, wenn Sie das Manifest heute noch einmal publizieren würden, was würden Sie anders machen?
Roth: Ich würde die Notwendigkeit der interdisziplinären Forschung noch stärker herausstellen. Neurobiologen allein können das Gehirn nicht erklären. Hirnforscher – das sind heute auch Psychologen, Psychiater und sogar Soziologen.

Und wenn Sie, Frau Amunts, ein neues Manifest formulieren würden, welche Fortschritte würden Sie für die nächste Dekade in Aussicht stellen?
Amunts: In den nächsten zehn Jahren werden wir mit Hilfe neuer Methoden viel mehr über neuronale Netzwerke – von der Synapse bis hin zu den Verbindungen zwischen Hirnarealen –, die Grundlagen der Informationsverarbeitung und ihre Rolle für mentale Prozesse herausfinden. Dies wird uns helfen, Krankheiten früher zu diagnostizieren und letztlich gezielter zu behandeln. Wir werden das Wechselspiel zwischen genetischen Faktoren, Hirnstruktur und klinischen Symptomen besser durchdringen und dabei interindividuelle Variabilität als ein generelles Organisationsprinzip des Gehirns berücksichtigen. Und wir werden Verfahren der Modellierung und Simulation nutzen, um unsere Forschung zu beschleunigen.

Das Interview führten Gehirn&Geist-Chefredakteur Carsten Könneker und Gehirn&Geist-Redakteur Steve Ayan.

Literaturtipp

* Eckolt, M.: Kann das Gehirn das Gehirn verstehen? Gespräche über Hirnforschung und die Grenzen der Erkenntnis. Carl Auer, Heidelberg 2014. *Interviews mit mehreren Manifest-Koautoren und anderen Neuroforschern.*

Unter Verdacht

Steve Ayan

Viele Laien betrachten die Erklärungsansprüche der Hirnforschung skeptisch: Geist sei mehr als nur das Feuern von Nervenzellen. Inzwischen kritisieren auch Neurowissenschaftler selbst die Kurzschlüsse ihres Fachs.

Auf einen Blick

Ende eines Hypes?

1 Laut Kritikern fördert die Hirnforschung eine Biologisierung unseres Alltags – mit bedrohlichen Nebenwirkungen.

2 Die Popularität des Gehirns fördert die Mythenbildung: So kann etwa von einer Abschaffung des freien Willens oder von grenzenloser Optimierbarkeit geistiger Fähigkeiten keine Rede sein.

3 Exakterer Sprachgebrauch, realistische Erwartungen und konstruktive Methodenkritik können den Problemen abhelfen.

Ein Gespenst geht um in den Köpfen, das Gespenst vom allmächtigen Gehirn. Es macht und tut – denkt, fühlt, entscheidet, befiehlt –, und das Ich steht daneben und kommt sich überflüssig vor. So könnte man das Bild beschreiben, das Neuroskeptiker von unserer aktuellen Seelenlage entwerfen. Neuroskeptiker? So bezeichnet sich eine wachsende Zahl von Laien, aber auch von Forschern, die neurowissenschaftliche Erklärungsansprüche argwöhnisch betrachten.

»Ich bin skeptisch, wenn es um die Hirnforschung geht«, schreibt etwa der Journalist Ralf Caspary und spricht all jenen aus dem Herzen, die bezweifeln, dass die Betrachtung von Neuronen und Transmittern dem Wesen des Menschen nahekomme. Ebenso wenig könnten die so gewonnenen Erkenntnisse die Schule

© Springer-Verlag Berlin Heidelberg 2017
S. Ayan (Hrsg.), *Rätsel Mensch – Expeditionen im Grenzbereich von Philosophie und Hirnforschung*,
DOI 10.1007/978-3-662-50327-0_25

revolutionieren, das Strafrecht aus den Angeln heben oder uns davon überzeugen, wir seien willenlose Marionetten unseres Gehirns.

Liebe – nichts weiter als Erregungssalven im Belohnungssystem? Pubertierende – Opfer des neuronalen Umbaus in ihrem Stirnhirn, dem Sitz der kognitiven Kontrolle? Kreativität – bloß ein gesteigerter Informationsfluss zwischen Kortexarealen? In einem populären Sachbuch erklärt Caspary stellvertretend für viele neurokritische Geister, dass die Studien von Hirnforschern »nicht an unsere emotionale und kognitive Komplexität heranreichen, ja, nicht heranreichen können, weil sie das Individuum, seine Geschichte und Geschichten ausblenden«. Besonders bedenklich sei, wie sich mit der Biologisierung des Geistes »ein radikales Effizienz- und Leistungsdenken etabliert haben. ... Je mehr wir unsere Natur erforschen, desto dringlicher erscheint uns deren Optimierung.«

Die Zweifel am Reduktionismus (s. Box »Kurz erklärt«) und die Furcht vor der Manipulierbarkeit des Menschen stehen allerdings in auffälligem Kontrast zueinander: Wenn wir so viel mehr sind als unser Gehirn und unser Wohl und Wehe nicht darauf reduzierbar ist, müssen wir dann wirklich solche Angst haben vor der Neurotechnologie von morgen? Traut man der Hirnforschung doch mehr zu, als man eingestehen mag? Menschliches Denken, Fühlen und Handeln sind stets eingebettet in größere Zusammenhänge, in soziale Gefüge und gesellschaftliche sowie kulturelle Bedingungen, die weit über die Ebene der Gene oder Hirnbotenstoffe hinausgehen. Doch wo, wenn nicht im Gehirn, laufen all diese Einflüsse zusammen? Ist das neuronale Substrat nicht doch der Schlüssel zum menschlichen Selbstverständnis?

Kurz erklärt

Reduktionismus Erklärung höherer, komplexer Phänomene anhand einfach beschreibbarer Prinzipien; in der Hirnforschung: Deutung des Geistes als Produkt des neuronalen Informationsaustausches.
Neuronales Substrat das Gehirn oder Netzwerke von Neuronen als Grundlage (»Träger«) geistiger Tätigkeiten beziehungsweise psychischer Eigenschaften.

Im Februar 2014 veröffentlichte eine Gruppe von Psychiatern, Psychologen und Philosophen ein »Memorandum reflexive Neurowissenschaft«. Die Autoren zogen, eine Dekade nach Erscheinen des »Manifests« der Hirnforschung (s. den Beitrag »Mich wundert, wie zahm wir waren«), eine ernüchternde Bilanz: Die im Manifest in Aussicht gestellten »enormen Fortschritte« etwa beim Verständnis und bei der Behandlung neurodegenerativer Erkrankungen seien ausgeblieben.

»Das erklärte Ziel wurde verfehlt«, so der Psychologe und Memorandum-Unterzeichner Stephan Schleim von der Universität Groningen in den Niederlanden. Vor allem in der Medizin habe die »Leitwissenschaft« Hirnforschung versagt. Biologische Marker, die sich für den praktischen Einsatz in Diagnostik und Therapie bei psychiatrischen Erkrankungen wie Depressionen oder Autismus eigneten, seien nicht in Sicht, und viele Pharmaunternehmen hätten die Suche nach neuen Psychopharmaka inzwischen aufgegeben.

Im November 2014 diskutierten Forscher verschiedener Disziplinen auf einer Tagung an der Berlin School of Mind and Brain das Für und Wider der Neurokritik. Neben Fragen nach dem Menschenbild oder der sozialen Dimension der Hirnforschung ging es dabei auch um konkrete Probleme des Wissenschaftsbetriebs wie das Ausblenden negativer Resultate (s. Box »Warum viele Studien falsch sind«). Das Treffen mündete in ein Thesenpapier mit Vorschlägen für eine bessere Hirnforschung (s. den Beitrag »9 Ideen für eine bessere Neurowissenschaft«). Doch vergegenwärtigen wir uns zunächst einmal die wichtigsten Vorwürfe der Neuroskeptiker.

Vorwurf Nr. 1: Hirnforscher reduzieren den Menschen auf seine Biologie

»Das Gehirn ist mein zweitliebstes Organ«, sagte einmal der Komiker Woody Allen. Für viele andere steht es unbestritten auf Rang eins: Das Gehirn ist zum Synonym für Intelligenz, Erfolg und Glück geworden. Ob in der Schule, bei der Arbeit oder in der Freizeit – überall soll es möglichst »hirngerecht« zugehen. Dass Forscher immer besser in der Lage sind, psychische Phänomene auf biologische Vorgänge zurückzuführen, fördert eine reduktionistische Sichtweise: Alles sei letztlich Kopfsache, das Produkt neuronaler Aktivität. Und ebenda müsse man ansetzen, um Leistungen und Wohlbefinden zu steigern oder Krankheiten zu heilen. Sind wir also Zeugen einer Neurologisierung der Gesellschaft?

Eine konsequent neurobiologische Sichtweise birgt die Gefahr, dass wir jede menschliche Regung, selbst Liebe, Mitgefühl oder Glaube, als bloßes Neuronenfeuern abtun. Das wird etwa dann bedenklich, wenn man auf vermeintlich effektive Methoden ihrer Beeinflussung setzt: So entstehen Märkte für »Vertrauenssprays«, die das Hormon Oxytozin enthalten, oder für Pillen mit gedächtnisfördernder Wirkung. Ob diese freilich mehr nützen als das klassische Miteinanderreden oder gute Lerntechniken, bleibt fraglich.

Bereits vor Jahren warnte der Neurophilosoph Thomas Metzinger davor, dass die **Naturalisierung** des Geistes viele Menschen überfordern könne. Andere argumentieren dagegen: Sobald wir uns daran gewöhnt haben, dass das Gehirn die Psyche macht, werden uns Nachrichten wie »Verliebte schütten Glückshormone aus« oder »Lernen verändert das Gehirn« nicht mehr verblüffen.

Das glaubt etwa die US-Philosophin Tania Lombrozo (s. das Interview »Gewusst warum«). Sie hält der Hirnforschung zugute, dass sie alte Dogmen wie den **Dualismus** von Leib und Seele zu überwinden helfe. Und das sei keineswegs gleichbedeutend damit, dass wir uns selbst als bloße Bioapparate verstünden. Möglicherweise ist nicht die Biologisierung selbst das Problem, sondern gewisse populäre Irrtümer, die häufig damit verknüpft werden: Erstens erscheinen geistige Phänomene vielen Menschen verlässlicher, sobald sie physiologisch nachvollziehbar sind. Dabei handelt es sich nur um eine andere Art der Beschreibung dessen, was wir aus der subjektiven Innenschau kennen. Und zweitens ist etwas, was Spuren im Gehirn hinterlässt, deshalb längst nicht naturgegeben. Gene und Umwelt bilden ein kompliziertes Wirkungsgeflecht, das unsere Persönlichkeit, Intelligenz und andere Eigenschaften prägt – neuronal heißt also nicht »unveränderlich«.

Kurz erklärt

Naturalisierung in der Neurophilosophie gebräuchlicher Terminus für die Betrachtung geistiger Phänomene als naturgesetzlich beschreibbare Prozesse
Dualismus Trennung von Körper und Geist in »seinsmäßig« (ontologisch) getrennte Kategorien. Wirft vor allem das Problem auf, dass die offenkundige Wechselwirkung zwischen beiden damit nicht erklärt werden kann.

Vorwurf Nr. 2: Hirnforscher übertreiben, um Aufmerksamkeit zu erregen

Ist der »Neuro-Hype« der 2000er Jahre das Ergebnis eines gelungenen Selbstmarketings, mit dem Hirnforscher sich und ihre Arbeit ins Gespräch brachten? Öffentliche Aufmerksamkeit fördert das Renommee, und das wiederum stillt nicht nur manche persönliche Eitelkeit, sondern erhöht auch die Chancen im Kampf um Fördermittel. Dabei setzen einige allerdings auf fragwürdige Thesen wie die vermeintliche Widerlegung des freien Willens. Die Tatsache, dass bei Hirnstrommessungen über Teilen der Großhirnrinde so genannte Bereitschaftspotenziale auftreten, bevor die entsprechende Handlung von der Person bewusst eingeleitet wird, bedeutet keineswegs, dass all unser Tun neuronal vorherbestimmt sei. Denn auch jeder denkbare Grund für dieses Tun muss ja eine Vorgeschichte im Gehirn haben. Das Problem ist vielmehr, dass wir »auf Hirnprozessen basierend« allzu schnell mit »unfrei« verwechseln.

So wie die Idee eines neuronalen **Determinismus** unsere Vorstellungen von Wille, Verantwortung und Schuld nicht entkräftet, ist auch das, was man als Gedankenlesen per Hirnscan bezeichnet, in Wahrheit ein paar Etagen tiefer anzusiedeln. Bei solchen Experimenten unterscheiden Forscher mit bildgebenden Verfahren lediglich zwischen elementaren, zuvor klar definierten Versuchsbedingungen. Vom gläsernen Menschen ist das weit entfernt.

Überhaupt, das **Neuroimaging!** Putzen macht glücklich – das berichtete Ende 2014 ein Team um Kai-Markus Müller von den Neuromarketing Labs in Aspach. Man habe in einer Studie 25 Probanden per funktioneller Magnetresonanztomografie (fMRT) untersucht, während die Testpersonen verschiedene Putzszenen betrachteten. Die Lust vermittelnde Aktivität im Belohnungssystem sei am stärksten gewesen, wenn »technische Hilfsmittel« wie Handsauger zum Einsatz kamen. Auftraggeber der Studie: Gerätehersteller Karcher.

Dies ist nur ein jüngstes Beispiel dafür, wie die Attraktivität neurowissenschaftlicher Methoden für kommerzielle Zwecke missbraucht wird. Jener Begeisterungssturm, der die Hirnforschung vor 20, 30 Jahren erfasste, war maßgeblich durch neue Bildgebungstechniken getrieben. Auf einmal war es möglich, dem Gehirn live bei der Arbeit zuzusehen – so schien es. Heute realisieren auch Laien mehr und mehr, dass die bunten Bilder aus dem Hirnscanner künstlich erschaffene Gebilde sind.

Natürlich kann keine Forschungsmethode alles erklären; dieser Anspruch wäre absurd. Jede Untersuchungstechnik fußt auf Vorannahmen und Vereinfachungen; methodischer Reduktionismus ist daher kein Fehler, sondern eine Grundbedingung für Erkenntnis. Allerdings darf man die Aussagekraft der gewonnenen Daten nicht überschätzen. Dass Aktivierungsmuster aus dem Hirnscanner zu überzogenen Deutungen verführen können, belegte 2008 ein heute klassisches Experiment von David McCabe und Alan Castel: Die Psychologen legten Probanden fingierte Studienresultate vor, mal garniert mit fMRT-Aufnahmen, mal ohne. Im ersten Fall erschienen die Ergebnisse den Teilnehmern überzeugender! Offenbar will der kritische Umgang mit Neuroimaging gelernt sein: Er dürfte uns zunehmend leichter fallen, gerade weil es heute immer weniger erstaunt, dass etwas im Gehirn passiert und sichtbar gemacht werden kann, wenn Menschen geistig aktiv sind.

Doch die nächste Vision ist schon in Sicht: »Big Data« lautet das Zauberwort. Milliardenschwere Forschungsvorhaben wie das 2013 von der EU ausgerufene Human Brain Project (HBP) und die US-amerikanische BRAIN-Initiative sollen durch Simulation neuronaler Netzwerke tiefere Einsichten in die Funktionsweise des Gehirns erlauben. Kritiker wie die Hirnforscher Yves Frégnac und Gilles Laurent wenden ein, dass durch bloße Simulation noch nicht viel verstanden sei. Bei allem zu erwartenden Fortschritt der Informationstechnik dürfe man das eigentliche Forschungsobjekt, das Gehirn, nicht aus dem Blick verlieren. Das Gerangel um Fördergelder führt in der Tat leicht dazu, dass unrealistische Erwartungen geweckt werden.

Kurz erklärt

Determinismus philosophische These von der kausalen Geschlossenheit der Welt, wonach sich etwa ein Hirnzustand nach festen Ursache-Wirkungs-Beziehungen zwangsläufig aus vorhergehenden ergibt. Wird oft (fälschlich) zur Widerlegung der menschlichen Willensfreiheit angeführt.

Neuroimaging Oberbegriff für technische Verfahren, die Veränderungen des Blutstroms im Gehirn und damit indirekt die neuronale Aktivität messen. Am weitesten verbreitet sind die funktionelle Magnetresonanztomografie (fMRT) sowie die Positronenemissionstomografie (PET).

Big Data Schlagwort für die Sammlung, Auswertung und Simulation großer Datenmengen mittels Supercomputer; für Hirnforscher interessant ist vor allem die Nachbildung neuronaler Netzwerke.

Vorwurf Nr. 3: Die Medien sind schuld am Neuro-Hype

Nach dieser Lesart ist die Misere der Hirnforschung in erster Linie ein Vermittlungsproblem. Die populäre Berichterstattung, inspiriert von medienaffinen »Experten« (s. Vorwurf Nr. 2), zeichne ein verzerrtes, ja oft falsches Bild neurowissenschaftlicher Forschung und ziehe fragwürdige Schlüsse. Unter dem Druck, von möglichst spektakulären Einsichten zu berichten, um Einschaltquote oder Auflage zu steigern, kommt es dabei immer wieder zu Auswüchsen: Da werden regelmäßig Durchbrüche bei der Suche nach neuen Heilmitteln gemeldet, Kreuzworträtsel zur Demenzprävention empfohlen oder Ängste vor der vermeintlichen Macht unterschwelliger Werbeeinblendungen geschürt. Wie die intelligenzfördernde Wirkung von Musik bei Babys, der so genannte Mozart-Effekt, entpuppt sich vieles davon am Ende als Zeitungsente ohne solide wissenschaftliche Grundlage.

Forscher um Cliodhna O'Connor vom University College London werteten die Berichterstattung sechs großer britischer Tageszeitungen zu Hirnforschungsthemen aus. Demnach hat sich die Zahl der neurorelevanten Beiträge von 2000 bis

2010 nahezu verdoppelt. Vor allem drei Funktionen erfüllt das Gehirn laut dieser Studie in den Medien: Erstens diene es als biologischer Beweis für mentale Phänomene – Gedanken, Gefühle und Motive werden häufig zu »handfesten« neurophysiologischen Prozessen umgedeutet. Zweitens bieten neuronale Kennzeichen Argumente dafür, zwischen verschiedenen Gruppen von Menschen zu differenzieren: Frauen versus Männer, Kranke versus Gesunde, Intelligente versus Dumme. Und drittens wird das Gehirn zum individuellen oder gesellschaftlichen Kapital erhoben, das wir alle effizient nutzen und mehren müssten. Bei mehr als 40 % aller Berichte stand nach O'Connors Analyse dieser Optimierungsgedanke im Zentrum.

Das Verhältnis von Wissenschaft und Öffentlichkeit ist komplex: Medien benötigen Aufmerksamkeit. Sie produzieren daher Geschichten und griffige Botschaften – und das ist im Prinzip auch gut so! Denn anders, als viele Forscher meinen, sind Journalisten nicht bloße Vermittler oder Übersetzer, die Erkenntnisse der Wissenschaft lediglich verständlich »rüberbringen«. Sie sind Anwälte der Öffentlichkeit; sie selektieren, kontextualisieren und bewerten Forschung. Dass dabei mit Blick auf das Publikum vereinfacht und zugespitzt wird, liegt in der Natur der Sache. Doch leben Medien nicht von großen Tönen, sondern vom Vertrauen in die Relevanz und Richtigkeit dessen, was sie berichten. Seriöse Berichterstattung bringt also nicht einfach, was gut kommt – sondern was stimmt.

Vorwurf Nr. 4: Hirnforscher verwenden falsche Begriffe

Neurowissenschaftler reden von Nervenzellen oder Hirnarealen gerne so, als handle es sich um Personen: Neurone speichern und verarbeiten Informationen, Netzwerke von Nervenzellen sind verantwortlich für Leistungen wie das Erkennen von Gesichtern oder die Hemmung von Impulsen. Das sei nicht nur falsch, entgegnen Philosophen wie Jan Slaby, sondern erzeuge viele Missverständnisse. Sprachanalytiker verweisen auf den **mereologischen Fehlschluss**, den begeht, wer einen Teil mit dem Ganzen verwechselt: Nicht das Gehirn – geschweige denn ein einzelnes Areal – entscheide irgendetwas, sondern immer nur die Person.

Doch ist diese verkürzte Rede wirklich so schlimm? In Metaphern und Vergleichen zu sprechen, bietet durchaus auch Vorteile: Es ist anschaulich und bleibt besser im Gedächtnis haften als abstrakte Konzepte. Nicht umsonst ist die Alltagssprache voller Rudimente metaphorischer Ausdrücke. Und gerade die laiengerechten Vermittlung der Neurowissenschaft baut oft auf griffige Kurzformeln wie »Areal x tut y«. Aber sagen wir nicht auch, die Sonne »geht unter«, obwohl es eigentlich Unsinn ist? Hat die Astronomie darunter etwa gelitten? Der Streit um die Sprache der Hirnforschung ist nicht entschieden; dennoch sollten wir ihren oft übertragenen Charakter mit Vorsicht genießen.

Kurz erklärt

Mereologischer Fehlschluss Denkfalle, die darauf beruht, dass man Eigenschaften eines Systems (zum Beispiel einer Person) einem Teil dieses Systems (etwa dem Gehirn) zuschreibt.

Abb. 1 Theorien und ihre Testung. = Theorie falsch, Test negativ; = Theorie wahr, Test negativ; = Theorie wahr, Test positiv; = Theorie falsch, Test positiv

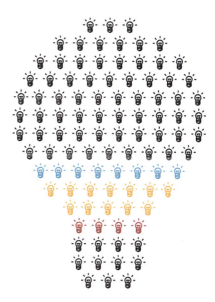

Warum viele Studien falsch sind

Forscher stellen Hypothesen über Zusammenhänge auf, die sie in Experimenten testen. Dabei sind ihre Theorien umso mächtiger, je mutiger sie sind: Dass morgens die Sonne aufgeht, erscheint trivial. Ob Frauen Gefühle anders verarbeiten als Männer oder unterschwellige Reize unser Verhalten beeinflussen, ist dagegen viel spannender – aber auch schwieriger nachzuweisen. Wenn Forscher solche Annahmen testen, passieren ihnen zwei Arten von Fehlern: Manchmal bleiben korrekte Zusammenhänge im Experiment unentdeckt, die wahren Effekte werden also nicht »signifikant«. Solche falschen Negativresultate bezeichnet man als »Fehler 2. Art«. Andererseits erscheinen auch manche irrigen Annahmen im Test signifikant; diese falsch positiven Resultate machen den »Fehler 1. Art« aus. Die Krux: Niemand weiß, was *wirklich* stimmt; es gibt nur die empirischen Befunde.

Mit Hilfe der Wahrscheinlichkeitstheorie legen Forscher den Fehler 1. Art meist auf 5 % fest (p = 0,05). Das heißt, dass bis zu 5 % der falschen Theorien richtig erscheinen. Nehmen wir an, von 100 getesteten Theorien seien 20 wahr. Bei p = 0,05 erscheinen also 4 – fünf Prozent von 80 – fälschlicherweise richtig (Abb. 1, rote Birnchen). Nehmen wir zudem an, die Teststärke betrage 0,6 (meist ist die Wahrscheinlichkeit, dass ein Test einen wahren Effekt entdeckt, kleiner), dann blieben 40 % der 20 wahren Theorien, also 8, unentdeckt (Abb. 1, blau). Kurz: Ein Viertel der positiven Resultate (Abb. 1, helle Fläche) ist falsch! Die Negativbefunde sind zwar zu mehr als 90 % verlässlich, werden aber kaum veröffentlicht. Bedenkt man, dass aus Publikationsdruck von noch viel mehr falschen Positivresultaten berichtet wird, dürfte die Zahl korrekter Studienergebnisse weit geringer ausfallen.

Vorwurf Nr. 5: Der Forschungs- und Publikationsbetrieb krankt

Kritische Neurowissenschaft – ist das nicht ein »weißer Schimmel«? Wissenschaft ist ihrem Wesen nach immer kritisch; das unterscheidet sie von Glaubenslehren und Pseudowissenschaft. Empirisch arbeitende Forscher prüfen ihre stets vorläufigen Annahmen durch Experimente und Beobachtungen und gelangen so nach und nach zu immer besseren Modellen.

Das ist in der Hirnforschung nicht anders. Allerdings haben sich hier Kritikern zufolge bestimmte Gewohnheiten breitgemacht, die zu systematischen Verzerrungen führen. So würden allgemein deutlich mehr positive Forschungsresultate produziert, als realistisch sei. Beispielsweise führten meist viel zu kleine Probandenzahlen, speziell bei den technisch aufwändigen bildgebenden Untersuchungen, leicht zu statistisch signifikanten Effekten, die bei genauerem Hinsehen oft keine Relevanz besitzen.

Ein weiteres Problem: Der **Publikationsbias** – die einseitige Konzentration auf positive Befunde – fördert gefährliche Fehleinschätzungen. Zum Beispiel wird laut einer Metaanalyse von Erick Turner vom Portland Medical Center (USA) die Wirksamkeit von Antidepressiva in klinischen Tests um 20 bis 50 % überschätzt.

Alltägliche Schummelei und der hohe Publikationsdruck fördern die Zahl falscher Positivergebnisse über das ohnehin vorhandene Maß hinaus (s. Box »Warum viele Studien falsch sind«). Das lässt sich etwa daran ablesen, dass viele Versuche, Studienresultate zu replizieren, fehlschlagen. Was lernen wir daraus? Wer hat Recht – Neuroskeptiker oder -enthusiasten? Die einzig sinnvolle Antwort lautet: beide! Hirnforschung ist ein ungeheuer vielfältiges Unternehmen. Zigtausende von Neurowissenschaftlern in aller Welt ergründen das Denkorgan auf unterschiedlichen Ebenen und mit Hilfe teils sehr verschiedener Methoden. Sie sind in vielen Fragen nicht einer Meinung und sprechen nicht mit einer Stimme.

In der Tat regt sich innerhalb der wissenschaftlichen Community aktuell einiges: Zahlreiche ungelöste Probleme und Vorschläge, wie ihnen beizukommen sei, werden intensiv diskutiert. Das ist keine »Nestbeschmutzung«, sondern Teil der gesunden Selbstkontrolle des Forschungsbetriebs.

Auch der Philosoph und Psychiater Henrik Walter von der Charité Berlin warnt davor, sich den Argumenten der Neurokritiker zu verschließen. »Nur wenn wir die Dinge beim Namen nennen, ändert sich auch etwas.« Kritik sei allerdings umso wertvoller, je konstruktiver sie ausfalle. Statt die Hirnforschung zu diskreditieren oder abzulehnen, gelte es, sie besser machen.

Der amerikanische Bischof Milton Wright (1828 – 1917) prophezeite einst, der Mensch werde niemals fliegen, denn das sei den Engeln vorbehalten. Seine eigenen Söhne, die Flugpioniere Wilbur und Orville Wright, straften den frommen Mann Lügen. Was die Hirnforschung kann und was nicht, bleibt abzuwarten. Doch wie immer man den Geist einst wissenschaftlich erklären mag, ein Wunder bleibt er so oder so.

Kurz erklärt

Publikationsbias Verzerrung der Forschungsliteratur durch außerwissenschaftliche Kriterien wie etwa den Drang nach positiven, möglichst überraschenden Befunden.

Literaturtipps

- Hasler, F.: Neuromythologie. Eine Streitschrift gegen die Deutungsmacht der Hirnforschung. Bielefeld, Transcript, 4. Auflage 2013.
  Die Kernargumente der Neurokritik.
- Strüber, N., Roth, G.: Wie das Gehirn die Seele macht. Klett-Cotta, Stuttgart 2014.
  Die Neurobiologen Nicole Strüber und Gerhard Roth zeigen auf, was für die Naturalisierung des Geistes spricht.

Webtipp

- Mehr zur Kritik an der Hirnforschung (englisch-sprachig): www.critical-neuroscience.org

Quellen

- Caspary, R.: Alles Neuro? Was die Hirnforschung verspricht und nicht halten kann. Herder, Freiburg 2010
- Frégnac, Y., Laurent, G.: Where is the Brain in the Human Brain Project? In: Nature 513, S. 27 – 29, 2014
- McCabe, D. P., Castel, A. D.: Seeing is Believing: The Effect of Brain Images on Judgement of Scientific Reasoning. In: Cognition 107, S. 343 – 352, 2008
- O'Connor, C. et al.: Neuroscience in the Public Sphere. Neuron 76, S. 220 – 226, 2012

9 Ideen für eine bessere Neurowissenschaft

Isabelle Bareither, Felix Hasler und Anna Strasser

Hirnforscher stehen in der Kritik – doch sie können viele Probleme ihres Fachs aus eigener Kraft beheben. Ein Plädoyer für überfällige Reformen.

Auf einen Blick

Neue Wege gehen

1   Nach Ansicht vieler steckt die Hirnforschung in der Krise. Sie muss sich in wichtigen Bereichen selbst reformieren.

2   Dabei geht es zum einen um Probleme des wissenschaftlichen Betriebs wie die einseitige Betonung positiver Versuchsergebnisse und falsche Anreizsysteme für Forscher. Zum anderen sollte auch die gesellschaftliche Rolle der Neurowissenschaft neu überdacht werden.

3   Eine Initiative Berliner Forscher regte auf einer Tagung im Jahr 2014 eine Diskussion über nötige Änderungen an.

Noch vor wenigen Jahren waren sich Fachwelt, Öffentlichkeit und Medien weit gehend einig: Die Neurowissenschaften sind auf Erfolgskurs. Es schien nur eine Frage der Zeit, bis die neue Hightech-Hirnforschung die Rätsel des Menschseins auf naturwissenschaftlicher Basis lösen könnte. Besonders der Boom der bildgebenden Verfahren beflügelte die Sichtweise, dass auch psychische Störungen, kriminelles Verhalten, ökonomische Entscheidungen oder spirituelle Erfahrungen in absehbarer Zeit als biologische Phänomene erklärt werden würden. Heute ist der Optimismus verflogen, und die Neuroforschung steht in der Kritik.

In Büchern, Medienberichten und bei vielen wissenschaftlichen Konferenzen artikuliert sich ein breit abgestützter Skeptizismus gegenüber häufig ungerecht-

© Springer-Verlag Berlin Heidelberg 2017
S. Ayan (Hrsg.), *Rätsel Mensch – Expeditionen im Grenzbereich von Philosophie und Hirnforschung*,
DOI 10.1007/978-3-662-50327-0_26

fertigten Erklärungsansprüchen, schlechter Forschung, dem »Überverkaufen« von experimentellen Daten, reduktionistischer Banalisierung komplexer Phänomene, unhaltbaren Zukunftsversprechen und fehlender Praxisrelevanz. Doch wie zu erwarten wurden die Verfechter einer »kritischen Neurowissenschaft« bald ihrerseits kritisiert: Ihre Vorwürfe seien zu pauschal und überzogen, gründeten nicht auf dem nötigen Fachwissen und würden letztlich den wissenschaftlichen Fortschritt behindern.

Die Zeit ist reif, um die neurowissenschaftliche Praxis wirkungsvoll zu verbessern. Auf der Konferenz »Mind the Brain! Neuroscience in Society«, die Ende November 2014 in Berlin stattfand, erarbeiteten Neurowissenschaftler, Psychologen, Wissenschaftshistoriker, Sozialforscher, Mediziner, Philosophen, Anthropologen und Journalisten dafür gemeinsam eine Reihe von konkreten Vorschlägen.

1. Strengere Qualitätskriterien für die Forschung

In vielen Bereichen der neurowissenschaftlichen und biomedizinischen Forschung hat sich eine schlechte wissenschaftliche Praxis eingebürgert. »Wir ertrinken in falsch positiven Resultaten«, sagt etwa Ulrich Dirnagl, Professor für Neurologie an der Berliner Charité. Ihr Anteil liege vermutlich bei mehr als 80 %. Der wichtigste Grund: Die Standards für gute Wissenschaft werden regelmäßig missachtet.

Soll beispielsweise ein neuer Wirkstoff geprüft werden, gehören Randomisierung (die zufällige Zuteilung der Probanden zu den Studiengruppen), Doppelblind-Designs (weder die Teilnehmer noch die Versuchsleiter wissen, wer zu welcher Gruppe gehört) sowie Placebo-Vergleichstests längst zu den Mindestanforderungen. Doch sie werden häufig nicht erfüllt. Folglich werden die positiven Befunde vieler Studien überschätzt und Ergebnisse publiziert, die unter Einhaltung aller Standards niemals zu Stande gekommen wären.

Ein weiteres Problem: die dürftige Validität (s. Box »Kurz erklärt«) vieler Studien, die sich zum Beispiel in der Schlaganfallforschung zeigt. In präklinischen Studien werden Medikamente etwa an Mäusen getestet. Die jungen, männlichen Tiere wachsen isoliert in Käfigen auf und werden alle mit dem gleichen, normierten Futter ernährt. Dagegen sind die Schlaganfallpatienten in der Regel ältere Menschen mit ganz verschiedenen Grunderkrankungen, die eine Vielzahl von Medikamenten erhalten. Wenn Studien auf solch elementaren Unterschieden gründen, haben klinische Realität und das verwendete Tiermodell nur wenig gemeinsam.

Wie lässt sich solchen Problemen abhelfen? Hierfür wäre es dringend erforderlich, dass die für die jeweilige Forschungsfrage nötige Fallzahl und andere die Zuverlässigkeit der Daten sichernde Größen schon vor Studienbeginn ermittelt werden. Auch sollten Stichproben, Hypothesen, Variablen und statistische Verfahren vollständig registriert und die Ergebnisse nach Abschluss zugänglich gemacht werden, um sie nachträglich prüfen zu können.

2. Mehr Transparenz

Gerd Antes, Direktor des Deutschen Cochrane Zentrums in Freiburg, schätzt, dass rund 50 % aller klinischen Studien gar nicht veröffentlicht werden. »Die Freiheit der Wissenschaft wird oft interpretiert als die Freiheit, nicht zu publizieren«, erklärt der Biometriker. Egal ob große oder kleine Untersuchungen, ob von der pharmazeutischen Industrie oder aus öffentlicher Hand finanziert – stets landet etwa jede zweite registrierte Arbeit in der Schublade.

Der vermutlich wichtigste Grund hierfür: Diese Arbeiten lieferten negative oder uneindeutige Ergebnisse. Wenn jedoch fast nur positive Resultate Eingang in die Fachzeitschriften und damit in den Wissenskanon finden, führt das zu Verzerrungen. »Auf Grund solcher Fehlinformationen können Patienten unnötig leiden oder sogar sterben«, warnt Antes.

Es wäre wünschenswert und wichtig, dass sämtliche Studienprotokolle, Rohdaten und Auswertungen frei einsehbar sind und von unabhängiger Stelle archiviert werden.

3. Mehr Replikationsstudien

In Fachzeitschriften werden meist nur noch die positiven, möglichst spektakulären Ergebnisse veröffentlicht. Dies führt zu einer dramatischen Verzerrung, zumal die statistische Aussagekraft vieler Resultate sehr gering ist. Ein einzelnes Studienergebnis kann immer auch durch Zufall entstanden sein. Erst nach mehreren Wiederholungen mit ähnlichem Resultat – also der Replikation mit entsprechend höheren Fallzahlen – kann ein Befund als wissenschaftlich gesichert oder reliabel gelten.

Doch Replikationsversuche werden nur selten unternommen, da sie weniger wissenschaftliche Meriten versprechen und schwer zu finanzieren sind. Werden sie dennoch durchgeführt, scheitern sie oft.

Allerdings sind diese Fehlschläge häufig besonders lehrreich. Das bedeutet: Möglichst alle Forschungsergebnisse sollten in Replikationsstudien geprüft werden. Die Veröffentlichung solcher Replikationsstudien gilt es dringend aufzuwerten, etwa durch eigene Rubriken in den relevanten Fachzeitschriften.

Kurz erklärt

Validität (Gültigkeit) bezeichnet den Grad, in dem ein Experiment oder Test den jeweiligen Forschungsgegenstand (zum Beispiel Intelligenz oder eine bestimmte Erkrankung) tatsächlich abbildet. Häufiges Problem bei der Übertragung vom Tiermodell auf den Menschen.

Reliabilität (Verlässlichkeit) Maß für die Vertrauenswürdigkeit eines Studienergebnisses, das sich bei wiederholten Tests offenbart.

---

4. Bessere Ausbildung in statistischen Methoden

Die Nichtbeachtung wissenschaftlicher Standards ist natürlich kein Spezifikum der Neurowissenschaften. Doch in der Hirnforschung scheint das Problem besonders ausgeprägt zu sein, wie unter anderem eine Metaanalyse von Forschern um Katherine Button von der University of Bristol 2013 nahelegt. Demnach beträgt die durchschnittliche statistische Aussagekraft (auch Effektstärke oder »Power« genannt) bei veröffentlichten Neurostudien rund 0,2. Doch erst bei einem Wert von 0,8 können Wissenschaftler von einem sicheren Effekt ausgehen.

Zu vielen Studierenden der Medizin und Neurowissenschaften sind solche Zusammenhänge kaum bekannt. Dabei stellt eine solide Ausbildung in Statistik und Methodenlehre die Grundlage für jede gute Wissenschaft dar. Daher sollten mehr Methodenkurse in Studiengängen und Forschungseinrichtungen angeboten und höhere Ansprüche an Prüfungsleistungen sowie an die eigenen empirischen Arbeiten des wissenschaftlichen Nachwuchses gestellt werden.

5. Ein neues Anreizsystem für gute Wissenschaft

Warum die meisten Studien schlicht falsch sind, leitete der Medizinstatistiker John Ioannidis in einer viel beachteten Arbeit bereits 2005 theoretisch her. Dass sich seither an dieser Situation so wenig geändert hat, liegt unter anderem an einem ungünstigen Anreizsystem: Der »impact factor« – also die Zahl der Zitationen in anderen Arbeiten – gilt als wichtigstes Kriterium der Qualitätsbeurteilung, an das auch die finanzielle Förderung geknüpft wird. Wir brauchen jedoch eine umfassendere Betrachtung wissenschaftlicher Qualität seitens der Forschungseinrichtungen und Geldgeber.

6. Das wissenschaftliche Publikationssystem verändern

Auch Reformen des Peer-Review-Verfahrens sind nötig – also die Art, wie Wissenschaftler im Auftrag von Fachzeitschriften die Publikationswürdigkeit einer Untersuchung beurteilen. Wegweisend könnte hier das so genannte Pre-publication-Prinzip sein: Bei Fachzeitschriften wird ein Protokoll der geplanten Studie eingereicht. Erscheinen Ansatz und Methoden viel versprechend, wird eine Veröffentlichung garantiert – unabhängig davon, was am Ende herauskommt. Auch negative oder inkonsistente Resultate werden so publizierbar.

Eine Reihe von neurowissenschaftlichen Journalen wie »Cortex« oder »Perspectives on Psychological Science« testen dieses Verfahren bereits: Sie lassen nicht nur fertig produzierte Ergebnisse von Reviewern prüfen, sondern das geplante Forschungsvorhaben, das vorab registriert werden muss. Dies ist ein wichtiger Schritt hin zu einer verlässlicheren Forschung.

7. Die Hirnforschung im gesellschaftlichen Kontext sehen

Vor einigen Jahren, auf dem Höhepunkt der kollektiven Neurowissenschaftseuphorie, schlossen sich Wissenschaftler und Philosophen verschiedener Ber-

liner Institutionen (Freie Universität, Max-Planck-Institut für Wissenschaftsgeschichte, Humboldt-Universität) zum Netzwerk »Critical Neuroscience«
zusammen. Einer der Mitbegründer, der Philosoph Jan Slaby, betont, dass die
Hirnforschung immer aus einer politisch-ökonomischen Perspektive betrachtet
werden müsse. »Die Neurowissenschaften tragen – oft unfreiwillig – dazu bei,
dass ein bestimmtes Bild des Menschen als naturgegeben und selbstverständlich
betrachtet wird, während Alternativen dazu gar nicht ins Blickfeld rücken.« Und
dies bestimme mit darüber, welche Forschung gefördert wird und wie wissenschaftliche Ergebnisse formuliert sowie in der Öffentlichkeit kommuniziert werden. Dieses Bewusstsein für die gesellschaftliche Bedeutung der Hirnforschung
gilt es sowohl innerhalb als auch außerhalb der Wissenschaft zu schärfen.

8. Mehr (selbst)kritische Berichterstattung

»Viele neurowissenschaftliche Befunde werden in den Medien voreilig, überzogen oder einfach falsch dargestellt«, sagt die Wissenschaftsjournalistin Connie
St Louis von der City University London. Die Öffentlichkeit hat jedoch ein
Recht auf ausgewogene Berichterstattung jenseits von Klischees und Sensations-
mache. Sowohl Journalisten als auch Forscher sollten es deshalb vermeiden, überzogene Hoffnungen zu wecken und mit kruden Vereinfachungen Schlagzeilen
zu produzieren. Wissenschaftler wissen oft selbst nicht, was die Pressereferenten
ihrer Forschungseinrichtungen bekannt geben – nämlich oft deutlich zu positive
Botschaften. Das führt zu einer Verzerrung der öffentlichen Wahrnehmung. Damit kritischer über Wissenschaft berichtet wird, bedarf es aber nicht nur größerer
Sensibilität und eines besseren Handwerkszeugs seitens der Kommunikatoren
– sondern auch eines aufgeklärten, kritischen Publikums.

9. Eine Theorie des Gehirns

»Was wir brauchen, ist eine umfassende Theorie des Gehirns«, erklärt Henrik
Walter, Professor an der Berlin School of Mind and Brain und Psychiater an
der Charité. Theoretische Konzepte, mit deren Hilfe man dem hochkomplexen
Geschehen im Gehirn gerecht werden könnte, liegen zwar vor, werden bislang
jedoch eher als unverbindliche Anregung betrachtet. Mehr und vor allem sinn-
vollere Kooperationen sowie »postdisziplinäre« Zusammenarbeit zwischen
Systembiologen, Kybernetikern, Psychiatern, Psychologen und Neurowissenschaftlern sind mehr denn je gefragt. Nur in der gemeinsamen Arbeit kann es
gelingen, das Gehirn zu verstehen.

Zugegeben, die meisten Vorschläge sind nicht neu. Warum ist bislang nichts
passiert? Vermutlich liegt die Antwort im starren politisch-ökonomischen Umfeld, in das auch Neurowissenschaftler eingebunden sind. Forscher und Ärzte,
Industrie, Regierungsvertreter, Universitäten, Forschungsförderer und Ethik-
kommissionen – alle sind gefordert, Wege für eine bessere Wissenschaft zu eröff-
nen. Große Organisationen wie die Deutsche Forschungsgemeinschaft (DFG)

sollten bessere Kriterien zur Beurteilung von Forscherleistungen einführen, Fachzeitschriften müssen ihren Review-Prozess transparenter machen und die Publikation von Replikationsstudien stärker fördern.

Hirnforscher können diese Reformen aber auch selbst in Gang setzen. »Die Probleme sind bekannt. Jetzt müssen wir anfangen, die Lage zu verbessern«, erklärt Arno Villringer, Direktor der Abteilung Neurologie des Max-Planck-Instituts für Kognitions- und Neurowissenschaften in Leipzig. Gemeinsam mit Ulrich Dirnagl will er sich freiwillig und nachprüfbar striktere Kriterien wissenschaftlicher Arbeit auferlegen und dafür werben, dass sich möglichst viele Kollegen anschließen. Villringer ist optimistisch: »Solange es keine Initiative ›von oben‹ gibt, beginnen wir eben mit der Arbeit ›von unten‹.«

Literaturtipp

* Antes, G. (Hg.): Wo ist der Beweis? Plädoyer für eine evidenzbasierte Medizin. Huber, Bern 2013
  Umfassender Überblick zu Defiziten in der biomedizinischen Forschung.

Webtipps

* Über Initiativen, das Publikationswesen im Bereich der Neuro- und Kognitionswissenschaften zu verbessern, informiert das Open Science Framework (in englischer Sprache): https://osf.io
* Ulrich Dirnagls Blog zu Themen der Forschungslogik, Statistik und Replikation von Studien: http://dirnagl.com

Quellen

* Button, K. S. et al.: Power Failure: Why Small Sample Size Undermines the Reliability of Neuroscience. In: Nature Reviews Neuroscience 14, S. 365 – 376, 2013
* Choudhury, S., Slaby, J. (Hg.): Critical Neuroscience: A Handbook of the Social and Cultural Contexts of Neuroscience. Blackwell, London 2012
* Ioannidis, J. P. A.: Why Most Published Research Findings Are False. In: PLoS Medicine 2, e124, 2005

Die Wiederentdeckung des Willens

Amadeus Magrabi

Vor gut 30 Jahren entdeckte der Neurophysiologe Benjamin Libet, dass das Gehirn Bewegungen einleitet, bevor die Person sich bewusst dazu entschließt. Seitdem streiten Philosophen und Hirnforscher über die Tragweite dieser Erkenntnis. Neuere Experimente zeigen: Tiefe Zweifel an der Willensfreiheit waren verfrüht!

Auf einen Blick

Bewusst oder unbewusst?

1 Weil Vorgänge im Gehirn unsere Handlungen anbahnen, bevor wir den Entschluss dazu bewusst fassen, erklärten einige Forscher den freien Willen zur Illusion.

2 Neueren Befunden zufolge schließt die neuronale Vorbereitung jedoch nicht aus, dass Verhalten auf bewussten Motiven gründet.

3 Wie Denken und Handeln genau ineinandergreifen, ist immer noch nicht geklärt.

Wenn es um den freien Willen geht, hört man fast nur extreme Ansichten. Da sind zum einen die Neuro-Revolutionäre, die unsere alltäglichen Vorstellungen über Verantwortung und Schuld als naturwissenschaftlich erwiesene Illusionen abtun. Ihnen gegenüber stehen die Traditionalisten, die von der Freiheit des Menschen überzeugt sind und nicht nachvollziehen können, was irgendwelche Laborexperimente daran ändern sollten. Und inzwischen gibt es noch eine dritte Gruppe, die »Genervten«, die die schier endlose Debatte darüber nicht mehr hören können. Doch in den letzten Jahren hat sich eine Menge getan: Neue empirische Ergebnisse scheinen den freien Willen zu rehabilitieren.

© Springer-Verlag Berlin Heidelberg 2017
S. Ayan (Hrsg.), *Rätsel Mensch – Expeditionen im Grenzbereich von Philosophie und Hirnforschung*,
DOI 10.1007/978-3-662-50327-0_27

199

Ein guter Startpunkt für viele philosophische Diskussionen ist unsere intuitive Erfahrung. Was verstehen wir unter Willensfreiheit? Wir meinen damit eine bestimmte Art und Weise, Entscheidungen zu fällen. Wenn ich zum Beispiel meinen Urlaub plane, sichte ich meine Möglichkeiten: Wie viel Geld und Zeit stehen mir zur Verfügung? Will ich eher entspannen oder etwas erleben? Bin ich auf Strand, Natur oder Kultur aus? Von Willensfreiheit zu sprechen, ergibt offenbar nur dann Sinn, wenn wir in einer Situation mehrere Optionen haben und uns durch bewusstes Abwägen von Gründen für eine davon entscheiden können. Wenn der freie Wille existiert, sollte der innere Monolog, den wir dabei mit uns führen, unsere Entscheidungen bestimmen.

Dem gegenüber steht die Sorge, dass andere, unbewusste Prozesse unser Verhalten steuern und das Bewusstsein nur nachträglich Begründungen konstruiert. Die Frage nach der Willensfreiheit lautet also: Bestimmen bewusste Überlegungen unsere Entscheidungen, oder werden sie durch unbewusste Prozesse hervorgerufen?

Lange Zeit machten Philosophen solche Probleme unter sich aus. Das änderte sich drastisch, als Anfang der 1980er Jahre der Physiologe Benjamin Libet von der University of San Francisco die Ergebnisse seiner Laborexperimente veröffentlichte. Libet hatte seinen Probanden die einfache Aufgabe gestellt, ihre Hand zu beugen. Allerdings sollten sie selbst entscheiden, wann sie das taten. Anschließend gaben die Teilnehmer den genauen Zeitpunkt zu Protokoll, zu dem sie sich zu der Aktion entschieden hatten. Behilflich war dabei eine Uhr, die sie während des Experiments ansahen.

Neuronale Anbahnung
Libet verglich den Zeitpunkt, zu dem die Probanden ihren Entschluss fassten, mit deren Hirnaktivität, die er mit Hilfe der Elektroenzephalografie (EEG) registrierte. Andere Hirnforscher hatten bereits früher entdeckt, dass vor der Ausführung einer Bewegung ein bestimmtes Aktivitätsmuster über dem supplementärmotorischen Kortex auftritt, ein so genanntes Bereitschaftspotenzial. Libet fragte sich: Was kommt zuerst – dieses Bereitschaftspotenzial oder die Entscheidung der Probanden? Wird die Handbewegung durch den bewussten Entschluss initiiert oder durch unbewusste Hirnprozesse?

Wie sich zeigte, fällten die Teilnehmer ihren Entschluss im Durchschnitt etwa 200 Millisekunden vor der Bewegung. Das Bereitschaftspotenzial begann allerdings schon rund 550 Millisekunden davor; es trat somit 350 Millisekunden vor dem Handlungsentschluss auf. Dieses Ergebnis sorgte für Erstaunen: Stand die Entscheidung etwa schon fest, bevor derjenige sie bewusst traf? Das Gefühl, dass unsere Gedanken über unser Handeln bestimmen, wäre dann wohl eine Illusion – verursacht durch verborgene neuronale Vorgänge. Nicht das Ich, sondern unser Gehirn träfe die Entscheidungen, hieß es. Nur, warum denken wir dann überhaupt oft so angestrengt über unser Handeln nach, wenn dies sowieso nichts bewirkt?

Die Kritik ließ nicht lange auf sich warten. Einige Forscher bemängelten, dass Libets Probanden keine echten Alternativen hatten, weil sie ja nur die Hand bewegen oder eben nichts tun sollten. Neurowissenschaftler um Patrick Haggard vom University College London überprüften 1999 in einer EEG-Studie, was passiert, wenn Probanden wählen können, ob sie den rechten oder den linken Finger heben wollen. Die Forscher fanden ein ähnliches Aktivitätsmuster wie Libet, das so genannte lateralisierte Bereitschaftspotenzial, das ebenfalls vor der bewussten Entscheidung auftrat.

Kritische Stimmen

Ein Team um John-Dylan Haynes und Chun Siong Soon vom Max-Planck-Institut für Kognitions- und Neurowissenschaften in Leipzig untersuchte 2008, ob sich diese Ergebnisse mit der funktionellen Magnetresonanztomografie (fMRT) bestätigen lassen. Auch in dieser Versuchsreihe standen den Probanden zwei Optionen zur Auswahl, und wieder kündigten neuronale Aktivitätsmuster die bevorstehende Entscheidung an. Lag die Zeitspanne zwischen dem Beginn der handlungsbezogenen Hirnaktivität und der Entscheidung in den EEG-Studien noch im Millisekundenbereich, so registrierten Haynes und Soon per fMRT Aktivierungen im frontopolaren und parietalen Kortex, die der Entscheidung sogar um mehrere Sekunden vorausgingen.

Der Neurochirurg Itzhak Fried überprüfte diesen Befund mittels Elektroden, die er ins Gehirn von Probanden implantierte. Üblicherweise wird eine solche Methode nur bei Tierversuchen verwendet, aber Fried untersuchte Epilepsiepatienten, die solche Elektroden ohnehin zur Therapie ihres Leidens benötigten. Auch dieses Verfahren schien Libets Ergebnisse zu bestätigen.

Der freie Wille ist eine der stärksten menschlichen Intuitionen überhaupt. Kein Wunder also, dass diese Befunde die Gemüter erhitzten. Die einen wollten den freien Willen um jeden Preis retten und bestritten schlichtweg die Relevanz neurowissenschaftlicher Studien; die anderen schwangen sich zu Propheten eines neuen, deterministischen Menschenbilds auf.

Zwei Argumente tauchen in diesem Zusammenhang immer wieder auf: Zum einen kann die gemessene Hirnaktivität das jeweilige Handeln der Person nicht sicher vorhersagen. Die spezifischen Muster erhöhen nur die Wahrscheinlichkeit für die eine oder andere Entscheidung, determinieren sie aber nicht. So lag die Vorhersagekraft der fMRT-Daten in Haynes und Soons Arbeit bei rund 60 %, also nicht sehr weit über Zufallsniveau. Das legt die Vermutung nahe, dass die Muster vielleicht nicht die Entscheidung selbst widerspiegeln, sondern einen Teilprozess oder eine Art Vorbereitung, die nur einen gewissen Einfluss haben.

Könnte man etwa an meiner Hirnaktivität ablesen, dass mir vietnamesisches Essen schmeckt, würde das sicher dabei helfen, meine Restaurantbesuche vorherzusagen. Man würde wohl auch herausfinden, dass ich tatsächlich häufiger vietnamesische als andere Restaurants besuche. Aber das heißt nicht, dass diese Vorliebe der einzig relevante Faktor für mein Handeln ist. Andere Dinge wie der Preis oder die Freundlichkeit der Bedienung spielen ebenfalls eine Rolle – und lassen mich manchmal anders entscheiden. Analog könnte die Hirnaktivität in Libets Experimenten und den Folgestudien einen Einflussfaktor widerspiegeln, ohne dass die Entscheidungen dadurch festgelegt wären und die Betreffenden gar nicht anders handeln können.

Der zweite Kritikpunkt besagt: In den Laborszenarien handelte es sich gar nicht um echte Entscheidungen. Stellen Sie sich vor, Sie sollten sich für eine Bewegung des rechten oder linken Zeigefingers entscheiden. Welche Seite würden Sie wählen? Es scheint keinen guten Grund dafür zu geben, warum man ausgerechnet den einen und nicht den anderen Finger bewegen sollte. Die Entscheidung hat weder besondere Konsequenzen noch irgendetwas mit Ihren persönlichen Wertvorstellungen oder Wünschen zu tun. Sie werden sie später auch sicher nicht bereuen und denken: Mist, hätte ich doch nur den anderen Finger genommen! Im Vergleich mit realen Entscheidungen im Alltag – etwa, auf welche Stellenausschreibung wir uns bewerben wollen oder wen wir heiraten möchten – fehlt hier eine wichtige Eigenschaft: die persönliche Relevanz, die es notwendig macht, verschiedene Gründe gegeneinander abzuwägen.

Der Zufall mischt mit
Laut Aaron Schurger und Stanislas Dehaene vom französischen Nationalen Forschungsinstitut INSERM in Paris können bei nur schwach motivierten Bewegungen sogar zufällige Schwankungen der Hirnaktivität zu einem Impuls anschwellen, der die betreffende Aktion auslöst. Für solche »Pseudo-Entscheidungen« wie in Libets Experimenten ist ein bewusster Willensakt womöglich gar nicht erforderlich. Echtes Handeln dürfte sich neuronal vermutlich anders anbahnen. Darüber hinaus zeigten Untersuchungen von Forschern um Alexander Schlegel vom Dartmouth College in Hanover (USA), dass Bereitschaftspotenziale selbst ohne bewussten Handlungsimpuls auftreten.

Nimmt man diese Bedenken ernst, bleibt nicht viel übrig, was uns die Libet-Experimente und ihre Nachfolger über den freien Willen verraten können. Allerdings fließen in die aktuelle Debatte zunehmend auch psychologische Verhaltensstudien ein, die ohne Hirnscan und Elektrodenmessungen auskommen. Ein Beispiel sind die Arbeiten des Sozialpsychologen John Bargh von der Yale University.

In einem seiner Versuche mussten Probanden zunächst eine Sprachaufgabe lösen. Sie bekamen eine Anzahl von Wörtern präsentiert und sollten sie derart sortieren, dass grammatikalisch korrekte Sätze herauskamen. Aus »findet«, »sofort«, »es«, »er« wird so beispielsweise der Satz »er findet es sofort«. Den Probanden wurde mitgeteilt, man wolle ihr Sprachtalent testen – in Wahrheit jedoch teilten die Versuchsleiter die Teilnehmer in drei Gruppen auf: Die erste erhielt bei der Aufgabe überwiegend Wörter, die mit Höflichkeit zusammenhingen, die zweite Gruppe solche, die mit Unhöflichkeit zu tun hatten, und die dritte Gruppe bekam neutrale Wörter.

Im Anschluss sollten sich die Probanden an die Versuchsleiter wenden. Die unterhielten sich aber gerade und hörten damit auch nicht auf, wenn die Teilnehmer länger warteten. In der Studie wurde gemessen, wie viele das Gespräch der Forscher innerhalb von zehn Minuten unterbrachen.

Sie ahnen sicher schon, was dabei herauskam: Zwei von drei Teilnehmern, die zuvor unhöfliche Wörter gelesen hatten, fielen den Versuchsleitern ins Wort; in der Gruppe mit den höflichen Ausdrücken dagegen nur 16 %. Und die neutrale Gruppe lag mit 38 % dazwischen. Wie eine spätere Befragung ergab, hatte keiner der Probanden einen Zusammenhang zwischen der Sprachaufgabe und seiner Entscheidung erkannt, die Versuchsleiter zu unterbrechen.

Es gibt beinahe unzählige Experimente, die ähnliche Resultate erbrachten. Was sagt uns das? Wenn Willensfreiheit bedeutet, dass allein bewusste Überlegungen unsere Entscheidungen bestimmen, ist das laut solchen Studien nicht der Fall. Schließlich gibt es nachweislich einen unbewussten Einfluss: Ob wir ein Gespräch anderer Leute unterbrechen oder nicht, sollte sich aus unseren Wertvorstellungen, unserem Selbstbild und der Einschätzung der Situation ergeben – aber ein völlig irrelevanter Sprachtest?

Wir fühlen uns spontan unwohl bei dem Gedanken, dass solche Nebensächlichkeiten unsere Entscheidung lenken, ohne dass wir etwas davon mitbekommen. Das bedeutet natürlich nicht, unser Denken spiele beim Entscheiden keine Rolle. Aber einiges deutet darauf hin, dass Handlungen nicht vollständig durch bewusste Prozesse kontrolliert werden.

Ist es denn so wichtig für den freien Willen, dass uns immer alles bewusst ist? Das kommt ganz darauf an, in welcher Beziehung bewusste und unbewusste Prozesse zueinander stehen. Wenn letztere den bewussten Absichten entgegenstehen, würden wir sagen, das schränkt unsere Willensfreiheit ein. Aber wenn das Unbewusste eher als ausführendes Organ der bewussten Entscheidungsfindung anzusehen ist und beide sozusagen in die gleiche Richtung rudern, scheint der freie Wille dadurch nicht gefährdet.

Unbewusst aus Gewohnheit

Im Alltag spielen bewusste Gedanken eine größere Rolle, wenn wir uns in Situationen befinden, die neu für uns sind. Wir widmen den Entscheidungsproblemen dann unsere Aufmerksamkeit und wägen alle Argumente gegeneinander ab, um die bestmögliche Wahl zu treffen. Befinden wir uns hingegen in vertrauten Situationen, gewinnen unbewusste Prozesse die Oberhand, und unsere Handlungen laufen automatisch ab. Es könnte sein, dass unsere bewussten Gedanken das Unbewusste teilweise vorbereiten und so mitbestimmen, wie wir uns verhalten. Folglich könnten auch Entscheidungen, die unbewusst ablaufen, im weiteren Sinn als bewusst kontrolliert angesehen werden.

Doch wie sich das Bewusstsein zum Unbewussten verhält und wie beide miteinander interagieren, weiß bislang niemand genau. Bewusstsein ist nach wie vor eines der größten Rätsel der Wissenschaft, weil es schwer ist, eine objektive und verlässliche Messmethode dafür zu finden. Bis auf Weiteres sind starke Aussagen zum freien Willen daher schwierig.

Bei alledem sollte man nicht vergessen, dass es viele intuitive Vorstellungen zum freien Willen gibt, die wissenschaftlich gesehen unhaltbar sind. Zum Beispiel haben wir subjektiv den Eindruck, wir seien »unverursachte Verursacher«, das bedeutet: Wir könnten durch unsere Entscheidungen zwar Kausalketten in Gang setzen, aber unsere Entscheidungen selbst würden quasi durch nichts verursacht. Danach müssten sich Entscheidungen in einer Art abstraktem Raum abspielen, losgelöst von den Naturgesetzen. Für die Wissenschaft gilt hingegen das Kausalprinzip, wonach alles eine Ursache und eine Wirkung hat. Deshalb müssen aus dieser Sicht auch Entscheidungen Ursachen haben.

Bei genauerer Betrachtung ist es ohnehin gar nicht wünschenswert, dass Entscheidungen keine Ursache haben. Schließlich wollen wir, dass unser Handeln auf guten Argumenten gründet und nicht einfach vom Himmel fällt.

Außerdem wird manchmal von einer freien Entscheidung gefordert, dass sie nicht durch Erziehung, Kindheitserfahrungen oder genetische Veranlagung beeinflusst sein dürfe. Auch hier kann man aus Sicht der Forschung sagen: Diese Art der Freiheit besitzen wir höchstwahrscheinlich nicht. Aber selbst wenn Willensfreiheit bedeutet, dass bewusste Überlegungen unsere Entscheidungen bestimmen, dann ist diese Frage noch lange nicht geklärt.

Angesichts der komplizierten Verhältnisse sollte man bei der Frage nach dem freien Willen keine einfache Entweder-oder-Antwort erwarten. Stattdessen würde sich ein Konzept anbieten, bei dem man stufenweise von mehr oder weniger Freiheit spricht. Wenn wir hellwach sind und gut überlegen, erreichen wir demnach einen größeren Grad an Willensfreiheit, als wenn wir müde, gestresst oder angetrunken sind.

Die Lage bleibt vertrackt, wie bei so vielen philosophischen Fragen. Zwar legen Studien nahe, dass unbewusste Prozesse stärker an unseren Entscheidungen beteiligt sind, als es den Anschein hat. Und sie stehen auch nicht immer mit unseren bewussten Absichten in Einklang. Aber welche Rolle das Bewusstsein bei Entscheidungen genau spielt, bleibt vorerst offen.

Quellen

• Haggard, P.: Human Volition: Towards a Neuroscience of Will. In: Nature Reviews Neuroscience 9, S. 934 – 946, 2008
• Schlegel, A. et al.: Hypnotizing Libet: Readiness Potentials with Non-Conscious Volition. In: Consciousness and Cognition 33, S. 199 – 203, 2015
• Schlegel, A. et al.: Barking up the Wrong Free: Readiness Potentials Reflect Processes Independent of Conscoius Will. In: Experimental Brain Research 229, S. 329 – 335, 2013
• Schurger, A. et al.: An Accumulator Model for Spontaneous Neural Activity Prior to Selfinitiated Movement. In: Proceedings of the National Academy of Sciences USA, E2904 – E2913, 2012
• Soon, C. S. et al.: Unconscious Determinants of Free Decisions in the Human Brain. In: Nature Neuroscience 11, S. 543 – 545, 2008

»Kein Grund zur Beunruhigung«

Interview mit Christoph Herrmann

Für den Neuropsychologen Christoph Herrmann ist das Verhalten des Menschen zwar durch seine Hirnaktivität determiniert – aber dennoch frei.

Christoph Herrmann

wurde 1966 in Celle geboren. Er studierte Elektrotechnik an der TU Darmstadt und promovierte über künstliche Intelligenz. Nach Forschungsaufenthalten in Japan und den USA wurde er 2001 zum Professor für Biologische Psychologie an der Otto-von-Guericke-Universität Magdeburg berufen. Seit 2009 leitet Herrmann das Institut für Psychologie an der Carl von Ossietzky Universität Oldenburg.

Professor Herrmann, wie sind Benjamin Libets Experimente rückblickend zu bewerten?
Libet konnte als einer der Ersten empirisch zeigen, dass Hirnaktivität Handlungen vorbereitet, noch bevor der bewusste Entschluss dazu fällt. Das hat nach wie vor Bestand und konnte vielfach bestätigt werden. Die teils heftigen Reaktionen auf seine Arbeiten rührten daher, dass Libet und andere solche Befunde als Einschränkungen unserer Willensfreiheit werteten. Hier sind wir aus meiner Sicht heute jedoch klüger: Dass neuronale Aktivität unser Handeln vorbereitet, bedeutet nicht, dass es unfrei sein muss. Insofern verfügen wir nun über ein verfeinertes Modell der Willensfreiheit.

Wie lautet es?
Wir haben uns von dem Gedanken verabschiedet, bewusste Handlungsimpulse müssten der neuronalen Aktivität, die für ihre Ausführung nötig ist, irgendwie

© Springer-Verlag Berlin Heidelberg 2017
S. Ayan (Hrsg.), *Rätsel Mensch – Expeditionen im Grenzbereich von Philosophie und Hirnforschung*,
DOI 10.1007/978-3-662-50327-0_28

vorausgehen. Das war ohnehin nie sehr plausibel, denn wo sollten diese Gedankenblitze auch herkommen? Das Gehirn generiert Handlungsimpulse, die wir dann als frei ansehen sollten, wenn sie mit den bewussten oder unbewussten Urteilen der Person übereinstimmen und nicht unter Zwang geschehen. Das deckt die Prinzipien der Autonomie und Urheberschaft ab. Dagegen ist die Vorstellung eines »Anderskönnens« in der jeweiligen Situation, die man zuweilen als Kriterium von Willensfreiheit ansieht, irrelevant. Wir kommen auch nie in die Verlegenheit, exakt die gleiche Entscheidung unter denselben inneren und äußeren Bedingungen noch einmal zu fällen. Alles, was wir darüber sagen können, ist insofern rein hypothetisch.

Neuronaler Determinismus und Willensfreiheit sind also miteinander vereinbar?
Ja. Wir wissen heute sehr viel besser darüber Bescheid, dass und wie das Gehirn Reize unbewusst verarbeitet und auf dieser Grundlage Entscheidungen fällt sowie Handlungen plant. Das ist kein Grund zur Beunruhigung, sondern liegt in der Natur der Sache.

Welche Erkenntnisse erwarten Sie in Zukunft?
In den letzten Jahren haben Untersuchungen zum so genannten Mind Reading großen Aufwind erlebt. Arbeitsgruppen wie etwa die von John-Dylan Haynes in Berlin konnten mit überzufälliger Wahrscheinlichkeit Entscheidungen von Probanden mehrere Sekunden im Voraus berechnen. Ich denke, hier wird es weitere Fortschritte geben, die uns auch etwas darüber verraten, wie solche Entscheidungen im Gehirn zu Stande kommen. Bislang lässt sich die gleiche, rund 60- bis 70-prozentige Trefferquote ja oft auch auf der Basis von Verhaltensdaten erzielen, also ganz ohne Blick ins Gehirn. Wenn Probanden etwa gleich oft, aber nicht im steten Wechsel zwei Tasten drücken sollen, so folgen sie dabei bestimmten Mustern. Diese lassen sich statistisch nachvollziehen. Um anhand neuronaler Daten zu besseren Vorhersagen zu kommen, muss man die zu Grunde liegenden Prozesse noch genauer durchschauen.

Das Interview führte Gehirn&Geist-Redakteur Steve Ayan.

Literaturtipp

- Herrmann, C. S., Dürschmid, S.: Von Libet zu einer »neuen« Willensfreiheit: Bewusste versus unbewusste Handlungsabsichten. In: Fuchs, T., Schwarzkopf, G. (Hg.): Verantwortlichkeit – nur eine Illusion? Universitätsverlag, Heidelberg 2010, S. 127 – 146
  Zusammenfassung der Libet-Experimente und ihrer philosophischen Folgen.

Eine Welt ohne freien Willen?

Azim F. Shariff und Kathleen D. Vohs

Angenommen, all unser Tun wäre neuronal vorherbestimmt – was würde das für die Gesellschaft bedeuten? Forscher ergründen, wie sich Menschen verhalten, deren Vertrauen in die Willensfreiheit erschüttert wird.

Auf einen Blick

Schuld und Sühne

1 Manche Philosophen und Hirnforscher vertreten die Ansicht, unser Handeln sei neuronal determiniert.

2 Psychologische Experimente zeigen: Je stärker Probanden an der Autonomie des Menschen zweifeln, desto mildere Strafen verhängen sie für Delikte – und desto unsozialer agieren sie selbst.

3 Von begründeter Skepsis gegenüber der Willensfreiheit kann das Strafrecht dennoch profitieren, denn sie fördert »gemeinschaftsdienliche« Sanktionen statt bloßer Vergeltung.

Im Juli 2008 reisten Brian Thomas und seine Frau Christine mit ihrem Wohnmobil in den kleinen Küstenort Aberporth in Wales. Um dem Lärm zu entgehen, den eine jugendliche Motorrad-Gang verursachte, fuhr das Paar gegen 23.30 Uhr auf den Parkplatz einer nahe gelegenen Raststätte. In dieser Nacht träumte Brian Thomas, einer der Jugendlichen breche in das Wohnmobil ein. Schlafwandelnd hielt er seine Frau für den fiktiven Eindringling – und erdrosselte sie. So jedenfalls lautete seine Version der Geschichte.

16 Monate später stand Thomas wegen Mordes vor Gericht. Ein Psychiater wurde als Gutachter gehört und erklärte, dass der Angeklagte nicht wusste, was

© Springer-Verlag Berlin Heidelberg 2017
S. Ayan (Hrsg.), *Rätsel Mensch – Expeditionen im Grenzbereich von Philosophie und Hirnforschung,*
DOI 10.1007/978-3-662-50327-0_29

er tat, als er seine Frau erwürgte. Zudem neigte er von Kindheit an zum Schlaf-wandeln. Thomas wurde freigesprochen.

Fälle wie dieser bringen Menschen dazu, über die Bedeutung des freien Wil-lens nachzudenken. Denn nicht nur beim Schlafwandeln scheinen wir oft nicht so viel bewussten Einfluss auf unser Handeln zu haben, wie wir glauben. Auf Basis von Erkenntnissen über das menschliche Gehirn argumentieren manche Philosophen und Neurowissenschaftler, dass wir uns gewissermaßen alle in ei-nem Zustand des Schlafwandelns befänden – auch wenn wir hellwach und bei vollem Bewusstsein sind. Wir seien keineswegs autonome Lenker unseres Lebens. Ausschlaggebend für unser Verhalten seien vielmehr Ereignisse der Vergangenheit sowie unbewusste Mechanismen. Zu Deutsch: Der freie Wille sei nur eine Illusion.

Anhänger dieser Denkrichtung betonen, dass alle Lebewesen den physika-lischen Naturgesetzen unterliegen, wonach jedes Ereignis die Folge eines vo-rausgehenden Ereignisses sei. Auch menschliches Handeln resultiere stets aus dem Zusammenhang von Ursache und Wirkung – und darauf hätten wir keinen Einfluss. Im Universum sei kein Raum für den freien Willen.

Einige Studien von Neurowissenschaftlern scheinen diese Sicht zu stützen: Sie legen nahe, dass bewusste Entscheidungen keineswegs immer der wahre Anlass für unser Tun sind. Diesen Untersuchungen zufolge steht eine Handlung am Ende einer Reihe von zu Grunde liegenden neuronalen Prozessen. Absichten würden oft erst nachträglich konstruiert, denn eigentlich steuere das Gehirn un-ser Verhalten ohne die Hilfe des Bewusstseins. Es scheine nur so, als hätte es ein Wörtchen mitzureden.

Natürlich sehen das nicht alle Forscher so; der Streit um den freien Willen ist längst nicht beigelegt. Doch was passiert eigentlich, wenn Menschen aufhören, an die Willensfreiheit zu glauben – egal ob zu Recht oder nicht? Was macht das mit unserer Gesellschaft? Um Antworten auf diese Fragen zu finden, führten wir eine Reihe von Experimenten durch. Zwei wichtige Schlüsse, die wir aus ihnen zogen, lauten: Zweifel an der menschlichen Autonomie schwächen das soziale Miteinander. Und in einer Gesellschaft, die den Glauben an die Willensfreiheit ad acta legt, werden Vergehen nicht so hart geahndet wie in einer Welt, die auf der Entscheidungsfreiheit des Individuums beharrt.

Beginnen wir mit der letzten Schlussfolgerung. Umfragen zeigen: Je stärker jemand die Autonomie des Menschen bezweifelt, desto seltener fordert er Ver-geltung für ein Vergehen – niemand müsse für eine Tat büßen, für die er nichts könne. Wie Menschen über den freien Willen denken, beeinflusst dagegen we-niger ihre Meinung zu Sanktionen, die künftige Delikte verhindern und Täter resozialisieren sollen. Skeptiker der Willensfreiheit betrachten Kriminelle quasi wie eine Naturkatastrophe: Man kann nichts daran ändern, aber muss sich vor ihnen schützen.

Wir testeten das. Die Hälfte der Versuchspersonen bekam einen Buchauszug in die Hand, laut dem ein rationales Menschenbild keinen Raum für den freien Willen lässt. Die anderen Probanden bekamen eine andere Passage, die keinen Zusammenhang zur Willensfreiheit herstellte. In der nachfolgenden Befragung zweifelte die erste Gruppe entsprechend stärker an der Autonomie des Menschen. Anschließend lasen alle Versuchspersonen die fiktive Geschichte eines Mannes, der einen anderen bei einer Schlägerei getötet hatte. Wer sich zuvor mit Argumenten gegen den freien Willen beschäftigt hatte, empfahl für den Übeltäter nur eine halb so lange Haft wie die übrigen Teilnehmer.

In weiteren Experimenten zeigte sich, dass man die Willensfreiheit nicht einmal zu erwähnen braucht, um unsere Ansichten darüber zu verändern. Lasen Probanden etwa Artikel über jene neuronalen Vorgänge, die menschlichem Handeln zu Grunde liegen (der freie Wille wurde darin mit keinem Wort erwähnt), hielten sie einen erfundenen Verbrecher für weniger schuldfähig als andere, die keine Lektion in Hirnforschung erhalten hatten. Teilnehmer, die sich über Neurowissenschaften schlaugemacht hatten, rieten außerdem zu einer etwa halb so langen Gefängnisstrafe für Mörder.

Schon allein Informationen über das Gehirn im Allgemeinen scheinen einen ähnlichen Effekt zu haben. Dafür spricht ein Experiment von Lisa Aspinwall von der University of Utah und ihren Kollegen von 2012. Die Psychologen baten 181 US-Richter, einen fiktiven Fall zu beurteilen. Einem Gutachten zufolge war der Täter ein Psychopath. Sämtliche Richter verhängten eine vergleichsweise milde Strafe, wenn sie zuvor wissenschaftliche Informationen über die Störung des Angeklagten erhalten hatten. Dabei war ihnen erläutert worden, dass das Bewusstsein des Erkrankten nachhaltig eingeschränkt war.

Fatale Folgen fürs Miteinander

Die Willensfreiheit in Frage zu stellen, führt offenbar zu größerer Milde. Das mag in mancher Hinsicht eine gute Sache sein; die völlige Abschaffung des Strafrechts hätte jedoch fatale Folgen für unser Miteinander. Dafür sprechen etwa Versuche von Bettina Rockenbach von der Universität zu Köln. In einem Experiment sollten sich Freiwillige bei einem Kooperationsspiel entscheiden, zu welcher von zwei Gruppen sie gehören wollten: Team A konnte Mitglieder bestrafen, die nicht mithalfen, ein gemeinsames Ziel zu erreichen; Team B durfte das nicht. Anfangs wählte nur jeder Dritte die Gruppe, die Strafen verhängen konnte. Nach rund 30 Runden aber waren fast alle in dieses Team gewechselt. Dies bestätigt, was die Geschichte immer wieder gezeigt hat: Sanktionen haben auch ihr Gutes! Ohne sie arbeiten Menschen kaum gemeinsam für ein höheres Ziel.

Demnach birgt es durchaus eine Gefahr für die Gesellschaft, wenn man die Willensfreiheit hinterfragt. Wer bezweifelt, dass Menschen für ihre Handlungen überhaupt zur Rechenschaft gezogen werden können, gibt gemeinschaftliche

Regeln eher preis. Diesen Schluss legt auch eine unserer Studien von 2008 nahe. In Versuchen gemeinsam mit Jonathan Schooler an der University of California in Santa Barbara schummelten Probanden, die zuvor über die Unfreiheit des Willens gelesen hatten, bei einer Matheaufgabe doppelt so oft wie solche, die neutrale Texte bekommen hatten. Ganz ähnlich die Ergebnisse eines zweiten Versuchs: Hier sollten sich die Teilnehmer für jede richtig bearbeitete Aufgabe selbst belohnen. Jene Probanden, die zuvor über die Determiniertheit unseres Handelns gelesen hatten, behaupteten öfter, richtig geantwortet zu haben, als die Testpersonen der Vergleichsgruppe.

Zweifel an der Willensfreiheit schienen sogar den Drang zu fördern, anderen schaden zu wollen – ebenfalls nicht gerade förderlich für den Zusammenhalt einer Gesellschaft. Dies lässt ein Versuch aus dem Labor des Psychologen Roy F. Baumeister von der Florida State University vermuten. Zunächst las eine Gruppe von Freiwilligen einen Artikel, in dem entweder pro oder kontra Willensfreiheit argumentiert wurde. Dann sollten die Probanden einem weiteren Teilnehmer, nennen wir ihn Tom, einen Snack servieren, den dieser gemäß den Spielregeln essen musste – Tortilla-Chips mit scharfer Chilisoße.

Der Clou: Tom hatte zuvor bei einer Gemeinschaftsaufgabe die Zusammenarbeit verweigert. Und Tom hasste scharfes Essen. Das wussten die anderen Probanden. Kaum hatten sie Argumente gegen den freien Willen gesammelt, gossen sie fast doppelt so viel Chilisoße über die Chips wie die übrigen Teilnehmer. Glaubt jemand, das eigene Tun sei neuronal determiniert, handelt er offenbar aggressiver.

Wie wird sich unsere Gesellschaft in Zukunft entwickeln, wenn neurowissenschaftliche Ergebnisse den Glauben an die Willensfreiheit weiter erschüttern? Klar ist: Auch traditionelle Moralvorstellungen verändern sich mit dem Wissen über die Welt. Die Geschichte ist voller Beispiele dafür. Der Evolutionspsychologe Steven Pinker spricht sogar von einer »humanitären Revolution«, die in den vergangenen 300 Jahren stattgefunden habe.

Im Lauf der Zeit seien ehemals verbreitete oder sogar institutionalisierte Praktiken wie die Sklaverei moralisch verurteilt worden. Laut Pinker verdanken wir diesen Fortschritt nicht zuletzt der Tatsache, dass wir heute viel mehr über Unterschiede zwischen den Kulturen und unsere Verhaltensweisen wissen als die Menschen früherer Zeiten. Grundlage dafür sei wiederum die enorme Zunahme von Bildungsangeboten sowie der wachsende Informationsaustausch seit der Epoche der Aufklärung im 18. Jahrhundert.

Die biologische Maschinerie zu verstehen, die unserem Denken und Handeln zu Grunde liegt, löst vielleicht einen ähnlich dramatischen Wandel der Moralvorstellungen aus. Das könnte das Strafrecht humaner machen, das vor allem in den USA dem Motto »Auge um Auge, Zahn um Zahn« gehorcht. Viel wichtiger als Vergeltung wäre aus unserer Sicht, mehr darüber herauszufinden, wie Delikte verhindert werden und Straftäter einen Weg zurück in die Gesellschaft finden können. Dieser Ansatz erscheint Menschen dann besonders sinnvoll, wenn sie sich fragen, ob wir überhaupt autonom handelnde Individuen sind. Selbst wenn sie mitunter unbequem und schmerzhaft erscheinen, dürften Zweifel an der Willensfreiheit in der Gesellschaft zunehmen – und die neuen Erkenntnisse werden auch vor moralischen und juristischen Institutionen nicht Halt machen. Langfristig könnte dieser Prozess unsere Gesellschaft also stärken.

Andererseits zeigen die geschilderten Arbeiten: Je weniger wir vom Konzept der Willensfreiheit überzeugt sind, desto eher setzen wir uns selbst über ethische Normen und Regeln des Zusammenlebens hinweg. Manche schrecken dann sogar weniger davor zurück, anderen zu schaden. Aus diesem Blickwinkel könnten Bedenken in Sachen Willensfreiheit die Gesellschaft also eher bedrohen.

Noch wahrscheinlicher scheint uns allerdings eine dritte Option. Schon der französische Philosoph Voltaire (1694 – 1778) erklärte: »Wenn Gott nicht existierte, müsste man ihn erfinden.« Der Wegbereiter der Aufklärung glaubte, eine Vorstellung des Göttlichen sei unverzichtbar, damit Gesetz und Ordnung fortbestehen. Wie also wird eine Gesellschaft beschaffen sein, die ohne das Konzept der Willensfreiheit dasteht? Gut möglich, dass sie es kurzerhand neu erfindet.

Quellen

* Aspinwall, L. G. et al.: The Double-Edged Sword: Does Biomechanism Increase or Decrease Judges' Sentencing of Psychopaths? In: Science 337, S. 846 – 849, 2012
* Baumeister, R. F. et al.: Prosocial Benefits of Feeling Free: Disbelief in Free Will Increases Aggression and Reduces Helpfulness. In: Personality and Social Psychology Bulletin 35, S. 260 – 268, 2009
* Shariff, A. F., Vohs, K. D. et al.: Free Will and Punishment: Diminished Belief in Free Will Reduces Retribution. In: Psychological Science 25, S. 1563 – 1570, 2014
* Vohs, K. D., Schooler, J. W.: The Value of Believing in Free Will: Encouraging a Belief in Determinism Increases Cheating. In: Psychological Science 19, S. 49 – 54, 2008

Das große Ganze

Carsten Korfmacher

Im kosmischen Maßstab spielt der Mensch nur eine unbedeutende Nebenrolle. Da erscheint es fast töricht, unserer Existenz eine tiefere Bedeutung beizumessen. Doch mit philosophischem Denken lässt sich zumindest klären, wovon wir überhaupt reden, wenn wir vom Sinn des Lebens reden.

Auf einen Blick

Wozu, weshalb, warum

1 Wenn Menschen vom »Sinn des Lebens« sprechen, meinen sie oft Unterschiedliches – etwa einen Zweck, eine Rollenidentität oder das Gefühl der Erfüllung.

2 Philosophisch gesehen meint Sinn die Deutung der Beziehung zwischen Individuum und Welt.

3 Den Lebenssinn kann man weder objektiv festlegen, noch ist er gänzlich subjektiv. Innerhalb gewisser Grenzen müssen wir unseren Platz in der Welt selbst suchen.

Auf der Suche nach dem Sinn des Lebens vermischen wir oft verschiedene Dinge miteinander. Mal verstehen wir die Frage normativ (s. Box »Kurz erklärt«): Worauf kommt es im Leben besonders an? Welche Werte sind wichtig? Wie wird das Leben des Menschen wertvoll – oder ist es das unabhängig von unserem Handeln? Dann wieder lässt sich die Sinnfrage teleologisch auffassen: Was ist das übergeordnete Ziel, der Zweck unserer Existenz? Wohin gehen wir? Was kommt nach dem Tod? Dabei verwechseln wir zudem gerne die Frage nach dem Sinn unseres eigenen, individuellen Lebens mit der nach dem des Menschseins ganz allgemein.

© Springer-Verlag Berlin Heidelberg 2017
S. Ayan (Hrsg.), *Rätsel Mensch – Expeditionen im Grenzbereich von Philosophie und Hirnforschung*,
DOI 10.1007/978-3-662-50327-0_30

Die Vieldeutigkeit der Wörtchens »Sinn« lässt sich gut an einem fremdsprachigen Beispiel erläutern. Wenn wir etwa wissen wollen, welchen Wortsinn der Ausdruck »mkasi« hat, fragen wir weder nach dem Wert noch nach dem Zweck dessen, was es bezeichnet, sondern einfach nach seiner Bedeutung, dem semantischen Sinn. Wir fragen, was das Wort heißt und wie es in der betreffenden Sprache benutzt wird.

Ist »mkasi« vielleicht ein Gegenstand oder eine abstrakte Idee? Kann man es essen, als Werkzeug benutzen oder eine Revolution damit anzetteln? Sobald wir herausfinden, dass »mkasi« in Kisuaheli »Schere« bedeutet, haben wir eine Antwort auf all diese Fragen.

Wenn wir ebenso nach dem Sinn des Lebens fragen, erkundigen wir uns nach etwas, was die oben genannten Fragen einschließt, aber noch tiefer geht: Es geht uns um die Bedingungen, unter denen wir existieren, und um unseren Platz in der Welt. Das ist die Sinnfrage, wie Philosophen sie verstehen.

Betrachten wir das, was es bedeutet, nach dem Sinn des Lebens zu fragen, also einmal genauer.

Kurz erklärt

normativ Während sich beschreibende (deskriptive) Aussagen auf Tatsachen und Fakten beziehen, setzen normative Begriffe bestimmte Werte; sie sind insofern nicht neutral.

teleologisch (Von griechisch: *télos* = Zweck, Ende) auf ein bestimmtes Ziel gerichtetes Argument, etwa: »Der Mensch ist auf der Welt, um glücklich zu werden.«

semantisch Von der Lehre der Bedeutungen (Semantik) abgeleitetes Adjektiv für das Verhältnis zwischen sprachlichem Zeichen und Bezeichnetem.

Sinn statt Zweck

Um besser zu verstehen, wonach die Sinnfrage überhaupt fragt, müssen wir zunächst einmal feststellen, wonach sie *nicht* fragt. Umgangssprachlich verstehen wir unter Sinn häufig einen Zweck. So beschreiben wir den Sinn unseres Lebens mitunter anhand der Nützlichkeit, die es in Bezug auf andere Dinge hat: Kinder großziehen, für Gerechtigkeit kämpfen, anderen helfen, Karriere machen, Gottes Willen gehorchen sind nur einige typische Beispiele.

Doch Sinn mit Zweck gleichzusetzen, geht am Thema vorbei. Warum? Weil ein Zweck der Grund für eine zielgerichtete Tätigkeit ist. Somit setzt er eine Motivation voraus, anhand derer eine Handlung als erfolgreich oder erfolglos bewertet werden kann. »Sinn« beschreibt jedoch etwas anderes, nämlich das, was die Handlung überhaupt erst zu dem macht, was sie ist. Ohne Sinn wäre die entsprechende Handlung nicht motivationslos, sondern inhaltsleer: Sie ergäbe keinen Sinn.

Ein Beispiel hilft, dieses Argument zu verdeutlichen: Stellen Sie sich vor, Sie beobachteten einen Außerirdischen bei einem anscheinend zweckdienlichen Tun: Der Alien saugt Licht aus seiner Umwelt durch eine Öffnung in der Stirn auf. Sie fragen sich nun: Was ist der Sinn dieser Handlung? Eine mögliche Erklärung könnte lauten, dass der Außerirdische kein Verdauungssystem besitzt, sondern sich direkt von Lichtenergie ernährt. So wird uns der Sinn der Handlung klar: Der Außerirdische isst.

Der Zweck ist jedoch ein anderer: Der Außerirdische isst, weil er sonst stirbt oder weil er seinen Hunger stillen will oder weil ihm die Lichtzufuhr Genuss verschafft und so weiter.

Ganz ähnlich verhält es sich nun mit dem Sinn des Lebens. Er ist nicht das, was unsere Existenz wertvoll oder nützlich macht, sondern, was sie überhaupt zu dem macht, was sie ist: unser Leben mit all seinen Facetten, existenziellen Bedingungen – mit allem, was uns zu dem macht, was wir sind.

Sinn statt Gefühl

Ein weiteres häufiges Missverständnis reduziert den Sinn des Lebens auf ein Gefühl. Sicher haben Sie schon einmal jemanden sagen gehört, der Sinn des Lebens bestehe darin, glücklich zu sein. Andere Kandidaten sind Zufriedenheit, Lust, Genuss, Begeisterung, Euphorie oder – für morbidere Zeitgenossen – Schmerz oder Leid (beziehungsweise die Überwindung derselben).

Eine Variante dieser Theorie begreift den Sinn des Lebens als jene Empfindung, die sich einstellt, wenn man ein sinnvolles Leben führt. Wenn es nur so einfach wäre!

Wir verbinden mit dem Lebenssinn zwar durchaus positive Gefühle, doch die Beziehung zwischen Gefühl und Sinn ist sehr viel komplexer. Beide fallen nicht immer zusammen, auch wenn wir uns das wünschen. Es ist sicherlich möglich, ein sinnvolles, aber unglückliches Leben zu führen, ebenso wie ein glückliches, aber sinnloses Leben denkbar ist.

Außerdem lassen sich Gefühle auf vielfältige Weise beeinflussen, unabhängig von der Sinnfrage. Wenn wir in einer psychischen Krise stecken, wird uns ein Freund kaum dazu raten, uns intensiver mit dem Sinn des Lebens zu beschäftigen. Vielmehr wird er uns zu anderen Aktivitäten anregen wollen, etwa andere Menschen zu treffen oder laufen zu gehen. Danach wissen wir über den Sinn des Lebens zwar auch nicht mehr als vorher – aber wir werden unser Leben womöglich als sinnvoller empfinden.

Sinn statt soziale Rolle

Der Sinn des Lebens ist also offenbar nicht reduzierbar auf einen bestimmten Zweck oder auf ein Gefühl; er hat etwas mit dem zu tun, was menschliches Leben zu dem macht, was es ist. Was genau heißt das?

Jeder Mensch erlangt im Lauf seiner Entwicklung jene kognitiven Fähigkeiten, die ihn zu einem selbstbestimmten, reflektierenden Individuum machen. Als Säugling sind wir dazu noch nicht in der Lage – in den ersten Lebensmonaten können wir vermutlich noch nicht einmal zwischen den verschiedenen Objekten in der Welt unterscheiden. Alles ist irgendwie eins, ein großer ontologischer Brei, in dem wir treiben, ja mit dem wir quasi eins sind.

Mit der Zeit lernen wir zu sehen, zu greifen und mit der Umwelt zu interagieren. Und im Zuge dessen beginnen wir auch, zwischen uns und der Welt zu unterscheiden. Das sich allmählich ausprägende Ich bildet den Urgrund der Notwendigkeit, unseren Platz in der Welt zu definieren.

Dies geschieht über Identitäten und Rollen, die wir annehmen und die wir uns selbst und der Welt gegenüber spielen. Kinder erproben solche Rollen zunächst im Spiel und festigen sie im Kontakt mit anderen. Über unsere vielfältigen Identitäten entwickeln wir schließlich ein Verständnis davon, wer wir sind. Irgendwann kommt dabei die Zeit, da wir feststellen, dass wir zwar verschiedene soziale Rollen spielen, aber nicht identisch mit ihnen sind. Wir entwickeln einen Identitätssinn, der unsere sozialen Rollen transzendiert.

Dann fragen wir uns: »Wer bin ich *eigentlich*? Wo ist mein Platz in der Welt?« Unsere Beziehung zur Welt wird fragwürdig, sobald wir uns nicht mehr klar und eindeutig in ihr platzieren können. Dieser Vorgang wiederholt sich häufig im Lauf eines Lebens. Wir geraten in Sinnkrisen, wenn wir eine gewählte Identität verlieren, etwa weil eine Beziehung zerbricht oder wir unsere Arbeit verlieren. Doch auch unbewusste Identitäten – solche, die aus der gesellschaftlichen, kulturellen oder historischen Werteordnung hervorgehen – sind von Bedeutung.

Der Verlust einer Sinn stiftenden Identität, also einer, die die Beziehung des Individuums zur Welt konstituiert (ob religiöser, weltanschaulicher oder politischer Art), geht immer mit einer Sinnkrise einher. Die Frage nach dem Sinn des Lebens meint letztlich genau das: eine Deutung der Beziehung zwischen Individuum und Welt. Diese Deutung, die Platzierung des Ichs in der Welt, ist einer der kompliziertesten und gleichzeitig faszinierendsten Vorgänge, die wir kennen.

Sinn und Objektivität

Nun ergibt sich ein neue Frage: Wenn der Lebenssinn die Deutung der Beziehung zwischen Individuum und Welt ist, ist er dann nicht relativ? Kann nicht jeder seine Beziehung zur Welt so deuten, wie es ihm beliebt?

Zwei Argumente sprechen dagegen: Erstens entzieht sich die Beziehung zwischen unserem Ich und der Welt in großen Teilen unserem bewussten Einfluss. Unser Verhältnis zur Welt ist geprägt von einer tiefen Selbstverständlichkeit: Was wichtig ist, erscheint uns meist so fundamental, dass wir es nicht hinterfragen, nicht anzweifeln und oft noch nicht einmal gut ausdrücken können.

Erst wenn sich Lebensereignisse nicht mehr in unser Sinnkonzept integrieren lassen, stellen wir dieses in Frage. Das kann uns tief erschüttern, weil es alles bedroht, was unserem bisherigen Leben und Glauben eine Basis gab. »Wie kann ein gütiger, allmächtiger Gott all die Übel in der Welt zulassen?« »Warum bin ich unglücklich, obwohl ich einen Job, ein Haus und 814 Freunde auf Facebook habe?« An den Fragen, die Menschen erschüttern, lassen sich die Sinnparadigmen ablesen, die jene Zeit bestimmen, in denen sie gestellt werden.

Ob wir die Welt als Ort der Magie verstehen, in dem uns Schutzgeister zur Seite stehen und Hexen ihr Unwesen treiben; ob wir uns als göttliche Geschöpfe betrachten, die einer höheren Bestimmung folgen; oder ob wir nach rationalen Prinzipien leben und unseren Intellekt dazu benutzen, uns die Welt zu bestimmten Zwecken zu unterwerfen – wir müssen die Welt interpretieren und uns in Beziehung zu den Kräften setzen, die sie bestimmen. Die Kulturgeschichte der Menschheit ist insofern eine Geschichte ihrer Sinnkonzepte.

Das zweite Argument gegen die Relativität des Sinns lautet: Wir sind bei unserer Deutungsarbeit nicht vollkommen frei. Wenn wir etwa versuchen, eine Geste unseres Gegenübers zu interpretieren, steht uns nicht jede erdenkliche Möglichkeit offen. Die Deutung der Geste geschieht innerhalb eines Rahmens, der bestimmten Erfahrungen und Konventionen unterliegt.

Gleiches gilt für die Deutung unserer Beziehung zur Welt: Ihr werden durch unser Wesen Grenzen gesetzt und Richtungen vorgegeben. Wir sind sterbliche, zu Selbstreflexion und moralischem Urteil fähige Wesen, die eine subjektive Perspektive zum Leben einnehmen. Das sind unsere Existenzbedingungen; als etwas anderes können wir uns nicht verstehen. Und entsprechend können wir nur aus dieser Perspektive eine Beziehung zur Welt aufbauen.

Wir haben auch Grundbedürfnisse, die unseren Platz in ihr bestimmen – etwa die nach Nahrung, Schlaf, Behausung und Arbeit. Und dazu gehören seelische Bedürfnisse nach Liebe, Freiheit, Sicherheit, Solidarität und Würde. Die Intensität und die Ausrichtung der Grundbedürfnisse variiert von Mensch zu Mensch, von Kultur zu Kultur, von Zeit zu Zeit. Und sie variieren auch im Verlauf des Lebens, dessen unterschiedliche Phasen oder Situationen verschiedene Werte in den Vordergrund rücken: So ist das Bedürfnis nach Freiheit in der Pubertät besonders ausgeprägt, das nach Sicherheit eher im Alter. Unsere persönlichen Bedürfnisse zu unterdrücken oder zu leugnen, erzeugt stets Unglück oder, anders gesagt, »Sinnkrankheiten« wie etwa Sucht oder Depressionen.

All dies beeinflusst auch die Art und Weise, wie wir unsere Beziehung zur Welt verstehen. Unsere Existenzbedingungen und Bedürfnisse bilden die Grenzen, die wir in der Bemessung unseres Lebenssinns einhalten müssen.

Sinn und Subjektivität

Daraus folgt andererseits jedoch nicht, dass der Sinn des Lebens objektiv feststellbar wäre, denn innerhalb der beschriebenen Grenzen sind wir dazu verdammt, frei zu sein.

Laut dem Philosophen Martin Heidegger (1889 – 1976) werden wir mit unserer Geburt in eine Welt geworfen, die uns »abgrundtief unähnlich« ist. So wie Albert Camus' Romanfigur Meursault, die von der »zärtlichen Gleichgültigkeit der Welt« sprach, erkennen wir bei näherem Hinsehen, dass die Welt kein Ort ist, an dem irgendwelche Werte ohne unser Zutun als denkende, fühlende Wesen existieren: Sie ist ein gänzlich wertneutraler Raum.

Es gibt keinen platonischen Himmel, in dem perfekte Ideen von Liebe, Freiheit, Gerechtigkeit und dergleichen existieren, derer wir uns bemächtigen, wenn wir liebevoll, frei oder gerecht handeln. Ebenso wenig gibt es einen übermenschlichen Sinn des Lebens hinter den Dingen, den wir wissen könnten. Vielmehr tragen wir Werte erst in die Welt, indem wir die Dinge in ihr »bewerten«.

Dieses Urteilen, wie Philosophen es nennen, ist der Mechanismus, mit dessen Hilfe wir Sinn schaffen. Wir formen darüber unsere Identität und unsere Beziehungen zu Menschen und Objekten; Bewertungen liegen all unseren Gedanken und Gefühlen zu Grunde. Im Konzept des Urteils kommt all das zusammen, was für den Lebenssinn bedeutsam ist.

Was folgt daraus nun? Wir können die Sinnfrage weder rein objektiv noch nach rein subjektiven Aspekten beantworten. Der Lebenssinn ergibt sich erst im Zusammenspiel dieser beiden Faktoren, im Verschmelzen der Tatsachen der Welt mit den Bewertungen und dem kreativen Werden des Ichs.

Um unser Leben sinnvoll zu gestalten, müssen wir vor allem eines: die passenden Fragen stellen. Richte ich mein Leben allein auf einen Zweck aus, ob Partnerschaft, Karriere oder Weltfriede, und erhoffe ich mir dadurch womöglich vergeblich Sinnerfüllung? Strebe ich vielleicht zu einseitig nach dem guten Gefühl und verpasse dabei, was das Leben sinnvoll macht? Befriedige ich meine Grundbedürfnisse auf ausgewogene Weise, oder fehlt mir etwas? Lebe ich gemäß meinen eigenen Urteilen, kenne ich meinen Platz in der Welt?

Oft können wir uns schlecht damit abfinden, dass die Welt so ist, wie sie ist – und dass wir so sind, wie wir sind. Der Kampf gegen das Altern; der Wunsch, alles perfekt zu machen; der Versuch, immer für andere da zu sein – das alles kann zu Sinnkrisen führen.

Die Deutung, die uns Sinn beschert, ist ein kreativer Prozess, den wir Tag für Tag nicht denken, sondern leben. Wir verstehen uns selbst und die Welt narrativ, durch Geschichten und Erzählungen, die unser Geist auf das kalte Grau der Fakten legt. Daher bereichern wir die Welt mit Mythen, mit Glaubenslehren, ja auch mit den Theorien der Wissenschaft.

Wir erfinden Geschichten von Helden und Dieben, von Siegern und Verlierern, von Weisheit und Schicksal. Diese Geschichten erzählen wir uns selbst, und sie erscheinen uns so real wie alles andere auch. Das Leben ist ein Kunstwerk, das seinen Wert durch den Akt des Erschaffens erhält. Und jeder findet sich im

Zentrum seines eigenen Kunstwerks wieder; jeder ist der Protagonist in seinem eigenen Lebensroman.

Die Welt kennt keine Farben, kein Gut und Böse, keine Gefühle, keinen Sinn. Machen wir uns bewusst, dass wir selbst es sind, die für all das verantwortlich sind, was Sinn und Wert hat. Dann können wir Frieden schließen mit der Welt, die uns so unähnlich ist.

Die Denker und der Sinn des Lebens

So groß die Unterschiede zwischen den Philosophen der Neuzeit sein mögen, in Bezug auf den Lebenssinn unterscheidet sich ihr Denken eher wenig. Ihre Konzepte fußen zum größten Teil auf dem **Rationalismus**, der historisch aus weniger abstrakten Sinnkonzepten hervorging und bis heute fast alle seine Vorgänger verdrängt hat. Im Zentrum der rationalistischen Sichtweise steht der vernunftbegabte Mensch, der seinen Verstand dazu nutzt, die Welt seinem Willen zu unterwerfen. Sein Leben sei darauf ausgerichtet, Glück zu mehren und die eigene Macht über den Lauf der Dinge aufrechtzuerhalten.

Je weiter man in der Geschichte zurückgeht, desto eher empfanden sich unsere Vorfahren noch selbst beherrscht durch die Welt. Ohne taugliche rationale Erklärungen glaubten sie an Regengötter, Schutzgeister und beseelte Objekte. Diese Weltsicht lässt sich als **Polytheismus** beschreiben: Der Mensch lebt inmitten einer Welt, über die Mächte herrschen, die er selbst allenfalls gnädig stimmen kann. Der **Monotheismus** linderte dieses Gefühl der Ohnmacht: Wer nur an einen einzigen Gott glaubt, vermag sich leichter dessen Wohlgefallen zu versichern.

Die ersten dokumentierten philosophischen Gedanken stammen aus jener Epoche, die Karl Jaspers (1883 – 1969) als »Achsenzeit« bezeichnete: eine Phase in der Frühantike zwischen 800 und 400 v. Chr. Damals erlangten die Menschen im Mittelmeerraum genug intellektuelle Reife, um die eigenen Sinnkonzepte zu reflektieren und in Frage zu stellen. So erklärte der Vorsokratiker Parmenides aus Elea (um 520 – 460 v. Chr.) das Wasser zum Grundprinzip des Seins, sein Zeitgenosse Heraklit von Ephesos dagegen das Feuer zum Sinnbild des Werdens und Vergehens. Epikur (341 – 471/470 v. Chr.) wiederum betonte das Ideal der Seelenruhe jenseits der irdischen Leidenschaften.

Der Vater der modernen Rationalisten, der Königsberger Philosoph Immanuel Kant (1724 – 1804), sah den Auftrag des Menschen in der Vollendung seines selbstbestimmten, autonomen Denkens. Die Maxime »Sapere aude!« erhob Kant zum Grundprinzip: »Habe den Mut, dich deines eigenen Verstandes zu bedienen!«

Mit Karl Marx (1818 – 1883) entstand eine Sonderform des Rationalismus, welche die ökonomischen Bedingungen, unter denen wir leben, als bewusstseinsbildend ansieht. Für Friedrich Nietzsche (1844 – 1900) lag die Bestimmung der menschlichen Existenz darin, einen höherwertigen Menschentypus zu erschaffen. Ein ähnlicher Entwicklungsgedanke lag der Evolutionslehre Charles Darwins (1809 – 1882) zu Grunde.

In der **Existenzphilosophie** Jean-Paul Sartres (1905 – 1980) spielt die Freiheit des Menschen eine Hauptrolle: Wir seien dazu verdammt, das Leben selbst mit Sinn zu füllen, was Chance und Bürde zugleich bedeute. Und sprachanalytisch orientierte Denker wie Ludwig Wittgenstein (1889 – 1951) sehen die Suche nach dem Lebenssinn oft als ein Scheinproblem an: »Die Lösung des Problems des Lebens merkt man am Verschwinden dieses Problems.«

Kurz erklärt

Rationalismus Denktradition, die die (angeborene) Verstandeskraft zum wichtigsten Merkmal des Menschen erklärt.

Poly- und Monotheismus Oberbegriff für Glaubenslehren, die von der Existenz nur einer oder mehrerer göttlicher Instanzen ausgehen.

Existenzphilosophie Traditionsreiche Gruppe von Denkschulen, die das Dasein des Menschen ins Zentrum stellen.

Literaturtipps

* Eagleton, T.: Der Sinn des Lebens. Ullstein, Berlin 2010
  Kurzweilige Einführung des britischen Kulturtheoretikers Terry Eagleton.
* Tiedemann, P.: Über den Sinn des Lebens. WBG, Darmstadt 1993
  Ältere, aber sehr lesenswerte Darstellung aus der Feder eines philosophisch interessierten Juristen.

Teil III

Gut und Böse

Das relative Gute

Steve Ayan

Ist Moral allein ein Produkt der Kultur – oder gibt es Werte, die alle Menschen teilen? Laut Forschern beruhen ethische Urteile auf Emotionen. Doch deshalb sind sie noch lange nicht »naturgegeben«.

Auf einen Blick

Ethik und Emotion

1 Sitten, aber auch moralische Normen unterscheiden sich zwischen verschiedenen Kulturen oft deutlich.

2 Unsere Urteile in ethischen Fragen werden laut Forschern von Emotionen vermittelt. Manche vermuten darin eine biologische Grundlage der Moral.

3 Obwohl wir als soziale Wesen zum Miteinander geboren sind, dürften uns keine festen moralischen Werte angeboren sein.

Es gibt Dinge, die gehen einfach gar nicht. Lügen etwa, Versprechen brechen, andere betrügen oder ihnen mutwillig schaden. »Was du nicht willst, das man dir tu, das füg auch keinem andern zu!« Den größten Teil unserer Kindheit verbringen wir damit, solche Regeln zu verinnerlichen – und zwar weniger durch Einsicht als durch langes Üben. »Gib ab! Nicht hauen! Entschuldige dich!« Der ständige Appell, sozial verträglich zu handeln, sowie eine Fülle von Konventionen formen mit der Zeit eine Vorstellung davon, was sich gehört und was nicht.

Hier gibt es aber durchaus großen Spielraum, wie ein Bick auf andere Kulturen zeigt: Unter den Etoro, einem Naturvolk auf Papua-Neuguinea, ist es üblich, dass Jungen, um in die Gemeinschaft der Erwachsenen aufgenommen zu werden, ältere

© Springer-Verlag Berlin Heidelberg 2017
S. Ayan (Hrsg.), *Rätsel Mensch – Expeditionen im Grenzbereich von Philosophie und Hirnforschung,*
DOI 10.1007/978-3-662-50327-0_31

Männer oral befriedigen! Zugegeben, ein weit hergeholtes Beispiel. Doch man muss nicht in entlegene Winkel der Welt fahren, um Sitten zu finden, die uns hier zu Lande moralisch fragwürdig erscheinen. Koreaner essen unsere treuesten Gefährten – Hunde. Im arabischen Raum verheiraten viele Eltern ihre Töchter nach eigenem Belieben. Und US-Amerikaner befürworten mehrheitlich die Todesstrafe.

Das Erstaunliche ist nun nicht, dass es solche Praktiken gibt – auch bei uns geht ja vieles moralisch nicht astrein zu, wie etwa der groteske Freikauf von Formel-1-Milliardär Ecclestone zeigt (um nur ein Beispiel zu nennen). Erstaunlich ist vielmehr die Bandbreite dessen, was Menschen als ethisch richtig oder zumindest unbedenklich ansehen. In multikulturellen Gesellschaften wird das besonders brisant, weil hier unterschiedliche Moralvorstellungen aufeinanderprallen.

Dann ist Toleranz gefragt. Beziehungsweise Konsens darüber, dass manche Werte allen gemeinsam sein sollten. Nur welche? In Zeiten der Neuroethik (s. Box »Kurz erklärt«) stellen sich Forscher wie auch Laien immer wieder die Frage: Hilft der Blick ins Gehirn vielleicht, eine natürliche, angeborene Moral des Menschen zu definieren? Sind nicht zumindest einige Normen fest im Denkorgan verankert?

Sicher gibt es Grundfesten, auf die jede Gesellschaft baut: etwa das Verbot zu töten, zu betrügen oder zu rauben. Sie sind essenziell für eine funktionierende Gemeinschaft – aber sind sie auch naturgegeben? Angesichts zahlloser gewalttätiger Konflikte mag man das bezweifeln. Womöglich gibt es die moralischen Auflagen von Fairness und Friedfertigkeit ja gerade, weil wir uns »von Natur aus« selbst am nächsten sind und Interessen notfalls auch brutal durchsetzen? Augenscheinlich ist es alles andere als trivial, die Grenzen zwischen sozial erworbener und angeborener Moral abzustecken.

Philosophen und Theologen galten die Regeln der Ethik jahrhundertelang als gottgegeben. Ehrfürchtig staunte etwa Immanuel Kant (1724 – 1804) über das moralische Gesetz in ihm, das so unbezweifelbar sei, dass es von einer höheren Macht stammen musste. Der »kategorische Imperativ« galt ihm als oberster Grundsatz. Er zielt auf ein allgemeines Gesetz des Handelns, das für Kant über eine bloße gegenseitige Rücksichtnahme hinausgeht, wie sie der eingangs zitierte Kindervers fordert. Das Prinzip der Reziprozität, das darin zum Ausdruck kommt, halten heute zwar viele Ethiker für universell gültig – doch das liegt wohl vor allem daran, dass es so abstrakt ist. Welche konkreten Forderungen in Form alltäglicher Ge- und Verbote sich daraus ergeben, bleibt offen.

Welcher Sex darf's sein?

Bei so handfesten Fragen wie der, ob und welche Tiere man essen oder welche Formen der Sexualität man leben darf, herrscht heute ein historisch wohl einzigartiger ethischer Relativismus: Es ist uns quasi in Fleisch und Blut übergegangen, dass andere Menschen – zumal in fremden Ländern – oft nicht nur andere Sitten pflegen, sondern auch andere Vorstellungen davon haben, was ethisch akzeptabel ist.

Die Suche nach einem natürlichen »Moralinstinkt« erhielt in jüngerer Zeit jedoch neuen Auftrieb durch Ergebnisse der Hirnforschung. Den Stein ins Rollen brachten etwa Studien des experimentellen Philosophen Joshua Greene, der heute an der Harvard University lehrt. Er konfrontierte Probanden mit einer inzwischen berühmten moralischen Zwickmühle: Stellen Sie sich vor, ein außer Kontrolle geratener Zug rast auf eine Gruppe von fünf Gleisarbeitern zu. Durch Umlegen einer Weiche können Sie das Gefährt auf ein Nebengleis lenken, wo ein einzelner, nichts ahnender Kollege steht. Würden Sie diesen einen opfern, um fünf andere zu retten? Die meisten Probanden bejahen das.

Was aber, wenn man einen Mann von einer Brücke stürzen müsste, um den Waggon aufzuhalten? Die Art der Beteiligung macht einen großen Unterschied, obwohl es rechnerisch aufs Gleiche hinausläuft. Nun will fast niemand den Fünfertrupp retten, egal wie vernünftig es erscheinen mag; ein Mord von eigener Hand ist dafür ein zu hoher Preis.

Die Hirnaktivität von Versuchsteilnehmern, die solche Entscheidungen in Greenes Labor fällen sollten, unterstreicht das: Wie Messungen per funktioneller Magnetresonanztomografie (fMRT) ergaben, wird unser Urteil im ersten Fall unter anderem von vermehrtem Feuern der Neurone in dorsolateralen präfrontalen Kortex (DLPFC) begleitet. Dieses Areal ist am Abwägen von Handlungsoptionen beteiligt – ein Kosten-Nutzen-Rechner, der besonders das Arbeitsgedächtnis beansprucht. Das zweite Szenario dagegen löst stärkere Aktivität in Bereichen wie dem zingulären Kortex aus, der emotionale Reaktionen vermittelt. Offenbar sticht die Gefühlsaufwallung das kühle Für und Wider aus.

Greene gründete auf diese und weitere Befunde seine Dual Process Theory (»Zwei-Prozess-Theorie«) des moralischen Urteilens. Sie besagt kurz, dass ethische Fragen im Gehirn zwei verschiedene Pfade aktivieren, einen kognitiven und einen emotionalen. Die Gefühle hätten dabei das letzte Wort: Wir mögen manches zwar vernünftig finden, gut und richtig werde es erst kraft unserer Emotionen.

Begründen versus fühlen

Damit knüpft die Zwei-Prozess-Theorie an einen alten Streit der Moralphilosophie an: den zwischen Rationalisten und Sentimentalisten. Erstere – darunter Kant – glaubten, ethische Urteile seien nur dann legitim, wenn man sie als richtig *erkenne*. Bauchgefühle allein genügten nicht; erst Einsicht in die zu Grunde liegenden Prinzipien mache den Menschen zu einem moralischen Wesen.

Dieser »Begründungsethik« widersprach etwa der Brite David Hume (1711 – 1776) mit dem Hinweis darauf, dass sich ethische Regeln nicht rational herleiten ließen. Als entscheidende Zutat betrachtete er vielmehr das moralische Empfinden (englisch: sentiment). Daher auch der Name dieser Ethik der Gefühle: Sentimentalismus. Viele Laborstudien der letzten 20 Jahre belegen, dass unsere moralischen Urteile tatsächlich eng an Emotionen geknüpft sind.

Menschen mit einer Schädigung in Hirnbereichen, die emotionale Bewertungen steuern, haben meist auch große Probleme, Handlungen moralisch einzuordnen. Forscher wie der Bielefelder Neuropsychologe Hans Joachim Markowitsch vermuten solche Defekte auch bei Psychopathen.

Ein weiterer wichtiger Hinweis: Wissenschaftlern gelang es, moralische Urteile zu manipulieren, indem sie die Gefühle der betreffenden Probanden zuvor in bestimmte Bahnen lenkten. Wie zum Beispiel Arbeiten der Psychologin Simone Schnall von der University of Cambridge (England) ergaben, verurteilen Menschen moralische Vergehen wie Kannibalismus oder das Überfahren eines Hundes oft schärfer, wenn sie sich gleichzeitig ekeln – etwa weil ein übler Geruch in der Luft liegt. Eine ganze Reihe solcher Studienbefunde machten den Ekel zum heißesten Anwärter auf den Titel der »moralischen Emotion«.

Paul Rozin von der University of Pennsylvania in Philadelphia erforscht die Macht des Angewidertseins bereits seit den 1980er Jahren. Wie er und seine Kollegen zeigen konnten, löst Unmoral regelrecht körperliche Abscheu in uns aus. So bereitet es Probanden starkes Unbehagen, wenn sie etwa die (vermeintliche) Kleidung eines Serienmörders anziehen oder Leuten mit offenbar rassistischen Ansichten die Hand geben sollen. Aus dem gleichen Grund befreit simples Händewaschen häufig von Schuldgefühlen.

Ekel, erklärt Rozin, hat nicht nur eine biologische Schutzfunktion und bewahrte schon unsere Vorfahren davor, potenziell giftige Nahrung zu sich zu nehmen. Der »nützliche Widerwille« habe sich im Lauf der Evolution auf die Regeln der Gemeinschaft übertragen. Unrecht, Betrug, Mord ekeln uns seither an – und auf Grund der gemeinsamen neuronalen Ausstattung fühle sich das für alle Menschen wohl auch ähnlich an. Doch gibt es deshalb angeborene Werte?

Für den Neurophilosophen Jesse Prinz von der New York University zeugt die enge Verbindung von Ekel und Moral im Gegenteil davon, wie stark uns Erziehung und Kultur prägen. Denn was genau dem Einzelnen widerwärtig erscheint, sei nicht weniger flexibel als das soziale Gefüge selbst. Dass sich moralische Emotionen im Gehirn niederschlagen, beweise keineswegs, dass ihr jeweiliger Gegenstand irgendwie biologisch festgelegt sei.

Das Gehirn kann sogar auf verschiedenen Wegen zur gleichen moralischen Bewertung kommen. Das berichten etwa Forscher der kalifornischen Stanford University und der Seoul National University in Südkorea. Sie verglichen die Hirnaktivität von 16 amerikanischen und asiatischen Probanden, während diese moralische Dilemmata bewerteten.

Waren die vorgelegten Szenarios persönlicher Art (etwa bei der Frage, ob man einem Baby den Mund zudrücken würde, wenn dessen Geschrei feindliche Soldaten in einem Kriegsgebiet alarmieren könnte), machte sich ein wohl kulturell bedingter Unterschied bemerkbar: So zeigten Koreaner vermehrt neuronale Aktivität im Putamen, einem Teil der Basalganglien; es gehört zu einem Schaltkreis, der unter anderem zur Feinabstimmung von Bewegungen dient. Bei den US-Bürgern sprang dagegen der »Konfliktvermittler« im vorderen zingulären Kortex (ACC) an.

Erklärung der Forscher: Amerikaner ringen stärker mit Für und Wider, weshalb sie im Schnitt auch etwas länger für ihre Entscheidung brauchten, während Asiaten eher Handlungen durchspielen oder vergleichbare Erfahrungen heranziehen. Unterm Strich bewerteten beide Gruppen das skizzierte Verhalten aber ganz ähnlich.

Es gibt vor allem zwei relativ harte Indizien dafür, dass uns eine Eigenschaft oder ein Verhalten in die Wiege gelegt ist: wenn sich etwas Vergleichbares auch bei Tieren nachweisen lässt und wenn es über unterschiedliche Kulturen hinweg uniform auftritt. Zwar zeigen andere Säuger durchaus Ansätze von moralischer Entrüstung, die der beim Menschen ähnelt. Doch sie bezieht sich allein auf solche Situationen, in denen sie selbst zu kurz kommen – von allgemein gültigen Leitfäden keine Spur.

Und im interkulturellen Vergleich fällt auf, dass so universell erscheinende Prinzipien wie das der Anteilnahme oder der Reziprozität eben sehr verschieden ausgeformt sind und gelebt werden. Man muss nur tief genug in eine soziale Gemeinschaft hinabsteigen, bis sich solche »Gesetze« in den Tumulten und Konventionen des Alltags aufzulösen scheinen.

Auf einen Blick

Neuroethik Die Erforschung der hirnphysiologischen Grundlagen der Moral.

Kategorischer Imperativ Nach Kant der universell gültige Satz: »Handle nur nach derjenigen Maxime, durch die du zugleich wollen kannst, dass sie allgemeines Gesetz werde.«

Reziprozität Prinzip der Gegenseitigkeit, wonach alle Menschen gleichberechtigt sind; bildet eine Voraussetzung für die Grundsätze von Gleichheit und Menschenwürde.

Relativismus Moderne Sichtweise, die dem Individuum und der Kultur große Freiheit bei der Setzung moralischer Normen zugesteht.

Dual Process Theory Aus der Neuroethik abgeleitete Annahme, dass moralische Urteile im Gehirn auf zwei Wegen zu Stande kommen: kognitiv und emotional.

Rationalismus In der Ethik einst verbreitete Ansicht, wonach moralische Normen aus rationalen Erwägungen herleitbar seien

Sentimentalismus Moralphilosophische Lehre, die dem Empfinden (englisch: sentiment) eine Hauptrolle bei der moralischen Urteilsbildung zuweist.

Wenig durchdachte Urteile

Für Jesse Prinz hat die empirische Moralforschung zwar den Streit zwischen Ratio und Emotionen zu Gunsten Letzterer entschieden. Doch deshalb seien die Maßstäbe, die wir anlegen, noch lange nicht fix und unhinterfragbar. Warum müssten wir auch sonst so viele Worte darum machen und so viel Mühe auf ihre Beachtung verwenden, wenn nicht zu dem Zweck, sie uns und unseren Kindern beizubringen?

Die meisten ethischen Urteile, mahnt Prinz, sind wenig durchdacht, weshalb sie uns intuitiv oft so unabweisbar erscheinen. Solche Intuitionen, auch das zeigen Experimente, sind gleichwohl manipulierbar. In einer Studie von 2014 demonstrierten Forscher um Danique Jeurissen vom Niederländischen Institut für Neurowissenschaft in Amsterdam, dass Probanden moralische Fragen anders bewerten, wenn ihr dorsolateraler präfrontaler Kortex (DLPFC) kurzzeitig lahmgelegt wird.

Dies gelingt Forschern heute recht zielsicher, indem sie ein starkes Magnetfeld am Schädel über der betreffenden Hirnregion anlegen. Die so genannte transkranielle Magnetstimulation (TMS) unterbindet das koordinierte Feuern der Neurone. Wie Jeurissen aus ihren Daten schlussfolgert, kontrolliert der DLPFC jene emotionale Erregung, in die uns ethische Probleme versetzen können. Fällt die innere Handbremse aus, urteilen wir rascher und eher gemäß dem spontanen Bauchgefühl.

Machen Sie zum Schluss noch einen kleinen Selbsttest und entscheiden Sie, frei von der Leber weg, wie (un)moralisch Ihnen die folgenden Handlungen erscheinen. Fertig? Und los: Fremdgehen. Für Erdbebenopfer spenden. Ein Kind töten. Strom sparen. Waffen exportieren. Schwarzfahren. Vegetarier sein. Ein Geheimnis verraten. Einen Freund belügen.

Okay, das war einfach. Wie sieht es nun hiermit aus: Fleisch essen. Illegale Aktionen eines Geheimdienstes aufdecken. Ein ungeborenes, schwer behindertes Kind abtreiben. Waffen in den Irak liefern. Einen Freund belügen, um ihn vor sich selbst zu schützen.

Offenbar hängt das Urteil über ein Tun stark vom Drumherum ab, sei es die persönliche Situation (Lüge), die verfolgte Absicht (Verrat) oder der politische Kontext (Waffen). Schon diese wenigen Beispiele zeigen: Es gibt oft keine moralisch saubere Lösung. Wir müssen stets neu entscheiden, worauf es im jeweiligen Fall mehr ankommt – und die ethischen Kosten abwägen.

Wie bereits der antike Philosoph Aristoteles (384 – 322 v. Chr.) erklärte, bedeutet Moral nicht das Anwenden eines strikten Regelwerks, sondern das Gewichten verschiedener Ansprüche, die wir an unser Handeln und seine Konsequenzen stellen. Wer nach den biologischen Wurzeln der Ethik sucht, unterschätzt dabei leicht die Macht der Kultur. Dann ist es häufig nur noch ein kleiner Schritt, vermeintlich »Widernatürliches« wie Homosexualität oder Suizid kategorisch abzulehnen.

Andererseits birgt auch zu großer Relativismus Risiken für die Gemeinschaft, denn die lebt davon, dass Menschen miteinander und nicht bloß nebeneinander-her agieren. Wie viel Toleranz muss also sein? Eine Antwort darauf gilt es immer wieder auszuhandeln; auch die Neuroethik liefert keine bessere Lösung. Doch sie lehrt zumindest eins: Nicht Gut und Böse selbst sind im Gehirn angelegt, sondern unsere Fähigkeit, sie zu empfinden. Der Mensch ist zur Moral geboren – nur nicht zu einer bestimmten.

Literaturtipp

- Hoerster, N.: Wie lässt sich Moral begründen? C.H.Beck, München 2014
  Kompakte Einführung in die Moraltheorie.

Webtipp

- Hier können Sie Ihr persönliches Moralprofil erstellen (englischsprachig):
  www.yourmorals.org

Quellen

- Greene, J. D. et al.: An fMRI Investigation of Emotional Engagement in Moral Judgment. In: Science 293, S. 2105 – 2108, 2001
- Jeurissen, D.: TMS Affects Moral Judgment, Showing the Role of DLPFC and TPJ in Cognitive and Emotional Processing. In: Frontiers in Neuroscience 8, 18, 2014
- Prinz, J. J.: Beyond Human Nature. Norton, New York 2012

Zwischen Sein und Sollen

Markus Christen

Wie bilden Menschen moralische Urteile – und welche Ethik ist die richtige? Eine Gruppe junger Philosophen hält die Trennung von empirischer Forschung und Moraltheorie für überholt.

Auf einen Blick

Die zwei Seiten der Moral

1 Jahrhundertelang unterschieden Philosophen strikt zwischen dem faktischen Urteil von Menschen in moralischen Fragen und der Herleitung »wahrer« ethischer Prinzipien.

2 Heute finden immer mehr Ergebnisse aus psychologischen und neurowissenschaftlichen Experimenten Eingang in die philosophische Debatte.

3 Für die »experimentelle Ethik« sind begriffliche Intuitionen und Gefühle untrennbar damit verbunden, was wir für moralisch richtig oder falsch halten.

»Bill lebt in einem Universum, in dem alle Ereignisse vorherbestimmt sind. Frage: Ist Bill für seine Handlungen moralisch verantwortlich?« Die meisten von uns würden das angesichts der genannten Prämisse wohl verneinen.

Stellen wir die Frage jedoch einmal etwas anders: »Bill massakriert kaltblütig seine Frau und Kinder – ist er für das angerichtete Blutbad moralisch verantwortlich?« Und schon ist der Fall nicht mehr ganz so klar. Die deutlich emotionale Note der zweiten Beschreibung lässt das nüchterne »Nicht schuldig!« vielmehr als Affront erscheinen.

Wie Gefühle und moralisches Urteilen miteinander zusammenhängen, war jahrhundertelang Gegenstand philosophischer Reflexion. Heute tragen auch La-

© Springer-Verlag Berlin Heidelberg 2017
S. Ayan (Hrsg.), *Rätsel Mensch – Expeditionen im Grenzbereich von Philosophie und Hirnforschung,*
DOI 10.1007/978-3-662-50327-0_32

borversuche von Psychologen und Neurowissenschaftlern einiges zu dieser Frage bei. Wer Szenarien wie die von Bill unter die Nase gerieben bekommt, der hat es womöglich mit einem neuen Forschertypus zu tun: dem »experimentellen Ethiker«.

Was sind das für Leute? Die einen sagen: eine Riege revolutionärer, junger Denker, die sich von der verstaubten Lehnstuhlphilosophie verabschieden und der realen Welt zuwenden. Andere halten dagegen, es handle sich vielleicht nur um »Philosophen, die schlechte Experimente machen«, wie es Jesse Prinz von der City University in New York süffisant formulierte.

Prinz gehört selbst zu jenen Theoretikern, die gegenüber der empirischen Moralforschung offen sind und ihre Ergebnisse in die eigenen Argumentationen und Modelle aufnehmen. So ist Prinz davon überzeugt, dass moralische Urteile ihrem Wesen nach auf mehr oder weniger intuitiven Gefühlsreaktionen beruhen. Was richtig und was falsch ist, beurteilen Menschen viel eher aus dem Bauch heraus als mit dem Kopf. Und das sei auch gut so, denn die Bedeutung moralischer Urteile für den Einzelnen fußt auf dieser emotionalen Basis – wie etwa das Beispiel vom mordenden Familienvater Bill zeigt.

Die Verknüpfung von Ethik und Experimenten mag im ersten Moment irritieren. Geht es bei Ersterer nicht darum, verlässliche Maßstäbe dafür zu finden, wann eine Handlung moralisch gut ist und wann nicht? Können rein beschreibende, psychologische oder neurowissenschaftliche Experimente etwas Wesentliches dazu beitragen, welche Ethik die richtige ist?

Dieser Zweifel rührt aus einer tief im abendländischen Denken wurzelnde Unterscheidung, die auch die Ethik lange Zeit dominierte, nämlich die Trennung von Sein und Sollen – also zwischen der deskriptiv zu beantwortenden Frage, wie der Mensch ist, und der normativen, wie er sein sollte. Die logische Mauer zwischen diesen beiden Welten verläuft bis heute quer durch die akademische Landschaft.

Die Moralphilosophie, einst als umfassende Beschäftigung mit der Welt entstanden, hatte sich Anfang des 20. Jahrhunderts vor allem unter dem Einfluss der sprachanalytischen Tradition ins Reich der Gründe zurückgezogen. Wenn die reale Welt mit ihren moralischen Problemen anklopft, sehen sich Philosophen seither in erster Linie in der Rolle der »Begriffserklärer«, deren Aufgabe es ist, Ordnung ins Wirrwarr der Argumente zu bringen.

Doch dieser Ansatz scheint überholt, seit sich immer mehr Moralforscher auf die empirische Untersuchung dessen verlegten, was die gesellschaftlich vorherrschenden Normen, Werte und Ideale ausmacht. Dies hat zweierlei zur Folge: Erstens nimmt die Zahl der empirischen Studien über Moralfragen im Verhältnis zu anderen Themenfeldern der Philosophie deutlich zu. Zweitens werden die Grenzen zwischen den Fachdisziplinen durchlässiger.

Ethische Deutungen liegen im Trend
Viele Philosophen wandeln inzwischen auch auf dem ureigenen Terrain der Hirnforschung, um ihre Thesen mit Fakten zu untermauern; umgekehrt mischen sich Psychologen und Neurowissenschaftler in philosophische Grundsatzdebatten ein, etwa die zum Verhältnis von Körper und Geist.

Hinzu kommt ein weiterer Trend: Gesellschaftliche Probleme werden heute zunehmend ethisch gedeutet. Ist es etwa moralisch hinnehmbar, dass die Spekulanten auf den Finanzmärkten ganze Staaten und deren Bevölkerung zu drastischen Einschnitten zwingen können? Sollten religiöse Symbole wie Kruzifix oder Kopftuch aus Schulen und Behörden verbannt werden? Oder: Wie lässt sich der Konflikt zwischen Datenschutz und Strafverfolgung lösen?

Welche Haltung nun jemand zu diesen und anderen tagesaktuellen Fragen einnimmt, bestimmt inzwischen nicht mehr allein die politische Überzeugung; es bedarf vielmehr philosophischer Begründungen. Und hier kommen die verschiedenen Ansätze der Moralforschung ins Spiel.

Dabei lassen sich hauptsächlich vier Perspektiven unterscheiden: Da ist zum einen die Frage, auf welchem Weg so etwas wie Moral überhaupt entstand. Sie wird seit den Tagen von Charles Darwin (1809 – 1882) im Licht der Evolutionstheorie debattiert – sei es im Vergleich mit anderen Spezies (»Gibt es Vorformen von Moral bei Affen?«), sei es per sozialpsychologischen Szenarien (»Welche Funktion haben moralische Urteile für das Miteinander?«).

Zweitens kann man das Individuum, den »moralischen Agenten«, in den Fokus rücken: Wie beurteilen Kinder in verschiedenem Alter ethische Probleme? Welche hirnphysiologischen Prozesse gehen damit einher?

Drittens betrachten Forscher, wie der jeweilige soziale Kontext moralisches Handeln beeinflusst. Das war besonders in den 1960er und frühen 1970er Jahren en vogue, als berühmte Arbeiten wie das Gehorsamsexperiment des US-Sozialpsychologen Stanley Milgram (1933 – 1984) oder das Stanford-Gefängnisexperiment seines Kollegen Philip Zimbardo (* 1933) für Aufsehen sorgten. Sie zeigten, wie leicht bestimmte situative Umstände unbescholtene Bürger dazu bringen können, ethische Grenzen zu überschreiten.

Und viertens schließlich nehmen Forscher die kulturellen Unterschiede zwischen moralischen Normen in verschiedenen Gesellschaften und Epochen ins Visier.

Inwiefern beeinflussen all diese Forschungen die philosophische Ethik? Zumindest nach traditionellem Verständnis ist die Kenntnis der biologischen und psychologischen Mechanismen, die sich etwa auf unsere Bereitschaft zu altruistischem Handeln auswirken, für die Rechtfertigung moralischer Urteile eigentlich bedeutungslos: Es erscheine zwar nicht sinnvoll, ethische Forderungen aufzustellen, die mit der menschlichen Psychologie nur schwer vereinbar sind. Doch das sei eine praktische Erwägung, die mit der Güte der theoretischen Begründung nichts zu tun habe.

Die experimentelle Ethik hebt diese Trennung zwischen Sein und Sollen mindestens zum Teil auf. Ihre Vertreter interessieren sich zum Beispiel für jene begrifflichen Intuitionen, auf die sich das philosophische Nachdenken über Ethik stützt. Schließlich dreht sich all das abstrakte Sinnieren über Gründe und Normen letztlich um Dinge, die Menschen wichtig sind, über die sie sich echauffieren und die ihren Alltag prägen.

Man vergegenwärtige sich nur einmal die hitzigen Diskussionen über die Gier der Finanzmärkte oder über die hiesige »Wegwerfmentalität« angesichts hungernder Kinder in Afrika. Schlagwörter wie Gerechtigkeit, Verantwortung oder Schuld beinhalten einen reichen Fundus von intuitiven Vorstellungen über die Welt – es sind, wie Ethiker sagen, »dichte Begriffe« (thick concepts), in denen das Normative mit dem Faktischen verschmilzt.

Die experimentellen Ethiker schauen nun besonders darauf, wie »dicht« diese Begriffe tatsächlich sind – das heißt, welche Intuitionen Menschen zu grundlegenden ethischen Fragen haben.

Testfall zur Schuldfrage
Nehmen wir das Beispiel Verantwortung. Die Philosophen Joshua Knobe von der Yale University und sein Kollege Shaun Nichols von der University of Arizona – zwei weitere Protagonisten der experimentellen Ethik – legten die zu Beginn dieses Artikels beschriebenen Szenarien zahlreichen Probanden zur Beurteilung vor. Hintergrund des Experiments: Intuitiv gehen wir davon aus, dass Menschen nur für solche Taten moralisch verantwortlich sein können, die sie willentlich (oder mangels Vorsicht) verursacht haben.

In der Tat antworten die meisten Testteilnehmer ganz in diesem Sinn, wenn sie mit dem ersten Szenario konfrontiert werden; beim zweiten allerdings sind sie sich längst nicht so sicher, obwohl auch hier der »Schlächter« Bill laut der Prämisse in einem vollständig vorherbestimmten Universum lebt. Der »Inkompatibilismus« – so bezeichnen Philosophen die Unvereinbarkeit von persönlicher Verantwortung und Vorherbestimmung – erscheint ihnen dann längst nicht mehr so zwingend.

»Na und?«, wenden Kritiker ein. Was zeige ein solches Experiment schon? Etwa, dass der Inkompatibilismus falsch sei? Vielleicht haben wir schlicht eine falsche Intuition von Verantwortung, sobald Emotionen ins Spiel kommen? Oder offenbart sich in dem Ergebnis womöglich nur ein Priming-Effekt? Verwendet man gefühlsbeladene Wörter wie »massakrieren« und »Bluttat«, so verändert das eben das Antwortverhalten.

Von der Ethik zur Intuition – und zurück

In der Tat betonen auch Knobe und Nichols, dass unsere Intuitionen zu philosophischen Grundbegriffen vom jeweiligen Kontext abhängen. Dieser »entscheide« dennoch nicht über die Richtigkeit einer ethischen Theorie.

Man kann daraus aber nicht schließen, dass Sein und Sollen sauber voneinander getrennt bleiben. Erstens steckt hinter der Befürchtung, ein Experiment »entscheide« über die Richtigkeit einer ethischen Theorie, ein falsches Verständnis von Wissenschaft. Wie die Geschichte vielmehr zeigt, fungieren Experimente im Forschungsprozess nicht etwa als ultimative Nagelproben zwischen wahr und falsch. Mit ihrer Hilfe sondieren Forscher lediglich das komplexe Verhältnis zwischen ihren theoretischen Modellen und jenen Prozessen, die diese Modelle beschreiben.

Zweitens kann sich das ethische Argumentieren nicht von begrifflichen Intuitionen befreien. Diese bilden vielmehr das Fundament des Diskurses, wie sich an einem klassischen Beispiel demonstrieren lässt: Die so genannte Pflichtenethik, die eine Handlung dann gutheißt, wenn sie sich an einer ethischen Maxime orientiert, wird oft als Gegenposition zu einer utilitaristischen Ethik angesehen, gemäß der eine Handlung dann ethisch »gut« ist, sobald sie das Glück für die meisten Betroffenen maximiert (oder Übel entsprechend minimiert). Welche der beiden Positionen stimmt nun?

Will ein Utilitarist für seine Position argumentieren, so kann er folgendes Szenario entwerfen: Man schreibt das Jahr 1940, die Gestapo klopft an Ihre Tür und will von Ihnen wissen, ob Sie Juden in Ihrem Keller versteckt halten. Angenommen, dem wäre so – dürfen Sie dann die moralische Pflicht, nicht zu lügen, verletzen?

»Aber selbstverständlich!«, wird jeder vernünftige Mensch antworten – und so erfüllt das Dilemma seinen Zweck: Es weckt genau jene Intuition, die die ethische Argumentation absichert. Unsere Intuitionen bilden, metaphorisch gesprochen, den Nährboden der guten Gründe, die wir für unser Tun und Lassen heranziehen. Die experimentellen Moralforscher wollen diesen Nährboden ergründen und untersuchen die Bedingungen, unter denen wir ethische Kernbegriffe verwenden.

Das ist weit mehr als akademische Spielerei. Höchstwahrscheinlich spielen bei vielen praktischen moralischen Problemen begriffliche Intuitionen eine zentrale Rolle: Auf ihrer Grundlage können selbst gleich lautende Argumente von verschiedenen Protagonisten unterschiedlich gedeutet werden.

Solche Hintergründe mit Hilfe von Laborversuchen durchschaubar zu machen, ist methodisch nicht ganz einfach. Doch die wachsende Kooperation zwischen Philosophen, Psychologen, Hirnforschern und Vertretern weiterer Disziplinen lässt hoffen, dass Experimente in der Ethik tiefere Einblicke in unsere Natur als moralische Wesen geben werden.

Literaturtipp

- Dworkin, R.: Gerechtigkeit für Igel. Suhrkamp, Berlin 2012
  Der US-Rechtsphilosoph Richard Dworkin beleuchtet das Verhältnis von Wissenschaft und Moral.

Webtipp

- Umfangreiche Blog-Sammlung zur experimentellen Philosophie (englischsprachig): http://philosophycommons.typepad.com/xphi

Quellen

- Appiah, K. A.: Ethische Experimente. Übungen zum guten Leben. C.H.Beck, München 2009
- Knobe, J., Nichols, S. (Hg.): Experimental Philosophy. Oxford University Press, 2008

Was ist gerecht?

Julian Nida-Rümelin

Gerechtigkeit war für Platon die höchste Tugend, sowohl des Staats als auch der einzelnen Person. Für den bedeutendsten Gerechtigkeitstheoretiker des 20. Jahrhunderts, John Rawls, ist es ebenfalls der Gerechtigkeitssinn der Bürger, der ein demokratisches Gemeinwesen zusammenhält. Dazwischen liegen 2500 Jahre des Nachdenkens über dieses zentrale Thema.

Auf einen Blick

Gleich und frei

1 Nach Platon ist das gerechte Gemeinwesen ein Bildungsstaat. Aber nur eine Minderheit der Bürger sei zu wissenschaftlichen und philosophischen Erkenntnissen fähig.

2 Die Moderne beginnt mit der Erkenntnis, dass Menschen gleich und frei sind. Legitime Herrschaft erfordert die Zustimmung der Beherrschten und hat dort Grenzen, wo sie mit den Freiheitsrechten des Individuums kollidiert.

3 Die aktuelle Debatte zur Gerechtigkeit wurde von John Rawls angestoßen. Der Harvard-Philosoph versteht Gerechtigkeit vor allem als Fairness: Einzelne Mitglieder einer Gesellschaft profitieren von der Kooperation mit anderen, aber die Bedingungen sollten fair sein.

Die Frage nach der Gerechtigkeit stellt sich, seit Menschen über ihr Zusammenleben nachdenken. Entsprechend nimmt das Thema auch seit jeher einen zentralen Platz in der Philosophie ein. Ausführliche Gedanken dazu hat sich etwa der antike Philosoph Platon im 4. Jahrhundert v. Chr. in seinem Werk »Politeia« gemacht. Für ihn ist ein Staat dann gerecht, wenn jeder das tut, was er am besten kann, und insofern Harmonie herrscht. Diejenigen, welche die Entscheidungen

© Springer-Verlag Berlin Heidelberg 2017
S. Ayan (Hrsg.), *Rätsel Mensch – Expeditionen im Grenzbereich von Philosophie und Hirnforschung*,
DOI 10.1007/978-3-662-50327-0_33

im Staat treffen, sollten dies auf der Grundlage wissenschaftlicher und philosophischer Erkenntnis tun. Der griechische Denker meinte sogar, dass jede falsche Entscheidung stets auf Unwissen beruhe.

Die verschiedenen Teile der Bürgerschaft unterscheiden sich in Platons idealem Staat nicht nach ihrem Herkommen oder sozialen Stand, sondern lediglich nach ihrem Bildungserfolg. Das gerechte Gemeinwesen ist demnach ein Bildungsstaat. Aber nur eine Minderheit seiner Bürger ist auch im Stande, den langwierigen Weg wissenschaftlicher und philosophischer Erkenntnis zu gehen. Daher ist ein gerechter Staat nur möglich, wenn alle besonnen sind. Dazu gehört, diejenigen als Herrscher anzuerkennen, die über ausreichend wissenschaftliche und philosophische Kenntnisse verfügen, um die richtigen Entscheidungen zu treffen. Der (Stadt-)Staat der Erkenntnis bildet Platons Gegenmodell zur Stadt der bloßen Bedürfnisbefriedigung: der »Schweinestadt«, wie der Philosoph diese charakterisiert. Dieses Menschen und Werte verachtende Gemeinwesen hat weder Maß noch innere Harmonie und ist auf ständiges Wachstum angewiesen. Die platonische Stadt dagegen ist statisch und harmonisch. Man kann durchaus sagen, dass Gerechtigkeit bei Platon als Harmonie charakterisiert wird, sowohl des Staats als auch der einzelnen Person, der einzelnen Seele. Gerechtigkeit ist gleichbedeutend mit dem harmonischen Verhältnis aller Teile.

Die Gerechtigkeitstheorie Platons beruht auf einer »Anthropologie der Ungleichheit« (die philosophische Anthropologie befasst sich mit dem Wesen des Menschen). Menschen sind ungleich, so der Philosoph, und dies zeigt sich im Bildungsweg. Die einen widmen viele Jahre ihres Lebens dem wissenschaftlichen Studium, um dann für einige Zeit ihre Kenntnisse in den Dienst des Staats zu stellen. Andere sind als »Wächter« und Beamte des Staats für die Durchführung der Entscheidungen verantwortlich. Die große Mehrheit aber geht Tätigkeiten nach, die lediglich der unmittelbaren Bedürfnisbefriedigung dienen: Sie sorgen für ihre Kleidung, Wohnung und Nahrung.

Platon selbst scheint allerdings Zweifel gehabt zu haben, ob Besonnenheit allein ausreicht, um innere Harmonie und Stabilität im Staat zu sichern. In seinem berühmten Höhlengleichnis verlässt einer die Höhle und kehrt erfüllt von philosophischer Erkenntnis zurück. Doch die Dagebliebenen, die immer nur die Schattenbilder an der Höhlenwand beobachtet haben, erkennen ihn nicht mehr an. Dies spiegelt Sokrates' Schicksal wider, den die Bürger Athens zum Tod verurteilten, obwohl – oder weil – er ihnen philosophische Erkenntnis gebracht hatte. Platons Spätwerk »Die Gesetze« kann man auch als eine Antwort auf diesen paradoxen Vorfall lesen. Hier regieren nicht mehr Menschen die gerechte Stadt, sondern die Gesetze sind an ihre Stelle getreten. Dabei handelt es sich lediglich um den zweitbesten Zustand, da Gesetze immer nur pauschale Regelungen treffen können, die im Einzelfall zu Ungerechtigkeiten führen. Dieser Entwurf eines zweitbesten Staats kann aber durchaus als die erste Konzeption des Rechtsstaats gelten.

Platons Schüler und Kritiker Aristoteles (384 – 322 v. Chr.) hat selbst eine umfangreiche Abhandlung über Gerechtigkeit geschrieben, die leider nicht erhalten ist. Dennoch sind seine Überlegungen bis heute von großer Wirkungskraft. Die mittelalterliche Scholastik unterschied, gestützt auf das 5. Buch der »Nikomachischen Ethik«, zwischen einer »iustitia legalis«, einer Gesetzesgerechtigkeit, einer »iustitia commutativa«, einer Tauschgerechtigkeit, und einer »iustitia distributiva«, einer Verteilungsgerechtigkeit. Die Gesetzesgerechtigkeit sichert die staatliche Ordnung, die kommutative sorgt für einen fairen Gütertausch, und die distributive orientiert sich bei der Zuteilung von Gütern und Positionen an der Leistung des Einzelnen.

Auch die aristotelische Gerechtigkeitsvorstellung beruht auf der Ungleichheit des Menschen. Aristoteles ist davon überzeugt, dass es von Natur aus drei Herrschaftsverhältnisse gibt: das der Eltern über die Kinder, das des Mannes über die Frau und das des Freien über den Sklaven. Diese drei Machtverhältnisse seien geradezu konstitutiv für jede Hausgemeinschaft als natürliche Herrschaftsordnung. Die politische Moderne beginnt dagegen mit der Erkenntnis, dass

- Menschen gleich und frei sind;
- es keine Unterschiede im Wesen der Menschen gibt, die eine Zugehörigkeit zu verschiedenen Ständen der Gesellschaft kennzeichnen könnten;
- niemand herrscht, weil Gott es so will, sondern legitime Herrschaft die Zustimmung der Beherrschten erfordert;
- jede Herrschaft ihre Grenzen hat, nämlich dort, wo sie mit den individuellen Freiheitsrechten kollidiert.

Der erste systematische politische Denker der Moderne, Thomas Hobbes (1588 – 1679), geht entsprechend von einer Anthropologie der Gleichen und Freien aus. Menschen sind gemäß dem englischen Mathematiker und Staatstheoretiker zwar mit unterschiedlichen Begabungen und Fähigkeiten ausgestattet. Dennoch existiert zwischen ihnen keine natürliche Hierarchie. Dies führt außerhalb einer staatlichen Ordnung zu Konkurrenz und Konflikt, was schließlich in einen Krieg aller gegen alle mündet und das Leben jedes Einzelnen zur Qual macht.

Deshalb müssen alle an staatlicher Ordnung interessiert sein, an einem bürgerlichen Zustand (status civilis), für den es eines Konstrukts bedarf. Denn es gibt keine natürliche Herrschaftsordnung: Die angeborenen Ungleichheiten der Menschen reichen nicht aus, um eine stabile und allgemein akzeptierte Staatlichkeit zu etablieren.

Freiheit versus Staatsmacht

Da alle einen Krieg aller gegen alle verhindern wollen, vereinbaren sie, ihre Gewaltmittel an eine Person oder Instanz abzutreten – in der Hoffnung, dass diese dann als souveräne Macht auch den Frieden sichert. Konkurrierende Vorstellungen von Gerechtigkeit würden diesen Frieden wiederum gefährden. So bestimmt allein der Wille der souveränen Macht, was gerecht und was ungerecht ist. Sobald der Frieden durch Gesetze und Strafen gesichert sei, gedeihen laut Hobbes Handel und Wandel, und die Gesellschaft als Ganzes prosperiert. Spätestens nach den Erfahrungen des 20. Jahrhunderts mit Hitler, Stalin und Mao konnte man diesen Optimismus jedoch nicht mehr teilen. Der Staat braucht Grenzen in Form der individuellen Freiheit seiner Bürger, und Gerechtigkeit darf nicht gleichgesetzt werden mit den jeweils geltenden Gesetzen.

In Absetzung von Hobbes behauptete schon der englische Philosoph John Locke (1632 – 1704), Menschen hätten Rechte unabhängig von aller Staatlichkeit. Der Staat sei vielmehr ein Mittel, um diese Menschenrechte zu sichern. Das Recht auf Leben, körperliche Unversehrtheit und rechtmäßig erworbenes Eigentum sei jedem mit seiner Geburt (von Gott) gegeben, und die Menschen seien grundsätzlich bereit, diese Rechte auch anzuerkennen und zu beachten. Aber ohne rechtsstaatliche Ordnung führten Konflikte um die richtige Auslegung dieser Rechte und um die Bestrafung von Rechtsverletzungen zu Streit – oft sogar zu Blutrache und Krieg.

Der Rechtsstaat jedoch könne nicht bestimmen, was Gerechtigkeit sei, sondern er habe sich an die Menschenrechte zu halten, diese durch konkrete Gesetze zu schützen und Konflikte gerecht zu regeln. Nicht das bloße Eigeninteresse am Überleben und Frieden wie bei Hobbes sichere den Rechtsstaat, sondern die gemeinsame Anerkennung, dass allen Menschen unabhängig von Stand und Herkunft gleichermaßen fundamentale Rechte zustehen. Gerechtigkeit sei nicht gesetzt durch staatliche Entscheidungen, sondern diene umgekehrt als Richtschnur eines gerechten Staats. Alle demokratischen Verfassungen der Welt haben diesen lockeschen Grundgedanken der Gerechtigkeit aufgenommen. Im deutschen Grundgesetz zeigt sich dies besonders deutlich, da der Wesensgehalt der Grundrechte selbst durch verfassungsändernde Mehrheiten im Parlament nicht angetastet werden kann.

In gewissem Sinn bewegt sich ein guter Teil der zeitgenössischen Gerechtigkeitsdiskurse noch immer zwischen Hobbes und Locke. Die Hobbesianer setzen in erster Linie auf die Rationalität der Bürgerinnen und Bürger und die ordnungsstiftende Funktion des Staats. Sie sind Rechtspositivisten und misstrauen universalistischen Gerechtigkeitsvorstellungen, weil diese die Stabilität der gesellschaftlichen Ordnung gefährden können. Die Lockeianer hingegen sehen den Staat lediglich als Instrument, universelle individuelle menschliche Rechte zu garantieren. Sie stehen staatlichen Aktivitäten skeptisch gegenüber, die über die Sicherung der Menschenrechte hinausgehen.

Das dritte große Konzept moderner Gerechtigkeit geht auf den Genfer Philosophen Jean-Jacques Rousseau (1712 – 1778) zurück. Er wollte die ursprüngliche, natürliche Freiheit des Menschen dadurch wiederherstellen, dass jeder nur das tut, was er selbst tun will. Unter den Bedingungen der Zivilisation heißt dies aber, ein Gemeinwesen zu etablieren, in dem nur die Gesetze gelten, die von allen gemeinsam beschlossen werden.

Möglich ist dies nach Rousseau nur deshalb, weil in der Versammlung, die diese Gesetze beschließt, Privatinteressen keine Rolle spielen können. Denn wer seinen eigenen Vorteil verfolgt, wird von den anderen keine Zustimmung erfahren. Autarkie und Selbstbestimmung sind Rousseau so wichtig, dass es eine inhaltliche Bestimmung von Gerechtigkeit gar nicht braucht. Gerecht ist eben das, was eine Versammlung der Citoyens, also von gleichberechtigten, eigenverantwortlichen Staatsbürgern, beschließt. Da der Citoyen sich von seinem eigenen Privatinteresse in der Versammlung distanzieren muss, bildet die Republik eine sittliche Körperschaft, das heißt, sie vertritt die mehrheitlich akzeptierten Regeln der Gemeinschaft. Ohne die Ideen Jean-Jacques Rousseaus wäre die Französische Revolution anders verlaufen, und viele Demokratien weltweit gäbe es nicht in ihrer heutigen Gestalt.

Immanuel Kant (1724 – 1804) zeigte sich in seinen späten Schriften von Rousseau zutiefst beeindruckt. Der Philosoph aus Königsberg war wohl der bedeutendste Erkenntnistheoretiker und Ethiker der europäischen Aufklärung. Aber in seiner politischen Philosophie blieb er weit weniger wirksam. Bis heute ist der Zusammenhang von Politik, Ethik und Recht bei Kant umstritten. Mit ihm und seinen Nachfolgern ging die hohe Zeit der politischen Philosophie zu Ende. Erst im letzten Drittel des 20. Jahrhunderts setzte eine Renaissance ein – und die hat viel mit John Rawls (1921 – 2002) zu tun, der lange an der Harvard University lehrte. Sein Hauptwerk »Eine Theorie der Gerechtigkeit« (1971, deutsche Ausgabe 1979) bestimmt die Debatten bis heute.

Rawls setzte sich zum Ziel, die große Tradition der politischen Philosophie der europäischen Aufklärung zu erneuern. Zudem wollte er eine Alternative zu dem im angelsächsischen Raum dominierenden utilitaristischen Denken formulieren, in welchem das Wohl des einzelnen Individuums unter Umständen dem Wohl der Gemeinschaft geopfert werden kann. Rawls' Gerechtigkeitstheorie lässt sich auf die institutionelle Verfassung westlicher Demokratien ein. Es geht ihm um ein besseres Verständnis der Rolle von Verfassung, Gesetzgebung und Rechtsprechung und um das Verhältnis zwischen individuellen Freiheiten und Kooperationspflichten. Der US-Philosoph versteht Gerechtigkeit vor allem als Fairness: Einzelne Mitglieder einer Gesellschaft profitieren von Kooperation mit anderen, aber die Bedingungen der Kooperation sollten fair sein. Und die Vorteile, die sie daraus ziehen, sollten gerecht verteilt werden.

Um zu klären, wann die institutionelle Grundstruktur einer Gesellschaft gerecht im Sinne von fair ist, ersinnt John Rawls ein fiktives Entscheidungsmodell: Er stellt sich vor, dass wir beziehungsweise die Repräsentanten gesellschaftlicher Gruppen über die Prinzipien entscheiden müssten, nach denen die institutionellen Grundstrukturen einer Gesellschaft aufgebaut werden. Um die Fairness dieser Entscheidung zu garantieren, fordert er einen »Schleier des Nichtwissens« für die Repräsentanten. Dieser lässt zwar alles allgemein relevante Wissen zu, etwa aus der Ökonomie oder Psychologie, aber keines über die entscheidenden Personen selbst. Keine von diesen weiß also, welchem Geschlecht sie angehört, wie alt sie ist, ob und wenn ja, welcher Religion sie anhängt oder welcher Herkunft sie ist. Unter solchen Bedingungen, meint Rawls, sollte ein fairer Vertrag zu Stande kommen, welcher die Prinzipien einer gerechten Gesellschaft festlegt. Da die Personen nicht wissen, was ihnen persönlich zum Vorteil gereicht, werden sie sich für solche Grundprinzipien entscheiden, die auch im ungünstigsten Fall ein akzeptables Leben nach den eigenen Vorstellungen ermöglichen.

Das Faszinierende an Rawls' Gerechtigkeitstheorie ist der Versuch, die komplexe Frage der Gerechtigkeit auf zwei scheinbar einfachere zu reduzieren: Rationalität und Fairness. Was fair ist, wird über die Entscheidung unter dem Schleier des Nichtwissens bestimmt. Rationalität wird im üblichen Sinn als eigenorientierte Klugheit verstanden. Zur Verteilungsgerechtigkeit meint Rawls außerdem ein präzises und quantifizierbares Kriterium ableiten zu können. Da die Personen nicht wissen, welche Rolle sie am Ende in der Gesellschaft spielen werden, werden sie Risiken zu minimieren versuchen. Sie werden Verteilungen bevorzugen, bei denen die am schlechtesten gestellte Gruppe möglichst gut abschneidet. Denn sie wollen ja verhindern, dass sie im schlimmsten Fall selbst kein anständiges Leben nach ihren Vorstellungen führen können.

Eine gerechte Gesellschaft gestaltet demnach ihre Institutionen so, dass sie im besonderen Maß der am schlechtesten gestellten Personengruppe zugutekommen. Man kann dies auch umgekehrt fassen: Ungleichheiten sind nur dann gerecht, wenn sie den am stärksten Benachteiligten nutzen. In diesem Sinn treffen sich bei John Rawls zwei große Traditionslinien der Politik: der Liberalismus und die Sozialdemokratie.

Dagegen scheitert das utilitaristische Denken, also die Vorstellung, wonach das Glück aller zu maximieren sei. Rawls spricht hier von der »separateness of persons«: Menschen leben ihr eigenes Leben, also kann man den Nachteil, der einer Person zugemutet wird, nicht dadurch aufwiegen, dass man einer anderen Person einen größeren Vorteil verschafft. Alle sind im Prinzip rationale Moralbeurteiler, die unter Fairnessbedingungen agieren. Sie müssen der institutionellen Grundstruktur einer Gesellschaft, wenn diese gerecht ist, zustimmen können.

In dieser Hinsicht findet sich Thomas Hobbes in Rawls' Theorie der Gerechtigkeit wieder. Aber auch John Locke hinterließ seine Spuren. Denn die individuellen Freiheiten haben für die entscheidenden Personen unter dem Schleier des Nichtwissens Priorität gegenüber ökonomischer Optimierung. Des Weiteren ist auch Jean-Jacques Rousseau mit im Spiel, weil die gerechte institutionelle Grundstruktur Ausdruck kollektiver Selbstbestimmung ist. Und schließlich ist der Einfluss von Immanuel Kant zu sehen, weil die gerechte Gesellschaft die Autonomie der einzelnen Personen, ihre gleiche Würde und gleichen Respekt ihnen gegenüber sichern soll.

In seinen späteren Vorträgen und Aufsätzen hat sich Rawls ausdrücklich zu einer kantischen Interpretation seiner Gerechtigkeitstheorie bekannt, aber auch von jeder »metaphysischen« Begründung immer deutlicher abgesetzt. In seinem Buch »Politischer Liberalismus« von 1993 nahm er die systematischen Ansprüche der Theorie der Gerechtigkeit zurück und betonte die Rolle der öffentlichen Deliberation, also Beratung. In diesem Sinn nähert er sich dem anderen bedeutenden politischen Philosophen der zweiten Hälfte des 20. Jahrhunderts an, dem 1929 geborenen Jürgen Habermas. Der Frankfurter Philosoph befasste sich immer wieder mit der Gerechtigkeitsfrage, nahm dazu über die Jahre viele Impulse aus der analytischen Philosophie und der Theorie des Pragmatismus auf und charakterisierte seine Position als kantianisch.

Kultur, Nation und Globalisierung
Der entscheidende Unterschied zwischen den beiden Ansätzen ist, dass Habermas sich einer inhaltlichen Bestimmung von Gerechtigkeit, ganz in der Tradition Rousseaus, weit gehend zu enthalten sucht. Rawls gibt zwar den Anspruch einer philosophisch-ethischen Begründung auf, wird aber in der inhaltlichen Bestimmung konkret. Der Amerikaner beschäftigt sich insbesondere mit der Rolle kultureller Gemeinschaften in der Demokratie, die er – meines Erachtens jedoch fälschlicherweise – über umfassende moralische Leitlinien zu charakterisieren sucht sowie mit deren Vereinbarkeit mit einer demokratischen Ordnung.

Rawls entwickelt darüber hinaus eine Konzeption der Gerechtigkeit in den internationalen Beziehungen und legt dabei eine Dreiteilung von Staaten beziehungsweise Nationen zu Grunde, die in der Rhetorik der Bush-Administration dann in Gestalt der »Schurkenstaaten«, die es zu bekämpfen gilt, eine unrühmliche Rolle gespielt hat. (Rawls spricht zwar von »peoples«, meint dies aber in keinem ethnischen, sondern in einem politischen Sinn.) Der Harvard-Philosoph bleibt hier einem nationalstaatlichen Denken verhaftet, anders als viele seiner Anhänger, die sein Grundmodell der Gerechtigkeit auf die globalisierte Welt, also auf die Weltgesellschaft, anwenden. Seine Gegenthese: Die Theorie müsse sich auf die Mitglieder einer Gesellschaft beschränken, zwischen denen ein enges Kooperationsgefüge besteht, und die Akteure müssen Staaten beziehungsweise

Staatsvölker sein und nicht Individuen. Angesichts der Globalisierung der letzten Jahrzehnte verliert jedoch diese Zweiteilung der Gerechtigkeitstheorie zunehmend an Überzeugungskraft.

In Reaktion auf Rawls entwickelten einige Politikphilosophen seit Mitte der 1970er Jahre alternative Gerechtigkeitsmodelle. So präsentierte der Harvard-Professor Robert Nozick eine Konzeption, die ganz in der Tradition von John Locke steht und sich deutlich von derjenigen Rawls' unterscheidet. Bei Nozicks Gerechtigkeitsmodell fehlt das soziale Element, dafür wird der Liberalismus radikalisiert: Menschen haben einen Körper, Talente, Fähigkeiten, die auch mit ihrer Herkunft zusammenhängen. Über all das verfügen sie individuell selbst – das ist die so genannte These der »self-ownership«.

Demnach kann die einzige Legitimation von Staatlichkeit im freiwilligen Zusammenschluss im wechselseitigen Interesse bestehen. Nozick meint, dass es ein individuelles Interesse an Sicherheit gibt. Das würde die Menschen in einem anarchischen Naturzustand dazu bringen, untereinander Verträge zu schließen, die am Ende in einen »Ultraminimalstaat« münden. Dieses Gebilde hat mit dem modernen Staat einiges gemeinsam, beschränkt sich aber ganz auf den Schutz vor Übergriffen von innen und außen.

Jede darüber hinausgehende Staatlichkeit wäre nach Robert Nozick illegitim. Ansprüche des Staats auf Steuer, um zum Beispiel mehr Verteilungsgerechtigkeit zu sichern, seien Diebstahl. Niemandem ist es genommen, sich karitativ zu engagieren, aber Institutionen sollten das Soziale nicht zu regeln suchen. Dieses Konzept beruht auf einer Gerechtigkeitstheorie über Berechtigungen (entitlement theory of justice), wonach es nicht die Charakteristika der Verteilung von Gütern sind, die über die Gerechtigkeit entscheiden, sondern wie diese Verteilung zu Stande kommt. Das heißt: Was sich auf dem freien Markt etabliert, ist gerecht, wenn die Ausgangsbedingungen gerecht waren (dazu sagt Nozick allerdings wenig) und wenn die Transfers legitim abgewickelt wurden.

Nach Ausbruch der Weltfinanzkrise antwortete der langjährige Vorsitzende der US-Notenbank Alan Greenspan auf die Frage eines Interviewers, ob er denn geglaubt habe, dass es auf den internationalen Finanzmärkten keiner Regulierungen bedürfe: Nein, er habe schon angenommen, dass solche Regelungen nötig seien. Aber zugleich sei er davon überzeugt gewesen, dass diese notwendigen Regulierungen von den Märkten selbst vorgenommen würden. Dies berührt offensichtlich den Schwachpunkt der libertären Gerechtigkeitstheorie: das ungeklärte Problem, wie wir mit kollektiven Gütern umgehen.

Eine weitere Kritik gegen John Rawls hat der Wirtschaftswissenschaftler James M. Buchanan vorgetragen. Die These des späteren Ökonomie-Nobelpreisträgers lautet: »Wir haben zwar als Individuen gleichermaßen ein Interesse, bestimmte Handlungsweisen zu verbieten, zum Beispiel Mord. Wir werden daher der Etablierung einer Rechtsordnung zustimmen, welche die individuellen

Rechte sichert. Aber wir fordern darüber hinaus eine Staatlichkeit, die kollektive Güter bereitstellt.« James Buchanan nannte das einen produktiven Staat. Dieser ist gerecht, wenn er den individuellen Interessen aller entspricht.

Daraus ergibt sich ein Spannungsverhältnis zu den demokratischen Entscheidungsverfahren. Dort entscheidet die Mehrheit, und das kann dazu führen, dass kollektive Güter zur Verfügung gestellt werden, deren Erstellung mehr Kosten verursachen, als sie Nutzen bringen – wobei Buchanan auch deutlich machen sollte, dass die Umkehrung ebenso gilt. Auf Grund des Mehrheitswahlrechts kann es also auch sein, dass kollektive Güter, deren Produktion durchaus effizient wäre, nicht bereitgestellt werden.

Seit Anfang der 1980er Jahre verstärkte sich die Kritik an Rawls' Gerechtigkeitstheorie in Gestalt des so genannten kommunitaristischen Denkens. Darunter versteht man die Weltsicht, dass sich das Individuum nicht ohne seine Einbettung in gemeinschaftliche Zusammenhänge verstehen lässt. Rawls wurde vorgehalten, seine Gerechtigkeitstheorie sei allzu individualistisch, zudem mache er Annahmen über die Rationalität, die in die Irre führten: Menschen seien moralische Akteure als Mitglieder von Gemeinschaften, und ihre Gemeinschaftszugehörigkeit ließe sich bei der Entscheidung über Gerechtigkeit in einer Gesellschaft nicht ausklammern.

Radikale Kommunitaristen gehen sogar so weit, dass sie den Begriff der Gerechtigkeit als Ganzes für irreführend halten. Doch der wohl einflussreichste Kommunitarist, der sich aber selbst gar nicht als solchen bezeichnet, Michael Walzer, hat 1983 in seinem Buch »Spheres of Justice« den Gerechtigkeitsbegriff in den Mittelpunkt seiner Theorie gestellt. Jedoch betont der Sozial- und Moralphilosoph die Komplexität der Kriterien, die wir für gerecht oder ungerecht halten. Walzer weist damit die Idee zurück, es könne die eine, umfassende Gerechtigkeitstheorie geben. Was gerecht ist und was nicht, hänge in hohem Maß von etablierten gesellschaftlichen Praktiken ab, an denen wir teilhaben.

Es sei beispielsweise gerecht, wenn ein Verein die Aufnahme eines weiteren Mitglieds verweigert, denn es gebe kein allgemeines Recht, Mitglied eines Vereins zu werden. Wenn aber ein Staatsbeamter die Zustimmung eines Antrags etwa von ökonomischen Vorteilen abhängig macht, sei dies Korruption, während Verhandlungen über den wechselseitigen Vorteil in Wirtschaftskreisen wiederum legitim seien. Der New Yorker Philosoph betont, dass die Gerechtigkeit einer modernen Gesellschaft vor allem darin bestehe, nicht einer einzigen Sphäre die dominante Rolle zu überlassen, die anderen Sphären also vor Übergriffen zu schützen.

Bröckelt das Fundament der Moral?

Was allerdings genau die Kriterien unzulässiger, die Gerechtigkeit verletzender Übergriffe sind, lässt sich nach Michael Walzer nicht allein über eine philosophische Theorie bestimmen. Walzer hat die zeitgenössische Gerechtigkeitstheorie wesentlich beeinflusst. Denn er hat erfolgreich darauf hingewiesen, dass die kommunitaristische Kritik – die Betonung der Gemeinschaftszugehörigkeit – nicht bedeuten könne, dass man die Freiheitsgarantien der modernen liberalen und sozialen Demokratien geringschätze. Kommunitaristische Kritik könne letztlich nur die selbstzerstörerischen Kräfte eines liberalen Verständnisses von Gerechtigkeit korrigieren und Gegenmaßnahmen diskutieren. Eine Gesellschaft, die hochgradig individualisiert, von Mobilität und ökonomischem Vorteilsdenken geprägt ist, unterminiere die moralischen Fundamente der politischen Ordnungen, die jene erst möglich gemacht hätten.

Freiheit und Gleichheit sind beide – darüber besteht Einigkeit – Grundpfeiler der politischen Moderne sowie der zeitgenössischen Demokratie. Ihre Verknüpfung zur Idee der gleichen menschlichen Würde und Autonomie, wie sie in der Ethik und politischen Philosophie Kants zum Ausdruck kommt, scheint mir unverzichtbar zu sein. Die Gerechtigkeit einer Gesellschaft bestimmt sich danach, ob sie gleiche Freiheit ermöglicht, Kooperation fördert und Solidarität sichert. Die weitere Begründung dieser Postulate, nach welcher auch gelegentlich in der politischen Öffentlichkeit gefragt wird, ist schwierig und führt zu Fragen nach dem Menschenbild.

Die Annahme, dass Menschen frei und gleich sind, ist ein konstitutives Merkmal der politischen Moderne. Ich halte das für eine Erkenntnis und nicht lediglich für ein Merkmal einer spezifischen historischen Phase oder einer speziellen kulturellen Prägung. Aber wie immer sich dies verhält: Die Grundbedingungen des gleichen Respekts, der gleichen Freiheit und Würde, die uns so gewiss erscheinen, lassen sich nicht durch andere, noch gewissere Überzeugungen beweisen. Wer zum Beispiel die religiös motivierte Überzeugung vertritt, dass Menschen ungleich geboren werden, dass das Vorleben unsere Kastenzugehörigkeit bestimmt oder dass der Starke das Recht habe, den Schwachen zu unterdrücken, weil dies der biologischen Ordnung entspräche, der ist mit rationalen Argumenten kaum zu überzeugen. Hier fehlen Gemeinsamkeiten, die für jeden fruchtbaren Streit erforderlich sind.

In den vergangenen Jahrzehnten hat die philosophische Diskussion um Gerechtigkeit gezeigt, dass die konkreten Kriterien für eine gerechte Gesellschaft von freien und gleichen Menschen äußerst komplex sind und dass die systematische philosophische Theorie auf diese Komplexitäten Rücksicht nehmen muss. Um zu bestimmen, was Gerechtigkeit ist, bedarf es einer beträchtlichen interdisziplinären Kompetenz. Beteiligt sind Philosophie, Rechtswissenschaften, Soziologie, Politikwissenschaft, Sozialpsychologie und Ökonomie ebenso wie Statistik, Entscheidungs- und Spieltheorie oder Mathematik, um nur die wichtigsten zu nennen.

Ein prominenter Vertreter dieses Gebiets ist der 1933 geborene Amartya Sen. Der indische Wirtschaftswissenschaftler und Philosoph greift wie kaum ein anderer lebender Denker über die Grenzen vieler Fachdisziplinen hinaus. 1998 erhielt er den Nobelpreis für Ökonomie für seine Arbeiten auf dem Gebiet der Wohlfahrtsökonomie und zur Theorie der wirtschaftlichen Entwicklung. Ursprünglich als Mathematiker ausgebildet, hat Sen viel zur Entscheidungstheorie, speziell zu der so genannten Kollektiventscheidung (collective choice), beigetragen. Er hat sich auch mit den soziologischen und politikwissenschaftlichen Fragen einer humanen Entwicklung auseinandergesetzt und mit dem Werk »Idee der Gerechtigkeit« eine große Monografie vorgelegt, in der er seine Überlegungen erläutert.

Sen geht es vor allem um die Gründe, die in den verschiedenen Entscheidungssituationen erörtert werden müssen. Nur sie bestimmen jeweils im Einzelnen, was gerecht ist. Der indische Philosoph ist davon überzeugt, dass es keine systematische und umfassende Theorie der Gerechtigkeit geben kann.

Das macht jedoch eine Philosophie der Gerechtigkeit nicht irrelevant, im Gegenteil: Sie sollte die Vielfalt der Gründe betonen, die wir in Gerechtigkeitsfragen gelten lassen, und helfen, diese auf rationale Weise gegeneinander abzuwägen. Schließlich ist die vornehmliche Aufgabe der Philosophie, begriffliche und gedankliche Konfusionen zu beheben sowie zur Klarheit des Denkens beizutragen, und nicht, die politische Abwägung von Gerechtigkeitsgründen durch philosophische Theorien zu ersetzen.

Quellen

Klassiker der Antike:
- Aristoteles: Nikomachische Ethik und Politika
- Platon: Politeia

Klassiker der Neuzeit, speziell der europäischen Aufklärung:
- Hobbes, T.: Leviathan. London 1651
- Kant, I.: Grundlegung zur Metaphysik der Sitten. Riga 1785; Zum ewigen Frieden. Königsberg 1795
- Locke, J.: Two Treatises of Government. London 1690
- Rousseau, J.-J.: Du contrat social (entst. 1754). Amsterdam 1762

Klassiker der zeitgenössischen Debatte:
- Buchanan, J.: The Limits of Liberty. Between Anarchy and Leviathan. University of Chicago Press, Chicago 1975
- Habermas, J.: Faktizität und Geltung. Suhrkamp, Frankfurt am Main 1992
- Rawls, J.: Eine Theorie der Gerechtigkeit. Suhrkamp, Frankfurt am Main 1979; Politischer Liberalismus. Suhrkamp 2003; Das Recht der Völker. de Gruyter, Berlin, New York 2002
- Sen, A.: Die Idee der Gerechtigkeit. C. H. Beck, München 2010

Beiträge des Autors zum Thema:
- Demokratie als Kooperation. Suhrkamp, Frankfurt am Main 1999
- Demokratie und Wahrheit. C. H. Beck, München 2006
- Philosophie und Lebensform. Suhrkamp, Frankfurt am Main 2009
- mit Rechenauer, M.: Internationale Gerechtigkeit In: Ferdowsi, M. A. (Hg.): Internationale Politik als Überlebensstrategie. Bayerische Landeszentrale für politische Bildungsarbeit, München 2009, S. 297 – 323

Schlauer auf Rezept?

Joachim Retzbach

Klüger, wacher, konzentrierter: Neue Substanzen, die unsere geistige Leistung ver-bessern, könnten in naher Zukunft verfügbar sein. Die Diskussion darüber, wie wir als Gesellschaft damit umgehen sollten, ist bereits in vollem Gang.

Auf einen Blick

Pro und Kontra im Pillenstreit

1 Obwohl wirksame Phamazeutika zum Hirndoping noch nicht auf dem Markt sind, wird bereits intensiv über sie diskutiert. Für viele Menschen ist die phar-mazeutisch optimierte Gesellschaft eine Schreckensvision.

2 Philosophisch betrachtet sprechen jedoch auch manche Gründe gegen ein Verbot oder eine generelle Ablehnung des Neuroenhancements.

3 Die Bereitschaft in der Bevölkerung, derartige Präparate in Zukunft einzu-nehmen, ist hoch – sofern diese legal und unschädlich wären.

Stellen Sie sich vor, es gäbe ein Mittel, das Sie über zehn Stunden hinweg wacher, entspannter und aufnahmefähiger macht. Einmal morgens eingeworfen, überste-hen Sie stressige Arbeitstage besser, machen weniger Fehler, reden konzentrierter, sind produktiver. Ihre Kollegen sagen, die Substanz mache nicht abhängig, Lang-zeitschäden seien nicht zu befürchten – in Tierversuchen zeigten sich nur harm-lose Veränderungen des Gehirns. Würden Sie eine solche Pille jeden Morgen beim Frühstück schlucken? Und angenommen, Ihr Kind hätte Schwierigkeiten, in der Schule mitzukommen, weil die meisten Klassenkameraden ihre geistige Leistungsfähigkeit mit pharmazeutischen Mitteln steigern. Würden Sie diese auch Ihrem Kind verabreichen, damit es nicht den Anschluss verliert?

© Springer-Verlag Berlin Heidelberg 2017
S. Ayan (Hrsg.), *Rätsel Mensch – Expeditionen im Grenzbereich von Philosophie und Hirnforschung,*
DOI 10.1007/978-3-662-50327-0_34

Bislang ist das Szenario reine Fantasie: Das beschriebene Wundermittel gibt es noch nicht. Trotzdem ist die Diskussion um das so genannte Neuroenhancement, also die Steigerung der geistigen Leistung (von englisch: enhancement = Verbesserung), bereits in vollem Gang. Zum einen liegt das daran, dass seit mehr als 50 Jahren Medikamente verfügbar sind, die nachweislich auf Gehirn und Psyche wirken – und millionenfach genutzt werden, um Menschen mit psychischen Störungen zu helfen. Pillen können in vielen Fällen Depressionen lindern, Vergesslichkeit oder Wahnvorstellungen bekämpfen.

Zum anderen zeichneten vor einigen Jahren die ersten Umfragen zum Thema ein Bild, dem zufolge bereits eine große Zahl von gesunden Menschen solche verschreibungspflichtigen Medikamente einnimmt, um im Alltag besser zu funktionieren: »Happy Pills«, um besser gelaunt zu sein, Betablocker gegen das Lampenfieber vor wichtigen Auftritten, Amphetamine und Wachmacher für den Zwölfstundentag im Büro.

Zwar fehlen eindeutige Nachweise, dass die heute bekannten Stoffe auch die Leistung von Gesunden verbessern – klar ist nur, dass sie Nebenwirkungen mit sich bringen. Doch der Erfolg der Psychopharmaka in der Medizin hat die Hoffnung geweckt, es könnte eines Tages Substanzen geben, die unseren Geist beflügeln, uns produktiver und besser gelaunt machen, und das alles ohne Nebenwirkungen.

Wenn diese Wunderpillen einst verfügbar wären – sollten wir sie nehmen? Argumente für und wider das »Hirndoping« gibt es viele. Und natürlich waren sie auch schon wiederholt Thema in *Gehirn&Geist*.

In Ausgabe 11/2005 prophezeite der Mainzer Philosophieprofessor Thomas Metzinger, dass die Grenze zwischen legalem und illegalem Drogenkonsum immer mehr verschwimmen würde, und er machte die Hersteller der Präparate dafür mitverantwortlich:

Schon jetzt zielt die Pharmaindustrie bei der Entwicklung neuer, legaler Medikamente wie etwa des Wachmachers Modafinil indirekt auf jene Zeitgenossen ab, die sich solche Stoffe vom Arzt verschreiben lassen, obwohl sie sie aus medizinischen Gründen eigentlich gar nicht brauchen. (...) In Amerika stehen Ärzte schon jetzt unter dem Druck, dass sie Kunden verlieren, wenn sie solchen Verschreibungswünschen Widerstand leisten. Genau darauf setzen die Konzerne.

Diese Entwicklung, so Metzinger weiter, würde uns vor komplexe ethische Probleme stellen. Es gibt allerdings auch durchaus Stimmen, die die neuen Chancen des kognitiven Enhancements begrüßen. Unter der Überschrift »Keine Angst vor IQ-Doping!« wunderte sich der bekannte US-amerikanische Neuropsychologe Michael Gazzaniga in *Gehirn&Geist* darüber, dass mögliches Neuroenhancement in den USA wie auch in Deutschland häufig als Betrug an der Natur angesehen würde. Gazzaniga empfiehlt, den neuen Möglichkeiten offen zu begegnen:

*Auch in der normalen Bevölkerung gibt es Frauen und Männer mit einem phä-
nomenalen Erinnerungsvermögen, die (...) in allen möglichen Bereichen überdurch-
schnittliche Fähigkeiten an den Tag legen. Irgendetwas in ihrem Gehirn erlaubt
ihnen, blitzschnell neue Informationen zu erfassen und umzusetzen. In diesen
Fällen akzeptieren wir, dass die chemischen Prozesse anderer Gehirne den unseren überlegen sind oder dass die Nervenverbindungen effizienter arbeiten. Warum
stört es uns dann, wenn derselbe Effekt mit einer Tablette erzielt wird? So gesehen,
wurden wir doch von Mutter Natur betrogen – die uns kein höher entwickeltes
Nervensystem geschenkt hat.*

Natürlich gelte das nur unter der Voraussetzung, dass zukünftige Mittel nicht
bloß effektiv, sondern auch gesundheitlich unbedenklich seien. Dann allerdings
gebe es keinen Grund, nicht davon profitieren zu wollen. »Ich persönlich kann es
kaum erwarten, dass Gedächtnispillen auf den Markt kommen«, sagt Gazzaniga.
»Aber im Moment sieht es so aus, als müssten wir noch lange darauf warten.«

Der Philosoph und Psychologe Stephan Schleim von der Universität Groningen sieht das pharmazeutische Enhancement dagegen kritischer. Ihm zufolge überwiegen die Risiken die möglichen Vorteile bei Weitem. Dabei geht
es Schleim vor allem um die Nebenwirkungen der heute verfügbaren Präparate.
Die Substanzen, so der Forscher, hinterließen höchstwahrscheinlich lebenslange
Spuren im Gehirn, deren Spätfolgen noch völlig unbekannt seien.

Doch Schleim thematisierte auch die gesellschaftliche Dimension des Phänomens – und die teils komplizierten ethischen Argumente für und wider das
Enhancement. So stellt er unter anderem die Frage, warum die pharmazeutische
Optimierung des Gehirns eigentlich von vielen als grundsätzlich unfair empfunden wird – wie es etwa der verbreitete Begriff »Hirndoping« nahelegt. Aus
philosophischer Sicht sei das schwer zu rechtfertigen:

*Allerdings scheint unsere Beurteilung, ob Doping unfair ist oder nicht, vom Zu-
gang zu dem entsprechenden Mittel abzuhängen. Dass jemand das Aufputschmittel
Koffein zu sich nimmt und sich dadurch möglicherweise Vorteile in der Prüfung
verschafft, wird üblicherweise nicht kritisch beäugt. Angenommen, ein kognitiver
Enhancer wie Ritalin wäre so frei verfügbar wie Kaffee, dann würde es womöglich
kaum jemand als ungerecht empfinden, wenn seine Konkurrenten es schluckten.*

Die Psychiater Mathias Berger und Claus Normann von der Universitätsklinik
in Freiburg gaben vor einigen Jahren in *Gehirn&Geist* einen Überblick zu den bis
dahin vorliegenden Studien, in denen die Wirksamkeit der Neuroenhancer bei
Gesunden untersucht worden waren. Die Autoren führten zwar eine Reihe von
positiven experimentellen Belegen an, zogen aber das Fazit, dass die Befunde insgesamt sehr widersprüchlich seien. So etwa für Methylphenidat, besser bekannt
unter dem Handelsnamen Ritalin:

*Die Wirksamkeit von Methylphenidat zur Behandlung der Aufmerksamkeitsde-
fizit-Störung bei Kindern und Jugendlichen scheint gesichert; kontrollierte Studien*

ergaben allerdings bei Gesunden keine eindeutige Verbesserung kognitiver Fähig-keiten durch die Substanz. Eine Untersuchung zeigte zwar, dass junge Erwachsene komplexe räumliche Aufgaben nach Ritalingabe besser lösen konnten. Wenn die Versuchspersonen die Übungen aber ein zweites Mal machten, schnitten die Proban-den unter Placebos besser ab. Ritalin könnte das Lernen bei Gesunden langfristig also sogar behindern.

An dieser Erkenntnis hat sich bis zum heutigen Tag nichts geändert: Die Ver-besserungen durch bekannte Hirndopingmittel, sofern sie überhaupt nachge-wiesen werden können, fallen etwa im Vergleich zu Placebos nur gering aus. Die bislang verfügbaren Arzneimittel scheinen demnach die Leistungen von Gesun-den nicht nennenswert zu steigern.

Viel diskutiertes »Memorandum« zum Hirndoping

Im Jahr 2009 erschien ein besonders intensiv diskutierter Beitrag zum Thema: das »Memorandum« zum Neuroenhancement. Dessen erklärtes Ziel war es, die Chancen und Gefahren des Hirndopings differenzierter als je zuvor zu be-trachten. Die Autoren – sieben renommierte Juristen, Ethiker und Mediziner – hatten sich vorher in einem vom Bundesministerium für Bildung und Forschung (BMBF) geförderten Projekt drei Jahre lang mit den Potenzialen und Risiken des Neuroenhancements auseinandergesetzt.

»Wir hatten den Eindruck, dass Neuroenhancement in der Presse oft viel zu umstandslos abgelehnt wird«, erklärt der Bioethiker Thorsten Galert, damaliger Koordinator der Projektgruppe und einer der Autoren des *Gehirn&Geist*-Memo-randums. »Wenn überhaupt Argumente vorgebracht wurden, erfolgte meistens keine Reflexion darüber, dass man aus denselben Gründen auch sehr viele gesell-schaftliche Praktiken ablehnen müsste, die bestens etabliert sind. Deshalb haben wir uns dazu entschieden, das Memorandum zu schreiben.«

So wird unter anderem oft kritisiert, dass Hirndopingmittel vermutlich teuer wären und vor allem reiche Menschen davon profitieren würden. Das könnte die soziale Ungleichheit noch weiter verstärken. Doch inwiefern sich die künftigen Enhancement-Präparate von anderen Vorteilen unterscheiden, die privilegierte Mitglieder der Gesellschaft längst genießen, bleibt für die Autoren des Memo-randums unklar:

Im Namen etwa der Freiheit, der Effizienz oder des historischen Gewachsenseins sozialer Strukturen akzeptieren wir nicht nur erhebliche Unterschiede im sozialen Status, im Einkommen und in den damit verbundenen individuellen Zukunfts-chancen, sondern auch die Weitergabe solcher Startvorteile an die eigenen Nach-kommen. Eine exzellente Ausbildung in teuren privaten Schulen und Hochschulen schafft privilegierte Chancen für das künftige Berufsleben (...) Wenn der »Kauf« ungleicher Chancen durch eine Ausbildung in Salem und Harvard die Gerechtigkeit nicht verletzt, warum dann der Kauf analoger Effekte durch Neuroenhancement?

Vom großen Echo, das das Memorandum in der Öffentlichkeit auslöste, war das Projektteam allerdings überrascht. Zwar erhielt der Text die beabsichtigte Aufmerksamkeit: Etliche Zeitungen, Zeitschriften und Onlinemedien nahmen sich des Themas an; Verbände wie die Bundespsychotherapeutenkammer und die Deutsche Gesellschaft für Chirurgie sahen sich genötigt, Stellungnahmen abzugeben. In vielen Kommentaren blies den Autoren des Memorandums jedoch ein rauer Wind entgegen.

»Das Memorandum wurde insgesamt nicht als ein ausgewogenes Dokument wahrgenommen, in dem das Für und Wider sorgsam gegeneinander abgewogen wurde«, sagt Galert, der mittlerweile am Deutschen Referenzzentrum für Ethik in den Biowissenschaften in Bonn arbeitet. »Wir haben wohl eher den Eindruck erzielt, es handele sich um ein ultraliberales Statement nach dem Motto: Hirndoping für alle!« Dabei habe die eigentliche Intention darin bestanden, die Leser zum selbstständigen Denken anzuregen – ohne dass man es sich bei der Ablehnung von Neuroenhancement allzu leicht machen sollte.

Überzeichnete Brisanz?
Nicht nur die als neoliberal empfundene Position der Memorandum-Autoren rief Kritiker auf den Plan. Einige sprachen gar von einer Scheindebatte. »Ich fand es überraschend, dass das Thema damals so hochgekocht ist«, sagt etwa Torsten Heinemann. Der Soziologe von der Universität Frankfurt am Main untersucht, wie Hirnforschung und biotechnologischer Fortschritt in der Gesellschaft diskutiert werden – und hat auch die Geschichte des Memorandums aufmerksam verfolgt. Die Brisanz des Szenarios, sagt Heinemann, erschien ihm damals stark überzeichnet. Daran ändere auch nichts, dass sich das Memorandum auf eine hypothetische Zukunft bezog, in der es sowohl wirksame als auch nebenwirkungsfreie Enhancement-Mittel gibt – es fragte nach dem »Was wäre wenn?«.

Darüber, wie viele Menschen tatsächlich mit Arzneistoffen ihr Gehirn zu mehr Leistung antreiben wollen, war zum Zeitpunkt der Veröffentlichung des Memorandums noch wenig bekannt. Seither ist die Datenlage etwas solider geworden. 2012 etwa erschienen die Ergebnisse einer repräsentativen Umfrage unter fast 8000 Studierenden in Deutschland. Demnach seien fünf Prozent der Befragten wiederholte »Hirndoper«, nähmen also ohne medizinischen Grund Medikamente oder Stimulanzien ein – die meisten von ihnen allerdings nur selten. Als häufigstes Motiv für den Griff zur Pille nannten die Befragten, sie wollten auf diese Weise Nervosität und Lampenfieber bekämpfen, etwa bei der Vorbereitung auf eine wichtige Prüfung. Die Steigerung der geistigen Leistung stand nur an zweiter Stelle.

Die Zahl von fünf Prozent stimmt recht genau mit anderen Untersuchungen überein. Glaubt man allerdings neueren Studien des Psychiaters Klaus Lieb und seiner Kollegen von der Universität Mainz, ist sie deutlich zu niedrig angesetzt. In einer Reihe von anonymisierten Befragungen kamen die Forscher zunächst ebenfalls zu dem Schluss, dass ungefähr fünf Prozent der Studenten innerhalb eines Jahres versucht haben, mit Hilfe von Stimulanzien gezielt ihre Leistung zu steigern. Darunter verstehen Lieb und Kollegen nicht nur Amphetamine, Ritalin oder Modafinil, sondern auch Koffeintabletten – deren Einnahme mit dem Ziel der Leistungssteigerung zwar nicht verboten ist, die aber immerhin in der Apotheke beschafft werden müssen, da sie nicht frei verkäuflich sind.

Vierfach erhöhte Dunkelziffer

Allerdings rücken auch bei anonymen Fragebogen-Erhebungen viele Teilnehmer nicht mit der Wahrheit heraus. Das erkannten der Psychiater und sein Team, als sie zusammen mit dem Sportmediziner Perikles Simon etwa 2500 Studierende genauer befragten, wobei sie eine ausgefeiltere Technik einsetzten, die »Randomized-Response-Methode«.

Hierbei müssen die Teilnehmer nach einem bestimmten Muster auf die entscheidende Frage – etwa der nach dem Drogenkonsum – entweder die Wahrheit oder die Unwahrheit sagen. Der Versuchsleiter weiß somit selbst nicht, was die Antwort eines einzelnen Teilnehmers bedeutet. Befragt man aber ausreichend viele Personen, lässt sich das Muster aus den Antworten herausrechnen – übrig bleibt die Zahl der ehrlichen Antworten.

Mit diesem Ansatz kamen die Forscher zu einer ganz anderen Einschätzung darüber, wie verbreitet Neuroenhancement unter Studierenden ist: Demnach hatten rund 20 % der Befragten im vergangenen Jahr Stimulanzien eingenommen, um bei Klausuren oder Examen bessere Leistungen zu erzielen! Zumindest an den Universitäten, so Lieb, werde die Zahl der Hirndoper daher wohl unterschätzt. Und die grundsätzliche Bereitschaft zum Enhancement scheine sogar noch größer zu sein.

In einer weiteren Untersuchung ermittelte das Team um Lieb, dass etwa 80 % der Studierenden Neurodoping betreiben würden, wenn die nötigen Subtanzen sowohl sicher als auch frei erhältlich wären. »Die grundsätzliche Bereitschaft, zu Medikamenten zu greifen, ist sehr groß«, so Lieb. Im Moment scheinen lediglich die Furcht vor Nebenwirkungen sowie der Illegalität derzeit viele Studierende davon abzuhalten.

Auch wenn diese Zahlen alarmierend erscheinen, eine Aussage darüber, ob sich Neuroenhancement in der Gesellschaft tatsächlich immer weiter verbreitet, erlauben sie nicht. Erst wenn die Befragungen in einigen Jahren wiederholt werden, lassen sich mögliche Trends ablesen.

Ob Hirndoping einmal zu einem Massenphänomen werden wird, hängt sicher zum Großteil davon ab, ob und wann Psychopharmakologen den ersehnten Zufallsfund machen, der ihnen eine sowohl wirksame als auch nebenwirkungsarme Wunderpille beschert. Doch mindestens genauso wichtig dürfte sein, wie sich das gesellschaftliche Klima insgesamt entwickelt. Denn in einem Punkt sind sich alle Forscher einig: Der Griff zum Neuroenhancer ist nur der neueste Ausdruck einer bereits länger andauernden und bedenklichen Entwicklung – dem immer stärker zunehmenden Leistungsdruck.

Thorsten Galert etwa argumentiert, wer Enhancement-Praktiken ablehne, weil sie das Primat der Selbstverbesserung auf die Spitze treiben, der doktere nur an einem Symptom herum. »Wie in der Medizin gilt jedoch: Es ist sinnvoller, das Übel an der Wurzel zu packen.« Wie viel jeder Einzelne leiste oder erwirtschafte, dürfe nicht die alleinige, alles beherrschende Frage sein. Stattdessen müsse eine menschlichere Gesellschaft das Ziel sein, so Galert.

Hier trifft sich die Position des Memorandum-Autors mit der des Skeptikers Klaus Lieb. Für den ist Hirndoping für gestresste Büroarbeiter gleichbedeutend mit der Frage: »Wie kann man aus einer ausgequetschten Zitrone noch die letzten Tropfen rausholen?« Zu viele Menschen stießen heuten an die Grenzen ihrer Leistungsfähigkeit, so der Psychiater. Wer dann aber zu einem verschreibungspflichtigen Medikament greife, müsse sich fragen, ob da nicht etwas schieflaufe. »Um langfristig leistungsfähig zu sein, braucht der Körper immer wieder Phasen der Erholung und der Ruhe.«

Webtipp

* »Bloggewitter« zum Memorandum auf SciLogs, der Plattform für Wissenschaftsblogs: www.scilogs.de/memorandum

Quellen

* Lieb, K.: Hirndoping: Warum wir nicht alles schlucken sollten. Artemis & Winkler, Mannheim, 2. Auflage 2010
* Middendorff, E. et al.: Formen der Stresskompensation und Leistungssteigerung bei Studierenden. In: HIS: Forum Hochschule 1/2012

»Schönheitschirurgie für die Seele«

Interview mit Thomas Metzinger

Wenn gesunde Menschen Medikamente nehmen, um ihren Geist zu optimieren, droht dann eine Diktatur der Glückspillen? Der Mainzer Neurophilosoph Thomas Metzinger gibt Entwarnung: Der wissenschaftliche Fortschritt habe schon immer unsere Vorstellung davon verändert, was »normal« ist.

Thomas Metzinger

wurde 1958 in Frankfurt am Main geboren und studierte Philosophie, Ethnologie und Theologie in Frankfurt und Gießen. 2003 berief man ihn zum Professor für Philosophie in Osnabrück, später in Mainz, wo er unter anderem das interdisziplinäre Forschungsprojekt »Normalität, Normalisierung und Enhancement in den Neurowissenschaften« koordiniert (siehe Webtipp).

Herr Professor Metzinger, viele Neurowissenschaftler und andere Experten fordern einen offenen Umgang mit den neuen Möglichkeiten, geistige Funktionen pharmakologisch zu beeinflussen. Stimmen Sie dem zu?
Ich denke, man sollte von der Grundannahme ausgehen, dass jeder entscheidungsfähige Mensch mit seinem Körper und mit seinem Geist erst einmal machen darf, was er will. Diese größtmögliche Freiheit für das Individuum kennzeichnet unseren liberalen Rechtsstaat. Die wirklich wichtige Frage lautet, unter welchen Umständen und auf genau welche Weise diese Freiheit dann wieder eingeschränkt werden muss.

Was würde Ihrer Meinung nach dazu Anlass geben?
Zum Beispiel, wenn man sich selbst oder seinem sozialen Umfeld mit diesen Praktiken schadet. Bislang fehlen uns Erkenntnisse darüber, wie sich kognitives

© Springer-Verlag Berlin Heidelberg 2017
S. Ayan (Hrsg.), *Rätsel Mensch – Expeditionen im Grenzbereich von Philosophie und Hirnforschung*,
DOI 10.1007/978-3-662-50327-0_35

259

Enhancement langfristig auswirkt. Um eine fundierte ethische Entscheidung treffen zu können, brauchen wir Langzeituntersuchungen an Gesunden. Diese Studien gibt es aber nicht – weil sie schlicht und einfach gesetzlich verboten sind. Manche Forscher fordern daher, dieses Verbot aufzuheben. Zu Recht, wie ich meine: Wir müssen jetzt damit anfangen, Daten zu erheben, um mögliche Spätfolgen des pharmakologischen Enhancement rechtzeitig abschätzen zu können.

Grundsätzliche Einwände gegen Enhancement hegen Sie nicht?
Bei vielen vorgebrachten Einwänden handelt es sich um verbreitete Missverständnisse, mit denen wir endlich aufräumen sollten. Etwa die Idee, dass Enhancement schon allein deshalb moralisch schlecht sei, nur weil es »künstlich« ist. Oder dass das Ziel, die menschliche Natur zu verbessern, unethisch sei – als ob unsere geistige Begrenztheit ein Geschenk darstellte, das wir sozusagen von Gott erhalten haben und an dem wir nichts ändern dürfen. Das ist natürlich Unsinn.

Gibt es also gar nichts am Neuroenhancement auszusetzen?
Als Philosoph reibe ich mich ein bisschen an dem Begriff »Neuroenhancement«. Das eigentliche Ziel dieser Maßnahmen ist ja nicht, Nervenzellen im Gehirn zu verbessern, sondern das Denken an sich oder auch die Stimmungslage. Man will also bestimmte *Funktionen* optimieren. Zwar geht das immer auch mit neuronalen Veränderungen einher, aber die sind nicht das Interessante daran. Ich spreche daher lieber von »kognitivem Enhancement« – wie die meisten Forscher auf der Welt übrigens auch.

Gut, aber wie bewerten Sie nun diesen Trend?
Das, was in einer Gesellschaft als normal gilt, hat sich schon immer im Lauf der Zeit gewandelt: Neue Handlungsmöglichkeiten verändern unsere Sichtweise, dabei spielt der technische Fortschritt eine große Rolle. Heute finden wir überhaupt nichts Ungewöhnliches daran, übers Wochenende Freunde zu besuchen, die hunderte Kilometer entfernt wohnen – weil es nun mal Autos gibt. Im Moment erweitern sich unsere Handlungsmöglichkeiten in Bezug auf den eigenen Geist, und in einem solchen Moment verschieben sich auch Normen: die Einschätzung darüber, was sein muss und was nicht sein muss, ändert sich.

Inwiefern ist das in Bezug auf Enhancement schon heute zu beobachten?
Nehmen wir die kognitive Leistung im Alter: Früher war es ganz normal, wenn ab Mitte 50 das Gedächtnis ein bisschen abgebaut hat. Jetzt gibt es dafür eine medizinische Diagnose – »mild cognitive impairment«, zu Deutsch: leichte kognitive Störung. Ähnliches gilt auch für unser emotionales Befinden. Wann

etwa die Trauer nach dem Tod eines Angehörigen als krankhafte Depression gilt, ist eine kulturelle Norm, die sich ebenfalls wandelt. Früher gab es diese Diagnose gar nicht. Da sagte man in vielen Fällen: So ist das Leben! Wenn es aber die Möglichkeit gibt, diesen Zustand abzustellen, dann entsteht auch ein gesellschaftliches Bedürfnis danach. Irgendwann denken die Leute: »Das muss nicht mehr sein.« Dabei zeigt jedoch vor allem, dass es immer auch Interessengruppen gibt, die solche Normen in eine bestimmte Richtung verschieben wollen.

In diesem Fall die Pharmaindustrie?
Einerseits ja. Wenn ich zehn Jahre lang an einem neuen, gedächtnisfördernden Medikament gearbeitet habe, brauche ich natürlich auch die passende Krankheit, um die Substanz verschreiben zu können – und schon ist eine neue Diagnose erfunden. Doch auch die Vertreter der traditionellen Psychotherapie verdienen mit ihren Angeboten Geld. Deshalb haben sie ein Interesse daran, die Nachteile der Pharmakotherapie – und in Zukunft auch des kognitiven Enhancements – aufzuzeigen. Philosophisch gesehen leuchtet es jedoch nicht ein, warum eine der beiden Eingriffsebenen, die geistige oder die molekulare, ethisch besser sein sollte. Man kann sie nicht gegeneinander ausspielen oder behaupten, die eine Therapieform sei grundsätzlich besser als die andere. Vielmehr sollten sie sich auf intelligente Weise ergänzen.

Welchen Umgang mit Enhancement empfehlen Sie?
Wir sollten zunächst einmal schauen: Wie ist eigentlich die Situation in Deutschland? Die meisten Daten stammen aus den USA; dort herrschen aber andere kulturelle Normen als hier zu Lande. Zum einen ist die Hemmschwelle für Körperveränderungen, beispielsweise durch kosmetische Chirurgie, niedriger als in Europa. Und im Grunde haben wir es beim Enhancement ja mit »kosmetischer Psychopharmakologie« zu tun: Es geht nicht darum, Krankheiten zu heilen, sondern sozusagen um Schönheitschirurgie für die Seele. Der zweite kulturelle Unterschied ist, dass in Amerika ein höherer Wettbewerbsdruck herrscht als in Deutschland. Deshalb ist anzunehmen, dass das kognitive Enhancement in Deutschland nicht so weit verbreitet ist – zumindest noch nicht.

Worauf beruht diese Annahme – gibt es dazu konkrete Zahlen?
Im Rahmen unseres Mainzer Forschungsprojekts (s. Webtipp, Anm. d. Red.) befragten wir zum Beispiel mehrere hundert Schüler und Studenten – und nur etwa drei Prozent haben schon einmal Erfahrung mit Methylphenidat oder Amphetaminen gesammelt. Modafinil scheint noch überhaupt keine Rolle zu spielen. Dennoch zeichnet sich eine große generelle Bereitschaft ab, solche Substanzen einzunehmen.

Welche Motive stecken dahinter?

Vor allem erhofften sich die von uns Befragten Vorteile beim Lernen oder bei Prüfungen. Interessanterweise beurteilen die Betreffenden ihre Erfahrungen mit den Medikamenten aber oft kritisch – insbesondere ihr soziales Umfeld reagierte negativ. Das sind alles nur vorläufige Ergebnisse, doch zumindest scheint es an deutschen Universitäten bislang noch keine »Enhancement-Epidemie« zu geben wie vielleicht in den USA. Die mediale Aufmerksamkeit, die dem Phänomen gewidmet wird, löst allerdings Probierverhalten aus: Selbst Leute, die vorher nie etwas von Modafinil gehört haben, glauben jetzt, sie müssten losgehen und das mal testen.

Wie ließe sich das vermeiden?

Es ist vor allem wichtig, unaufgeregt und sachlich darüber zu reden. Deshalb ist jeder Vorstoß zu begrüßen, der darauf abzielt, die Enhancement-Debatte etwas nüchterner zu führen, als es bisher meist geschieht.

Die Fragen stellte der Psychologe und Gehirn&Geist-Mitarbeiter Joachim Retzbach.

Webtipp

- Mehr Informationen zum Forschungsprojekt »Normalität, Normalisierung und Enhancement in den Neurowissenschaften« an der Johannes Gutenberg-Universität Mainz: www.ifzn.uni-mainz.de/472.php

Einmal *Moral forte*, bitte!

Volkart Wildermuth

Eine Pille zur Stärkung von Mitgefühl und Hilfsbereitschaft? Klingt abwegig. Doch schon heute können Forscher mit Hilfe verschiedener Botenstoffe im Gehirn unser Urteil in ethischen Fragen manipulieren. Neurophilosophen diskutieren das Für und Wider eines Moraldopings für jedermann.

Auf einen Blick

Chemische Nachhilfe

1 Mittels Botenstoffen wie Oxytozin oder Serotonin können Neurowissenschaftler in Experimenten das Mitgefühl von Probanden stärken.

2 Diese Mittel beeinflussen das Verhalten von Menschen in moralischen Testszenarien, indem sie etwa die Bindung innerhalb der eigenen Gruppe stärken.

3 Philosophen warnen vor den Nebenwirkungen einer Moralpille: So ließen sich damit wohl auch ethische Hemmschwellen abbauen.

Stellen Sie sich vor, Sie stehen auf einer Brücke. Unter Ihnen rast eine führerlose Straßenbahn auf fünf nichts ahnende Gleisarbeiter zu. Neben Ihnen steht ein sehr dicker Mann, schwer genug, um die Bahn zu stoppen. Würden Sie ihn hinunterstoßen, um die Arbeiter zu retten? Anders gefragt: Würden Sie einen Menschen opfern, damit fünf andere überleben?

Dies ist ein klassisches Dilemma, für das es keine ethisch einwandfreie Lösung gibt. Um zu ergründen, wie wir moralische Entscheidungen treffen, hat es Forschern auf der ganzen Welt gute Dienste geleistet. Als die Psychobiologin Molly Crockett von der University of Oxford das Gedankenexperiment mit Probanden

© Springer-Verlag Berlin Heidelberg 2017
S. Ayan (Hrsg.), *Rätsel Mensch – Expeditionen im Grenzbereich von Philosophie und Hirnforschung*,
DOI 10.1007/978-3-662-50327-0_36

in ihrem Labor durchspielte, stellte sie fest, dass etwa vier von zehn den dicken Mann im Zweifelsfall von der Brücke stoßen würden, die übrigen entschieden sich dagegen.

In einem zweiten Versuchsdurchgang sah das Ergebnis allerdings ganz anders aus: Die Teilnehmer schreckten eher davor zurück, dem unbeteiligten Mann zu schaden – der Anteil derer, die ihn auf die Gleise schubsen würden, sank deutlich. Was war passiert? Crockett hatte die moralische Grundeinstellung ihrer Probanden chemisch manipuliert – mit Hilfe des Neurotransmitters Serotonin.

Der Botenstoff fördert verschiedenen Untersuchungen zufolge das soziale Miteinander, bei Tieren wie beim Menschen. Mit Hilfe eines Antidepressivums erhöhte die Forscherin über drei Wochen hinweg den Serotoninspiegel im Gehirn ihrer Versuchsteilnehmer. Das genügte, damit sie den dicken Mann schonten und die Gleisarbeiter ihrem Schicksal überließen. »Die Leute fanden es moralisch weniger akzeptabel, selbst jemanden zu verletzen, um anderen zu helfen«, fasste Crockett das Ergebnis zusammen. »Serotonin beeinflusst also moralisches Urteilen und Verhalten.«

Die Betonung liegt hier auf »beeinflusst«. Der Neurotransmitter dreht den moralischen Kompass nicht zwangsläufig Richtung Mitgefühl, aber er erhöht messbar den Anteil der Personen, die davor zurückschrecken, den dicken Mann zu opfern. Mit ihrer Forschung steht Crockett keineswegs allein. Neurowissenschaftler verstehen immer besser, welche Stoffe sich auf unser Moralempfinden auswirken und wie es sich so in die eine oder andere Richtung verändern lässt.

Am besten erforscht ist dieser Zusammenhang wohl bei dem Hormon Oxytozin. Dessen Wirkung zeigt sich besonders deutlich bei Menschen mit angeborenem Williams-Syndrom, die unter anderem einen deutlich erhöhten Oxytozinspiegel aufweisen. »Sie sind sehr an anderen interessiert und besonders empathisch«, erklärt Andreas Meyer-Lindenberg, Direktor am Zentralinstitut für Seelische Gesundheit in Mannheim. Das Williams-Syndrom ist sehr selten, aber auch bei Gesunden beeinflusst Oxytozin messbar das Sozialverhalten.

Im Labor lässt sich das zum Beispiel mit Hilfe des so genannten Ultimatumspiels zeigen. Dabei sitzt die Versuchsperson einem Fremden gegenüber, der von einem Forscher zehn Ein-Euro-Münzen bekommt. Er darf behalten, so viel er will, den Rest bietet er dem Probanden an – beispielsweise drei Euro. Dieser kann nun das Geld annehmen und seinem Gegenüber den größeren Gewinn überlassen – oder aber ablehnen. In diesem Fall gehen jedoch beide leer aus.

Kurz erklärt

Oxytozin – das Bindungshormon

Das Neuropeptid Oxytozin wird im Hypothalamus produziert und fungiert als Neurotransmitter sowie als Hormon. Es wird beim Stillen ausgeschüttet, beim Kuscheln, beim Sex und vermittelt Gefühle von Nähe und Vertrauen. Ein niedriger Oxytozinspiegel wurde etwa bei Menschen festgestellt, die unter Depressionen, Schizophrenie oder einer Autismus-Spektrum-Störung leiden. Laut Experimenten stärkt Oxytozin aber nicht nur die Bindung zu anderen Menschen, sondern auch die Neigung zur Schadenfreude. Zudem stellen sich die positiven Effekte vor allem bei Mitgliedern der eigenen Gruppe ein. »Außenseiter«, die sich etwa durch eine andere Hautfarbe oder Herkunft auszeichnen, werden von Probanden unter dem Einfluss eines Oxytozinsprays dagegen negativer beurteilt.

Eine Extradosis Vertrauen

Die meisten Menschen lehnen ein Angebot von nur drei Euro ab, bestrafen also unfaires Verhalten, selbst wenn sie dafür auf Geld verzichten müssen. »Menschen, denen man etwa über ein Nasenspray eine Extradosis Oxytozin verabreicht, zeigen weniger dieser negativen Emotionen«, so Meyer-Lindenberg. »Sie reagieren in vielen Studien vertrauensvoller.«

Auch Molly Crockett hat das Ultimatumspiel genutzt, allerdings um den Einfluss von Serotonin auf die menschliche Kooperationsbereitschaft zu untersuchen. Mit ganz ähnlichem Ergebnis: Die Versuchspersonen sind eher bereit, anderen zu verzeihen. Interessant ist, dass sowohl Serotonin als auch Oxytozin moralisches Verhalten auf der emotionalen Ebene beeinflussen. Eine medikamentöse Stärkung des Denkvermögens hat dagegen keinen Effekt im Ultimatumspiel. Im Alltag wird unsere Moral offenbar mehr durch Gefühle gesteuert.

Die Forschungen von Crockett und Meyer-Lindenberg verfolgen nicht nur ihre Fachkollegen gespannt, sondern auch Philosophen wie Julian Savulescu. Der Direktor des Oxford Uehiro Centre for Practical Ethics befürchtet, die Menschheit könnte sich durch Klimawandel oder Massenvernichtungswaffen irgendwann einmal selbst auslöschen. »Erziehung, Justiz und unsere angeborene Moralität reichen nicht aus, um mit der Globalisierung fertigzuwerden«, glaubt Savulescu. »Wir müssen all unser Wissen, auch das der Neurowissenschaften, nutzen, um den Leuten zu helfen, moralischer zu handeln.« »Moral Enhancement« – eine Stärkung des Moralsinns – nennt Savulescu solche Verfahren. Wird man dereinst mit pharmazeutischen Mitteln das Mitgefühl oder die Hilfsbereitschaft der Menschen fördern können?

Noch ist das nur eine Zukunftsvision, trotzdem diskutieren Philosophen bereits heute heftig das Für und Wider der Ergebnisse von Crockett und Meyer-Lindenberg. Ist größeres Mitgefühl immer positiv, oder wäre es im Ultimatumspiel nicht eigentlich moralischer, den anderen Mitspieler zu bestrafen, um die soziale Norm der Fairness durchzusetzen?

Kurz erklärt

Serotonin – der soziale Botenstoff
Der Neurotransmitter Serotonin erleichtert zahlreichen Tierstudien zufo
Zusammenleben in der Gruppe. Beim Menschen stärkt ein hoher Serotoninspiegel im Gehirn das Wohlbefinden. Deshalb wird der Botenstoff oft als »Glückshormon« bezeichnet. Umgekehrt kann ein Mangel an Serotonin zu Aggressionen, Ängsten und Depressionen führen. Aus diesem Grund wirken viele Antidepressiva über den Neurotransmitter. Selektive Serotonin-Wiederaufnahmehemmer etwa vermindern den Abtransport des Botenstoffs aus dem synaptischen Spalt und erhöhen so seine Konzentration.

Was ist Moral überhaupt?

»Die größte Herausforderung«, meint die Psychobiologin Crockett, »ist, erst einmal Einigkeit darüber zu erzielen, was Moral überhaupt ist.« Diese Frage wurde in der Geistesgeschichte immer wieder neu beantwortet. So riet etwa der griechische Philosoph Aristoteles im 4. Jahrhundert v. Chr. im Rahmen seiner Tugendethik, stets das Mittlere zwischen extremen Charaktereigenschaften zu suchen – also etwa Großzügigkeit zwischen Verschwendung und Geiz. Im Mittelalter setzten christliche Ethiker auf die Werte Glaube, Liebe und Hoffnung. Für konkrete Situationen lassen sich daraus allerdings häufig ganz unterschiedliche Folgerungen ziehen.

Eine quasi mathematische Richtschnur entwickelte schließlich um 1776 der englische Philosoph Jeremy Bentham. Der Begründer des so genannten Utilitarismus argumentierte: »Das größte Glück der größten Zahl ist das Maß für Richtig und Falsch.« Danach ist es moralisch geboten, einen Menschen von der Brücke zu stoßen, um fünf andere zu retten. Nur zwölf Jahre später vertrat Immanuel Kant in seiner »Kritik der praktischen Vernunft« allerdings genau die gegenteilige Position: Handle so, dass du Personen »jederzeit als Zweck, niemals bloß als Mittel brauchst«. Einen Menschen zu opfern – aus welchen Gründen auch immer –, erscheint damit unvereinbar.

Utilitarismus, Pflichtethik und religiös begründete Positionen prägen bis heute die ethische Debatte, und eine Einigung ist nicht in Sicht. Über viele konkrete Aspekte der Moral ist man sich in der Philosophie allerdings durchaus einig, meint Savulescus Kollege Guy Kahane. Rassismus wird beispielsweise nicht nur von Philosophen, sondern ebenfalls von breiten Teilen der Gesellschaft abgelehnt. Trotzdem sind Vorurteile nach wie vor weit verbreitet.

»Selbst Menschen, die sich liberal und tolerant geben«, fasst Kahane den Kenntnisstand der Psychologie zusammen, »werden unbewusst von Hautfarbe, Geschlecht oder Religionszugehörigkeit anderer Personen beeinflusst.« Diesen

Effekt abzumildern, wäre eine Form des Moraldopings, auf die sich vermutlich alle einigen könnten. Und genau hier bietet die Medizin möglicherweise einen Ansatzpunkt: den Betablocker Propranolol.

Seine Möglichkeiten haben die Philosophen vom Oxford Uehiro Centre for Practical Ethics gemeinsam mit Hirnforschern der University of Oxford in einer Studie ausgelotet. Dabei zeigte sich: Das Herzmedikament hatte zwar keinen Einfluss auf die bewussten moralischen Einstellungen ihrer Probanden, es konnte unbewusste Vorurteile jedoch deutlich abmildern. Sollten in Zukunft also Personalchefs vor Einstellungsgesprächen Propranolol nehmen, um die Bewerber unvoreingenommen beurteilen zu können?

Diese Vision löst keineswegs nur Begeisterung aus. »Die klassischen Methoden zur Stärkung der Moral – also Erziehung und das Rechtssystem – wirken von außen, sie verändern nicht die eigenen Gedanken«, argumentiert Owen Schaefer, einer der lautesten Kritiker des »Moral Enhancement« am Uehiro Centre. »Diese biologischen Methoden greifen dagegen direkt in die Hirnchemie ein. Das ist fast eine Gehirnwäsche.«

Kurz erklärt

Propranolol – Betablocker mit Mehrwert
Häufig als Herzmedikament verschrieben, blockiert Propranolol die b-Adreno-zeptoren im Herzen und senkt so Blutdruck und Puls. Nach verschiedenen Studien wirkt der Betablocker aber nicht nur beruhigend auf das Herz, sondern auch auf den Geist. Denn unser Gehirn bewertet die Stärke einer Emotion unter anderem nach deren körperlichen Begleiterscheinungen. Wenn der Puls gleichmäßig bleibt, lässt beispielsweise die Angstreaktion nach.

Die Moral im Gehirn

Ein eigenes Ethikzentrum im Gehirn konnten Forscher bisher nicht entdecken. Vielmehr spielen verschiedene Areale bei unseren moralischen Entscheidungen eine Rolle. Studien deuten darauf hin, dass das Gehirn unser Sozialverhalten auf mindestens zwei unterschiedlichen Wegen reguliert: Im Rahmen der so genannten »Bottom-up«-Modulation werden im Hypothalamus Neuropeptide wie Oxytozin oder Vasopressin produziert, die über die Amygdala und den Hirnstamm prosoziales Verhalten fördern. Im Rahmen der »Top-down«-Kontrolle bewirken der anteriore zinguläre Kortex und der ventromediale präfrontale Kortex über Amygdala und Hirnstamm die Ausschüttung von Botenstoffen wie Serotonin – und dämpfen so die Bereitschaft, anderen Menschen zu schaden.
Tost, H., Meyer-Lindenberg, A.: I Fear for You: A Role for Serotonin in Moral Behavior. In: Proceedings of the National Academy of Sciences 40, S. 17071 – 17072, 2010.

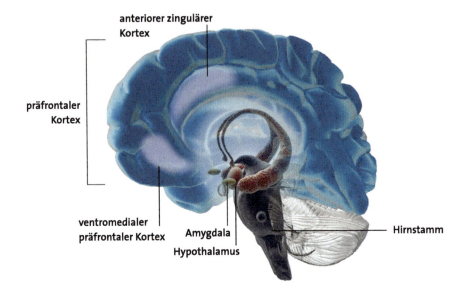

anteriorer zingulärer
Kortex

präfrontaler
Kortex

ventromedialer
präfrontaler Kortex   Amygdala

Hypothalamus

Hirnstamm

Abb. 1   An moralischen Urteilen beteiligte Hirnareale (Grafik: Gehirn und Geist/Meganim [M])

Unbewusste Vorurteile bekämpfen

Viele Philosophen teilen die Sorge, dass ein wirksames Moraldoping die Grundfesten der Persönlichkeit untergraben könnte. Plastisch ausgemalt hat das schon 1971 Stanley Kubrick in seinem Film »A Clockwork Orange«. Darin wird der psychopathische Jugendliche Alex im Gefängnis mit einer Aversionstherapie behandelt: Er muss brutale Filmszenen anschauen, während ein Medikament bei ihm eine überwältigende Übelkeit auslöst. Die Therapie beseitigt seine aggressiven Neigungen, aber Alex ist danach ein gebrochener Mann und seinem Umfeld hilflos ausgeliefert.

Allerdings geht diese Vision weit über das hinaus, was ein praktisch umsetzbares Moraldoping je leisten könnte. Guy Kahane ist davon überzeugt, dass es viele Situationen gibt, in denen man aus guten Gründen zu einer Moralpille greifen könnte. So sind etwa die meisten Menschen verstört, wenn sie von ihren unbewussten Vorurteilen erfahren. Wenn sich dagegen etwas tun ließe, »dann würde sie das nicht unfrei machen, sondern ihnen helfen, so zu handeln, wie sie es ohnehin wollen«, meint der Philosoph.

Im Grunde ist die Situation bei den unbewussten Vorurteilen ähnlich wie beim Abnehmen: Ein Aspekt des eigenen Willens, der langfristige Wunsch nach einer schlanken Figur, liegt im Widerstreit mit einem anderen Aspekt, etwa dem spontanen Appetit auf Schokoladentörtchen. Ein Appetitzügler verschiebt die Balance zwischen diesen beiden Impulsen. Wer auf diesem Weg bewusst versucht, sein ideales Selbstbild zu erreichen, ist nicht fremdbestimmt, sondern sehr authentisch, argumentiert Anders Sandberg, ebenfalls Philosoph am Uehiro Centre. »Meistens liegt das Problem mit der Moral nicht darin, zu wissen, was wir tun sollten, sondern darin, dass wir zu bequem sind, es tatsächlich zu tun.«

Dieser Widerspruch zwischen moralischer Einstellung und tatsächlichem Verhalten zeigt sich zum Beispiel in der Ehe. Treue ist hier ein allgemein akzeptierter Standard, der in der Praxis häufig ignoriert wird, wie unter anderem steigende Scheidungszahlen belegen. Dabei wollen am Anfang einer Ehe beide Partner, dass sie möglichst lange hält. Eine biochemische Stärkung der gegenseitigen Anziehung wäre also im Interesse von Mann und Frau, so Anders Sandberg.

Gemeinsam mit seinen Kollegen sinnierte er in einer Forschungsarbeit gleich über einen ganzen Treuecocktail. Die Zutaten: Oxytozin zur Festigung der Bindung, Testosteron für die sexuelle Erregung, das Hormon CRH, um die Angst vor einer Trennung zu steigern, und vielleicht noch eine Prise Ecstasy, um beide Partner offener zu machen. Dieser moderne Liebestrank garantiert sicher keine ewige Treue und bewirkt für sich genommen wahrscheinlich gar nicht viel. Aber er könnte den Effekt eines romantischen Abendessens oder eines langen Spaziergangs zu zweit verstärken und damit auch die Bindung zwischen den Partnern.

Erst der richtige Kontext würde also dafür sorgen, dass ein Medikament für die Moral die gewünschte Wirkung entfaltet. Würde man Sandbergs fiktive Mixtur vor dem Seitensprung einnehmen, dürfte es die Ehe nicht gerade stabilisieren – sondern vielmehr die Affäre! Eine Moralpille könnte kontraproduktiv sein.

In den Augen der Philosophen sind solche unerwünschten Wirkungen zwar ein Problem, aber kein unüberwindliches Hindernis. Jeder Arzt oder Apotheker schätzt täglich Nutzen und Risiken von Medikamenten ab, und in den meisten Fällen profitieren die Patienten am Ende davon. Ein künftiges Moraldoping könnte zum Beispiel im Rahmen einer Psychotherapie Einsatz finden. Dabei ermitteln Therapeut und Patient zuerst gemeinsam die moralischen Ziele des Betreffenden, bevor dieser dann versucht, sie mit Hilfe der richtigen Hormone und Neurotransmitter umzusetzen.

Allerdings bergen die Nebenwirkungen eines Moralcocktails noch weitere Probleme. »Betrüger würden wohl sagen: Großartig! Alle anderen nehmen die Pillen, und ich bin der König«, befürchtet Anders Sandberg. Guy Kahane stimmt zu: »Das ist eines der Probleme mit der Moral: Alle wollen Pillen, die die Belastbarkeit steigern oder das Gedächtnis stärken. Aber eine Pille, die nett macht? Dafür gäbe es wohl kaum einen Schwarzmarkt.«

»Chemische Kastration« für Sexualstraftäter

Gewisse Formen des Moraldopings kommen schon heute zum Einsatz und sind weit gehend akzeptiert. So nehmen beispielsweise einige Männer mit pädophilen Neigungen freiwillig Antiandrogene, um nicht zur Gefahr für Kinder zu werden. Die Medikamente blockieren etwa die Wirkung des männlichen Sexualhormons Testosteron und dämpfen dadurch den Sexualtrieb.

In mehreren US-Bundesstaaten ist eine solche »chemische Kastration« eine Möglichkeit für Sexualstraftäter, um frühzeitig aus dem Gefängnis entlassen zu werden. Die Behandlung kann dort in Einzelfällen sogar gegen den Willen des Straftäters angeordnet werden. Ein künftiges Moraldoping könnte auf ähnliche Weise in gesellschaftliche Rahmenbedingungen eingebettet werden.

Allerdings zeigen die Experimente von Molly Crockett, dass gerade die Menschen, die sich ohnehin schon besonders gut in andere einfühlen können, am stärksten auf die Veränderung des Serotoninspiegels reagieren. Umgekehrt sind diejenigen, die ein Moraldoping am nötigsten hätten, vielleicht am wenigsten dafür empfänglich.

Philosophen wie Guy Kahane warnen vor der Missbrauchsgefahr eines möglichen Moraldopings. Theoretisch ließen sich die Erkenntnisse der Hirnforschung nämlich auch dazu nutzen, ethische Hemmschwellen abzubauen und Menschen rücksichtsloser zu machen. Das könnten wiederum Regierungen oder Militärorganisationen ausnutzen. Gerade deshalb findet Kahane es wichtig, dass Gesellschaften sich schon heute mit einer Pille für die Moral auseinandersetzen.

»Moral ist unglaublich komplex«, betont Molly Crockett. »Verglichen damit sind unsere biologischen Ansätze eher stumpfe Werkzeuge.« Aber die Hirnforscher lernen jeden Tag dazu, finden neue Wege, die Netzwerke der Moral im Gehirn zu beeinflussen. Nicht nur über Medikamente, sondern beispielsweise über die Achtsamkeitsmeditation oder mit Hilfe von Smartphone-Apps, die bei passender Gelegenheit an gute Vorsätze erinnern.

Auch wenn es heute womöglich noch seltsam klingt: Es gibt viele Gründe, weiter an einer Steigerung von Empathie zu forschen, an einer Stärkung der ehelichen Treue oder am Abbau von Vorurteilen. Denn offenbar geht der gesellschaftliche Trend eher in Richtung Unmoral. Laut einer Langzeitstudie sinken etwa die Empathiewerte amerikanischer Studenten seit den 1970er Jahren kontinuierlich. »Egal ob wir nun Moralpillen nehmen oder nicht, unser Charakter verändert sich«, so Guy Kahane. »Selbst wenn wir nicht zu Superempathikern werden wollen, sollten wir zumindest dafür sorgen, so mitfühlend zu bleiben, wie wir sind!«

Quellen

- Crockett, M. J. et al.: Serotonin Selectively Influences Moral Judgment and Behavior through Effects on Harm Aversion. In: Proceedings of the National Academy of Sciences USA 40, S. 17433 – 17438, 2010
- Persson, I., Savulescu, J.: Getting Moral Enhancement Right: The Desirability of Moral Bioenhancement. In: Bioethics 27, S. 124 – 131, 2013
- Terbeck, S. et al.: Propranolol Reduces Implicit Negative Racial Bias. In: Psychopharmacology 222, S. 419 – 424, 2012

Ein Herz für Sünder

Anne Hofmann

Wo immer Menschen zusammenleben, verletzen sie einander mit Worten oder Taten – und oft fällt es schwer, das Geschehene hinter sich zu lassen. Dabei tut es uns meist gut, wenn wir verzeihen können.

Auf einen Blick

Die Kunst zu vergeben

1 Ältere Menschen verzeihen anderen eher als junge. Auch Empathie und ein verträglicher Charakter erleichtern es.

2 Nachsichtigen Menschen geht es körperlich und psychisch im Schritt besser – weshalb, ist noch nicht ganz geklährt.

3 Die Bereitschaft zu vergeben lässt sich therapeutisch fördern: Vor allem ein Perspektivenwechsel hilft dabei.

Vom Ehepartner betrogen zu werden, ist an sich schon nicht angenehm. Für Hillary Clinton dürfte es noch um ein Vielfaches demütigender gewesen sein: Die Affäre ihres Mannes Bill, damals amtierender US-Präsident, wurde 1998 zur Staatsaffäre und machte monatelang Schlagzeilen. Doch die Ehe hielt. Der Grund, erklärte die ehemalige First Lady 2003 in ihren Memoiren, sei ihre seit Jahrzehnten andauernde Liebe.

Ob sie ihrem Bill wohl wirklich verziehen hat? Seine öffentliche Reue kam spät, Jahre nach der Affäre. Wie Clinton bedauern viele ihre Taten erst, wenn die Beweislage erdrückend ist: Da entschuldigt sich FC-Bayern-Boss Uli Hoeneß öffentlich für millionenschwere Steuersünden und Radprofi Lance Armstrong dafür, dass er gedopt hat. Auch der Heilige Stuhl gestand die Verfehlungen der

© Springer-Verlag Berlin Heidelberg 2017
S. Ayan (Hrsg.), *Rätsel Mensch – Expeditionen im Grenzbereich von Philosophie und Hirnforschung*,
DOI 10.1007/978-3-662-50327-0_37

katholischen Kirche nicht sofort ein: Obschon seit den 1990er Jahren weltweit immer wieder Fälle sexuellen Missbrauchs durch Kleriker bekannt wurden, bat der Papst die Opfer erst um Vergebung, als 2010 immer mehr Gläubige aus der Kirche austraten.

Jenseits des Rampenlichts haben wir keine PR-Krise zu fürchten, wenn wir einen Freund mit Worten verletzt oder den Partner hintergangen haben. Und doch bemühen wir uns dann meist um Schadensbegrenzung. Was motiviert uns in solchen Fällen dazu, Fehler einzugestehen und um Entschuldigung zu bitten?

Das untersuchte 2013 ein Team um den Psychologen Blake Riek vom Calvin College in Grand Rapids (USA). Die Forscher hatten 166 Probanden zunächst gebeten, einen Zwischenfall zu beschreiben, bei dem sie einen Mitmenschen gekränkt hatten. Wiedergutmachungsversuche unternahmen jene häufiger, die sich ihren »Opfern« besonders nahe und verbunden fühlten. Unter ihrer Schuld litten vor allem Probanden, die lange über das Geschehene nachgegrübelt hatten, die sich für die Folgen der Tat verantwortlich fühlten und sie für schwer wiegend hielten. Je stärker die Gewissensbisse, desto eher hatten sie bis zur zweiten Befragung einen Monat später um Verzeihung gebeten.

Schamgefühle hingegen verrieten nichts darüber, ob sich die Täter entschuldigen würden. Die Forscher erklären, dass Scham im Umgang mit Verletzungen offenbar weder hilfreich noch wünschenswert sei, weil sie mit Depressionen und Feindseligkeit einhergehe.

Ist die Triebfeder für eine Entschuldigung also die Aussicht, neben der Beziehung auch die eigenen Gefühle wieder ins Lot zu bringen? Die Psychologin Charlotte Witvliet und ihre Kollegen ließen 40 Psychologiestudierende an ein Ereignis zurückdenken, bei dem sie einen anderen Menschen verletzt hatten. Daraufhin sollten sie sich ausmalen, wie es wäre, sich zu entschuldigen – und entweder verziehen zu bekommen oder aber nicht.

Die Vorstellung, dass ihnen vergeben würde, linderte Gefühle von Schuld, Scham und Trauer, außerdem waren die Probanden danach hoffnungsvoller und dankbarer. Gegen den Kniefall spricht laut den Forschern jedoch die Angst, der andere könne einen nicht erhören – eine demütigende Erfahrung. Denn über ein erlittenes Unrecht hinwegzusehen, fällt so manchem trotz einer aufrichtigen Entschuldigung schwer. Es widerspricht einem uralten und starken Impuls: Rache zu üben. Warum also sollten wir überhaupt vergeben?

Die Fähigkeit, mit anderen nachsichtig zu sein, muss einen evolutionären Sinn haben, sonst hätte der Mensch sie nicht entwickelt, argumentiert der Psychologe Michael McCullough von der University of Miami in Florida, der sich dem Phänomen Vergebung seit den 1990er Jahren widmet. Zumindest würden wir uns so die Möglichkeit erhalten, dass der andere sich künftig kooperativ zeigt. Quid pro quo – wie du mir, so ich dir – gilt eben nicht nur bei Rache, sondern auch bei Nachsicht.

2012 begann ein interdisziplinäres Team der Freien Universität Berlin und der Charité, den Akt des Vergebens zu erforschen. Dieser sei facettenreich, erklärt der Soziologe Christian von Scheve (s. das Interview »Rache allein bringt nichts«): »Er hat eine kognitive und eine affektiv-emotionale Komponente. Das bedeutet: Zunächst entschließen wir uns dazu, jemandem zu verzeihen. Solange wir aber noch wütend oder gekränkt sind, reicht die Kopfentscheidung allein meist nicht aus.« Um wirklich zu vergeben, müssen wir das Geschehene vielmehr auch emotional hinter uns lassen können.

Vergebungsforscher McCullough hat einige Faktoren identifiziert, die für diesen Prozess wichtig sind. Der erste davon betrifft – wenig überraschend – das Verhältnis zwischen Täter und Opfer. Stehen sich die beiden nah, sind sie mit ihrer Beziehung zufrieden oder haben sie schon viel in sie investiert, sehen sie über Verletzungen leichter hinweg.

Gerade das Gefühl, eine sichere und verlässliche Beziehung zu führen, scheint in dem Zusammenhang besonders wichtig zu sein. Zu diesem Ergebnis kam 2004 ein Forscherteam um die Psychiaterin Lorig Kachadourian. Die Wissenschaftler hatten 280 Paare dazu befragt, wie bereitwillig sie im Allgemeinen ihren Partnern verzeihen.

Dazu sahen sich jene Teilnehmer eher in der Lage, die in der Beziehung »sicher gebunden« waren – das heißt jene, die ein positiveres Bild von sich und dem Partner hatten und emotional weder distanziert waren noch übermäßig unter Verlustängsten litten. Und wer mehr Fehltritte vergeben konnte, war auch insgesamt mit seiner Beziehung glücklicher.

Wie schwer wiegt die Tat?
Neben der Beziehung zwischen Opfer und Täter sind die Merkmale der Tat selbst von Bedeutung. Verzeihen fällt uns umso schwerer, je stärker wir verletzt wurden. Doch wie schwer wiegend ist eine Tat? Wie wir das einschätzen, hängt nicht zuletzt von den herrschenden gesellschaftlichen Normen ab, erläutert von Scheves Kollegin Sonja Fücker. »Wichtig ist zum einen, welches Verhalten in der Gesellschaft als tugendhaft oder als unsittlich angesehen wird. In der Partnerschaft zu betrügen, ist beispielsweise ein absoluter Normbruch.«

Zum anderen müsse das Opfer die Tat je nach Situation unterschiedlich bewerten. Der Soziologin Fücker zufolge sind dabei zahlreiche Faktoren von Bedeutung, etwa die Qualität der Beziehung, aber auch das Verhalten der Person, die sich schuldig gemacht hat: Bekennt der Täter sich schuldig und zeigt Reue, ist der andere eher bereit zu vergeben.

Bittet der Täter um Verzeihung, habe das auch Auswirkungen auf jenen Faktor, dem laut McCullough die größte Bedeutung zukommt: Wie erklärt sich das Opfer das Geschehene? Wurde ihm absichtlich geschadet? Welche Gründe hatte der Täter, sich so zu verhalten? Gelingt es dem Opfer, sich in den

Schuldigen hineinzuversetzen und mitzufühlen, ist der Schritt zur Vergebung nicht mehr weit.

Hier kommt ein Faktor ins Spiel, den Forscher lange Zeit zu wenig berücksichtigten – die Persönlichkeit des Verzeihenden. Welche Eigenschaften Einfluss auf die Bereitschaft zu vergeben haben, untersuchte wiederum der Psychologe Blake Riek mit einem Kollegen. Sie verglichen dazu die Erkenntnisse von mehr als 100 Studien zum Thema. Das Fazit: Entscheidend war, als wie empathisch und verträglich sich die Opfer selbst beschrieben. Seelisch labile Persönlichkeiten waren weniger bereit dazu; ob jemand extra- oder introvertiert war, schien dagegen keine Rolle zu spielen.

Wie wichtig Einfühlungsvermögen beim Akt des Vergebens ist, zeigten Forscher um Emiliano Ricciardi von der Universität in Pisa (Italien) 2013. Mit Hilfe funktioneller Magnetresonanztomografie nahmen die Forscher die Hirnaktivität von zehn Probanden unter die Lupe: Diese sollten sich verschiedene Szenarien vorstellen, etwa wie ihr Chef sie scharf kritisierte oder dass ihnen gekündigt worden sei. Ein Teil der Versuchspersonen wurde dann gebeten, in Gedanken den Vorfall zu verzeihen oder aber sich Rachegefühlen hinzugeben. Um das Vergeben zu erleichtern, erklärten die Forscher den Teilnehmern etwa, sie sollten annehmen, dass der Schuldige unter Stress gestanden hatte oder sie selbst mitverantwortlich waren.

Die Hirnaufnahmen zeigten, dass unter diesen Bedingungen vor allem drei Hirnbereiche am Verzeihen beteiligt waren: der dorsolaterale präfrontale Kortex (DLPFC) im Stirnhirn, der untere Scheitellappen sowie der Präcuneus im oberen Scheitellappen, der bis auf die Innenseite des Großhirns herunterreicht. Diese drei Regionen werden aktiv, wenn man sich in andere Personen hineinversetzt, mitfühlt und seine Gefühle reguliert. Und genau das sei nötig, so Ricciardi und Kollegen, um negative Geschehnisse neu zu bewerten und das Gute im Schlechten zu erkennen.

Altersmilde tut gut

Aber ist Mitgefühl für den Täter bei schweren Verbrechen überhaupt angebracht? Gibt es nicht Taten, die einfach unverzeihlich bleiben? Diese Frage stellte ein Team um den Psychologen Jarred Younger knapp 300 Erwachsenen. 60 % der jüngeren Befragten und 43 % der älteren bejahten und hielten vor allem Mord, Kindesmissbrauch und Vergewaltigung für unentschuldbar. Ein Viertel der jüngeren und mehr als ein Drittel der älteren Probanden waren dagegen der Ansicht, dass jede Tat irgendwann vergeben werden könne.

Mit zunehmendem Alter werden wir offenbar nachsichtiger – bei fiktiven Szenarien ebenso wie im Rückblick auf reale Verletzungen, wie der Psychologe Mathias Allemand von der Universität Zürich in zwei Untersuchungen feststellte. So hatten Ältere seltener das Gefühl, abgelehnt oder zu wenig wertgeschätzt zu werden. Im Alter gelinge es uns immer besser, bei Konflikten unsere Gefühle im Zaum zu halten, erklärt Allemand die Altersmilde.

Auch die Gründe fürs Verzeihen verändern sich mit dem Alter. Für Jüngere spielt die Beziehung zum Schuldigen und die Frage, ob dieser sich einsichtig zeigt, eine größere Rolle als bei den Älteren. Laut Younger und Kollegen wog insgesamt jeder Dritte erlittenes Unrecht mit eigenen Verfehlungen auf. Den meisten Befragten ging es aber in erster Linie darum, mit dem Vergeben ihr eigenes Wohlbefinden zu verbessern.

Heilsame Gnade

Tatsächlich bestätigen viele Untersuchungen der vergangenen 30 Jahre die heilende Kraft eines ernst gemeinten »Ich verzeihe dir«. Wer weniger nachsichtig ist, leidet dagegen eher an Depressionen und grübelt weiter über die Sache. In Langzeitstudien belegten Forscher von der University of Miami, dass der Zusammenhang in beiden Richtungen gilt: Menschen, die heute etwas vergeben, fühlen sich morgen besser, und umgekehrt verzeihen sie daraufhin leichter. Das betrifft sowohl das seelische als auch das körperliche Befinden.

Drei Forscherinnen aus New York zeigten 2007 in einem Experiment: Menschen, die nach eigenen Angaben leicht vergeben, haben einen niedrigeren Blutdruck. Und wenn sie sich in einem Experiment an eine Situation erinnern sollen, in der sie auf jemanden wütend waren, normalisiert sich ihr Blutdruck im Vergleich zu Rachsüchtigen danach schneller. Das liegt aber nicht unbedingt daran, dass Letztere sich besonders aufregen. Vielmehr könnte der Unterschied auch darauf beruhen, dass nachsichtige Menschen eher einen gesunden Lebensstil pflegen, zum Beispiel weniger Alkohol trinken.

Viele Wissenschaftler glauben zudem, dass eine dauerhaft geringere Bereitschaft zu vergeben mittelbar über chronischen Stress und Ärger das sympathische Nervensystem aktiviert, den Blutdruck hebt und dem Herz schadet. Vergeben tut der Gesundheit gut, weil es negative Gefühle vertreibt. Bei Älteren scheint der Effekt stärker zu sein – naheliegend, da der Groll bei ihnen schon länger Spuren hinterlassen hat.

Wie wohltuend das Vergeben auch für Opfer schwerer Vergehen sein kann, zeigte eine kleine Studie von Christine Bogar von der University of South Alabama und ihrer Kollegin Diana Hulse-Killacky. Sie sprachen mit zehn Frauen, die in ihrer Kindheit sexuell missbraucht worden waren, mittlerweile aber ein glückliches Leben führten. Alle berichteten, dass es ihnen sehr geholfen habe, das dunkle Kapitel ad acta zu legen. Ein wichtiger Schritt war für neun der Frauen, dem Täter zu vergeben. Manche schafften das ganz ohne Kontakt zu ihm, anderen gelang es erst, nachdem er gestanden und bereut hatte.

Motiviert durch solche Befunde entwickelten Forscher vor allem in den USA Verfahren, die den Prozess des Verzeihens fördern sollen. Der Psychologe Nathaniel Wade von der Iowa State University und seine Mitarbeiter verglichen 2013 mehr als 50 Therapiestudien und kamen zu dem Ergebnis: Wer sich während der Behandlung explizit dem Prozess des Verzeihens widmete, war danach im Durchschnitt weniger ängstlich und depressiv sowie zugleich hoffnungsvoller als Probanden, die keine oder eine herkömmliche Psychotherapie absolviert hatten. Die Anleitung zum schrittweisen Verzeihen sei deshalb zu Recht Bestandteil einiger Behandlungsansätze.

Therapieziel: Verzeihen können

Eines der bekanntesten Therapiemodelle stammt von dem Psychologen Everett Worthington und umfasst mehrere Schritte. Zuerst lässt der Klient das Erlebte Revue passieren und macht sich seine Gefühle im Zusammenhang mit dem erfahrenen Unrecht bewusst. Als Nächstes versucht er, die Perspektive des Täters einzunehmen, eine schwierige Gratwanderung, weil das Opfer dabei seine eigenen Gefühle nicht entwerten, aber den Täter auch nicht verurteilen soll. »Oft hilft es«, erklärt der Berliner Soziologe Christian von Scheve, »sich das Zustandekommen eines Vergehens vor Augen zu führen und nachzuvollziehen, warum der andere so und nicht anders handelte – das lindert das Gefühl des Verletztseins.«

Doch für Worthington endet der Prozess an diesem Punkt noch nicht. Nun solle der Klient dazu ermutigt werden, Vergeben als altruistische Geste, als ein Geschenk zu betrachten. Und er wird daran erinnert, dass ihm auch andere gewiss schon einmal etwas verziehen haben. Schließlich muss er sich entscheiden: Will er wirklich vergeben? Wenn er das möchte, soll er sich dazu bekennen, auch in Zukunft weiter daran zu arbeiten. Denn um wirklich mit der Sache abzuschließen, braucht es häufig lange Zeit, und in manchen Momenten kommen Wut, Bitterkeit oder Unsicherheit wieder hoch.

Während solche Methoden in den USA immer mehr an Bedeutung gewinnen, sind sie in Deutschland noch eher wenig verbreitet. Vor dem Hintergrund ihrer spirituellen Überzeugung erwarten einige Berater und Therapeuten, die Vergebung lehren, sogar, dass der Klient Mitverantwortung für ein erfahrenes Unrecht übernimmt, es als Spiegel eigener Fehler betrachtet oder dem Täter dafür womöglich auch noch dankt! Bei Konflikten in der Partnerschaft ist das gewiss denkbar, bei misshandelten Kindern schwerlich. Hier zu Lande empfinden es viele schon als problematisch, den Opfern schwerer Verbrechen überhaupt nahezulegen, ihrem Täter zu verzeihen.

Trotzdem hält es die Psychiaterin Angela Merkl von der Berliner Charité für sinnvoll, Therapiemethoden anzubieten, die unter anderem beim Vergeben helfen. Niemand muss verzeihen – doch es könnte guttun. Wenn nicht, helfen vielleicht andere Methoden dabei, mit dem Erlebten abzuschließen. Gegen bittere Gefühle empfehlen Forscher von der Charité eine »Weisheitstherapie«, die ebenfalls auf Empathie und Perspektivenwechsel setzt, aber kein Vergeben erfordert. Das Ziel ist dasselbe: die Vergangenheit ruhen zu lassen und sich zu befreien von Groll und Bitterkeit.

Quellen

- Ricciardi, E. et al.: How the Brain Heals Emotional Wounds: The Functional Neuroanatomy of Forgiveness. In: Frontiers in Human Neuroscience 7, 839, 2013
- Riek, B. M. et al.: Transgressors' Guilt and Shame: A Longitudinal Examination of Forgiveness Seeking. In: Journal of Social and Personal Relationships 31, S. 751 – 722, 2014
- Wade, N. G. et al.: Efficacy of Psychotherapeutic Interventions to Promote Forgiveness: A Meta-Analytic Review. In: Journal of Consulting and Clinical Psychology 82, S. 154 – 170, 2013

»Rache allein bringt nichts«

Interview mit Christian von Scheve

Ob wir jemandem einen Fehltritt vergeben, ist eine persönliche Frage. Doch welche Rolle spielt das für unser Zusammenleben in der Gesellschaft? Der Soziologe Christian von Scheve erklärt, warum wir auf die Balance von Vergeltung und Vergebung angewiesen sind.

> **Christian von Scheve**
>
> wurde 1973 in Hamburg geboren. Er studierte Soziologie an der Universität Hamburg, wo er über die gesellschaftliche Prägung von Gefühlen promovierte. Seit 2014 ist er Professor für Soziologie an der FU Berlin.

Herr Professor von Scheve, Sie haben im Rahmen eines Forschungsprojekts Formen der Vergebung untersucht. Wie kam es dazu?
Meine Kollegin Angela Merkl ...

Angela Merkel?
Ja, aber Merkl mit einem e! Angela Merkl ist Psychiaterin an der Charité hier in Berlin und unter anderem in der Depressionstherapie engagiert. Ihr fiel auf, dass die Gedanken der Patienten sehr häufig um das Thema Vergebung kreisen. Genauer gesagt, hatten sie besonders große Probleme, Fehltritte zu verzeihen, seien es die von anderen oder eigene. Ich lernte Angela im Rahmen des Exzellenzclusters »Languages of Emotion« kennen, und weil ich mich schon länger mit der sozialen Dimension von Emotionen beschäftigte, entwarfen wir gemeinsam eine Studie.

© Springer-Verlag Berlin Heidelberg 2017
S. Ayan (Hrsg.), *Rätsel Mensch – Expeditionen im Grenzbereich von Philosophie und Hirnforschung,*
DOI 10.1007/978-3-662-50327-0_38

Was wollten Sie herausfinden?
Woran liegt es, dass manche Menschen sehr schnell vergeben, während andere kaum dazu bereit sind? Welche Dinge sind leichter verzeihlich als andere? Und liegt das vor allem an der Tat und dem Verzeihenden selbst, oder spielen die Situation, die Beziehung zwischen Täter und Opfer oder soziale Rahmenbedingungen eine besondere Rolle? Und wenn ja, welche?

Eine Menge Fragen. Wie geht man das an?
Es ist sehr schwierig, so etwas in Laborexperimenten zu untersuchen. Die Vergebungsszenarien, die man Probanden dabei vorlegt, haben nicht viel mit deren Leben und Gefühlen zu tun. Doch Vergebung ist ja gerade die bewusste Entscheidung, eine zwischenmenschliche Beziehung wieder aufzunehmen, die von Groll oder Verletzung überschattet war. Starke negative Gefühle zu überwinden, ist dabei also zentral. Wir wollten wissen, wie das Verhältnis zwischen den Beteiligten die Neigung zu verzeihen beeinflusst. Man kennt das aus dem Alltag: Einem Täter, der Reue zeigt oder dessen Beweggründe wir nachvollziehen können, lassen wir eher etwas durchgehen. Wir beschlossen, ausführliche Interviews mit Menschen zu führen, die in der letzten Zeit ein »vergebenswürdiges« Erlebnis hatten.

Vor dem Vergeben kommt die Schuld. Beginnt es nicht schon bei der Frage, wer sich in unseren Augen überhaupt schuldig macht?
Ja, das stellten wir auch in unseren Gesprächen schnell fest. Es ging dabei meist nicht um schwere Delikte wie sexuelle Gewalt oder Ähnliches. Die Befragten nahmen in ihrem privaten Alltag häufig Kleinigkeiten übel, etwa wenn sich ein Freund längere Zeit nicht meldete oder wenn jemand vermeintlich unpassend auf das reagierte, was sie selbst getan oder gesagt hatten. Anderen Schuld zuzuweisen und von ihnen Zeichen der Wiedergutmachung zu erwarten, stellt wohl oft eine Art Test dar, wie eng unsere Beziehung zu demjenigen tatsächlich ist. Wenn es sich bei dem »Vergehen« aber um eine Lappalie handelt, ist der andere auf ein Signal angewiesen, dass da überhaupt etwas im Busch ist. Sonst entstehen manchmal kuriose Missverständnisse.

Das heißt, man verübelt unter Umständen weniger die Missetat selbst als die mangelnde Sensibilität des anderen?
Zum Beispiel. Man vergibt ja genau genommen auch nicht die Handlung, sondern dem Handelnden. Dahinter stecken recht komplexe Prozesse des gegenseitigen Vergewisserns, welche Art von Verhältnis man zueinander hat. Wir vergeben denjenigen leichter, denen wir uns nahe fühlen – und sei es nur, weil sie unser eigenes Befinden lesen und darauf eingehen können.

Vergebung im Alltag hat also viel damit zu tun, sich in andere hineinzuversetzen?
Sicher. In der Forschungsliteratur gibt es zahlreiche Belege dafür, dass Empathie das Vergeben fördert. Das gilt in beide Richtungen: Wer sich gut in andere einfühlen kann, vergibt nicht nur eher, es wird ihm auch selbst eher vergeben. Wobei wir im Miteinanderreden oder durch gewisse Gesten dieses Einfühlen auch fördern können. Vergebung stärkt unsere soziale Beziehung.

Noch mal zurück zur Schuldfrage: Wer selten etwas übel nimmt, der hat auch weniger zu verzeihen. Wäre das nicht eine günstige Strategie, um sich mit seinen Mitmenschen gut zu stellen?
Einerseits schon, andererseits kann das schnell als Desinteresse gedeutet werden: Egal was ich tue, es berührt den anderen nicht. Dass man überhaupt einen Grund hat zu vergeben, ist schon ein Ausdruck von Nähe.

Das häufigste Vergebungsszenario ist vermutlich Untreue in der Partnerschaft – das ist meistens schon keine Lappalie mehr, oder?
Richtig. Man kann unterscheiden zwischen dem Übertreten von sozialen und von moralischen Normen. Soziale Normen sind bloße Gepflogenheiten wie die, dass man sich zur Begrüßung die Hand gibt oder beim Bäcker in der Schlange anstellt. Untreue in Beziehungen wird eher als moralisches Vergehen gewertet. Das stellt die Integrität der Person insgesamt in Frage. Es bedarf in der Regel eines solchen, größeren Bedeutungshorizonts, damit wir von »Vergebung« sprechen.

Das spielt auch in der Öffentlichkeit eine Rolle. Plagiate, Ehebruch, Steuerhinterziehung: Was verzeihen wir Politikern und Promis eher?
Der entscheidende Unterschied zum Vergeben in persönlichen Beziehungen ist zunächst einmal, dass wir nicht unmittelbar von solchen Taten betroffen sind und die Täter auch gar nicht wirklich kennen. Wir vergeben einem Hoeneß oder einem zu Guttenberg – wenn wir es tun – ja nicht in dem Sinn, wie wir einem untreuen Partner vergeben. Interessant ist, dass wir im öffentlichen, medialen Raum oft ganz unterschiedliche Bewertungen antreffen, je nachdem welchen Status der Betreffende hat oder wie er sich präsentiert. Ein Fußballheld, der in Tränen ausbricht, kommt eben besser weg als ein leicht arrogant wirkender Politiker.

Es gibt umgekehrt auch das »Starker Mann«-Image: Wird manche Gaunerei eher verziehen, weil sie als besondere Schläue erscheint?
Nun, wer beim Steuerhinterziehen oder Ähnlichem ertappt wird, kann sich ja so schlau nicht angestellt haben. Nein, ich glaube, gerade in Deutschland werden Vergehen an der Gemeinschaft hart sanktioniert, man denke nur an den Fall Wulff. Einige Menschen mögen vielleicht denjenigen Anerkennung zollen, die

ihre Interessen durchsetzen, auch wenn sie es mit dem Gesetz dabei nicht immer genau nehmen. Aber im Grunde erwarten wir von Politikern und anderen schon, dass sie ehrlich sind. Sportfunktionäre vielleicht ausgenommen *(lacht)*.

Sie waren selbst einmal Referent im Bundestag. Was müsste ein geschasster Minister wie zu Guttenberg tun, damit ihm vergeben wird?
Ich glaube, es geht dabei vor allem um symbolhafte Akte, Zeichen der Demut und Reue. Wie authentisch die sind, können wir natürlich kaum beurteilen. Zumindest lassen wir uns aber davon beeindrucken, wenn sie geschickt inszeniert werden. Die Medien führen uns andauernd solche anrührenden Promi-Geschichten vor – davon lebt eine ganze Branche.

Wird unsere Gesellschaft immer freigiebiger mit der Vergebung, weil die moralischen Normen zunehmend aufweichen?
Das könnte man vermuten, aber so pauschal ist das falsch. Es ist ja nicht etwa so, dass die Sexualmoral oder der Umgang mit Untreue grundsätzlich immer lockerer würden, sondern es finden Verschiebungen statt. Wenn man sich etwa die öffentlichen Debatten um Pädophilie und das Sexualstrafrecht der 1970er und 1980er Jahre anschaut und den heutigen Umgang mit diesen Themen, ist der Unterschied bemerkenswert. Gesellschaftliche Normen sind erstaunlich flexibel, sie werden nicht per se immer brüchiger.

Drücken Menschen aus höheren sozialen Schichten bei moralischen Vergehen eher ein Auge zu als ärmere?
Es gibt durchaus Hinweise darauf, dass Menschen mit großen finanziellen Ressourcen einen Verstoß gegen soziale Normen eher tolerieren. Wir haben uns einmal angesehen, wie Bürger verschiedener Einkommensgruppen Begriffe bewerten, die eng mit Gemeinschaft verbunden sind – etwa »Kumpel« oder »Verbündeter«. Demnach sind solche Kollektivkonzepte für Wohlhabende im Schnitt etwas weniger positiv besetzt als für Geringverdiener. Die Unterschiede sind aber schwach; Reiche vergeben deshalb vermutlich nicht anders als andere Menschen.

Wie viel Verzeihen tut uns gut? Sollten wir manchmal nicht besser »Gnade vor Recht« ergehen lassen?
Jeder kennt den Spruch »Man muss auch verzeihen können«. Muss man wirklich? Entgegen dem hehren christlichen Ideal ist es gesellschaftlich durchaus sinnvoll, nicht jedem sofort Absolution zu erteilen. Regelbrüche müssen bestraft werden, weil wir sonst die Vorteile der Kooperation nicht ausschöpfen könnten. Wir hätten schnell eine Wildwest-Gesellschaft, in der jeder jeden hintergeht. Insofern hat Bestrafung einen Sinn. Allerdings zahlen wir dafür einen Preis: Sie macht jede Kooperation mit dem Übeltäter vorerst unmöglich und setzt leicht

eine Spirale der Vergeltung in Gang. Wir brauchen daher die Chance, Fehler wiedergutzumachen – Rache allein bringt nichts. Vergeltung und Vergebung sollten in einem ausgewogenen Verhältnis stehen. Wo das genau liegt, müssen wir allerdings immer wieder neu entscheiden.

Zu vergeben ist nobel, wertet uns selbst auch moralisch auf. Beeinflusst das die Vergebensneigung?
Das mag vereinzelt zutreffen, ist aber nicht die Regel. In dem Wort Vergebung steckt »Gabe«, es wird allgemein hoch angerechnet, wenn jemand zu so etwas bereit ist. Das allein gibt uns meist aber nicht genügend Anlass zu vergeben. Die Anerkennung von Schuld und eine Form der Wiedergutmachung – und sei es nur durch das Wort »Entschuldigung!« – sind weit wichtiger.

Ist Vergebung, zumindest der christlichen Tradition nach, nicht eigentlich voraussetzungslos? Was ist das für eine Gnade, zu der man erst überredet werden muss?
Richtig, das religiöse Ideal der Vergebung hebt sich davon ab. Nur hat das mit der gesellschaftlichen Realität eher wenig zu tun.

Kann der soziale Druck zu vergeben für den Einzelnen auch zum Problem werden?
Ja, das kann durchaus eine emotionale Last darstellen. Jeder kennt das: Eigentlich sollte man es gut sein lassen, aber man ist einfach noch nicht bereit dazu. Mancher fühlt sich regelrecht schuldig, weil er nicht vergeben kann, obwohl er gerne würde. Dann klaffen die gedankliche und die gefühlsmäßige Bewertung auseinander – ein Zustand, den wir schlecht ertragen.

Ist Vergebung nicht andererseits essenziell, wenn man etwa daran denkt, wie verfeindete Parteien oder Staaten wieder zu einem friedlichen Miteinander zurückfinden?
Bei politischer Vergebung erscheinen mir Appelle überaus schwierig, da man es oft mit ganz anderen Vergehen, zum Teil schlimmen Gräueln, zu tun hat. Da stellt sich die Frage, ob manches prinzipiell gar nicht verzeihbar ist. Wichtig sind hier symbolische Akte etwa der Anerkennung von Schuld oder der Abbitte, aber auch konkrete Wiedergutmachung. Das zeigen zum Beispiel die Wahrheitsfindungskommissionen in Südafrika.

Wäre es im Nahostkonflikt hilfreich, wenn sich die Repräsentanten der Streitparteien symbolisch die Hände reichen würden?
Der Nahostkonflikt ist ein gutes Beispiel für Spiralen der Vergeltung. Aber wenn die Parteien noch nicht einmal in der Lage sind, sich gemeinsam an einen Tisch zu setzen, liegen solche Versöhnungsgesten wohl in weiter Ferne.

Kann man so etwas Abstraktem wie einer Nation leichter vergeben als einem Menschen?

Das ist schwer vergleichbar. Man vergibt in der Regel einer Person, nicht eine Tat. Insofern bezieht sich Vergebung auf den Handelnden selbst, weniger auf Kollektive wie Nationalstaaten. Ich glaube, hier geht es eher um Aussöhnung und Widergutmachung als um Vergebung.

Das Interview führte Gehirn&Geist-Redakteur Steve Ayan.

Webtipp

- Mehr zur Forschung am Berliner Exzellenzcluster »Languages of Emotion«: www.loe.fu-berlin.de

Quellen

- Ambrasat, J. et al.: Consensus and Stratification in the Affective Meaning of Human Sociality. In: Proceedings of the National Academy of Sciences USA 111, S. 8001 – 8006, 2014
- Fücker, S., Von Scheve, C.: Emotionen und Gewalt. In: Gudehus, C., Christ, M. (Hg.): Gewalt. Ein interdisziplinäres Handbuch. Metzler, Stuttgart 2013, S. 197 – 202
- Von Scheve, C.: Emotion and Social Structure. The Affective Foundations of Social Order. London, Routledge 2014

Im Bann des Vorurteils

Claudia Christine Wolf

*Stereotype wie »Frauen können nicht einparken« oder »Männer sind Angeber«
gelten zu Recht als moralisch fragwürdig. Doch es ist oft schwer, solche Kurzschlüsse
des Denkens zu vermeiden – auch auf uns selbst bezogen. Laut Forschern schmälert
es ihre Macht, wenn wir den Blickwinkel ändern.*

Auf einen Blick

Ich kann das – oder?!

1 Der Glaube an das eigene Können beeinflusst, wie gut wir Testsituationen
   meistern. Stress und negative Gefühle, die mit geringem Selbstvertrauen einhergehen, beeinträchtigen dabei das Arbeitsgedächtnis.

2 Auch die Erinnerung an früheres Scheitern sowie die Konfrontation mit Ge-
   schlechterklischees oder sozialen Stereotypen können diesen Mechanismus
   auslösen.

3 Mögliche Abhilfe bietet ein bewusster Perspektivenwechsel, etwa indem man
   bestimmte Urteile nicht auf sich selbst bezieht.

Auf diese Chance hatte Frank lange gewartet. Mit seiner Präsentation der Quar-
talsbilanz wollte er den Chef endlich von seinen Fähigkeiten überzeugen. Doch
schon bei der Vorbereitung begann Frank zu zweifeln. Hatte er sich nicht schon
als Schüler schwer damit getan, ein Referat vor versammelter Klasse zu halten?
Frei vor anderen zu sprechen, war ganz sicher nicht seine Stärke.

Je näher der Vortrag rückte, desto nervöser wurde Frank. Am Vorabend ging
auch noch die Generalprobe im heimischen Arbeitszimmer daneben, und so kam
es, wie es kommen musste: Mitten in der Präsentation versagte Frank die Stimme,
er spürte, wie er rot wurde, und die abschätzigen Blicke des Chefs trafen ihn wie

© Springer-Verlag Berlin Heidelberg 2017
S. Ayan (Hrsg.), *Rätsel Mensch – Expeditionen im Grenzbereich von Philosophie und Hirnforschung,*
DOI 10.1007/978-3-662-50327-0_39

Pfeile. Kurzum: ein Fiasko! An sich ist Frank ein intelligenter, hoch motivierter Mitarbeiter – doch im entscheidenden Moment zweifelt er an seinen Fähigkeiten. Wie kommt das?

Bereits in den 1970er Jahren entwickelte der kanadische Psychologe Albert Bandura (* 1925) das Konzept der Selbstwirksamkeitserwartung. Demnach beeinflusst der Glaube einer Person, ein Ziel erreichen zu können oder nicht, ihre tatsächliche Leistung. Menschen, die vom eigenen Erfolg überzeugt sind, arbeiten beharrlicher auf ihr Ziel hin und stecken Rückschläge besser weg als andere. Ist die Erwartung dagegen niedrig, schwächt das auch die Erfolgschancen: Aus Angst zu versagen geben Menschen mit geringer Selbstwirksamkeitserwartung bei Problemen eher auf oder nehmen Herausforderungen erst gar nicht an. So bleiben wiederum mögliche Erfolgserlebnisse aus, und die Lust, sich neuen Aufgaben zu stellen, schwindet weiter.

Frühe Misserfolge entmutigen Menschen mitunter für lange Zeit – wie bei Frank, dessen Gedanken um seine schlechten Schulreferate von einst kreisten und ihn davon abhielten, seine Präsentation zu meistern. Im Jahr 2006 wiesen Psychologen um Sherry Schneider von der University of West Florida in Pensacola den Fluch des Scheiterns auch experimentell nach. Sie baten 60 Probanden, verschiedene Worträtsel zu lösen, so genannte Anagramme. Die Teilnehmer hatten zehn Minuten Zeit, um die zehn Buchstabenfolgen zu sinnvollen Wörtern zu ordnen (zum Beispiel: »ruabe« = bauer). Anschließend manipulierten die Forscher einen Teil der Aufgaben. Die Hälfte der Teilnehmer erhielt jetzt fünf sehr schwierige (etwa »vaefo« = fovea, »kadov« = vodka) sowie fünf unlösbare Anagramme (»dbhoc«, »alavt«). Die übrigen bekamen Rätsel, die etwa genauso leicht zu lösen waren wie die ersten zehn. Zu guter Letzt bearbeiteten alle Teilnehmer wieder die gleichen Anagramme.

Nach jedem Durchgang erhielten die Probanden Rückmeldung darüber, wie gut sie abgeschnitten hatten. Dieses Feedback fiel bei jener Hälfte der Teilnehmer, die besonders harte Nüsse zu knacken hatten, entsprechend dürftig aus. So wollten die Forscher herausfinden: Hinterließ der Misserfolg Spuren? Und ob! Mit Hilfe eines speziellen Fragebogens, der vor und nach Ablauf des Experiments von allen Teilnehmern auszufüllen war, stellten die Forscher fest, dass die Betreffenden ihre Fähigkeit, solche Rätsel zu lösen, nach dem frustrierenden Erlebnis als geringer einschätzten als zuvor.

Verglichen mit den übrigen Probanden zeigten sie außerdem im letzten, für alle Teilnehmer gleich anspruchsvollen Durchgang schlechtere Leistungen. Allerdings schwächte das Scheitern bei Anagrammen nicht grundsätzlich den Glauben an sich selbst: Die Frustrierten waren durchaus noch davon überzeugt, die Hürden des Lebens oder Tests im Allgemeinen meistern zu können. Offenbar bedarf es wiederholter Fehlschläge, um dieses Vertrauen zu erschüttern.

Was verrät das über Franks Beispiel? Vermutlich hatte der Industriekaufmann auf Grund seiner früheren Erfahrungen eine geringe Selbstwirksamkeitserwartung. Doch welche Rolle spielten die missbilligenden Blicke des Chefs für ihn? Inwiefern beeinflusst die Rückmeldung anderer Menschen das Wechselspiel von Selbstvertrauen und Leistung?

Bereits 1995 führten dazu die Psychologen Claude Steele, damals an der Stanford University in Kalifornien, und sein New Yorker Kollege Joshua Aronson eine Reihe von Experimenten durch. Die Forscher wollten wissen, wie sich gesellschaftlich verbreitete Vorurteile – so genannte Stereotype – auf die Fähigkeiten der »stigmatisierten« Personen auswirken.

Steele und Aronson nahmen die sprachlichen Fähigkeiten von rund 100 Studierenden ins Visier. Einem Teil der Probanden erklärten die Versuchsleiter zuvor, der anspruchsvolle Test ziele darauf ab, allgemeine Kennzeichen der verbalen Verarbeitung zu prüfen; den anderen machten sie hingegen weis, es gehe um die Schwächen und Stärken in ihrem persönlichen Leistungsprofil. Im letzten Fall stand also der Proband selbst auf dem Prüfstand, im ersten nicht.

Bedrohung durch Stereotype
Beide Gruppen setzten sich sowohl aus Afroamerikanern als auch aus Weißen (beiderlei Geschlechts) zusammen. Wie die Forscher feststellten, schnitten die schwarzen Studierenden im anschließenden Test schlechter ab als ihre weißen Kommilitonen – jedoch nur dann, wenn sie glaubten, ihre eigenen intellektuellen Fähigkeiten würden analysiert. Unter der anderen, neutralen Versuchsbedingung war das Leistungsniveau ausgeglichen (s. Box »Klassische Vorurteilsstudie«).

Steele und Aronson führten dies auf eine »Bedrohung durch Stereotype« zurück: Menschen, die häufig Vorurteilen begegnen (»Afroamerikaner sind weniger sprachgewandt als Weiße«), neigten dazu, diese zu bestätigen – eine selbsterfüllende Prophezeiung, die all jene trifft, die sich von dem Klischee betroffen fühlen. Heute ist die Bedrohung durch Stereotype eines der meistuntersuchten Phänomene der Sozialpsychologie.

Klassische Vorurteilsstudie

1995 verglichen die Psychologen Claude Steele und Joshua Aronson das Abschneiden schwarzer und weißer Studierender der Stanford University in einem Sprachtest. War dieser als »persönlicher Leistungstest« deklariert worden, blieben die Leistungen der Afroamerikaner hinter denen ihrer weißen Kommilitonen zurück; hieß es jedoch, bei dem Experiment gehe es um »allgemeine Kennzeichen« der Sprachverarbeitung, blieb der Effekt aus (Abb. 1, oben). Ähnlich wirkte auch die bloße Frage nach der Hautfarbe vor Testbeginn (Abb. 1, unten). Beides aktiviert unbewusst Stereotype.

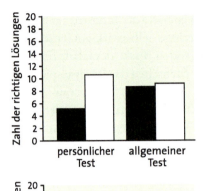

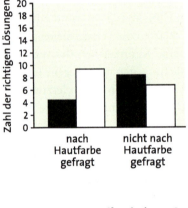

Abb. 1 Ergebnisse der Vorurteilsstudie. Schwarze Balken = Afroamerikaner; weiße Balken = weiße Amerikaner (Grafik nach Claude Steele und Joshua Aronson)

In einer 2010 veröffentlichten Studie etwa untersuchten Forscher um Courtney von Hippel von der University of Queensland in Brisbane (Australien), wie sich solches Schubladendenken auf Menschen mit Schizophrenie auswirkt. Die Wissenschaftler baten Patienten, ihnen unbekannte Personen in einer kurzen Konversation kennen zu lernen. Eine Hälfte der Patienten glaubte, die Gesprächspartner wüssten von ihrer Erkrankung, zu deren Symptomen neben Wahnvorstellungen und Antriebsschwäche auch ein gestörtes Sozialverhalten zählt. Die übrigen Probanden wähnten ihr jeweiliges Gegenüber hingegen unwissend.

Nach dem Gespräch bewerteten die zuvor geschulten Gesprächspartner die sozialen Fähigkeiten der Patienten. Resultat: Jene, die geglaubt hatten, der andere sei über ihre Erkrankung informiert, schnitten deutlich schlechter ab. Tatsächlich hatten die Forscher jedoch keinem einzigen Gesprächspartner etwas von einer psychischen Störung erzählt – die Urteile konnten in dieser Hinsicht also nicht vorgeprägt sein.

Weshalb hemmen Stereotype unsere Leistung überhaupt so leicht? Vermutlich lenken sie die Aufmerksamkeit der Betreffenden vom eigentlichen Ziel ab. In einer Arbeit von 2008 zeigten Forscher um Toni Schmader, damals an der University of Arizona in Tucson, dass Stereotype die Leistung des Arbeitsgedächtnisses herabsetzen. Es tritt zum Beispiel dann auf den Plan, wenn wir uns soeben Gehörtes wie eine fremde Telefonnummer oder einen Namen merken wollen. Die

Kapazität dieses Kurzzeitspeichers ist freilich begrenzt, so dass unterschiedliche Informationen, die zur selben Zeit auf uns einströmen, miteinander konkurrieren. In diesem Fall muss unser Gehirn Wichtiges von Unwichtigem trennen. Schmader und ihre Kollegen glauben, dass ein Zusammenspiel von kognitiven, emotionalen und physiologischen Faktoren beeinflusst, wie gut das klappt.

Nehmen wir ein einfaches Beispiel: Ein Lehrer bittet seinen Schüler, einen schwierigen Text laut vorzulesen, während er ihn gleichzeitig darauf hinweist, dass Jungen besonders oft unter Lese-Rechtschreib-Schwäche leiden. Was passiert nun im Kopf des Schülers? Zunächst weckt die Bemerkung des Lehrers vielleicht seinen Ehrgeiz. Statt zu scheitern, wie es das Klischee besagt, will er seine gute Sprachkompetenz demonstrieren. Beim konkreten Ausführen, während des Vorlesens also, sucht er dann verstärkt nach Hinweisen, die ihm Zustimmung signalisieren. Doch das verlangt erhöhte Aufmerksamkeit und geht zu Lasten des Arbeitsgedächtnisses.

Bei Angst und Selbstzweifeln – etwa, weil die Aufgabe sich als schwierig erweist – werden wir sensibler für Reize, die auf ein Scheitern hindeuten könnten. Legt der Lehrer die Stirn in Falten? Verdreht er die Augen? Solche negativen Gedanken und Emotionen zu unterdrücken, schwächt das Arbeitsgedächtnis weiter. Zu guter Letzt ruft der Stress physiologische Reaktionen hervor: Blutdruck und Pulsrate steigen, das Hormon Cortisol wird vermehrt ins Blut ausgeschüttet. Und dass Stress die Leistung des Arbeitsgedächtnisses herabsetzt, ist bereits seit Längerem bekannt.

Laut Schmader und Kollegen laufen diese Prozesse größtenteils unbewusst ab. So berichten Personen, die man mit Vorurteilen konfrontierte, nach entsprechenden Tests selten von besonderen Schwierigkeiten oder Unwohlsein, wenn sie danach gefragt werden.

Doch Wissenschaftler am Dartmouth College in Hanover (US-Bundesstaat New Hampshire) erkannten in der Hirnaktivität von Probandinnen, die sie während eines Mathematiktests per funktioneller Magnetresonanztomografie (fMRT) untersuchten, einen markanten Unterschied zwischen stigmatisierten und nicht stigmatisierten Kandidatinnen. Die Forscher legten insgesamt 42 Frauen eine lange Liste von Gleichungen nach dem Muster »$5 \times 2 - 3 = 7$« vor und fragten jeweils danach, ob die Rechnung aufgehe oder nicht.

$98 : 7 + 19 \times 3 = 81$?

Wieder machte eine scheinbar beiläufige Bemerkung, welche die Testleiter zwischen dem ersten und zweiten Versuchsdurchgang fallen ließen, den Unterschied: Einem Teil der Frauen erklärten sie, es gehe ihnen um die Erforschung von Geschlechterunterschieden in den mathematischen Fähigkeiten; die Kontrollgruppe erfuhr hingegen, dass »individuelle Unterschiede« bei der Lösung der Aufgaben im Fokus des Interesses stünden. Danach bearbeiteten alle Probandinnen erneut einen Satz Gleichungen, die deutlich kniffliger waren (zum Beispiel $98 : 7 + 19 \times 3 = 81$?).

Allein schon der Hinweis auf Geschlechterunterschiede zeigte Wirkung: Die Teilnehmerinnen aus dieser Gruppe bauten im zweiten Durchgang nicht nur deutlich ab (während die anderen immer besser wurden), auch ihre Hirnaktivität unterschied sich: Solche Areale, die mit der Verarbeitung von Zahlen zu tun haben (etwa im unteren Scheitellappen), regten sich nur bei der Kontrollgruppe vermehrt. Die Probandinnen im vermeintlichen Geschlechtertest wiesen dagegen erhöhte Aktivität im vorderen Zingulum (anteriorer zingulärer Kortex, kurz: ACC) auf.

Dieser ist Teil eines neuronalen Netzwerks, das besonders auf emotionale Reize anderer Menschen reagiert, etwa auf Kritik oder Ablehnung. Die betreffenden Frauen waren unterschwellig offenbar mehr mit der sozialen Bedeutung des Tests beschäftigt, als sich ganz auf die Lösung der Aufgaben zu konzentrieren.

Die Szenarien in Laborversuchen liegen oft fernab der Realität. Wie ein Forscherteam um den Psychologen Onur Güntürkün an der Ruhr-Universität Bochum vor einigen Jahren feststellte, beeinflussen auch in lebensnahen Situationen sowohl soziale als auch biologische Faktoren die persönliche Leistung.

In einer 2010 veröffentlichten Studie widmete ich mich selbst ebenfalls einer »geschlechtssensiblen« Aufgabe: dem Einparken. Von festgelegten Startpositionen aus ließen meine Kollegen und ich 17 Fahranfänger sowie 48 fortgeschrittene Autofahrer auf einem Testgelände verschiedene Einparkmanöver vollführen: vorwärts, rückwärts und parallel, mal von rechts und mal von links kommend. Sämtliche Teilnehmer parkten dasselbe Auto – ein Fahrzeug, mit dem sie keinerlei Vorerfahrung hatten. Trotz vergleichbarer Fahrpraxis parkten Frauen insgesamt langsamer als Männer. Auch manövrierten sie das Auto im Schnitt weniger genau auf die vorgegebenen Markierungen. Teilnehmer mit größerer Fahrpraxis schnitten zwar unterm Strich besser ab, der Geschlechterunterschied blieb jedoch auch unter ihnen erhalten.

Was war der Grund? Wir konnten zeigen, dass die Geschwindigkeit des Einparkens bei Fahranfängern eng mit ihrem räumlichen Vorstellungsvermögen zusammenhing. Je besser sie Objekte aus unterschiedlichen Perspektiven vor dem geistigen Auge betrachten konnten, desto zügiger ihre Manöver. Deren Genauigkeit blieb davon hingegen unbeeinflusst! Hier wirkte sich vielmehr die jeweilige Selbsteinschätzung aus: Fahranfänger, die an ihr Talent glaubten, parkten exakter als jene, die sich weniger zutrauten.

Mit zunehmender Erfahrung schwand zudem der Einfluss der räumlichen Fähigkeiten – bei fortgeschrittenen Fahrern bestimmte allein das Selbstbild die Leistung. Über alle Teilnehmer gesehen ließ sich die bessere Leistung der Männer in unserem Einparktest also auf zwei verschiedene Ursachen zurückführen: Sie erzielten im Schnitt eine höhere Punktzahl in Sachen räumliches Vorstellungsvermögen und gingen selbstbewusster zu Werke.

Frauen im Dilemma
Umgekehrt dürfte auch das weibliche Dilemma einen doppelten Ursprung haben. Männer und Frauen sind von Natur aus mit unterschiedlichen Fähigkeiten ausgestattet. Frauen zeigen im Mittel tatsächlich eher etwas schwächere Leistungen bei räumlichen Aufgaben als Männer (dafür ist ihr Sprachtalent im statistischen Durchschnitt etwas stärker ausgeprägt). Die Folge könnte ein schlechteres Feedback über die eigene Leistung sein – und eine niedrigere Selbstwirksamkeitserwartung. Mit anderen Worten: Frau betrachtet die Parklücke eher als Gefahr; Mann als willkommene Herausforderung.

Hinzu kommen typische Vorurteile, die Frauen häufig verinnerlicht haben. Eines der verbreitetsten Klischees ist das der mangelnden weiblichen Fahrkünste. Im Straßenverkehr kann es aber fatale Folgen haben, wenn »Frau am Steuer« sich allzu sehr mit ihrem vermeintlich mangelnden Fahrtalent beschäftigt, statt den Verkehr im Auge zu behalten.

Das jedenfalls glauben Nai Yeung von der University of New South Wales und Courtney von Hippel. Die Psychologinnen baten knapp 90 Studentinnen, im Fahrsimulator eine Landstraße entlangzufahren. Die Aufgabe: unter Einhaltung der erlaubten Höchstgeschwindigkeit von 80 Stundenkilometern möglichst schnell ans Ziel zu gelangen. Wiederum hatten die Forscher vor der Fahrt eine entscheidende Manipulation vorgenommen. Der einen Hälfte der Probandinnen gaben sie den Hinweis, Ziel der Studie sei, herauszufinden, warum Männer besser Auto fahren als Frauen. Der Rest glaubte, einfach an einer Untersuchung zu den mentalen Prozessen beim Autofahren teilzunehmen.

Die virtuelle Reise verlief ohne Zwischenfälle – bis hinter einer Kurve plötzlich Fußgänger auftauchten. In den gerade einmal drei Sekunden bis zur Kollision war blitzschnelles Bremsen gefragt. Obwohl die Forscher sonst keine Unterschiede im Fahrverhalten zwischen den beiden Gruppen von Frauen feststellten, verursachten stigmatisierte Probandinnen mehr als doppelt so häufig Crashs mit den virtuellen Passanten: In 59 % der Fälle konnten sie nicht mehr rechtzeitig bremsen – verglichen mit 25 % in der anderen Bedingung.

Zu viel Kontrolle ist schlecht
Offenbar beeinflussen negative Klischees besonders leicht komplexe motorische Tätigkeiten wie das Autofahren, berichten Toni Schmader und ihr Kollege Chad Forbes. Die dabei erforderlichen Bewegungsabläufe sind hoch automatisiert; nur so können sie zügig, koordiniert und sicher ausgeführt werden. Stigmatisierte Personen neigen jedoch gerade dazu, ihr Verhalten bewusst kontrollieren zu wollen. Was sonst reibungslos vonstattengeht, läuft dann langsamer und schlechter koordiniert ab.

Ein ähnlicher Effekt bewirkt, dass Profifußballer Torchancen oft vergeben, wenn sie besonders viel Zeit zum Schießen haben – etwa weil sie unbedrängt aufs gegnerische Tor zulaufen. Das Nachdenken über die richtige Fußstellung und die beabsichtigte Flugbahn des Balls geht selbst bei Weltklassekickern oft »nach hinten los«: Wer eine gelernte Bewegung aktiv zu kontrollieren versucht, trifft seltener!

Wie lässt sich der leistungsmindernde Einfluss der Stereotype aushebeln? Hängt es womöglich auch von uns selbst ab, ob wir uns davon angesprochen fühlen oder nicht? Um bei unserem Beispiel zu bleiben: Identifiziere ich mich ob meines vermeintlich geringen räumlichen Vorstellungsvermögens mit der Kategorie »Frau am Steuer« – oder definiere ich mich eher als »unfallfrei am Steuer« (laut Statistik betrifft dies mehr Frauen als Männer)? Konzentriere ich mich auf den früheren Bammel vor Schulreferaten – oder denke ich daran zurück, wie ich als Abiturientin den begehrten Studienplatz ergatterte? Innerhalb gewisser Grenzen ist es durchaus möglich, sich nicht auf Klischees festnageln zu lassen.

Ob wir diese Chance ergreifen, hängt unter anderem von unserem Selbstwertgefühl ab, wie Robert Rydell und Katie Boucher von der Indiana University in Bloomington entdeckten. In ihrer Studie von 2010 tendierten Studentinnen mit niedrigem Selbstwertgefühl dazu, sich eher der Kategorie »Frau« als »Hochschülerin« zuzuordnen, und schnitten in einem Mathematiktest unterdurchschnittlich ab. Hohes Selbstwertgefühl förderte dagegen nicht nur die Identifikation als »Hochschülerin«, sondern auch die Rechenleistung.

Ein geistiger Perspektivenwechsel kann ebenfalls helfen! Schon wenn wir eine vermeintliche Bedrohung zur Herausforderung umdeuten, steigt unsere Leistung, wie Psychologen um Diane Ruble von der New York University experimentell zeigen konnten. Die Forscher konfrontierten afroamerikanische Grundschüler mit einem Mathetest, den sie entweder als »Maß für ihr persönliches Talent« beschrieben oder aber als »Herausforderung, die das Gedächtnis schärft«. Siehe da: Die Leistung der schwarzen Kids blieb nur dann hinter der ihrer weißen Mitschüler zurück, wenn sie den Test als Bedrohung wahrgenommen hatten – nicht, wenn er ihnen als Chance präsentiert worden war. Die kleine Änderung der Aufgabenstellung zeigte Wirkung.

Die Forschung hat unser Wissen darüber, wie sich das Selbstbild von Menschen auf ihre Leistungen auswirkt, stark bereichert. Geprägt durch gelernte Erwartungen und das soziale Umfeld, modulieren Gedanken und Gefühle jederzeit flexibel das Ich. Sie prägen unsere Entscheidungen, den beruflichen Werdegang und letztlich die Persönlichkeit. Das hat große praktische Relevanz: So sollten Lehrer, Manager oder Trainer darauf achten, das Selbstbild ihrer Schüler, Mitarbeiter oder Sportler zu stärken. Wenn sie Misserfolge und Stigmatisierung vermeiden helfen, können ihre Schützlinge das eigene Leistungsvermögen wahrscheinlich besser ausschöpfen.

Quellen

- Alter, A. L. et al.: Rising to the Threat: Reducing Stereotype Threat by Reframing the Threat as a Challenge. In: Journal of Experimental Social Psychology 46, S. 166 – 171, 2010
- Rydell, R. J., Boucher, K. L.: Capitalizing on Multiple Social Identities to Prevent Stereotype Threat: The Moderating Role of Self-Esteem. In: Personality and Social Psychology Bulletin 36, S. 239 – 250, 2010
- Schmader, T. et al.: An Integrated Process Model of Stereotype Threat Effects on Performance. In: Psychological Review 115, S. 336 – 356, 2008
- Steele, C. M., Aronson, J.: Stereotype Threat and the Intellectual Test Performance of African Americans. In: Journal of Personality and Social Psychology 69, S. 797 – 811, 1995
- Wolf, C. C. et al.: Sex Differences in Parking are Affected by Biological and Social Factors. In: Psychological Research 74, S. 429 – 435, 2010
- Yeung, N. C. J., Von Hippel, C.: Stereotype Threat Increases the Likelihood that Female Drivers in a Simulator Run over Jaywalkers. In: Accident Analysis and Prevention 40, S. 667 – 674, 2008

Gefühlte Fairness

Jochen Paulus

*Menschen schummeln, was das Zeug hält – oder nicht? Laut Ökonomen sind die
Höhe eines möglichen Profits und das Risiko aufzufliegen die entscheidenden Mo-
gelfaktoren. Psychologen haben jedoch subtilere Mechanismen im Visier.*

Auf einen Blick

Kleine Flunkerlehre

1 Menschen betrügen nicht streng nach Kosten-Nutzen-Erwägungen, sondern
nach psychologischen Regeln. Vor allem der subjektive Sinn für Fairness spielt
dabei eine Rolle.

2 Wer sich etwa ungerecht behandelt fühlt, mogelt eher – vor allem wenn der
Betrug zu Lasten reicher Personen geht.

3 An moralische Grundsätze erinnert zu werden, senkt dagegen die Schummel-
rate.

Mit ehrlichen Mitteln war das lockende Spielzeug kaum zu gewinnen: In einem
Experiment sollten fünf- bis neunjährige Probanden mit einem Ball ein vorgege-
benes Ziel treffen – sie mussten dabei aber mit der linken Hand werfen und das
Ganze auch noch mit dem Rücken zum Ziel. Fast jedes zweite Kind trug daher
kurzerhand den Ball zur richtigen Stelle, sobald der Psychologe Jared Piazza den
Raum verlassen hatte.

Wenn er den Kindern allerdings vorher erzählte, auf dem leeren Stuhl im Ver-
suchsraum säße die unsichtbare Prinzessin Alice, ging der Versuch anders aus:
Von den elf Kindern, die an Alice glaubten, mogelte dann nur eines. Lediglich
skeptische Kinder schummelten weiter – vergewisserten sich freilich erst, ob die

© Springer-Verlag Berlin Heidelberg 2017
S. Ayan (Hrsg.), *Rätsel Mensch – Expeditionen im Grenzbereich von Philosophie und Hirnforschung*,
DOI 10.1007/978-3-662-50327-0_40

Prinzessin auch wirklich nicht da war: Sie prüften etwa mit der Hand den Stuhl, auf dem sie angeblich saß.

Die lieben Kleinen können solchen Versuchungen offenbar kaum widerstehen. Und Erwachsene? Auch sie neigen erschreckend oft zum Betrug. Fast jeder dritte Deutsche, so eine repräsentative Umfrage von TNS Emnid aus dem Jahr 2007, habe binnen zwölf Monaten einen Schwarzarbeiter beschäftigt und damit den Staat betrogen. Jeder fünfte habe selbst schwarzgearbeitet. So wurden etwa 150 Mrd. Euro am Fiskus vorbei erwirtschaftet. Das entsprach sechs Prozent des Bruttoinlandprodukts, wie Dominik Enste, Professor für Wirtschaftsethik an der Fachhochschule Köln, errechnete. Das Sein bestimmt hier das Bewusstsein – drei von vier Deutschen halten Schwarzarbeit nicht für verwerflich, so eine andere Umfrage von 2007.

Auch Versicherungen werden routinemäßig betrogen. Etwa fünf bis zehn Prozent der Mittel, die sie für Schadensfälle auszahlen, erschleichen sich die Kunden durch falsche Angaben. Besonders frappant: In jedem vierten Fall weiß der Versicherungsvertreter, dass der Kunde betrügt. In jedem siebten half er sogar beim Ausfüllen der Formulare. Das berichtete der Kölner Psychologe Detlef Fetchenhauer im Jahr 1999.

Wie verbindlich sind Gesetze?

Doch der Normalbürger betrügt nicht einfach munter drauflos. Er macht vielmehr feine Unterschiede, je nachdem, wann er Gesetze für verbindlich hält und wann nicht. Das zeigte sich, als Fetchenhauer Testpersonen verschiedene Szenarien beurteilen ließ. Darin ging es etwa um einen Herrn X, der seiner Versicherung einen Einbruch während seines Urlaubs meldete. Wenn gar keiner stattgefunden hatte, hielten das nur vier Prozent der Befragten für akzeptabel. Hingegen fanden 45 % nichts dabei, wenn Herr X nach einem wirklichen Einbruch das Geld durch Falschangaben »herausschlug«.

Er hatte nämlich vergessen, die Rollos herunterzulassen – und deshalb keinen Versicherungsschutz. Für die Versicherung ist der Schaden in beiden Fällen gleich groß. Doch die Befragten hielten ein falsches Detail für harmloser als eine komplett fingierte Schadensmeldung.

Auch wenn jemand nach einem Brand einen deutlich höheren Schaden meldet als den tatsächlich erlittenen, zeigen sich viele moralisch flexibel: Sind Tagebücher oder Fotoalben in Flammen aufgegangen, hat jeder Vierte Verständnis und würde eventuell ebenso handeln.

Mit einem Wort: Betrug ist unmoralisch, aber Rechtfertigungen dafür gibt es viele. Ein guter Grund ist beispielsweise, dass der Betrogene zu viel Geld hat. Die Wirtschaftswissenschaftlerin Francesca Gino von der Harvard Business School erweckte diesen Eindruck für ein Experiment im Jahr 2009 ganz gezielt. Auf einem Tisch stapelte sie entweder 7000 Dollarscheine – oder aber gerade so viel

Geld, wie für den Versuch nötig war. Jeder Teilnehmer bekam 24 Dollar und musste wie beim Scrabble aus bestimmten Buchstaben Wörter bilden. Für jede erfolgreiche Runde durften die Versuchsteilnehmer drei Dollar behalten, das restliche Geld sollten sie zurückgeben.

Die Probanden wussten dabei allerdings nicht, dass die Forscherin genau kontrollierte, ob sie richtig abrechneten. Denn für jeden Teilnehmer gab es eine Aufgabe, die nur er erhielt. So konnte Gino die Abrechnung mit dem jeweiligen Arbeitsheft abgleichen. Das Resultat: Wenn auf dem Tisch ein Vermögen lag, mogelten die Teilnehmer doppelt so oft, als wenn bloß der für das Experiment erforderliche Betrag offen zu sehen war.

Gino hält es daher für problematisch, wenn eine Firma ein luxuriöses Ambiente für Kunden und Chefs schafft, während die einfachen Beschäftigten vom Wohlstand nicht viel abbekommen. Sie könnten sich unfair behandelt fühlen und sich rächen. Tatsächlich zeigen Studien, dass Angestellte weniger engagiert arbeiten und öfter fehlen, wenn sie sich für unterbezahlt halten. In einer Untersuchung kürzte eine Firma in der Krise die Gehälter, jedoch nur bei einem Teil der Belegschaft. Der klaute fortan mehr, wie der Psychologe Jerald Greenberg 1990 herausfand. Die Diebstähle fielen geringer aus, wenn die neue Lohnstruktur gründlich erklärt wurde und so weniger Grund zum Neid bestand.

Menschen lassen allerdings nicht nur dann fünf gerade sein, wenn sie sich selbst unredlich behandelt fühlen. Sie helfen auch nach, wenn sie andere benachteiligt sehen. Auf diesen »Robin-Hood-Effekt« stieß Gino 2011 bei der Autoabgas-Kontrolle: Die Inspektoren ließen kleine Luftverschmutzer auf vier Rädern eher durchkommen als qualmende Luxuskarossen.

Manchmal mogeln Menschen sogar mehr, wenn andere ebenfalls profitieren, als wenn sie den Gewinn allein einstreichen. So übertreiben Versuchspersonen ihre Leistung stärker, wenn sie und ein Fremder pro angeblich gelöster Aufgabe je 35 Cent bekommen, als wenn sie die ganzen 70 Cent behalten dürfen. Das wies der US-amerikanische Ökonom und Psychologe Scott Wiltermuth 2011 nach. »Ich tue das ja nicht nur für mich«, scheint hier das Motto zu sein.

Cola verschwindet, Geld bleibt

Normalbürger haben eben häufig andere Maßstäbe als Juristen. Im Alltag dominiert die gefühlte Moral. Der Verhaltensökonom Dan Ariely von der Duke University in Durham (USA) demonstrierte dies in einem kleinen Feldversuch. Er deponierte Coladosen in Wohnheim-Kühlschränken, welche die Studenten gemeinsam nutzten. Dann sah er regelmäßig nach, ob die Büchsen noch da waren. Die so gemessene »Halbwertszeit« war ziemlich kurz, die Cola schnell getrunken. Doch Ariely legte zum Vergleich auch Teller mit Dollarscheinen in die Kühlschränke. Siehe da: Kein einziger verschwand.

Natürlich hatte auch die Cola Geld gekostet – sie zu stibitzen, lief also auf das Gleiche hinaus. Doch »es fühlt sich offenbar ganz anders an«, sagt Ariely. In einer Serie von Studien gingen er und andere Forscher solchen Phänomenen auf den Grund. In einem typischen, 2008 veröffentlichten Experiment bekamen Studenten Blätter mit Aufgaben, von denen jeder so viele lösen sollte, wie er in der vorgegebenen Zeit schaffte.

Ein Teil der Studenten lieferte die Resultate beim Versuchsleiter ab. Der zahlte für jede richtige Lösung eine Belohnung. Die anderen Probanden durften ihre Arbeit hingegen selbst kontrollieren und bekamen ihre Vergütung auf Treu und Glauben. Trotzdem konnten die Forscher durch Vergleich mit den Leistungen der Kontrollgruppe herausfinden, wie sehr betrogen wurde.

Ergebnis: Wenn sie konnten, schwindelten die Studenten im Schnitt bei jeder sechsten ungelösten Aufgabe. Doch das galt nur, wenn sie die 50 Cent pro richtiger Lösung direkt ausgezahlt bekamen. Eine kleine Variation des Versuchs änderte das Bild: Die Teilnehmer bekamen zunächst kein Geld, sondern eine Art Pokerchip. »Dann sind sie zu einem Mitarbeiter gleich nebenan gegangen und haben sie gegen Dollars getauscht«, erklärt Ariely. Die Studiosi betrogen nun doppelt so oft. Offenbar sagten sie sich: Es geht ja nur um Chips. Dabei wussten sie genau, dass sie dafür einen Moment später Bargeld erhalten würden.

Ariely vermutet, dass dieser Effekt in der Welt der Banken noch weit stärker wirkt und seinen Teil zur Finanzkrise von 2007 beigetragen hat. Aktien, Optionen, Derivate – »all das ist noch viel mehr Schritte und für viel länger von Geld entfernt. Könnte es nicht sein, dass die Leute dadurch mehr betrügen?«

Natürlich schummeln Menschen auch aus weniger subtilen Gründen. Viele Finanzjongleure verdienen am meisten, wenn sie ihren Kunden Anlagen verkaufen, bei denen die Bank besonders profitiert – aber nicht unbedingt die Kunden. Schüler mogeln vor allem, wenn sie sonst den Ansprüchen nicht gerecht werden, die Lehrer, Eltern oder auch sie selbst an sich stellen. Bei der Tour de France wiederum rechnen sich viele Radler ohne Doping keine Chancen aus.

Dass Leistungsdruck der Ehrlichkeit nicht unbedingt bekommt, lässt sich auch im Experiment nachweisen. Die Psychologin Christiane Schwieren von der Universität Heidelberg ließ 2009 Studierende am Computerbildschirm durch virtuelle Labyrinthe irren. Dabei konnten sie eine leichtere Schwierigkeit einstellen, den Rechner die Aufgabe selbst lösen lassen oder einfach eine bessere Leistung als die tatsächliche notieren. Was die Probanden nicht wussten: Ein Spionageprogramm hielt alles fest.

Schlechte Spieler betrogen bei dieser Aufgabe weitaus mehr als gute. Das galt vor allem dann, wenn nicht einfach jedes korrekt gelöste Labyrinth einzeln honoriert wurde, sondern die besten Spieler den ganzen Gewinn kassierten. Nach der Theorie »Konkurrenz belebt das Geschäft« sollte derartiger Wettbewerb eigentlich die Leistung erhöhen. Doch zumindest in dieser Studie verdoppelte er lediglich die Mogelrate.

Ein Recht auf Schummeln

Frauen schummelten in der Konkurrenzbedingung besonders viel – aber nur, weil sie die Aufgabe schlechter meisterten. Schwache Spieler wollen ihr Gesicht wahren, so Christiane Schwieren, oder sie »fühlten sich berechtigt, in einem System zu mogeln, das ihnen keine Chance gibt, auf ehrliche Art zu gewinnen«. Solche psychologischen Erklärungen des Betrugs sind weit weg von den Überlegungen von Ökonomen wie dem Nobelpreisträger Gary Becker. Nach deren Meinung betrügen Menschen, wenn der Gewinn im Verhältnis zur Strafe hoch ausfällt und die Wahrscheinlichkeit, erwischt zu werden, gering ist.

Ariely hält dies für zu schlicht gedacht. Er stützt sich auf ein Experiment von 2005, in dem er die Gefahr aufzufliegen variierte. Erst versuchten sich alle Versuchspersonen an schriftlichen Quizfragen. Dann trennten sich ihre Wege: Bei manchen kontrollierte der Versuchsleiter die Antworten. Die zweiten werteten selbst aus, trugen aber Aufgaben- und Auswertungsblatt zum Versuchsleiter – ein Betrug flog also leicht auf. Die dritten lieferten nur das Auswertungsblatt ab. Dem Versuchsleiter konnten mithin ungewöhnlich viele korrekte Antworten auffallen, auch wenn dies nichts bewies. Die vierten erledigten nicht nur die ganze Auswertung allein, sondern honorierten sich auch noch selbst aus einem Glas mit Geld.

»Betrügen? Ich doch nicht!«

In allen Gruppen, die selbst auswerten durften, schummelten Versuchspersonen – jedoch nicht umso stärker, je geringer die Gefahr war, erwischt zu werden. Und sie übertrieben ihre Leistungen nur relativ bescheiden; sie hätten fünfmal so viel ergaunern können. Anders als manche Ökonomen glauben, geht es beim Betrug also nicht einfach nur darum, gefahrlos möglichst viel Geld einzuheimsen.

Die Marketingprofessorin Nina Mazar von der University of Toronto vertritt gemeinsam mit Ariely eine andere Theorie: Die meisten Menschen halten sich selbst für ehrlich und wollen sich nicht als Betrüger sehen müssen. Kleine Gaunereien bedrohen dieses Selbstbild nicht; die begehen schließlich alle. Doch sobald eine gewisse Schwelle überschritten wird, ist das eigene Selbstbild bedroht.

Es kommt also etwa nicht in Frage, im Experiment bei sämtlichen ungelösten Aufgaben zu schwindeln – dann wäre man ja ein Halunke! Für einen sehr hohen Betrag würden das viele womöglich in Kauf nehmen, vermuten die Forscher, aber den konnten sie ihren Versuchspersonen nicht bieten. Während gegen größere Delikte daher wohl nur engagierte Staatsanwälte helfen, lässt sich den alltäglichen kleinen Mogeleien durch überraschend einfache Maßnahmen vorbeugen. Man kann Betrügerei beispielsweise als etwas präsentieren, was dubiose andere tun, aber nicht unseresgleichen. In einem ihrer Hörsaalexperimente ließen Gino und Ariely einen Studenten auftreten, der ganz offensichtlich schummelte. Schon nach einer halben Minute stand er auf, behauptete, alle Aufgaben

gelöst zu haben, und ging mit der Höchstsumme heim. Trug der öffentliche
Mogler ein T-Shirt der Heimatuni, ging die Betrugsrate hoch. Doch falls sein
T-Shirt ihn als Mitglied der konkurrierenden University of Pittsburgh auswies,
sank die Betrugsrate. Die Probanden erkannten schlagartig: Mogeln ist eigentlich nicht richtig.

Auch andere Maßnahmen rücken die Moral ins Bewusstsein. So ließen Gino
und Ariely in einer Studie von 2005 Probanden zunächst so viele der Zehn Ge-
bote aufschreiben, wie ihnen einfielen. Selbst Atheisten schummelten anschließend nicht mehr. Für öffentliche Einrichtungen ersannen die Forscher eine Variante – sie ließen ihre Teilnehmer bei einem Versuch am Massachusetts Institute of
Technology (MIT) unter anderem den Satz »Mir ist bekannt, dass diese Studie
unter den Ehrenkodex des MIT fällt« unterschreiben. Wieder war keinerlei Betrug zu registrieren. (Dabei besitzt das MIT gar keinen Ehrenkodex, wie Ariely
ironisch anmerkt.)

Müssen die Versuchspersonen den Ehrenkodex zwar lesen, aber nicht unterschreiben, tricksen manche immer noch. Die Psychologin Lisa Shu hat hier vor
allem Menschen in Verdacht, die zu »moralischer Loslösung« neigen. Sie bejahen Aussagen wie »Der Zweck heiligt die Mittel«. Die Betreffenden konnten
sich bei einem kleinen Test deutlich schlechter an den Ehrenkodex erinnern als
andere oder taten zumindest so. Und je stärker die Moral in Vergessenheit geriet,
desto mehr wurde gemogelt.

Was also tun, damit moralische Loslösung und Betrug unterbleiben? Die meisten Menschen akzeptieren Normen durchaus, nur denken sie im entscheidenden
Moment oft nicht daran. Daher sollten sie vor der Steuererklärung vielleicht
einen Ehrenkodex unterschreiben oder angeben, wie wichtig ihnen ihr Land ist.
Einen Versuch wäre es wert.

Quellen

* Gino, F.: The Abundance Effect: Unethical Behavior in the Presence of
  Wealth. In: Organizational Behavior and Human Decision Processes 109,
  S. 142 – 155, 2009
* Mazar, N. et al.: The Dishonesty of Honest People: A Theory of Self-Concept
  Maintenance. In: Journal of Marketing Research 45, S. 633 – 644, 2008
* Piazza, J. et al.: »Princess Alice is Watching You«: Children's Belief in an Invi-
  sible Person Inhibits Cheating. In: Journal of Experimental Child Psychology
  109, S. 311 – 320, 2011
* Schwieren, C., Weichselbaumer, D.: Does Competition Enhance Performance
  or Cheating? A Laboratory Experiment. In: Journal of Economic Psychology
  31, S. 241 – 253, 2010

• Shu, L. L.: Dishonest Deed, Clear Conscience: When Cheating Leads to Moral Disengagement and Motivated Forgetting. In: Personality and Social Psychology Bulletin 37, S. 330 – 349, 2011

Der empathische Egoist

Michael Pauen

Mitgefühl ist wichtig – trägt aber allein noch keine Gesellschaft. Der Berliner Philosoph Michael Pauen erklärt, warum es in der menschlichen Natur liegt, Gemeinsinn und Eigennutz miteinander zu vereinen.

Auf einen Blick

Sozial *und* eigennützig

1 Gemeinhin gelten Egoismus und Altruismus als unvereinbare Maximen menschlichen Handelns.

2 Die menschliche Natur vereint diese scheinbaren Gegensätze, weil sie zusammen erst das Leben in Gemeinschaft ermöglichen.

3 Das Zusammenspiel von Eigennutz und Gemeinsinn bewirkt, dass sich eine Gesellschaft innovativ und sozialverträglich entwickeln kann.

Haben Sie sich eigentlich schon einmal überlegt, warum Menschen weiße Augäpfel haben? Tiere haben das nicht, bei ihnen besitzen Augapfel, Iris und Pupille meist die gleiche Farbe. Tiere verbergen damit ihre Blickrichtung vor möglichen Opfern oder Feinden. Warum ist das bei Menschen anders? Warum geben sie ihre Blickrichtung zu erkennen? Offenbar tun sie das, um sich besser zu verständigen. Und dieser Vorteil für das Zusammenleben scheint so wichtig zu sein, dass er das damit verbundene individuelle Risiko überwiegt.

Dieses kleine Detail zeigt beispielhaft, wie die Natur den Menschen auf ein Leben in Gemeinschaft vorbereitet. Anders als es viele große Denker behaupteten – darunter Sigmund Freud (1856 – 1939) sowie Arthur Schopenhauer (1788 – 1860) –, ist der Mensch eben von Natur aus kein egoistischer Einzelgän-

© Springer-Verlag Berlin Heidelberg 2017
S. Ayan (Hrsg.), *Rätsel Mensch – Expeditionen im Grenzbereich von Philosophie und Hirnforschung*,
DOI 10.1007/978-3-662-50327-0_41

ger, der allenfalls unter dem Druck kultureller Zwänge einen sozialen Lebensstil annimmt. Eine Vielzahl von Erkenntnissen aus der sozialen Neurobiologie, der Evolutionsbiologie und der Psychologie zeigt, dass wir von Natur aus nicht nur soziale und kulturelle Bedürfnisse haben, sondern auch über viele Fähigkeiten verfügen, die es uns ermöglichen, Gemeinschaftlichkeit und Kultur zu entwickeln.

Viele unserer sozialen Bedürfnisse sind so tief greifend, dass unsere Entwicklung und unsere Gesundheit gefährdet sind, wenn sie nicht befriedigt werden. Einsamkeit macht krank: Alleinstehende haben nicht nur eine geringere Lebenserwartung als Verheiratete; auch ihr Krankheitsrisiko, insbesondere was psychiatrische Erkrankungen angeht, ist erheblich höher. Umgekehrt fördern stabile soziale Bindungen die intellektuelle Entwicklung, besonders bei kleinen Kindern.

Es ist daher kein Wunder, dass fast alle Menschen Gemeinschaften suchen. Zuweilen treibt dieses Bedürfnis nach Sozialität merkwürdige Blüten: Wir reagieren mit schmerzähnlichen Symptomen, wenn wir von den Aktivitäten einer Gruppe ausgeschlossen werden, und zwar sogar dann, wenn wir diese Gemeinschaft verachten und rein gar nichts mit ihr zu tun haben wollen!

Doch wir haben nicht nur soziale *Bedürfnisse*, vielmehr besitzen wir auch eine ganze Reihe entsprechender *Fähigkeiten*. Offenbar verdankt die menschliche Intelligenz ihre Entwicklung in erster Linie der Tatsache, dass sie uns zu einem Leben in Gemeinschaft befähigt. Das Verhalten von Menschen ist nun einmal viel schwieriger vorhersagbar als das von, sagen wir, Steinen, Wassertropfen oder Holzklötzen.

Mittlerweile wissen wir eine Menge darüber, wie wir uns in die Lage anderer versetzen und ihre Emotionen oder Gedanken nachvollziehen. Wenn Sie sehen, wie ein guter Freund von Ihnen Schmerzen empfindet, dann reagiert Ihr Gehirn ganz ähnlich wie bei eigenen Schmerzen; handelt es sich dagegen um jemanden, der Sie unfair behandelt hat, dann werden in Ihrem Gehirn die Lustzentren aktiv, zumindest wenn Sie ein Mann sind.

Obgleich wir also von Natur aus keine egoistischen Einzelgänger sind – selbstlose Menschenfreunde, denen nichts so sehr am Herzen liegt wie das Wohl ihrer Mitmenschen, sind wir damit noch lange nicht. Sind Sie in der letzten Zeit einmal über die Straße gegangen und waren plötzlich von lauter Gutmenschen umringt, die Ihnen etwas schenken wollten? Nein? Und Sie halten auch jemandem, der Sie schlägt, nicht gleich die andere Wange hin? Dafür gibt es in der Tat gute Gründe! Dass Schlagen sonst zu einer gefahrlosen Freizeitbeschäftigung würde, ist nur einer von ihnen.

Menschen können sich durchaus egoistisch und zum Teil sogar abscheulich verhalten; man muss nur die Zeitung aufschlagen, um Beispiele zu finden. Es gibt nämlich neben den moralisch »guten« Fähigkeiten wie Fairness oder Empathie auch problematische Eigenschaften, die ganz hilfreich sind, wenn wir uns in einer

Gemeinschaft bewegen: Sozial ist auch die Fähigkeit, andere zu durchschauen, sie herumzukommandieren, für unsere Zwecke einzusetzen oder sie gegebenenfalls hinters Licht zu führen.

Und gerade unsere Fähigkeit, Gruppen zu bilden, bedeutet eben nicht nur, dass wir Bindungen zu anderen Menschen aufbauen können – zu den Mitgliedern der Gruppe. Es bedeutet ebenfalls, dass wir andere Menschen ausschließen und im Allgemeinen zugleich weniger gut behandeln, eben alle diejenigen, die nicht Mitglieder unserer Gruppe sind. Tatsächlich liefern unsere sozialen Fähigkeiten auch eine gute Erklärung für Vorurteile und Fremdenfeindlichkeit.

Umgekehrt muss egoistisches Verhalten nicht immer negative Konsequenzen haben. Eine Gesellschaft aus lauter sanftmütigen Menschenfreunden wäre bestenfalls sterbenslangweilig – wahrscheinlicher ist, dass sich die Menschenfreunde mit ihren hehren Prinzipien gegenseitig kräftig auf die Nerven gehen würden. Wichtiger noch: Hier würde der Anreiz für alle jene Entdeckungen und Erfindungen fehlen, ohne die unsere heutige Gesellschaft überhaupt nicht möglich wäre.

Eine Portion Wahnsinn
Denn kaum eine Erfindung, kaum eine Entdeckung wäre geglückt ohne eine gehörige Portion Größenwahnsinn, ohne einen zuweilen krankhaften Ehrgeiz von Frauen und Männern, die ihren gesamten Besitz, ihr Leben und oft noch das Leben vieler anderer aufs Spiel setzten, um ihre Ziele zu erreichen. Hätte es solche zuweilen an Irrsinn grenzenden Extreme nicht gegeben, wir würden vermutlich immer noch friedlich und gelangweilt in Höhlen und auf Bäumen hocken – ohne Feuer, ohne Technik, ohne die Kenntnis anderer Weltteile und vermutlich auch ohne das Wissen um moralische Prinzipien, nach denen sich zwischen guten und weniger guten Handlungen unterscheiden lässt.

Wer die Bedeutung von Egoismus und Eigennutz erkennt, muss sich allerdings noch lange nicht mit den negativen Folgen arrangieren. Im Gegenteil! Man darf es eben nur nicht der Natur überlassen, hierüber zu wachen. Vielmehr sind wir selbst als halbwegs intelligente und soziale Lebewesen gefragt. *Wir* müssen uns Gedanken darüber machen, wie man mit den negativen Seiten des menschlichen Sozialverhaltens fertigwird, ohne seine positiven Seiten allzu sehr einzuschränken. Ziel muss es dabei sein, jenes merkwürdige Zusammenspiel von Konkurrenz und Kooperation zu sichern, ohne das weder ein Fußballspiel noch eine Partie »Mensch ärgere dich nicht« jemals funktionieren würde.

Das bedeutet auch, dass die Natur uns hier einen erheblichen Spielraum lässt, einen Spielraum, den jede Kultur und jede Gemeinschaft für sich nutzen kann, indem sie eigene Regeln und eigene Traditionen herausbildet. Die kulturelle Vielfalt, die die Menschheit in ihrer Geschichte hervorgebracht hat, bietet hierfür wohl den besten Beleg. Wie groß die Spannbreite menschlichen Verhaltens ist, wird aber noch deutlicher, wenn man die Entwicklung einzelner Verhaltensweisen wie etwa der Gewaltausübung über die Geschichte hinweg verfolgt.

Norbert Elias (1897 – 1990) hat bereits 1939 in seinem Buch »Über den Prozeß der Zivilisation« dargelegt, wie unser Verhalten im Verlauf der historischen Entwicklung immer stärker reguliert wird: Wir geben damit viele Freiheiten auf, gewinnen aber gleichzeitig an Sicherheit. Letzteres lässt sich sogar in Zahlen erfassen. So kamen über lange Zeit rund 20 % der Männer in kriegerischen Auseinandersetzungen ums Leben – auch in den vermeintlich so friedlichen vorgeschichtlichen Phasen der Menschheit. Heute liegt das Risiko bei knapp zwei Prozent. Ähnlich dramatisch ist das Risiko zurückgegangen, Opfer eines Mordes zu werden. Im England des 14. Jahrhunderts wurden 24 von 100.000 Bürgern Opfer von Gewalttaten, in den 1960er Jahren waren es nur noch 0,6.

Leider lässt sich diese Entwicklung sehr schnell wieder zurückdrehen. Sowohl aus der NS-Zeit als auch aus den Kriegen in der ehemaligen Bundesrepublik Jugoslawien gibt es allzu viele Belege dafür, wie biedere Bürger unter gewissen Umständen zu brutalen Mördern werden können. Die Natur lässt uns Spielraum in beide Richtungen: Unser Verhalten kann sich moralisch weiterentwickeln, aber es kann auch auf einen geradezu barbarischen Stand zurückfallen. Die menschliche Natur bietet die Voraussetzungen für beides, aber die Verantwortung dafür, welchen Weg wir einschlagen, liegt letztlich bei uns selbst!

Die Einheit von Natur und Kultur

Gleichzeitig bedeutet dies, dass wir uns nicht auf eine Seite schlagen können, wenn wir wirklich verstehen wollen, wie Gemeinschaft funktioniert: nicht auf die Seite der Kultur, so wie es in der Vergangenheit oft geschah, aber auch nicht auf die der Natur, so wie es heute zuweilen auf Grund einer Überschätzung neuer wissenschaftlicher Erkenntnisse geschieht.

Wir benötigen beides: die Natur *und* die Kultur, die Empathie *und* den Egoismus. So lassen sich bestimmte gesellschaftliche Phänomene überhaupt erst verstehen, wenn wir ihre natürlichen Grundlagen erkennen. Auf der anderen Seite wäre die Entwicklung bestimmter natürlicher Merkmale und Fähigkeiten völlig rätselhaft, gäbe es nicht soziale und kulturelle Bedingungen, unter denen sich diese Fähigkeiten entfalten können. Es ist unsinnig, Egoismus und Empathie gegeneinander auszuspielen. Dass eine Gesellschaft ohne Altruismus und Empathie nicht funktioniert, leuchtet sofort ein. Doch wie oben gezeigt, benötigen wir eben auch das andere Moment: die Bereitschaft, miteinander zu wetteifern, uns durchzusetzen und etwas zu riskieren, sonst würde sich unsere Gesellschaft nicht weiterentwickeln.

Kurz erklärt

Altruismus Selbstlosigkeit; Uneigennützigkeit.
Ethischer Egoismus basiert auf der Annahme des englischen Philosophen Thomas Hobbes (1588 – 1679), das oberste Ziel des Menschen sei die Selbsterhaltung. Daraus lässt sich die Handlungsmaxime »Gut ist, was mir nützt« ableiten.
Psychologischer Egoismus Theorie, wonach alles menschliche Streben letztlich darauf abzielt, das eigene Glück zu erhalten oder zu steigern.

Warum sollten wir uns überhaupt dafür interessieren, wie Gemeinschaft funktioniert? Einer der Gründe ist die große praktische Bedeutung eines solchen Verständnisses. Wir gewinnen damit Ansätze für Strategien, die das Funktionieren von Gemeinschaft verbessern und das Scheitern sozialer Beziehungen verhindern können. So gibt es eine Reihe von Belegen dafür, dass die frühkindliche Bindung eine ganz entscheidende Rolle nicht nur für die soziale, sondern auch für die intellektuelle Entwicklung spielt. Kinder mit sicherer Bindung zu ihren Eltern sind hier im Vorteil gegenüber Kindern, bei denen diese Bindung gestört ist.

Unser Verständnis der zu Grunde liegenden Hirnprozesse liefert heute Ansatzpunkte für eine Therapie derartiger Störungen. Je besser wir das komplizierte Zusammenspiel von individuellen Anlagen und sozialen Mechanismen verstehen, desto größer dürften unsere Möglichkeiten sein, Störungen dieses Zusammenspiels zu beseitigen.

Voraussetzung dafür ist allerdings, dass man sich nicht durch allzu frühe Festlegung auf ein angebliches »Wesen des Menschen« den Blick für die wirklichen Zusammenhänge verstellt. Wie Gemeinschaft funktioniert, werden wir nur herausfinden, wenn wir alles in den Blick nehmen: die empathischen ebenso wie die egoistischen Seiten des Menschen. Immerhin sieht es so aus, als hätte uns die Natur auch dazu ganz gut ausgerüstet.

Elixier der Nähe

Klaus Wilhelm

Es überschwemmt den Körper beim Orgasmus, verleiht einer Berührung den Hauch von Magie und baut Stress sowie Misstrauen ab: Oxytozin. Nun soll die Substanz sogar als Therapeutikum bei Depression, Sozialphobie oder Autismus helfen.

Auf einen Blick

Sozialer Kitt mit Heilkraft

1 Das Neuropeptid Oxytozin war lange nur als Schwangerschaftshormon bekannt, das die Geburt unterstützt, die Produktion der Muttermilch anregt und die Bindung zwischen Mutter und Kind fördert.

2 Inzwischen wissen Forscher, dass Oxytozin eine zentrale Rolle für das Sozialverhalten spielt: Der Botenstoff sorgt für gegenseitiges Vertrauen, baut sozialen Stress ab, und seine Konzentration steigt während des Orgasmus an.

3 Laut Pilotstudien eignet sich das vielseitige Hormon auch zur Behandlung von Depression, Sozialphobie oder Autismus.

Es geht um Sex. Und Beziehungen. Rein wissenschaftlich, natürlich: 44 junge Männer halten sich ein Fläschchen dicht unter die Nase, drücken mehrmals kräftig auf den Sprühknopf und inhalieren tief. Nun bahnt sich der Inhaltsstoff seinen Weg ins Gehirn. Zumindest bei 22 der Versuchsteilnehmer, denn die anderen atmen nur ein wirkungsloses Spray ein. Dann tauchen auf einem Bildschirm vor ihnen einzelne Buchstaben auf, die sich nach und nach zu Wörtern formieren: Liebe, Hass, Küssen, Bordell, ...

Die Aufgabe lautet: Benennen Sie so rasch wie möglich das jeweilige Wort! Resultat: Probanden, die eine ordentliche Dosis aus dem Sprayer mit der Sub-

© Springer-Verlag Berlin Heidelberg 2017
S. Ayan (Hrsg.), *Rätsel Mensch – Expeditionen im Grenzbereich von Philosophie und Hirnforschung,*
DOI 10.1007/978-3-662-50327-0_42

stanz namens Oxytozin genommen haben, erkennen all jene Begriffe blitzschnell, die positiv mit sozialen Beziehungen verbunden sind – oder mit Sex.

»Dies ist eine der ersten Untersuchungen, die kognitive Wirkungen von Oxytozin nachwies«, sagt Christian Unkelbach, der die Studie an der University of New South Wales in Australien durchführte. »Oxytozin lenkt den Fokus speziell auf positive soziale Information und schafft so Vertrauen.« Kurz zuvor hatte Unkelbachs damaliger Chef Adam Guastella einen ähnlichen Effekt nachgewiesen – und zwar beim Gedächtnis für zufriedene Gesichter: Wer unter Einfluss einer Zusatzdosis Oxytozin steht, erinnert sich besser an ein freudiges als an ein trauriges oder emotionsloses Gesicht. Oxytozin, ein Allround-Glücklichmacher?

Dass ein einzelnes Hormon derlei Dinge vollbringen kann, hätte noch vor wenigen Jahren kaum jemand für möglich gehalten. Außer Markus Heinrichs. »Oxytozin, soziale Beziehungen und Vertrauen – das gehört zusammen«, gibt sich der Psychologe in Diensten der Universität Freiburg überzeugt. »Revolutionäre Erkenntnisse in jüngster Zeit« haben dafür gesorgt, dass die Erforschung des Oxytozins zu einem der heißen Themen in den Neurowissenschaften avancierte, mit inzwischen weltweit zahlreichen Arbeitsgruppen, die das Mysterium des Moleküls immer weiter enthüllen.

Vom Geburtshelfer zum Antipsychotikum

Oxytozin genießt schon länger seinen Ruf als Erotik-, Liebes- und Schmusehormon, das vor allem beim Orgasmus ausgeschüttet wird. Es verleiht einer liebenden Berührung den Hauch der Magie, lässt Stress nur so dahinschmelzen und macht uns großzügig. Oxytozin ist das Elixier des Vertrauens und der Zuneigung, das Eltern an ihre Kinder bindet, Liebende unzertrennlich macht, Freundschaften zusammenhält.

Mehr noch: Oxytozin wird als Nasenspray verabreicht, um Geburten zu beschleunigen und Muttermilch sprudeln zu lassen. Nun loten Forscher das Potenzial des Hormons als Therapeutikum für solche psychischen Erkrankungen aus, die mit einem Verlust sozialer Fähigkeiten verbunden sind: zum Beispiel Autismus, Persönlichkeitsstörungen, Depressionen, soziale Phobien und Psychosen.

Diese Entwicklung konnte Henry Dale (1875 – 1968) kaum erahnen, als er zu Beginn des 20. Jahrhunderts eine Substanz aus dem menschlichen Gehirn extrahierte, die bei schwangeren Katzen Wehen auslöste. Der britische Pharmakologe, der 1936 zusammen mit seinem deutschen Kollegen Otto Loewi (1873 – 1961) den Medizin-Nobelpreis für die Entdeckung der chemischen Signalübertragung bei Nervenzellen erhielt, benannte den Stoff nach dem griechischen »*oxytokos*« für »schnell gebärend«. Jahrzehntelang war das aus nur neun Aminosäuren zusammengesetzte Neuropeptid vor allem als Schwangerschaftshormon bekannt, zumal sich rasch herausstellte, dass es auch die Milchdrüsen anregt.

Doch in den 1970er Jahren zeigte sich: Oxytozin kann mehr – es fungiert zusätzlich als Neurotransmitter, also als elementarer Botenstoff des Nervensystems. Ausgeschüttet vom Hypothalamus, der wichtigsten Hormonquelle des Gehirns, wirkt Oxytozin vor allem im emotionalen Zentrum, dem limbischen System.

Welche Kraft in dem Stoff steckt, kristallisierte sich im Lauf der 1990er Jahre heraus. Die US-Biologin Sue Carter von der University of Maryland in College Park untersuchte das Verhalten nahe verwandter Wühlmausarten in Nordamerika – der Präriewühlmaus (*Microtus ochrogaster*) sowie der Wiesen- (*Microtus pennsylvanicus*) und der Rocky-Mountains-Wühlmaus (*Microtus montanus*). Die Arten unterscheiden sich nur in ihrem Liebesleben – dort aber fundamental: Die Nager aus den Weiten der amerikanischen Prärie pflegen monogame, lang anhaltende Beziehungen, um ihre Jungen gemeinsam großzuziehen, während ihre Verwandten häufig die Partner wechseln. Die Männchen der Wiesen- und Rocky-Mountains-Wühlmäuse tragen entsprechend wenig bis nichts zur Aufzucht des Nachwuchses bei.

Der gravierende Verhaltensunterschied gründet im jeweiligen Oxytozinlevel, wie Carter entdeckte. Die Gehirne weiblicher Präriewühlmäuse sind förmlich übersät mit Oxytozinrezeptoren – besonders in den Belohnungszentren. Bei den Männchen sieht es genauso aus, nur weisen sie zusätzlich zahlreiche Rezeptoren für das ähnlich gebaute Hormon Vasopressin auf. In den Gehirnen der Berg- und Wiesennager indes finden sich kaum Empfangsstellen für diese beiden Substanzen.

Der experimentelle Beleg für den vermuteten Zusammenhang mit dem Paarungsverhalten folgte prompt: Blockiert man die Rezeptoren bei den Präriewühlmäusen, beginnt auch für sie ein Leben der sexuellen Ausschweifung – ohne enge Partnerbindung. Carters Schlussfolgerung: Oxytozin macht zumindest die Prärienager monogam und eine Trennung der Partner zu purem Stress.

Inzwischen stellte sich heraus: Oxytozin spielt eine zentrale Rolle bei der Bindung von Müttern an ihren Nachwuchs sowie generell, wenn soziale Kontakte besiegelt werden. Blockieren Forscher Oxytozin beispielsweise in Mäusen oder Ratten, hören die Nagetiere auf, ihre Jungen zu säugen. Zudem verlieren sie die Fähigkeit, vertraute Artgenossen zu erkennen. »Ohne Oxytozin leiden die Tiere unter einer Art sozialer Amnesie«, meint Larry Young von der Emory University in Atlanta (USA).

Das Neuropeptid fungiert als Vermittler: Es verbindet Sozialkontakte mit einem »guten Gefühl«. Das Gehirn schüttet dann genau die Botenstoffe aus, die ein Verhalten lohnens- und wiederholenswert machen. »Ohne Oxytozin könnten soziale Spezies nicht überleben«, betont Heinrichs. Da bildet der Mensch keine Ausnahme, wie eine Fülle von Studien belegt. »Oxytozin ist der Kitt unseres Lebens«, meint auch Paul Zak, Chef des Center for Neuroeconomics Studies in Claremont in Kalifornien.

Vertrauen geht – durch die Nase

Als Beispiel für den weit reichenden Effekt des Hormons gilt eine 2005 veröffentlichte Studie einer Arbeitsgruppe um Heinrichs und den Wirtschaftswissenschaftler Ernst Fehr. Die Forscher hatten knapp 200 Freiwillige ins Labor gebeten. Unwissentlich erhielt eine Gruppe per Nasenspray eine Dosis des Kuschelhormons, während die Probanden der anderen Gruppe ein Placebo schnieften. Nun bekamen die Versuchspersonen Geld zur Verfügung und sollten entscheiden, wie viel davon sie einem Treuhänder überlassen wollten. Auf dessen Konto wurde dann die überwiesene Summe automatisch verdreifacht, und der Treuhänder konnte – wenn er denn wollte – diesen Betrag ganz oder teilweise mit seinem Spielpartner teilen.

Letzterer musste also auf die Fairness des Treuhänders vertrauen: Investierte er nichts, blieb er auf dem Startkapital sitzen; gab er das Geld aus, konnte er es beträchtlich vermehren – oder eben jeden Cent verlieren, falls der Treuhänder alles in die eigene Tasche steckte.

Ergebnis des vertrackten Spielszenarios: Die Investoren zeigten sich vertrauensseliger, wenn sie zuvor eine Prise Oxytozin geschnuppert hatten. Fast die Hälfte von ihnen spendierte den Treuhändern gar ihr gesamtes Kapital, während sich nur jeder Fünfte in der Kontrollgruppe zu einem derart hohen Einsatz hinreißen ließ. Elegant schlossen die Experimentatoren aus, dass Oxytozin schlicht wagemutiger machte: In einem Kontrollversuch bat statt eines realen Menschen ein Computerprogramm um Kredit. Jetzt hielten sich die von Oxytozin berauschten Investoren ebenso zurück wie die Kollegen, die ein unwirksames Spray erhalten hatten.

Nur, wie vollbringt Oxytozin solch wundersame Dinge? Heinrichs' Forschergruppe wiederholte 2008 ihr Experiment unter Einsatz der funktionellen Magnetresonanztomografie (fMRT), um Unterschiede in den Hirnaktivitäten zu messen. Dabei zeigte sich: Oxytozin wirkt genau in dem Hirnareal, das normalerweise für Angst zuständig ist – in der Amygdala. Bei Investoren ohne Oxytozingabe schlug das Gehirn sofort Alarm, sobald die Probanden an den Treuhändern zweifelten. Dagegen »wurde das Angstzentrum unter dem Einfluss des Neuropeptids heruntergefahren«, erläutert Studienleiter Thomas Baumgartner. Selbst nachdem die vertrauensseligen Probanden erlebt hatten, dass die Treuhänder eingesetztes Geld einkassierten, hielt der Effekt an. Das positive Bauchgefühl, das Oxytozin auslöste, überdeckte offenkundig die normale Aktivierung der Amygdala.

Und nicht nur das: Auch das dorsale Striatum, ein Teil der Basalganglien, war vermindert aktiv. Diese Hirnregion springt immer dann an, wenn Menschen Konflikte abwägen und sich noch nicht sicher sind, wie sie entscheiden sollen. »Der Überschuss an Oxytozin hat den Entscheidungsprozess erheblich beschleunigt«, erklärt Baumgartner.

»Da belohnt das Gehirn soziales Annäherungsverhalten«, kommentiert Markus Heinrichs das Ergebnis. Das Belohnungssystem schüttet immer dann Botenstoffe wie Dopamin oder körpereigene Opiatpeptide aus, wenn ein Verhalten besonders nützlich ist und entsprechend als angenehm empfunden wird. Substanzen, die beispielsweise die Wirkung von Dopamin verhindern, unterbinden auch einige Effekte von Oxytozin – obwohl sie dessen Rezeptoren nicht blockieren. Unter diesen Umständen binden sich auch Präriewühlmäuse nicht mehr lebenslang. Trennt man umgekehrt deren Babys rasch von ihren Müttern, lindern Opiate und Oxytozin den Trennungsstress.

Das Team um Heinrichs wollte zudem wissen, wie sich die Unterstützung von Partnern auf das Verhalten in angespannten Situationen auswirkt. Einige hundert Versuchspersonen wurden daher inzwischen mit dem international standardisierten »Trier Social Stress Test« konfrontiert. Dabei mussten die Probanden etwa vor Publikum unvorbereitet sprechen und hernach kopfrechnen. Bei einer der Studien ließ sich ein Drittel der Versuchsteilnehmer zur Vorbereitung und Einstimmung auf den Test von ihren Lebenspartnern gut zureden, ein weiteres Drittel wurde – wortlos – vom Partner sanft an Schulter und Rücken massiert. Die anderen kamen allein und ohne Vorbereitung zum Test. Im Verlauf des Experiments nahmen die Wissenschaftler den Probanden mehrfach Blut ab, um die Oxytozinwerte sowie die jeweilige Menge des Stresshormons Cortisol zu bestimmen.

Wie sich herausstellte, verminderte nur die zärtliche Berührung den sozialen Stress. Zwar erschien allen Teilnehmern die Testsituation belastend. Wer aber zuvor intensiven Körperkontakt mit dem Partner genossen hatte, erschien deutlich ruhiger und setzte weniger Stresshormone frei als Leidensgenossen, die nur verbal oder gar nicht unterstützt worden waren.

Gegen die Angst

Dass Oxytozin soziale Kontakte mit Gefühlen und Wohlbefinden vernetzt, macht es – theoretisch – zu einer idealen Substanz, um Störungen der zwischenmenschlichen Fähigkeiten und Empathie anzugehen. »Für Menschen mit sozialer Phobie kann es die Hölle sein, wenn sie morgens beim Bäcker unter den Augen anderer Kunden Brötchen kaufen sollen«, weiß Markus Heinrichs. Die Sozialphobie gilt nach Depression und Alkoholismus als dritthäufigste psychische Krankheit überhaupt. In verschieden starken Ausprägungen sind etwa fünf bis zehn Prozent der Bevölkerung im Lauf des Lebens betroffen – in Deutschland mithin fünf bis zehn Millionen Menschen.

»Sozialphobiker sind geradezu prädestiniert für eine Studie mit Oxytozin«, erklärt der Psychologe. »Sie fühlen sich nicht wohl, wenn andere da sind, sie vermeiden sozialen Kontakt, und trotzdem sind sie nicht so beeinträchtigt wie Autisten.« Gängige Verhaltenstherapien allein lösen die Probleme nur unzureichend – gut die Hälfte der Behandelten leidet binnen Kurzem an einem Rückfall oder spricht nicht auf die Therapie an.

Mit rund 120 solcher Patienten erprobten die Wissenschaftler eine neue »psychobiologische Therapie«. Jeweils sechs Sozialphobiker treffen sich zu insgesamt zehn mehrstündigen Sitzungen im Rahmen einer Verhaltenstherapie. Dort lernen sie in Rollenspielen, vor anderen zu reden, ihren Mitmenschen in die Augen zu schauen und vieles mehr. Das Besondere: Ein Teil der Patienten bekommt vor jeder Sitzung eine satte Dosis Oxytozin, ein anderer Teil nur ein Placebo. Die Patienten spüren dabei keinen Unterschied – Oxytozin hat keinerlei subjektive Drogenwirkungen.

»Mit dem Neuropeptid kicken wir einmal die Woche ein Vertrauen erzeugendes, Angst lösendes und Stress reduzierendes System im Gehirn an«, erklärt Heinrichs. »Unter diesem Einfluss machen die Patienten in den Sitzungen völlig neue soziale Erfahrungen.« Die Hoffnung: Der Patient erinnert sich langfristig an das Gelernte, und sein Alltag normalisiert sich wieder. Gemessen an Faktoren wie Alltagsangst, Redevermeidung oder auch physiologischen Parametern wie der Stresshormonkonzentration zeigten sich deutliche Effekte. Durch den Oxytozinschub, vermutet Heinrichs, »ist der Transfer der Therapie in den Alltag leichter als bei den Patienten der Placebogruppe«.

Für Autisten erscheint eine Oxytozintherapie gleichermaßen geeignet. Nicht nur, weil sie sozialen Kontakt meiden, sondern auch, weil sie sich nicht in ihre Mitmenschen hineinversetzen können. Studien von Gregor Domes mit gesunden Freiwilligen offenbarten 2007: Das Neuropeptid macht auch empathischer. Mit einer Zusatzladung Oxytozin deuteten die Probanden den Ausdruck von Augen besser – vor allem bei schwer einzuschätzender Mimik gaben sie zuverlässiger an, ob sich jemand gerade glücklich, ängstlich oder traurig fühlte.

Vertrauenshormon im therapeutischen Einsatz
Im selben Jahr startete Eric Hollander, damals am der Mount Sinai School of Medicine in New York, Pilotstudien mit erwachsenen Autisten. Tatsächlich verbesserte sich nach Oxytozingabe die Fähigkeit, Emotionen wie Ärger oder Glück aus dem Ton einer Stimme herauszuhören – womit autistische Patienten normalerweise große Mühe haben. Eine Extraportion Oxytozin zeitigte einen zweiwöchigen Effekt. Zudem werden laut ersten Untersuchungen bei Autisten nach der Oxytozingabe Hirnregionen aktiv, mit denen die Wahrnehmung von Emotionen in Gesichtern gesteuert wird. Üblicherweise benutzen Autisten dazu nur Hirnareale, die zur Erkennung unbelebter Objekte dienen. Darüber hinaus reduziert das Neuropeptid offenbar die repetitiven Verhaltensmuster der Patienten.

Eine Oxytozinstudie mit Borderlinepatienten zeigte ebenfalls positive Effekte. Diese Menschen führen extrem instabile soziale Beziehungen, wechseln entsprechend oft ihre Partner und ertragen kaum Zurückweisungen. Viele der Betroffenen wurden in ihrer Kindheit missbraucht oder stark vernachlässigt.

Mangelnde Zuwendung senkt zumindest bei Tieren die Zahl der Oxytozinrezeptoren sowie die ausgeschüttete Menge des Neuropeptids. Untersuchungen an Waisenhauskindern in Rumänien gehen in eine ähnliche Richtung: Sie leiden häufig unter einem gestörten Oxytozinsystem und entwickeln weniger Vertrauen und Bindung zu Adoptiveltern. Vernachlässigte Kinder haben ein erhöhtes Risiko für verschiedenste psychische Störungen – von Sucht über Depressionen und Angsterkrankungen bis hin zu Schizophrenie.

Doch ob eine Oxytozingabe das Risiko für diese Erkrankungen mindert oder eine Therapie unterstützen kann, muss erst noch sorgfältig erforscht werden. So ermutigend die bisherigen Ergebnisse aussehen – Heilserwartungen sind unangebracht, dämpft Markus Heinrichs die Euphorie. »Oxytozin ist bei sozial relevanten psychischen Störungen kein Medikament im herkömmlichen Sinn und kann allein beispielsweise Autismus sicher nicht lindern.«

Als eine Art Türöffner könnte es aber durchaus andere Therapien unterstützen. »Und das«, erklärt der Psychologe, »wäre schon ein riesiger Fortschritt.«

Quellen

* Baumgartner, T. et al.: Oxytocin Shapes the Neural Circuitry of Trust and Trust Adaptation in Humans. In: Neuron 58, S. 639 – 650, 2008
* Carter, C. S.: Developmental Consequences of Oxytocin. In: Physiology & Behavior 79, S. 383 – 397, 2003
* Hollander, E. et al.: Oxytocin Increases Retention of Social Cognition in Autism. In: Biological Psychiatry 61, S. 498 – 503, 2007
* Kosfeld, M. et al.: Oxytocin Increases Trust in Humans. In: Nature 435, S. 673 – 676, 2005

»Tierschutz verlangt mehr, als unser Recht erzwingt«

Streitgespräch zwischen Friederike Schmitz und Peter Kunzmann

Tierrechtsaktivisten fordern, dass wir auch Hühnern, Schweinen und Kühen basale Menschenrechte zugestehen. Lässt sich diese Forderung auf plausible Argumente stützen? Darüber diskutieren die Philosophen Friederike Schmitz und Peter Kunzmann.

Friederike Schmitz

(Jahrgang 1982) forscht zur Ethik und politischen Theorie der Mensch-Tier-Beziehung an der Freien Universität Berlin und ist als Dozentin und Autorin tätig. Nach ihrem Studium der Philosophie und Neueren Deutschen Literatur war sie wissenschaftliche Mitarbeiterin in Heidelberg und Tübingen und hat 2013 in Heidelberg promoviert. Schmitz engagiert sich in mehreren Gruppen der Tierbefreiungsbewegung.

Peter Kunzmann

(Jahrgang 1966) ist Akademischer Rat am Ethikzentrum der Universität Jena. Nach seinem Studium der Katholischen Theologie und Philosophie und anschließender Promotion in Würzburg habilitierte er 1997 in Philosophie. Gastprofessuren führten ihn unter anderem nach Polen und in die Schweiz; zurzeit ist er an die Tierärztliche Hochschule Hannover abgeordnet. Seit 2006 leitet er die Nachwuchs-Forschergruppe »Würde in der Gentechnologie«. Von 2009 bis 2013 wirkte er zudem in der Arbeitsgemeinschaft »Würde des Tieres« des Schweizerischen Bundesamts für Veterinärwesen mit.

© Springer-Verlag Berlin Heidelberg 2017
S. Ayan (Hrsg.), *Rätsel Mensch – Expeditionen im Grenzbereich von Philosophie und Hirnforschung*,
DOI 10.1007/978-3-662-50327-0_43

Frau Schmitz, Sie fordern Menschenrechte für Tiere. Worum geht es genau?

Friederike Schmitz: Es geht mir hier um die moralische Frage: Was dürfen wir Tieren nicht antun? Wir sollten Tieren moralische Rechte zugestehen wie das Recht auf Leben, auf körperliche Unversehrtheit und auf Freiheit.

Und welche Tiere meinen Sie?

Schmitz: Die empfindungsfähigen. Natürlich ergeben sich dabei empirische Schwierigkeiten: Wie können wir zum Beispiel bei Insekten wissen, ob sie subjektiv etwas empfinden? Haben sie Bewusstsein? Es ist auch begrifflich schwierig: Was heißt es überhaupt, etwas zu empfinden? Doch bei den klaren Fällen können wir dieses Kriterium anwenden: Alle Wirbeltiere sind empfindungsfähig. Wir sollten also erst einmal bei jenen Tieren ansetzen, die für Zwecke des Menschen gezüchtet, gehalten und getötet werden, wie Schweine, Rinder, Hühner oder auch Fische.

Herr Kunzmann, was halten Sie von dieser Argumentation?

Peter Kunzmann: Es macht überhaupt keinen Sinn, hier von »Rechten« zu reden. Tiere haben eine Würde, sie verdienen Respekt, sie besitzen eine Innenperspektive – das will ich alles nicht leugnen. Es ist auch legitim zu fragen, was wir ihnen antun dürfen. Und natürlich hängt das davon ab, wie viel Empfindungsfähigkeit wir glauben ihnen zuschreiben zu können. Aber Rechte beruhen auf der wechselseitigen Anerkennung vernunftfähiger Individuen – und das geht eben nicht bei Tieren. Selbstverständlich können wir für bestimmte Lebewesen Schutzräume einrichten. Doch Tieren gegenüber Pflichten zu haben, bedeutet nicht, ihnen Rechte zuschreiben zu müssen.

In »Gehirn und Geist« 12/2013 haben Sie erklärt: Menschenrechte für Menschenaffen höhlen die Grundrechte für Menschen aus. Warum?

Kunzmann: Menschenrechte beinhalten sehr viel mehr als nur die basalen Rechte auf Unversehrtheit. Es gibt hier auch eine ganze Reihe von einklagbaren Anspruchsrechten, die sich darauf beziehen, dass wir an den Leistungen einer menschlichen Gemeinschaft partizipieren. So gibt es das Recht auf Eigentum – ein in unserer Rechtsordnung, aber auch in unserer Moral selbstverständliches Gut – nur unter Menschen. Das Recht auf Freiheit macht bei Tieren ebenfalls wenig Sinn. Und was heißt denn »Recht auf körperliche Unversehrtheit«? Das Great Ape Project fordert ein Recht für Menschenaffen, nicht gefoltert zu werden. Aber Sie können nur einen Menschen foltern, indem sie ihn unter Androhung oder Ausübung von Gewalt zu einer Aussage oder Ähnlichem zwingen. Wenn man fordert, dass Affen nicht gefoltert werden, verkennt man, was Folter eigentlich bedeutet. Wenn wir zu salopp mit solchen Begriffen umgehen, unterminieren wir die moralische und politische Relevanz von Menschenrechten.

Schmitz: Der Begriff »Rechte« kann die Debatte verunklaren, weil es verschiedene Rechtskonzepte gibt. Es geht hier jedoch nicht um juristische Aspekte wie Einklagbarkeit, sondern um die Abgrenzung von einer utilitaristischen Position: Wir dürfen nicht einem Individuum zu Gunsten eines anderen schaden, auch wenn das für uns einen beträchtlichen Nutzen hätte. Wenn wir von Rechten für Tiere sprechen, wollen wir nicht bloß die Haltungsbedingungen in der Landwirtschaft verbessern. Wir wollen nicht bloß, dass Tiere weniger leiden müssen, bevor sie getötet werden. Wir wollen überhaupt nicht, dass Tiere zu menschlichen Zwecken ausgebeutet werden. Wenn die Begriffe so schwierig sind, reden wir doch über die normativen Forderungen: Darf man Tiere unter Missachtung ihrer eigenen Interessen zu menschlichen Zwecken einsperren, verstümmeln und töten?

Kunzmann: Eine gute Frage! Bei der Zuschreibung von Interessen haben Sie auch Fische erwähnt. Doch ich wäre sehr vorsichtig dabei, subjektive Zustände in anderen Wesen zu deuten. Es gibt keinen Grund, nicht anzunehmen, dass Fische Schmerzen erleiden. Wenn Sie ihnen die Mundschleimhaut reizen, hören sie auf zu fressen. Geben Sie ihnen ein Analgetikum, fangen sie wieder an – vermutlich weil der Schmerz weg ist. Ich kann mich also auf die Phänomenologie stützen, oder ich kann versuchen, die Innenperspektive zu beschreiben. Aber das halte ich schon bei anderen Menschen für sehr schwer und bei Tieren für vollkommen abenteuerlich. Ich will Tiere keineswegs zu empfindungslosen Maschinen machen. Ich will nur darauf hinweisen, dass man nicht so ohne Weiteres Tieren Interessen zuschreiben kann. Mich stört die Selbstverständlichkeit, mit der die meisten Menschen heute annehmen, dass Tiere solche Innenwelten haben.

Tiere können Rechte nicht einklagen. Wie sollen sie gewährleistet werden?

Schmitz: Gesetzlich verankerte Rechte können auch von Organisationen oder Stellvertretern eingeklagt werden. Ich bin allerdings unsicher, ob solche Rechte das Ziel sein sollten. Auf jeden Fall muss sich zunächst gesellschaftlich einiges ändern. Hier herrscht ja eine große Diskrepanz. Niemand sagt: Tiere ausbeuten und töten finde ich super! Sondern die meisten denken: Man darf Tiere nicht zu trivialen Zwecken quälen oder töten. Aber genau das passiert in der Nutztierhaltung! Niemand muss heute Tierprodukte konsumieren. Allein in Deutschland werden jedes Jahr über 750 Mio. Landtiere zu diesen Zwecken getötet. Jeder einzelne könnte etwas dagegen tun: Man kann das eigene Verhalten ändern, man kann die Nutztierindustrie boykottieren, man kann sich politisch engagieren. Wenn alle Leute, die die Nutztierhaltung schlecht finden, sich aktiv dagegen einsetzen würden, wäre es gar nicht so weit gekommen.

Kunzmann: Die Diskrepanz zwischen dem Denken über die Nutztierhaltung und dem Konsumverhalten ist tatsächlich atemberaubend. Seit Mitte der 1960er Jahre, als die so genannte Massentierhaltung – damals übrigens von der Bevölkerung weit gehend begrüßt – etabliert wurde, interessieren sich die meisten nicht mehr dafür, was da genau geschieht. Doch plötzlich geht jetzt eine Tür auf: Das sind ja Tiere! Ich meine das nicht polemisch. Im Gegenteil, ich finde die Diskussion höchst überfällig. Es gehört für mich zum gesunden Menschenverstand, sich irgendwann einmal Gedanken zu machen, woher das Fleisch kommt, das ich esse.

Laut Tierschutzgesetz darf niemand einem Tier »ohne vernünftigen Grund« Schmerzen, Leiden oder Schäden zufügen. Ist diese Formulierung nicht sehr schwammig?

Kunzmann: Diese Formulierung ist eigentlich Unsinn, denn wirkliche Gründe sind immer vernünftig, also einsehbar. Die Formel ist jedoch nicht schwammig; es handelt sich vielmehr um einen offenen Rechtsbegriff. An unserem Tierschutzgesetz kritisiere ich etwas anderes: Vorne steht ein tolles Prinzip, dann kommen Tausende von Ausnahmen. Das ist ungefähr so wie eine Straßenverkehrsordnung, die vorschreibt: Jedes Auto muss zum TÜV. Dann heißt es: Jedes Auto, das schwerer ist als sieben Tonnen, muss ganz besonders zum TÜV – aber rote Autos sind davon ausgenommen. Unser praktisches, moralisches, sozioökonomisches und rechtliches Verhältnis zu Tieren entwickelte sich aus sehr vielgestaltigen Prozessen. Ein einheitliches Prinzip kann ich im Tierschutzrecht nicht sehen.

Schmitz: Das Problem sind nicht nur die Ausnahmen, sondern auch die Spezifizierungen. Im Tierschutzgesetz steht, man darf nicht ohne vernünftigen Grund Tieren Schmerzen, Leiden oder Schäden zufügen. Die Nutztierhaltungsverordnung spezifiziert dann im Einzelnen für die verschiedenen »Nutztierarten« die Haltungsbedingungen. So darf man 40.000 Masthühner in einem Stall halten mit über 20 Tieren pro Quadratmeter. Der Stall muss nur einmal am Anfang der Mastperiode gesäubert und eingestreut werden, bevor die Küken für 35 Tage eingestallt werden. In der Zeit wird nicht wieder sauber gemacht. Die Hühner stehen also 35 Tage lang in ihrem eigenen Kot! Sie können nicht mehr staubbaden. Sie bekommen Fußkrankheiten. Das widerspricht dem Grundprinzip, Tieren keine Leiden oder Schäden zuzufügen. Ganz abgesehen davon sehe ich auch keinen vernünftigen Grund, warum man Hühner überhaupt in eine Halle einsperren und dann umbringen sollte.

Kunzmann: Unser Tierschutzrecht basiert wirklich auf einer anderen moralphilosophischen Grundlage, als wir beide sie vertreten. Es ist im Kern pathozentrisch – von griechisch: *pathos* = Leiden –; es orientiert sich am Leiden und an dessen Verringerung. Es akzeptiert die Nutzungsansprüche der Menschen, ist aber keine Interessenabwägung. Es sagt vielmehr: Wenn ihr Tiere für eure Zwecke nutzt, dann nur zu möglichst geringen Kosten für die Tiere. Auch die Verordnungen im Tierschutzrecht sind pathozentrisch gedacht. Dass sie immer richtig sind, kann man bezweifeln. Doch in den letzten zehn Jahren setzte sich immer mehr die Erkenntnis durch: Wir haben es nicht nur mit leidensfähigen, sondern auch mit empfindungsfähigen Wesen zu tun. Tierschutz verlangt deutlich mehr, als unser Recht erzwingt.

Massentierhaltung erzeugt Leiden. Ich frage Sie als katholischen Theologen: Hat der Mensch mit dem biblischen Auftrag »Macht euch die Erde untertan!« die Verhältnismäßigkeit verloren?

Kunzmann: Nun ja, in der Bibel steht auch etwas von bauen und bewahren. Ich finde es phänomenal, wenn wir jetzt plötzlich etwas entdecken, was lange Zeit eigentlich jeder hätte begreifen können: Tiere sind keine Automaten. Genau das hat aber jeder gebildete Mitteleuropäer jahrhundertelang angenommen. Da spielte das Christentum wie auch die griechische Tradition, nach der Tiere keine Vernunft haben, eine Rolle. Aus der Verbindung von beidem wuchs die Ansicht, dass Menschen durch Vernunft und Gottesebenbildlichkeit besonders herausragen. Doch in dieser Sonderstellung des Menschen sehe ich umgekehrt einen guten Ausgangspunkt, eine vernünftige Tierethik zu betreiben. Wir sind etwas anderes als Tiere. Die Sonderstellung des Menschen ist in meinen Augen Bedingung, Grund und Anlass, darüber nachzudenken, wie wir Tiere behandeln. Denn wir haben eine besondere Verantwortung, die uns auch verpflichtet.

Was rechtfertigt, Menschen anders zu behandeln als andere Organismen?

Kunzmann: Es sind Menschen. Eine Welt, in der Menschen und Schafe gleich behandelt würden, wäre moralisch pervers. Beim Menschen habe ich es mit meinesgleichen zu tun. Ein Gutteil sowohl des Rechts als auch der Moral basiert darauf, dass wir uns gemeinsamen Prinzipien unterstellen. Und bei der Diskussion um Menschenrechte und Menschenwürde sollten wir die Grenzen nicht aufweichen. Die historische Leistung – blutig nach langen Wirren erkauft – war die Erkenntnis: Wir dürfen keine Unterschiede machen und nach irgendwelchen Kriterien dafür fragen, wer dazugehört und wer nicht. Menschsein allein genügt.

Der australische Philosoph Peter Singer hat diese Unterscheidung zwischen Mensch und Tier als »Speziesismus« bezeichnet – in Anlehnung an Rassismus oder Sexismus. Sind Sie ein Speziesist?

Kunzmann: Ja, ich bekenne mich dazu. Menschsein hat für mich eine moralische Qualität.

Schmitz: Es ist in der Praxis tatsächlich schwierig, eine komplett antispeziesistische Position einzunehmen. Es gibt dieses unsägliche Gedankenexperiment: Ein Hund und ein Mensch sind ins Wasser gefallen – wen rettest du? Natürlich tendiere ich stark zu Gunsten des Menschen. Ich wäre auch bereit, bestimmte Schäden für Tiere zu bestimmten Zwecken in Kauf zu nehmen, die ich beim Menschen vielleicht nicht akzeptieren würde. Doch darum geht es nicht. In Anbetracht dessen, wie hemmungslos Tiere ausgebeutet werden und wie sie zu trivialen Zwecken unter Menschen leiden, lenkt das vom Thema ab. Wir brauchen keine Angst zu haben, dass Schafe und Menschen gleich viel zählen. Wir sind meilenweit davon entfernt! Wir sollten eher darüber reden, welche Umgangsweisen weshalb nicht legitim sind und wie wir sie ändern.

Wäre der Kauf von Bioprodukten eine Lösung?
Schmitz: Nein. Natürlich gibt es Unterschiede zwischen verschiedenen Tierhaltungsformen. Die als »bio« gelabelten Haltungsformen unterscheiden sich aber nicht so sehr von den konventionellen, wie die Werbung suggeriert. Biolegehennen leben ebenfalls zu Tausenden in Ställen. Sie leiden unter den gleichen Problemen: Sie hacken sich gegenseitig, sie werden durch die angezüchtete hohe Eierproduktion körperlich ausgelaugt, und sie werden nach anderthalb Jahren geschlachtet. Bei der Biomilchproduktion werden wie in der konventionellen Haltung die Kälber von ihren Müttern getrennt. Die Gefangenhaltung, die Einschränkung von Bedürfnissen – das alles ist überall mehr oder weniger gleich. Und da man die Produkte nicht essen muss, um gesund oder gut zu leben, lässt sich auch eine noch so gute Haltung nicht rechtfertigen.

Kunzmann: Sie sprechen die Trennung von Mutter- und Jungtieren an. Es wird tatsächlich ausprobiert, ob man Milchkühe so halten kann, dass die Kälber bei der Mutter bleiben. Aber Ihre Argumentation zielt auf die Abschaffung von Nutztieren. Haben Sie einen prinzipiellen Einwand dagegen, dass wir Tiere zu menschlichen Zwecken halten, oder geht es Ihnen um den Akt des Tötens?

Schmitz: Beides. Bei der Produktion von Nahrungsmitteln widersprechen sich die Interessen von Menschen und Tieren systematisch. Sie sagen, man kann das Kalb bei der Kuh lassen. Praktisch gemacht wird das meistens nur für eine begrenzte Zeit – danach ist die Trennung umso schmerzlicher. Aber nehmen wir an, wir lassen Kuh und Kalb wirklich zusammen. Um einen konstanten Milchfluss zu gewährleisten, muss die Kuh etwa jährlich ein Kalb gebären. Wie soll man all die Kälber ernähren, wenn man sie nicht töten will? Die Kühe dürften also nur ein- bis zweimal im Leben Nachwuchs haben, von dem die Hälfte männlich ist. Von den weiblichen Tieren geben nur ein paar Milch, bei denen das Kalb aber mittrinkt. Da bleibt insgesamt fast keine Milch übrig! Ich glaube nicht, dass sich das kommerziell lohnend machen lässt. An diesem Punkt des Gedankenexperiments frage ich mich: Warum braucht man überhaupt Milch? Ich möchte die Perspektive komplett umkehren: Kühe sind eigenständige Lebewesen, die Milch für ihre Kälber geben. Sie sind keine Milchlieferanten für uns.

Kunzmann: Darf es nach Ihrer Ansicht nur Wildtiere in freier Natur geben? Wäre es also besser, wenn es die Milliarden von empfindungsfähigen Wesen in der Obhut des Menschen nicht mehr gäbe?

Schmitz: Von den Milliarden von Nutztieren lebt der allergrößte Teil in einer Situation, die ganz klar so leidvoll ist, dass sie sofort beendet werden müsste.

Bestimmte hochgezüchtete Hühner zum Beispiel sollten meiner Meinung nach aussterben, weil sie einfach kein gutes Leben haben können. Andere Nutztiere könnten auf Lebenshöfen oder in Reservaten weiter existieren. Natürlich würde es insgesamt viel weniger Hühner, Puten, Schweine und Rinder geben. Das sehe ich aber nicht als moralisches Problem. Im Gegenteil – die heutige Nutztierhaltung schädigt ja auch die Umwelt und das Klima und erzeugt globale Ungerechtigkeiten.

Soll die ganze Welt vegan leben?

Schmitz: Es wäre auf jeden Fall möglich. Auf einem Drittel der Ackerflächen wird Tierfutter hergestellt. Die Menge der Nahrungsmittel für eine vegane Lebensweise bereitzustellen, ist überhaupt kein Problem. Auch der Transportaufwand wäre viel geringer als heute im Zuge des globalen Handels mit Tieren, Tierteilen und Futter. Problematisch wäre es natürlich, wenn man jetzt den Inuit verbieten wollte, Fische zu fangen. Hier ist die ethische Situation ganz anders als bei uns, denn die Inuit können in ihrer Heimat anders nicht überleben. Doch in meiner idealen Welt greifen Menschen nicht mehr auf Tierprodukte zurück.

Kunzmann: Sie setzen als selbstverständlich voraus, dass die Situation von allen Nutztieren immer und überall qualvoll ist. Woher nehmen Sie dieses Urteil? Es ist nicht gleichgültig, wie wir Tiere halten. Natürlich ist die Haltung von Tieren immer mit Abschlägen am Tierwohl verbunden. Das ist unser Leben aber auch. Wir alle erleben fast jeden Tag mehr oder weniger leidvolle Situationen. Ich plädiere ganz entschieden dafür nachzuschauen, wie leidvoll das Leben der Tiere wirklich ist. Ich weiß nicht, wie sich ein Huhn fühlt, wenn es mit 5, 50 oder mit 50.000 Artgenossen an einem Ort steht. Aber ich kann die Gesundheit des Tiers messen. Es macht einen großen Unterschied, ob in einem Stall 2, 20 oder 70 % der Hühner Fußballenentzündungen haben. Wahrscheinlich können Sie den Anteil nie auf null reduzieren, der Unterschied zwischen diesen Verhältnissen ist allerdings ethisch relevant. Ich respektiere, wenn Sie sagen, das ganze System ist schlecht, auch wenn ich diesen Standpunkt nicht teile. Wenn Sie jedoch sagen, es gibt nur kosmetische Veränderungen, dann geht das in meinen Augen an der Realität vorbei. Und es bricht sogar der Diskussion die Spitze ab, die ich für wirklich notwendig halte: Was passiert tatsächlich mit den Tieren? Wenn ich sage, jede Tierhaltung ist intrinsisch mit Leid verbunden, wird die Diskussion witzlos – und das ist sie in meinen Augen nicht.

Schmitz: Natürlich ist es für die betroffenen Tiere relevant, wie viele von ihnen eine Fußballenentzündung haben. Doch in den vorherrschenden Haltungsformen werden extrem viele Tiere krank auf Grund der Haltungsbedingungen. Ich finde es zynisch zu sagen, wir können nicht alle Krankheiten verhindern und deswegen lassen wir die Hühner, die zu 40.000 Stück in ihrem eigenen Kot stehen, krank werden. Sie stehen ja da, weil Menschen mit ihnen Geld verdienen wollen, weil Menschen sie essen wollen. Die Krankheiten und die Leiden sind an die Nutzung gekoppelt. Und es ist genau im Interesse der Tierindustrie, die Diskussion auf die Haltungsbedingungen zu lenken und nicht eine Grundsatzdiskussion zu führen. Denn dann kann sie sagen: Wir arbeiten daran, dass es besser wird. Doch Verbesserungen wird es nur so weit geben, wie es sich ökonomisch lohnt. Und ohne Gewalt und Töten wird es nie gehen. Wir müssen letztlich die Grundsatzfrage stellen: Warum überhaupt? Und dann damit aufhören.

Kunzmann: Sie werfen alle Leute der so genannten Tierindustrie in einen Topf. Es gibt auch unter den Tierhaltern solche und solche. Eine Menge von ihnen macht sich ernsthaft Gedanken, wie es ihren Tieren geht. Und es ist eine abenteuerliche Dialektik zu sagen: Indem wir suggerieren, es könnte besser werden, stabilisieren wir das System. Es kann sehr viel besser werden! Veränderungen können wir nur mit den Nutztierhaltern zusammen erreichen und nicht gegen sie. Jetzt tut not, sich gründlich zu überlegen, wie wir die Verantwortung für die Nutztierhaltung in dieser Gesellschaft organisieren.

Das Politik-Mentoring-Team des Instituts für Politikwissenschaften der Universität Göttingen veranstaltete die Podiumsdiskussion »(Menschen-)Rechte für Tiere?« am 10. Juni 2014. Moderiert wurde das Gespräch von Gehirn&Geist-Redakteur Andreas Jahn.

Literaturtipp

* Schmitz, F. (Hg.): Tierethik. Grundlagentexte. Suhrkamp, Berlin 2014
  Sammelband mit Beiträgen namhafter Tierethiker.

Webtipp

* *Das »Great Ape Project« fordert Grundrechte für Menschenaffen:*
  http://greatapeproject.de

Im Dienst der Wissenschaft

Stefanie Reinberger

Mäuse, Hunde, Rhesusaffen – in vielen Labors der Welt dienen Tiere als Versuchsobjekte. Auch Hirnforscher halten dies für unerlässlich, um zu neuen Erkenntnissen und medizinischen Durchbrüchen zu gelangen. Tierschützer dagegen sehen in vielen Experimenten nur überflüssige Quälerei.

Auf einen Blick

Wie viel Leiden darf sein?

1 Zahlreiche Versuchstiere, vor allem Nager, aber auch Primaten, werden in der neurowissenschaftlichen Grundlagenforschung eingesetzt.

2 Die Tiere leben unter künstlichen Laborbedingungen und erleiden, je nach Experiment, häufig Schmerzen. Bei komplexen Verhaltenstests sind Forscher jedoch auf kooperative, wenig gestresste Tiere angewiesen.

3 Die Frage, ob, wann und in welchem Umfang Forschung an Tieren ethisch statthaft ist, bleibt umstritten.

Es macht piep hinter der Tür. Nico ist bei der Arbeit. Sein Job: sich auf einen Punkt zu konzentrieren, der auf einem Monitor erscheint. Verändert sich das optische Signal, soll er dies mit dem Drücken einer Taste quittieren. Von anderen Dingen, die er auf dem Bildschirm sieht, darf er sich dabei nicht irritieren lassen. Hat er die Aufgabe gemeistert, erklingt der Signalton: Piep – und Nico bekommt seine Belohnung in Form von Saft, manchmal auch Wasser. Der Rhesusaffe erledigt seine Arbeit routiniert und lässt sich nicht einmal ablenken, als die Tür aufgeht und ich seinen Arbeitsplatz betrete.

© Springer-Verlag Berlin Heidelberg 2017
S. Ayan (Hrsg.), *Rätsel Mensch – Expeditionen im Grenzbereich von Philosophie und Hirnforschung*,
DOI 10.1007/978-3-662-50327-0_44

Nicos Kollegin Pepi, die in der Kammer nebenan arbeitet, ist da schon neugieriger. Zwar kann sie den Kopf nicht drehen, weil dieser fixiert ist. Aber mit den Augen versucht sie zu erspähen, wer da hereinspaziert ist. Anna-Maria Hassel-Adwan, die junge Wissenschaftlerin, die mit Pepi arbeitet (Stand 2010, Amn. d. Red.), sieht das – und stellt sofort die Kontrollfunktion ab, die anhand der Augenposition der Affendame prüft, ob sie auch wirklich den Punkt anvisiert.

Nico und Pepi sind Versuchstiere im Dienst der neurophysiologischen Forschung. Mit ihrer Hilfe untersuchen Wolf Singer und sein Team am Max-Planck-Institut für Hirnforschung in Frankfurt am Main, wie das Gehirn der Tiere visuelle Reize verarbeitet. Davon versprechen sich die Forscher ein tieferes Verständnis des menschlichen Denkorgans.

Die Frankfurter Wissenschaftler haben lange mit ihren tierischen Mitarbeitern trainiert: Rund sechs Monate dauert es, bis die Tiere fit sind für die Experimente. Zuletzt bekommen sie einen Bolzen in den Schädel eingepflanzt, mit dem sich der Kopf des Tiers im Plexiglaskasten, dem so genannten Primatenstuhl, fixieren lässt. »Auch daran, dass wir sie festmachen, gewöhnen wir die Tiere langsam«, sagt Singer. »Das Tempo bestimmt der Affe.« Das sei wichtig, denn mit einem gestressten Tier, das Angst oder Schmerzen hat, könne man gar nicht arbeiten.

Der Forscher spricht von Nico und Pepi als wichtigen Versuchspartnern. Corina Gericke vom Verein »Ärzte gegen Tierversuche« kommen dagegen eher Begriffe wie Misshandlung oder Tortur in den Sinn. »Allein dass die Köpfe der Affen mehrere Stunden lang festgeschraubt werden, immer wieder, über Jahre hinweg, ist die reinste Quälerei«, sagt die Tierärztin. Ihr Verein fordert daher das sofortige Verbot aller Experimente mit Primaten.

Welche Tierversuche in Deutschland erlaubt sind und unter welchen Bedingungen, entscheiden der Gesetzgeber und die Behörden, bei denen die Wissenschaftler ihre Experimente beantragen müssen. Doch diese Entscheidungen unterliegen grundsätzlich einer großen Unsicherheit: Können wir überhaupt beurteilen, ob und wie sehr ein Experiment für die beteiligten Tiere zur Marter wird?

Das Tierschutzgesetz

Im Jahr 1972 hob die sozialliberale Koalition unter Willy Brandt die erste Fassung des bis heute gültigen Tierschutzgesetzes aus der Taufe – mit dem erklärten Ziel, »aus der Verantwortung des Menschen für das Tier als Mitgeschöpf dessen Leben und Wohlbefinden zu schützen«. Demnach darf in der Bundesrepublik Deutschland niemand »einem Tier ohne vernünftigen Grund Schmerzen, Leiden oder Schaden zufügen«.

Grundsätzlich gilt es für alle Tiere, wobei allerdings Wirbellosen kein besonderer Schutz zukommt. Versuche mit diesen Lebewesen sind nicht genehmigungspflichtig, solche mit Kraken und anderen Kopffüßern (Cephalopoden) sowie mit Zehnfußkrebsen (Decapoden) müssen zumindest gemeldet werden.

In welchen Fällen Experimente mit Wirbeltieren überhaupt zulässig sind, regelt Abschnitt 5, § 7 – 9 des Tierschutzgesetzes.

»Tierversuche dürfen nur durchgeführt weren, soweit sie zu einem der folgenden Zwecke unerlässlich sind:

1. Vorbeugen, Erkennen oder Behandeln von Krankheiten, Leiden, Körperschäden oder körperlichen Beschwerden oder Erkennen oder Beeinflussen physiologischer Zustände oder Funktionen bei Mensch oder Tier,
2. Erkennen von Umweltgefährdungen,
3. Prüfung von Stoffen oder Produkten auf ihre Unbedenklichkeit für die Gesundheit von Mensch oder Tier oder auf ihre Wirksamkeit gegen tierische Schädlinge,
4. Grundlagenforschung.

Bei der Entscheidung, ob Tierversuche unerlässlich sind, ist insbesondere der jeweilige Stand der wissenschaftlichen Erkenntnisse zu Grunde zu legen und zu prüfen, ob der verfolgte Zweck nicht durch andere Methoden oder Verfahren erreicht werden kann.«

Unbestrittenes Leiden

»Dass Tiere leiden können und dass sie es auch in vielen Versuchen tun, ist unbestritten«, sagt Hanno Würbel, Professor für Tierschutz und Ethologie an der Justus-Liebig-Universität in Gießen. Wissenschaftler sind sich zumindest bei warmblütigen Wirbeltieren wie Vögeln und Säugetieren einig, dass diese Schmerzen empfinden. Die Leidensfähigkeit von Reptilien und Amphibien dagegen ist in der Fachwelt immer noch umstritten.

Auch Fische hielt man in dieser Hinsicht lange Zeit für eher unsensibel. Mit einem entscheidenden Experiment bewiesen im Jahr 2003 Forscher vom Roslin Institute in Edinburgh jedoch das Gegenteil. Das Team um die Biologin Lynne Sneddon, die heute in Liverpool forscht, injizierte Regenbogenforellen Bienengift und Essigsäure in die Lippen. Im Anschluss fraßen die Tiere mehr als drei Stunden lang nichts mehr, und sie begannen hastig zu atmen – eine typische Schmerzreaktion, die man vom Menschen ebenfalls kennt. Einige Fische rieben zudem den Mund am Untergrund und wippten von einer Flosse auf die andere. Ein ganz ähnliches Verhalten zeigen Affen und viele andere Säugetiere: Sie treten bei großen Schmerzen von einem Fuß auf den anderen, was das Ausschütten von schmerzlindernden Botenstoffen im Gehirn fördert. Auch bei Forellen gelang es den Forschern, die Schmerzaktivierung im Gehirn zu messen.

Anekdotische Beispiele sprechen dafür, dass Tiere noch weit komplexere Emotionen zeigen, etwa Freude oder Trauer. Es gibt Berichte über Affenmütter, die nach dem Verlust eines Babys Kummer zeigen, und von Kühen, die mehr Milch geben, wenn man sie regelmäßig streichelt. Forscher gehen heute sogar davon aus, dass etliche Tiere über ein wenigstens rudimentäres Bewusstsein verfügen. Wissenschaftler wie Anil Seth, Kodirektor des Sackler Centre for Consciousness Science der University of Sussex in Großbritannien, sind davon überzeugt: Die Fähigkeit,

Empfindungen sprachlich auszudrücken, kann nicht das einzige Kriterium dafür sein, ob ein Lebewesen tatsächlich über bewusste Empfindungen verfügt.

»Die grundlegenden neuronalen Strukturen, die für das menschliche Bewusstsein verantwortlich zu sein scheinen, finden sich auch bei anderen Säugetieren«, erklärt Seth. Demnach könne man davon ausgehen, dass die meisten, möglicherweise sogar alle Säuger und manche Vögel ihre Umwelt bewusst wahrnehmen – auch wenn die Tiere nicht unbedingt über sich selbst nachdenken können.

Ob Tiere leidensfähig sind, steht also kaum zur Debatte. Das Problem ist vielmehr: Leiden – egal, ob es sich um Schmerzen oder bloßes Unwohlsein handelt – ist eine subjektive Empfindung. So wie wir nicht wissen können, ob sich ein Piks mit einer Nadel für unser menschliches Gegenüber genauso anfühlt wie für uns selbst, können wir auch nicht beurteilen, wie stark Tiere durch eine Behandlung beeinträchtigt werden.

»Wie ist es, eine Fledermaus zu sein?«, fragte in einem gleichnamigen Essay von 1974 der US-amerikanische Philosoph Thomas Nagel. Seine Antwort: Ganz gleich, wie viel wir forschen – wir werden niemals wissen, wie es sich anfühlt, mittels Echolot die Welt zu erkunden. Die Empfindungen anderer Lebewesen, und damit auch ihr Leid, lassen sich nicht mit naturwissenschaftlichen Methoden erfassen.

Doch es gibt zumindest Anhaltspunkte. Die Nervensysteme aller Wirbeltiere, insbesondere der Säuger, besitzen sowohl physiologisch als auch anatomisch eine große Ähnlichkeit. Das erlaubt es, Rückschlüsse zu ziehen. Wenn also ein Tier als Reaktion auf einen leichten elektrischen Schlag, der uns selbst weh tun würde, zusammenzuckt oder schreit, können wir davon ausgehen, dass es ebenfalls Schmerz empfindet.

»Tiere reagieren ganz unterschiedlich auf schmerzhafte Eingriffe«, bemerkt Hanno Würbel. Allerdings seien viele Reaktionen nicht eindeutig interpretierbar. So werden in unangenehmen oder peinvollen Situationen etwa vermehrt Stresshormone ausgeschüttet. »Das passiert aber genauso bei erfreulichen Ereignissen, etwa beim Sex oder wenn das Tier eine überraschende Belohnung bekommt«, erklärt der Tierschutzforscher.

Es gilt also Werkzeuge zu finden, um Wohl und Wehe von Tieren besser beurteilen zu können. Ein entscheidender Schritt in diese Richtung gelang 2004 Wissenschaftlern von der University of Bristol in Langford (Großbritannien). Das Team um Michael Mendl, Professor für Verhaltensforschung und Tierschutz, stellte fest: Ob Ratten chronisch gestresst sind oder nicht, erkennt man an ihrem Optimismus!

Die Forscher trainierten Nager darauf, zwei unterschiedlich hohe Töne zu unterscheiden. Erklang der tiefere, wartete eine Belohnung auf die Tiere – sofern sie einen Hebel drückten. Hörten sie den höheren Laut, sollten sie die Taste in Ruhe lassen. So konnten sie verhindern, dass ein sehr lautes, für Ratten unangenehmes Geräusch folgte.

Ein Tiermodell für Depression beim Menschen?
Interessant wurde es nun, als die Forscher weitere Töne einspielten, deren Höhe zwischen den bereits bekannten lag. Wie würden die Nager darauf reagieren? Unter normalen Bedingungen gehaltene Ratten ordneten die neuen Laute dem tieferen Ton zu – und drückten in Erwartung einer Belohnung die Taste. Tiere dagegen, die vorher einige Tage zwar leichtem, aber chronischem Stress ausgesetzt waren, gingen vom schlimmsten Fall aus und ließen den Hebel lieber in Ruhe, um einer möglichen Bestrafung zu entgehen. Ganz ähnlich verhalten sich depressive Menschen, die ebenfalls meist eine negative Erwartungshaltung haben.

»Dieses Experiment ist derzeit der spannendste Ansatz, um Leiden und Wohlbefinden von Tieren einzuschätzen«, sagt Würbel. Noch steckt die Forschung auf dem Gebiet in den Kinderschuhen. Mittlerweile haben Wissenschaftler jedoch gezeigt, dass das Prinzip auch bei anderen Tieren, etwa bei Staren oder Rhesusaffen, funktioniert. »Ein echtes Werkzeug, um zu beurteilen, wie es den Makaken in neurophysiologischen Experimenten tatsächlich geht, haben wir aber noch nicht«, schränkt Würbel ein.

Bis dahin heißt es, von Erfahrungswerten auszugehen und Meinungen abzuwägen. Einer der Hauptkritikpunkte der Tierversuchsgegner betrifft zum Beispiel die Belohnungen, mit denen die Affen zur Mitarbeit motiviert werden: Für das Tastendrücken erhalten die Tiere Wasser, Saft oder Tee – je nach persönlicher Vorliebe. Dabei handelt es sich aber nicht um zusätzliche Rationen. Vielmehr erarbeiten sich die Tiere durch die Teilnahme an den Experimenten ihr tägliches Flüssigkeitspensum.

»Die Affen werden durch Durst zur Mitarbeit gezwungen«, so Tierschützerin Gericke. Auch das Schweizer Bundesgericht sah hier ein Problem, als es 2009 entschied, der Eidgenössischen Technischen Hochschule in Zürich ein neurophysiologisches Experiment nicht zu genehmigen. »Ein wichtiges Argument war der Wasserentzug vor den Trainingseinheiten, durch den man die Würde der Tiere verletzt sah«, erläutert Michel Lehmann, wissenschaftlicher Mitarbeiter des Bundesamts für Veterinärwesen in Bern.

In den Forschergruppen kennt man natürlich die Kritik am Belohnungsmittel Wasser. Die Wissenschaftler versichern: Kein Affe muss Durst leiden im Dienst der Forschung. Zum einen beziehen Affen – genau wie wir Menschen – einen erheblichen Teil ihres Flüssigkeitsbedarfs aus der Nahrung, etwa aus Obst. Außerdem werde Sorge getragen, dass jedes Tier ausreichend trinke.

»Gerade in den Trainingsphasen, wenn das Tier noch gar nicht richtig weiß, wie es an seine Belohnung kommt, erhält es im Anschluss freien Zugang zum Wasser«, betont Stefan Treue vom Deutschen Primatenzentrum in Göttingen. Natürlich gelte das auch für Tiere, die mal einen schlechten Tag haben und daher wenig Belohnung »erwirtschaften«; und an trainings- und versuchsfreien Tagen sowieso. Doch ganz ohne Einschränkungen geht es nicht – denn die Mitarbeit muss sich für die Tiere lohnen. Könnten sie immer so viel trinken, wie sie wollen, würde die Motivation auf der Strecke bleiben.

Viel wichtiger noch ist für Treue die Tatsache, dass Makaken – egal, ob Rhesus- oder Javaneraffen – auch in freier Wildbahn längst nicht ständig Zugang zu Wasser haben und das kostbare Nass meist erst lange suchen müssen. Die Tiere seien daher von Natur aus darauf getrimmt, auch mal mehrere Stunden oder sogar Tage ohne zu trinken auszukommen – man nutze also lediglich natürliche Gegebenheiten aus.

Der Tierschutzforscher Würbel gibt dagegen zu bedenken: »Erhalten die Affen nur Flüssigkeit, wenn sie kooperieren, ist es zumindest fragwürdig, von freiwilliger Mitarbeit der Tiere zu sprechen.« Trotzdem ist er der Überzeugung: Wenn die Versuchsbedingungen stimmen und die Tiere gut behandelt werden, sei eine vorübergehende Durststrecke weit weniger belastend als so manche Versuche, die mit Ratten oder Mäusen gemacht werden – auch wenn die Bilder von Affen im Primatenstuhl mit einem Metallbolzen im Kopf Mitleid erregten.

Um objektiv zu beurteilen, wie gut oder schlecht es den Tieren geht, fehlen also derzeit noch die geeigneten Methoden. Nico und Pepi zumindest wirken nicht sonderlich gestresst. Pepi hockt mit überkreuzten Beinen in ihrem Primatenstuhl, die rechte Hand locker auf der Taste. Sehr deutlich gibt Nico allerdings zu verstehen, dass es ihm nun reicht. Er lässt einfach die Hand auf dem Hebel liegen und macht nicht mehr mit.

»Sehen Sie, dem fallen die Augen zu«, sagt Johanna Klon-Lipok, die Nico betreut, und deutet auf den Monitor. Ein klares Zeichen, dass es nun an der Zeit ist, aufzuhören. Ruhig geht sie zum Arbeitsplatz des Affen und schraubt ihn los. Der Makake macht die Prozedur gelassen mit, ohne Geschrei und Gezappel.

Neben den Methoden ist die Sinnfrage der größte Streitpunkt zwischen Forschern und Tierschützern. »Versuche, die zeigen sollen, wie das Makakengehirn Reize verarbeitet, befriedigen ausschließlich die Neugier der Wissenschaftler und bescheren diesen Publikationen in Fachjournalen«, sagt die Tierschützerin Gericke. »Das ist Grundlagenforschung – ohne jegliche Relevanz für den Menschen und ohne medizinischen Nutzen.«

Ohne Tierforschung kein medizinischer Fortschritt

Doch Grundlagenforschung trage ebenfalls zum medizinischen Fortschritt bei, kontern die Wissenschaftler – selbst wenn man das nicht immer sofort erkennen könne. »Um Fehlfunktionen zu behandeln, müssen wir erst wissen, wie das Gehirn im gesunden Zustand arbeitet, nach welchen Prinzipien etwa die Verarbeitung verschiedener Sinnesreize abläuft«, sagt Treue. »Wahrscheinlich müssen wir der Bevölkerung besser vermitteln, wie viele Einzelexperimente notwendig sind, um ein Ergebnis zu erzielen, das den Weg zu einer neuen Therapie ebnet.« Das würden die meisten vergessen, wenn etwa das Fernsehen über neue wissenschaftliche Durchbrüche berichte. So gelang es dank Erkenntnissen von Singer und seinen Mitarbeitern, Fehlfunktionen im Gehirn schizophrener Menschen genauer zu bestimmen.

Auch die so genannten Hirnschrittmacher, von denen etwa Parkinsonpatienten profitieren, sind der neurophysiologischen Forschung an Affen zu verdanken. Dabei werden Elektroden ins Gehirn der Kranken eingeführt, um spezielle Areale zu stimulieren. Dies ähnelt der Technik, mit der die Wissenschaftler Aktivitäten in den Denkorganen von Nico, Pepi und ihren Kollegen messen. Trotzdem wird die Arbeit von Forschern wie Singer und Treue natürlich nicht zuletzt von Neugier getrieben – sie ist schließlich der Motor aller Wissenschaft. »Ohne Wissensdurst und ohne Grundlagenforschung wäre unsere Gesellschaft nicht die, die sie ist«, sagt Treue. Und, Hand aufs Herz: Lesen Sie dieses Heft nicht auch, weil Sie sich für die neusten Erkenntnisse über das Denkorgan interessieren?

Literaturtipps

* Eidgenössische Kommission für Tierversuche und Eidgenössische Ethikkommission für die Biotechnologie im Außerhumanbereich (Hg.): Forschung an Primaten – eine ethische Bewertung. Bern 2007
* www.ekah.admin.ch/de/dokumentation/publikationen
  Ethikbericht über Forschung mit Krallenäffchen.
* Würbel, H.: Biologische Grundlagen zum ethischen Tierschutz. In: Interdisziplinäre Arbeitsgemeinschaft Tierethik Heidelberg (Hg.): Tierrechte – eine interdisziplinäre Herausforderung. Harald Fischer, Erlangen 2007
  Vortrag des Verhaltensforschers und Tierschutzbeauftragten Hanno Würbel.

»Bonobos bauen keine Kathedralen«

Streitgespräch zwischen Klaus Peter Rippe und Wolf Singer

Der Philosoph Klaus Peter Rippe stellt die gängige Praxis der Tierversuche radikal in Frage: Ihm zufolge gibt es zwischen Mensch und Tier ethisch betrachtet keinen grundlegenden Unterschied. Der Hirnforscher Wolf Singer hält Laborexperimente mit Tieren dagegen für gerechtfertigt – ja für unverzichtbar.

Klaus Peter Rippe

geboren 1959 in Kassel, studierte Philosophie, Geschichte und Völkerkunde in Göttingen. Nach Stationen an den Universitäten Saarbrücken, Mainz und Zürich gründete er ein Beratungsbüro für angewandte Ethik. Nach seiner Habilitation im Fach Philosophie an der Universität Zürich leitete er das Institut für Philosophie und Ethik der Fritz Allemann Stiftung in Zürich. Seit 2008 ist Rippe Professor für praktische Philosophie an der Pädagogischen Hochschule Karlsruhe

---

Wolf Singer

wurde 1943 in München geboren. Er studierte von 1962 bis 1968 Medizin in München und Paris. Nach seiner Habilitation im Fach Physiologie an der TU München wurde er 1981 zum Direktor am Max-Planck-Institut für Hirnforschung in Frankfurt am Main berufen. Singer war Gründungsdirektor des Frankfurt Institute for Advanced Studies (FIAS) sowie des Ernst-Strüngmann-Instituts für Hirnforschung (ESI). Seit 2011 leitet er die »Singer Emeritus Group« am MPI in Frankfurt.

Herr Singer, wozu braucht unsere Gesellschaft Tierversuche?

Wolf Singer: Viele Erkrankungen des Gehirns haben wir bis heute schlicht deshalb nicht unter Kontrolle, weil wir ihre Ursachen nicht kennen. Wenn wir verstehen wollen, wie Nervennetze funktionieren, müssen wir die Aktivität ein-

© Springer-Verlag Berlin Heidelberg 2017
S. Ayan (Hrsg.), *Rätsel Mensch – Expeditionen im Grenzbereich von Philosophie und Hirnforschung*,
DOI 10.1007/978-3-662-50327-0_45

zelner Nervenzellen erfassen, um deren Zusammenwirken zu analysieren. Methoden wie die Kernspintomografie, bei der Hirnaktivität indirekt gemessen wird, liefern nicht genügend Informationen, um etwa auf die Aktivität einzelner Nervenzellen zu schließen. So bleibt uns derzeit nur die Möglichkeit, die Forschung an Tiermodellen durchzuführen.

Folgen Sie dieser Argumentation, Herr Rippe?
Klaus Peter Rippe: Aus der wissenschaftlichen Logik heraus mögen invasive Versuche notwendig sein. Allerdings beruht die Tierforschung auf einer Methodik, deren ethischer Unterbau noch aus dem 19. Jahrhundert stammt: Damals veröffentlichte der französische Physiologe Claude Bernard ein einflussreiches Buch, in dem er von einer klaren Trennung zwischen Mensch und Tier ausgeht und beide ethisch verschiedenen Welten zuordnet. Dabei setzte er empirische Annahmen voraus, die gegen Erkenntnisse der Evolutionsbiologie und der Hirnforschung sprechen. Erstere lehrt uns, dass es keine Artgrenzen gibt, sondern graduelle Unterschiede; die Zweite stellt die Willensfreiheit in Frage, eines der klassischen Merkmale, das den Menschen über das Tier hinaushebt. Die Tierforschung mag ehrbare Ziele verfolgen, aber sie fußt auf Voraussetzungen, die ich nicht unterschreiben kann. Eine moralische Sonderstellung des Menschen lässt sich nicht länger aufrechterhalten. Die Säulen, die diese Auffassung stützen, sind nicht mehr tragfähig.
Singer: Wir wissen überhaupt nur dank der durchgeführten Tierversuche so viel über die Ähnlichkeit zwischen Mensch und Tier. Es war die Forschung selbst, die den kategorialen Unterschied immer mehr verwischt hat.

Wenn er aber jetzt unscharf geworden ist – wie rechtfertigen Sie Tierversuche dann?
Singer: Für mich reduziert sich das Problem auf die Beurteilung der Leidensfähigkeit. Hier besteht ein wesentlicher Unterschied zwischen Mensch und Tier. Zum Beispiel sind Tiere nicht in der Lage, ihren eigenen Tod zu antizipieren, weil ihnen bestimmte Frontalhirnstrukturen fehlen. Sie begreifen ihr Leben nicht als endlich. Dazu kommt ein sozialer Aspekt: Die speziell für Laborversuche gezüchteten Tiere wachsen in Forschungsinstituten auf – ihnen fehlt die Sozialisierung in einem Rudel oder einer Herde. Wenn solch ein Tier stirbt, gibt es in der Zuchtkolonie keine Trauer. Deshalb glaube ich: Wenn ich das Leben einer Ratte opfere, erzeuge ich weniger Leid, als wenn ich die Suche nach den Ursachen bislang unheilbarer Krankheiten einfach unterlassen würde. Wir müssen einen Kompromiss finden, bei dem Kosten und Nutzen in einem möglichst ausgewogenen Verhältnis stehen.

Herr Rippe, darf man zur Minimierung von menschlichem Leid an Tieren forschen?

Rippe: Die Argumente, die eindeutig dafür sprechen, gelten heute nicht mehr. Wir Menschen haben keine moralische Sonderstellung, etwa weil wir Gottes Ebenbild wären – oder weil wir durch unsere Vernunft einen absoluten Wert besäßen. Da sich Mensch und Tier nicht kategorial unterscheiden, sind Kosten-Nutzen-Abwägungen ethisch nicht haltbar. Nur in einer echten Dilemma-Situation sind Güterabwägungen unvermeidlich: Entweder stirbt das eine Lebewesen oder das andere – man kann nicht beide retten. Oft instrumentalisieren wir Lebewesen nach dem Motto: Ich füge einer Kreatur Leid zu, um aus meiner Sicht ein positives Ziel zu erreichen.

Singer: Das machen wir doch in der Rechtsprechung andauernd. Wir sperren Triebtäter weg, um größeres Leid zu vermeiden, und fügen ihnen somit Leid zu, indem wir ihre Freiheit beschränken. Wir handeln also sogar innerhalb unserer eigenen Spezies genau so, wie Sie es kritisieren.

Herr Singer, Sie sagen, die Tiere in Ihren Versuchen leiden nicht. Woher wissen Sie das?

Singer: Wir stellen den Affen in unseren Versuchen sehr anspruchsvolle Aufgaben. Sie sollen Punkte auf Bildschirmen verfolgen und Reize durch das Drücken von Tasten einordnen. Dazu sind sie nur in der Lage, wenn sie sich konzentrieren. Hätten die Tiere Schmerzen oder stünden sie unter Stress, könnten sie diese Leistung gar nicht erbringen. Es geht ihnen gut.

Rippe: Dass wir es tun, heißt ja nicht, dass es richtig ist. Zudem müssen wir fragen, ob beides wirklich zu vergleichen ist.

Die Affen in Ihren Versuchen bekommen Saft als Belohnung nach getaner Arbeit. Leiden die Tiere nicht Durst?

Singer: Nein, das ist wie jede Art von Dressur. Wenn Sie in einen Delfinpark gehen, machen die Tiere ihre Salti auch nicht aus Jux und Tollerei. Noch dazu werden sie nur zur Unterhaltung der Zuschauer dazu motiviert. Nach jedem gelungenen Salto bekommt der Delfin einen Fisch. Nichts anderes tun wir: Unsere Tiere erhalten eine Belohnung, dursten müssen sie deshalb nicht. Wenn sie in einem Versuchsdurchlauf einmal keine Lust haben, bekommen sie die Flüssigkeit eben nach einem angemessenen zeitlichen Abstand. Laut Tierschutzgesetz sind wir sogar verpflichtet, Futter nicht einfach zu verteilen, sondern es in den Käfigen zu verstecken. Die Affen brauchen diese Herausforderung, weil sie von Natur aus gewohnt sind, sich Nahrung zu erarbeiten. In ihrem natürlichen Habitat ist das noch weitaus schwieriger als bei uns.

Rippe: Wissen wir, was in den Tieren vorgeht? Haben die Affen eine Ahnung, dass sie den Saft auch bekommen, wenn sie nicht mitmachen?

Singer: Spätestens nach dem dritten Mal haben sie das verstanden.

Rippe: Es stimmt, dass sich die Tiere relativ schnell an Experimente gewöhnen. Ihr Verhalten zeigt freilich auch, dass die Tiere eine Vorstellung von ihrer Zukunft haben. Was das Verursachen von Leid betrifft, sind Primatenversuche nicht die schlimmsten. Doch der Affe wird gezwungen, sich an eine Situation anzupassen, die er nicht selbst gewählt hat.

Singer: Wie jeder Haushund ...

Rippe: Ja, aber auch wie Opfer von Entführungen. Ich räume ein, dass andere Versuche noch wesentlich größeres Leid verursachen. Zum Beispiel solche, die langfristige Lähmungen hervorrufen. Die sind in jedem Fall mit größerem Leiden verbunden. Wir müssen aber auch sehen, dass Primatenversuche besonders stark reguliert werden, gerade weil wir auf Grund der Ähnlichkeit ein schlechtes Gefühl haben.

Singer: Sie rekurrieren auf Versuche zur Regenerationsfähigkeit des Rückenmarks an Ratten. Nach einer künstlich herbeigeführten Rückenmarksdurchtrennung oder Quetschung sind die Nager querschnittgelähmt. Forscher versuchen dann, an solchen Tieren die Faktoren zu finden, die das Nachwachsen von Nervenbahnen im Rückenmark verhindern. Wenn das gelänge – und man ist schon sehr weit gekommen –, wäre das ein Meilenstein auf dem Weg, Querschnittgelähmten wieder das Laufen zu ermöglichen.

Rippe: Wenn derartige Experimente durch Schmerzmittel, Anästhesie und eindeutige Abbruchkriterien verträglicher gemacht werden, ist dies natürlich zu begrüßen. Aber bei vielen Versuchen sind uns diese Möglichkeiten versperrt. Bei den Rückenmarksexperimenten erzeugt man nicht nur ein Hinken, das die Ratte kaum beeinträchtigt, sondern beide Hinterpfoten werden vollständig gelähmt. Es gibt Versuche, bei denen ohne Narkose Gewichte auf Rattenschädel geworfen werden, um ein Trauma zu erzeugen. Selbst wenn Tierversuche grundsätzlich ein zulässiges Mittel wären, sind diese abzulehnen.

Kann man Erkenntnisse aus Tierexperimenten überhaupt auf den Menschen übertragen?

Singer: Ja, sogar fast eins zu eins. Natürlich gibt es Unterschiede, aber die sind überschaubar – selbst beim Vergleich des Menschen mit Weichtieren. Fast alle Antiepileptika, die wir heute verwenden, entwickelten Forscher durch Tests an den Synapsenendigungen von Muscheln, Schnecken und anderen Mollusken. Bei der Wirkung der Medikamente auf menschliche Nervenzellen zeigt sich überhaupt kein Unterschied.

Rippe: Und genau hier liegt das Dilemma: Wir forschen an Tieren, weil sie uns ähnlich sind. Aber um mit ihnen zu forschen, müssen wir sie ganz verschieden von uns betrachten. Da sie uns jedoch ähnlich sind, müssten wir sie eigentlich gleichwertig behandeln!

Herr Singer, bedeutet Ihre Argumentation nicht auch, dass wir uns eben nicht kategorial vom Tier unterscheiden?
Singer: Biologisch gesehen ist das völlig richtig. Ein Alleinstellungsmerkmal kennzeichnet uns allerdings: die Fähigkeit, an Götter zu glauben und moralisch zu handeln. Meiner Meinung nach ist das ein kategorialer Unterschied. Der Mensch ist ein Kulturwesen – Bonobos bauen eben keine Kathedralen.
Rippe: Aber gibt uns allein der Umstand, dass wir Kulturwesen sind, einen höheren Wert? Der Mensch pflegt Traditionen und besitzt eine abstrakte Sprache – und konnte sich so aus bestimmten Naturzwängen lösen. Aber es fällt mir schwer, an dieser Stelle einen Wertunterschied auszumachen, schon gar keinen kategorialen.
Singer: Jetzt sind wir bei dem australischen Philosophen Peter Singer angekommen – er warf bereits Mitte der 1970er Jahre die spannende Frage auf: Ist ein Mensch, von dem unklar ist, ob er noch bei Bewusstsein ist, weniger wert als ein Menschenaffe, der munter durch den Urwald turnt? Fraglos würde man einen Bonobo, der nach einem schweren Schädel-Hirn-Trauma im Koma liegt, sofort einschläfern. Jeder Tierarzt würde mich dazu sogar zwingen. Beim Menschen aber würde man in so einem Fall die Angehörigen fragen, weil der Tod eines Menschen ein Leid verursacht, das in der Bonobofamilie so ganz sicher nicht entstünde.
Rippe: Das ändert nichts an der Tatsache, dass es in moralischer Hinsicht keinen kategorialen Unterschied gibt.
Singer: Dann dürften wir auch keine Nutztiere halten.
Rippe: Das wäre die logische Konsequenz.
Singer: Dann müsste ab sofort jede pharmakologische Entwicklung stillstehen. Wir dürften kein Fleisch mehr verzehren, keine Lederschuhe mehr produzieren. Stadtverwaltungen müssten aufhören, im Rahmen der Schädlingsbekämpfung jährlich zigtausende Ratten mit Gerinnungshemmern zu vernichten. Denn einer Ratte, die qualvoll am Mainufer verblutet, geht es wesentlich schlechter als einem Versuchstier, das lege artis eingeschläfert wird. Wir müssten in jeder Hinsicht aufhören, als Menschen unsere Sonderstellung in der Natur behaupten zu wollen. Wenn ethisch kein Unterschied mehr gemacht werden darf, müssen wir die Folgen zu Ende denken. Es geht dann nicht nur um wissenschaftliche Tierversuche.
Rippe: Genau so ist es. Aber dürfen wir unsere Einsichten manipulieren, nur weil wir die moralischen Konsequenzen nicht tragen wollen? Wenn ich einen kategorialen Unterschied zwischen Mensch und Tier nicht begründen kann, folgt daraus eben Gleichheit. Dann muss ich praktische Konsequenzen in Kauf

nehmen, die von unserer derzeitigen Lebenspraxis abweichen. Außerdem muss ich vertraute Denkweisen verabschieden.

Singer: Aber Ihre Philosophie kann nicht im luftleeren Raum existieren! Ich verstehe nicht, wieso Sie keinen kategorialen Unterschied zwischen Mensch und Tier erkennen können. Dass wir überhaupt ethische Überlegungen anstellen, dass wir unsere Toten begraben und Treueschwüre eingehen – genügt das nicht bereits? Ich habe zumindest noch kein Tier erlebt, das einem anderen ewige Liebe schwor.

Sind wir also letztlich mehr wert, weil wir mehr können?

Rippe: Herr Singers Argumentation läuft darauf hinaus. Aber aus den zugegeben einzigartigen empirischen Fähigkeiten des Menschen folgt keine moralische Sonderstellung. Wir müssten zeigen, dass diese Fähigkeiten einen größeren moralischen Wert begründen.

Singer: Die Moral an sich ist bereits ein Kulturprodukt. Die Tatsache, dass wir moralisch handeln können, kennzeichnet uns allein. Wie deuten Sie denn den Unterschied zwischen einem Virus und einem denkenden, leidenden, Musik komponierenden Menschen? Wenn Sie diese Differenz nicht sehen, ist Ihre Philosophie eine nette intellektuelle Übung fern der Realität.

Rippe: Ein Virus hat keine Schmerzen. Denn dazu bräuchte er ein Nervensystem. Entscheidend ist die Empfindungsfähigkeit. Dass es für den Betroffenen schlecht ist zu leiden, kann jeder nachvollziehen. Und auf dieser Grundlage kann eine begründete Ethik aufgebaut werden.

Singer: Die Empfindungsgrenze verläuft aber unscharf. Wenn ich einen Wurm mit einem Strickleiternervensystem zwicke, hat der natürlich einen Rückzugsreflex. Doch für diesen lokalen Spinalreflex braucht es kein Gehirn. Wir wissen nicht genau, wann ein Reiz tatsächlich als Schmerz empfunden wird.

Rippe: Ja, die Grenze ist unscharf – dennoch folgen aus unseren Überlegungen wichtige Konsequenzen. »Wir bauen Kathedralen« ist lediglich eine empirische These – was wir vielmehr brauchen, ist ein Werturteil. Oder könnten wir sagen: »Weil wir Kathedralen bauen, dürfen wir Primaten töten, die dies nicht tun«? Und vor allem: Ich selbst kann keine Kathedralen bauen, bin ich damit weniger wert als jene, die es können?

Singer: Das sage ich nicht. Ich würde es eher so formulieren: Weil wir denkende Wesen sind, tragen wir die Verantwortung dafür, das Leid auf dieser Welt so weit wie möglich zu minimieren und eine Kompromisslösung – für Tier und Mensch – zu finden.

Herr Rippe, noch einmal konkret nachgefragt: Welche Lösung schlagen Sie vor?

Rippe: Nicht jeder wissenschaftlich notwendige Versuch ist auch ethisch unverzichtbar. Ich muss in Kauf nehmen, dass bestimmte medizinische Fortschritte nicht möglich sind.

Singer: Es müsste dann aber jeder Eingriff am Tier an den gleichen Kriterien gemessen werden. Die Kastration einer Hauskatze müsste eine Ethikkommission genauso beurteilen, wie das bei allen Tierversuchen der Fall ist. Ich muss einen 70-seitigen Antrag stellen, bevor ich die Erlaubnis bekomme, eine Ratte in Vollnarkose einzuschläfern. Jemand, der Schweine ohne Lokalanästhesie kastriert und Hunden die Ohren kupiert, muss das nicht! Warum kann jeder Kaninchenzüchter seinem Tier das Fell über den Kopf ziehen, ohne sich rechtfertigen zu müssen?

Rippe: Ich verstehe, dass sich Forscher, die mit Tieren experimentieren, darüber wundern, warum ihre Arbeit eher in Verruf gerät als unser sonstiger Umgang mit Nutztieren. Wir müssen die Folgen einer gerechten Tierethik selbstverständlich als Ganzes betrachten – und die Konsequenzen wären umwälzend, da haben Sie Recht. Trotzdem müssen wir damit beginnen, nach neuen Wegen zu suchen. Denn unser moralischer Alltagsverstand setzt ein Weltbild voraus, das mit unserem modernen wissenschaftlichen Denken nicht vereinbar ist.

Singer: Das ist mir sehr recht – wenn alle Folgen dieser Argumentation mitbedacht würden, liefe die Diskussion zwischen Forschern und Tierschützern anders. Derzeit machen es sich Tierversuchsgegner zu leicht: Sie greifen die Grundlagenforschung heraus und verorten dort sämtliche Probleme der Tierethik. Radikale schüren mit verzerrten oder falschen Darstellungen die unreflektierte Ablehnung von Tierversuchen. Einige machen nicht mal vor Morddrohungen Halt.

Herr Rippe, halten Sie den Dialog mit radikalen Tierschützern für möglich?

Rippe: Viele wollen diesen Diskurs führen. Diese Tierschützer stellen unter anderem zur Diskussion, wie sich die Befunde der Evolutionsbiologie und der Hirnforschung auf bestimmte Grundpfeiler unserer Moral auswirken. Das Wissen um die enge Verwandtschaft von Mensch und Tier stellt vieles in Frage, nicht nur Tierversuche. Wenn ein radikaler Tierschützer aber so weit geht, dass er ein Menschenleben für ein Tier opfert, dann ist er im gleichen Denken gefangen, das er der Gegenseite vorwirft. Denn er opfert jemanden für einen bestimmten Zweck.

Herr Singer, wie erleben Sie das persönlich?

Singer: Ich suche das Gespräch über Sinn und Zweck von Tierversuchen bei allen möglichen Gelegenheiten, und meist sind die Reaktionen – abgesehen von Diffamierungen durch Radikale – positiv. Mitunter kommt man aber auch an einen Punkt, an dem man nicht zusammenfindet.

Können Sie uns dafür vielleicht ein Beispiel geben?

Singer: Ich habe einmal mit Tierschützern folgendes Gedankenexperiment durchgespielt: Sie stehen auf der Frankfurter Mainbrücke und sehen, wie ein

Mann und sein Hund ins Wasser fallen. Beide kämpfen um ihr Leben. Was tun Sie? Ein Tierschützer sagte darauf: »Ich würde das Leben retten, das mir räumlich am nächsten ist, denn hier ist die Chance zu retten am größten. Wenn der Hund näher ist, hole ich ihn zuerst raus.« Als ich fragte, was wäre, wenn der Mensch dann stürbe, antwortete er: »Leben ist gleichwertig.« An diesem Punkt war für mich die Diskussion nicht mehr möglich – ich würde in jedem Fall den Menschen zuerst retten. Einfach weil ich weiß, dass dieser Mensch wahrscheinlich ein großes Umfeld von Trauernden hinterließe, während der Hund außer dem Mann möglicherweise überhaupt niemanden hat, der sich um ihn kümmert.

Wie würden Sie in dieser Situation handeln, Herr Rippe?

Rippe: Ein guter Utilitarist würde wie Herr Singer das Umfeld bedenken. Mir liegt die Antwort des radikalen Tierschützers näher. Es geht um zwei gleichwertige Leben, das Umfeld ist nicht relevant. Wenn zwei Menschen vor dem Ertrinken stünden, würde ich auch nicht sagen, retten wir lieber denjenigen mit der größeren Familie als den eigenbrötlerischen Junggesellen.

Singer: Dann würde mich eins interessieren: Fast die gesamte Technik der Transplantationsmedizin beruht auf Ergebnissen aus Tierversuchen, das Gleiche gilt für Antibiotika und noch viele andere Medikamente. Müssten Sie die folglich verweigern, wenn Sie sie als Patient eigentlich bräuchten?

Rippe: Wenn einem ein empfindliches Übel droht, handelt man nicht frei, sondern unter Zwang. Das heißt: Auch wenn medizinische Erkenntnisse und Erfindungen aus heutiger Sicht zum Teil mit den falschen Mitteln errungen wurden, müssen wir sie nicht nachträglich ablehnen, denn wir sind als Kranke nicht frei, dies zu tun. Die Frage ist jedoch, wie wir unseren medizinischen Standard mit ethisch zulässigen Mitteln weiterentwickeln können.

Singer: Eine Regierung, die so vorginge, würde mich sofort zum Auswandern zwingen. Ich würde das als vorsätzliche Verweigerung von Hilfeleistung betrachten, weil ich weiß, welches enorme Leid entsteht, wenn etwa eine junge Mutter an einem Ovarialkarzinom erkrankt, Metastasen bekommt und kahlköpfig in ihrem Zimmer liegt, neben sich die weinenden Kinder. Um das zu ändern, bleibt nur eine Möglichkeit: Man muss da, wo sonst noch Leben ist, nach den Ursachen für Krebs forschen. Ein Land, das mir das verwehrt, weil es nicht bereit ist, Tierversuche in Kauf zu nehmen, wäre für mich moralisch unerträglich.

Rippe: Sie vergessen: Nicht die Medizin an sich würde wegfallen, sondern nur bestimmte Mittel.

Singer: Und das würde den weiteren Fortschritt so gut wie unmöglich machen!

Gibt es nicht Alternativen zu Tierversuchen?

Rippe: Embryonale Stammzellen wären eine. Geht man nicht von der moralischen Sonderstellung des Menschen aus, besteht hier auch kein moralisches Problem: Denn Embryonen sind nicht empfindungsfähig. Andere Möglichkeiten wie Versuche an Zellkulturen oder der Einsatz von Computermodellen sind keine echten Alternativen. Es sind wissenschaftlich gesehen schlechtere Mittel, allerdings solche, die uns moralisch zur Verfügung stehen. Ich denke, der medizinische Fortschritt würde etwas langsamer vorangehen, aber nicht zum Erliegen kommen.

Singer: Man muss wissen, dass manche der so genannten alternativen Methoden – wie zum Beispiel In-vitro-Untersuchungen – zu einer sprunghaften Zunahme der Tiertötungen geführt haben. Denn so ein In-vitro-Präparat stammt natürlich von einem Tier und lässt sich nur acht Stunden am Leben erhalten. Außerdem kann ich an Zellkulturen nun mal keine Kognitionsforschung betreiben. Eine Zellkultur hat meines Wissens noch nie über irgendetwas nachgedacht.

Rippe: Fortschritt wäre weiterhin denkbar.

Singer: Der Aberglaube würde wachsen. Wunderheiler hätten Zulauf, Handaufleger, Krebsbeschwichtiger. In so einer Welt will ich nicht leben.

Rippe: Es gibt immer Menschen, die glaubten, durch radikale Veränderungen bricht alles zusammen. Der Punkt ist doch folgender: Wenn wir anfangen, an einer bestimmten Stelle radikal zu zweifeln, müssen wir auch darüber hinaus umdenken. Wir können nicht einfach sagen: »Wir machen weiter so, auch wenn wir es moralisch nicht rechtfertigen können.« Es könnte sein, dass sich der Utilitarismus verteidigen lässt und Güterabwägungen möglich sind. Jedoch nur solche, in denen das Leid von Menschen gleich viel zählt wie das von anderen Tieren. Ich sehe eine solche Begründung jedoch nicht. Die Kategorialität – wir machen am Tier, was wir am Menschen nicht dürfen – fällt aus ethischen Gründen weg.

Singer: Obwohl wir sehr viel nicht wissen, bewegen wir die Welt handelnd – darin besteht unser Dilemma. Tun wir etwas, werden wir schuldig, tun wir nichts, werden wir auch schuldig.

Das Gespräch moderierten die Gehirn&Geist-Mitarbeiter Sarah Zimmermann, Rabea Rentschler und Andreas Jahn.

Autorenverzeichnis

Steve Ayan ist Psychologe und Redakteur bei *Gehirn&Geist* in Heidelberg.

Isabelle Bareither ist Psychologin und wissenschaftliche Mitarbeiterin an der Berlin School of Mind and Brain der Humboldt-Universität.

Siri Carpenter ist promovierte Psychologin und arbeitet als freie Journalistin in Madison (US-Bundesstaat Wisconsin).

Markus Christen ist Neuroethiker und arbeitet am Institut für Biomedizinische Ethik und Medizingeschichte (IBME) an der Universität Zürich.

Frédérique de Vignemont ist Philosophin und lehrt am Institut Jean Nicod in Paris.

Gunnar Grah ist promovierter Biologe und für die Öffentlichkeitsarbeit des Bernstein Center Freiburg sowie des Exzellenzclusters BrainLinks-BrainTools an der Universität Freiburg verantwortlich.

Felix Hasler ist Psychopharmakologe und arbeitet an der Berlin School of Mind and Brain.

© Springer-Verlag Berlin Heidelberg 2017
S. Ayan (Hrsg.), *Rätsel Mensch – Expeditionen im Grenzbereich von Philosophie und Hirnforschung*,
DOI 10.1007/978-3-662-50327-0

Marc Hauser	war bis 2011 Professor für Psychologie, Evolutionsbiologie und biologische Anthropologie an der Harvard University (USA).
Dieter G. Hillert	ist außerplanmäßiger Professor im Doktorandenprogramm für Sprache und Kommunikationsstörungen der San Diego State University sowie der University of California in San Diego (USA).
Anne Hofmann	ist Psychologin und Wissenschaftsjournalistin in Gießen.
Andreas Jahn	ist promovierter Biologe und Redakteur bei *Gehirn&Geist* in Heidelberg.
Carsten Korfmacher	studierte Philosophie in Cambridge und Oxford (Großbritannien) und arbeitete unter anderem als Dozent an der University of Oxford, als Entwicklungshelfer in Afrika sowie als Journalist.
Arvind Kumar	hat Elektrotechnik, Neurobiologie, Biophysik sowie theoretische Neurowissenschaften studiert und ist Arbeitsgruppenleiter am Bernstein Center Freiburg.
Manuela Lenzen	ist promovierte Philosophin und Wissenschaftsjournalistin in Bielefeld.
Annette Leßmöllmann	ist Linguistin und Professorin für Wissenschaftskommunikation am Karlsruher Institut für Technologie (KIT). Dort leitet sie den Studiengang »Wissenschaft-Medien-Kommunikation«.
Amadeus Magrabi	ist Kognitionswissenschaftler und forscht im Bereich Neurowissenschaften an der Charité Berlin sowie an der Berlin School of Mind and Brain.

Albert Newen	ist Professor für Philosophie an der Ruhr-Universität Bochum.
Julian Nida-Rümelin	studierte Philosophie, Physik, Mathematik und Politikwissenschaft in München und Tübingen. Er ist Professor für Philosophie an der Ludwig-Maximilians-Universität München. In den Jahren 2001 und 2002 war er als Kulturstaatsminister Mitglied der Bundesregierung.
Michael Pauen	lehrt seit 2007 als Professor für die Philosophie des Geistes an der Humboldt-Universität zu Berlin und ist Sprecher des dortigen Graduiertenkollegs Berlin School of Mind and Brain. Zuvor war er Visiting Professor am Institute for Advanced Study in Amherst (Massachusetts) sowie Fellow an der Cornell University und am Hanse-Wissenschaftskolleg in Delmenhorst.
Jochen Paulus	ist Psychologe und Wissenschaftsjournalist in Frankfurt am Main.
Stefanie Reinberger	ist promovierte Biologin und Wissenschaftsjournalistin in Köln.
Joachim Retzbach	ist Psychologe und Mitarbeiter bei *Gehirn&Geist* in Heidelberg.
Tobias Schlicht	ist Professor für Philosophie des Bewusstseins und der Kognition an der Ruhr-Universität Bochum. Dort leitet er eine Nachwuchsforschergruppe zum Thema »Intentionalität, Selbstbewusstsein und soziale Interaktion«. Zuvor war er am philosophischen Seminar und am Centrum für Integrative Neurowissenschaften (CIN) an der Universität Tübingen tätig.
Azim F. Shariff	ist Psychologe und leitet das Culture and Morality Lab an der University of Oregon (USA).

Anna Strasser	ist Philosophin und forscht und lehrt an der Berlin School of Mind and Brain.
Kathleen D. Vohs	ist Professorin für Marketing an der Carlson School of Management der University of Minnesota (USA).
Anna von Hopffgarten	ist promovierte Biologin und Redakteurin bei *Gehirn&Geist* in Heidelberg.
Gottfried Vosgerau	ist Professor für Philosophie an der Heinrich-Heine-Universität Düsseldorf.
Katrin Weigmann	ist promovierte Biologin und arbeitet als freie Journalistin in Oldenburg.
Volkart Wildermuth	ist Biochemiker und Wissenschaftsjournalist in Berlin.
Klaus Wilhelm	ist Biologe und Wissenschaftsjournalist in Berlin.
Christian Wolf	ist promovierter Philosoph und Wissenschaftsjournalist in Berlin.
Claudia Christine Wolf	ist promovierte Biologin und forschte in der Arbeitsgruppe von Onur Güntürkün an der Ruhr-Universität Bochum. Heute arbeitet sie als Wissenschaftsjournalistin in Leinfelden bei Stuttgart.

Glossar

Altruismus Selbstlosigkeit; Uneigennützigkeit

bayessches Theorem Der englische Mathematiker und presbyterianische Pfarrer Thomas Bayes (1701 – 1761) stellte einen mathematischen Satz auf, der die Berechnung bedingter Wahrscheinlichkeiten erlaubt. Das bayessche Theorem lieferte eine wesentliche Grundlage der Statistik.

Big Data Schlagwort für die Sammlung, Auswertung und Simulation großer Datenmengen mittels Supercomputer; für Hirnforscher interessant ist vor allem die Nachbildung neuronaler Netzwerke.

BOLD-Signal Als BOLD-Signal (von englisch: blood oxygen level dependent) bezeichnen Forscher die Änderung des Blutflusses in einem Hirnareal, die per fMRT registriert wird.

Broca-Areal Das Broca-Areal, ein Gebiet in der Großhirnrinde, liegt meist in der linken Hirnhälfte. Es ist wichtig für die Sprachproduktion und galt lange als Sitz der grammatikalischen Fähigkeiten.

Computerfunktionalismus Vor allem in den 1970er und 1980er Jahren beliebte Ansicht, wonach sich Geist und Bewusstsein mit den Begriffen der Informationsverarbeitung beschreiben lassen.

Determinismus Philosophische These von der kausalen Geschlossenheit der Welt, wonach sich etwa ein Hirnzustand nach festen Ursache-Wirkungs-Beziehungen zwangsläufig aus vorhergehenden ergibt. Wird oft (fälschlich) zur Widerlegung der menschlichen Willensfreiheit angeführt.

Diffusions-Tensor-Bildgebung Die Diffusions-Tensor-Bildgebung (DTI) macht die Wanderung von Wassermolekülen im Gehirn sichtbar. Das erlaubt es, Verknüpfungen von Hirnarealen aufzuklären.

Dualismus Auf den französischen Philosophen René Descartes (1596 – 1650) zurückgehende Lehre, die von der Existenz zweier getrennter Seinsformen ausgeht: Materie (res extensa) und Geist (res cogitans). Trennung von Körper und Geist in »seinsmä-

© Springer-Verlag Berlin Heidelberg 2017
S. Ayan (Hrsg.), *Rätsel Mensch – Expeditionen im Grenzbereich von Philosophie und Hirnforschung,*
DOI 10.1007/978-3-662-50327-0

ßig« (ontologisch) getrennte Kategorien. Wirft vor allem das Problem auf, dass die offenkundige Wechselwirkung zwischen beiden damit nicht erklärt werden kann.

Dual Process Theory Aus der Neuroethik abgeleitete Annahme, dass moralische Urteile im Gehirn auf zwei Wegen zu Stande kommen: kognitiv und emotional.

Ethischer Egoismus Basiert auf der Annahme des englischen Philosophen Thomas Hobbes (1588 – 1679), das oberste Ziel des Menschen sei die Selbsterhaltung. Daraus lässt sich die Handlungsmaxime »Gut ist, was mir nützt« ableiten. Embodiment (Deutsch: Verkörperung) bezeichnet die Wechselwirkung zwischen Bewegung, Wahrnehmung und Kognition. In der neueren, phänomenologisch beeinflussten Philosophie auch Überbegriff für die physiologischen oder interaktionellen Grundlagen des Denkens.

Emergenztheorie Variante des Dualismus, die Bewusstsein als »emergente« (darüber hinausgehende) Eigenschaft physiologischer Prozesse ansieht: fußt auf der Annahme, dass komplexe neuronale Vorgänge eine neue, geistige Qualität hervorrufen können.

Epiphänomenalismus Bewusstseinsphilosophische Annahme, die Geist als ein Nebenprodukt (»Epiphänomen«) körperlicher Vorgänge auffasst.

euklidischer Raum Euklid von Alexandria (etwa 3. Jahrhundert v. Chr.) beschrieb in seiner Schrift »Elemente« die Grundlagen des »Raums der Anschauungen«, auf denen die klassische Arithmetik und Geometrie aufbauten. Erst zu Beginn des 19. Jahrhunderts entdeckten Mathematiker wie Carl Friedrich Gauß (1777 – 1855), dass sich Euklids Axiome nicht schlüssig auf gekrümmte Räume anwenden lassen. Ohne die moderne, nicht-euklidische Geometrie wäre Albert Einsteins (1879 – 1955) allgemeine Relativitätstheorie im wahrsten Sinn undenkbar.

Existenzphilosophie Traditionsreiche Gruppe von Denkschulen, die das Dasein des Menschen ins Zentrum stellen.

Homunkulus (Von lateinisch: *homunculus* = Menschlein) in der Neurophilosophie geläufiger Name für die Idee eines »inneren Agenten«, der Sinnesreize und Bilder im Gehirn wahrnimmt und sich der neuronalen Maschinerie wie eines Werkzeugs zu willentlichen Handlungen bedient. Laut vielen Philosophen eine der häufigen Denkfallen der Bewusstseinstheorie.

Idiom Wortverbindung mit einheitlicher, fester Bedeutung, die nicht aus den einzelnen Teilen abgeleitet werden kann. Wird auch als Redewendung oder idiomatische Wendung bezeichnet. Beispiele: ins Gras beißen, Berge versetzen, Farbe bekennen.

Ironie Äußerung, deren Inhalt vom eigentlich Gemeinten bewusst abweicht – meist in der Erwartung, dass der wahre Sinn verstanden wird. Dient oft dazu, Wertungen indirekt auszudrücken oder versteckten Spott zu üben. Beispiel: »Herrliches Badewetter!«, wenn es stürmt und hagelt.

kategorischer Imperativ Nach Kant der universell gültige Satz: »Handle nur nach derjenigen Maxime, durch die du zugleich wollen kannst, dass sie allgemeines Gesetz werde.«

Konstruktivismus Bezeichnet in der Erkenntnisphilosophie eine Palette von Theorien, die die Trennung von Erkennendem und zu Erkennendem, zwischen Subjekt und Objekt, aufheben. Demnach beeinflusst der Akt des Erkennens stets auch Art und Inhalt des Erkannten. Radikale Konstruktivisten lehnen die Annahme einer objektiv gegebenen (oder wahrnehmbaren) Realität ab, etwa mit Verweis auf deren mutmaßlich einzige Quelle: das Gehirn (»Neurokonstruktivismus«).

Kybernetik (Von griechisch: *kybernetike* = Steuermannskunst) nannte der US-Mathematiker Norbert Wiener (1894 – 1964) die von ihm begründete Wissenschaft von der Steuerung und Regelung von Systemen. Sie lässt sich auf Maschinen wie auch auf lebende Organismen oder soziale Organisationen anwenden.

mereologischer Fehlschluss Denkfalle, die darauf beruht, dass man Eigenschaften eines Systems (zum Beispiel einer Person) einem Teil dieses Systems (etwa dem Gehirn) zuschreibt.

Metapher Ausdruck, der nicht in seiner eigentlichen, sondern in einer übertragenen Bedeutung verwendet wird. Die wörtlich bezeichnete und die übertragen gemeinte Sache ähneln sich dabei in einem bestimmten Merkmal. Beispiele: Warteschlange, Flussarm, Fuß des Berges.

Monismus Seinslehre (Ontologie), wonach es in der Welt nur eine einzige Form der Existenz gibt; Materialismus und Idealismus sind beides Varianten des monistischen Denkens.

Naturalisierung In der Neurophilosophie gebräuchlicher Terminus für die Betrachtung geistiger Phänomene als naturgesetzlich beschreibbare Prozesse.

Neuroethik Die Erforschung der hirnphysiologischen Grundlagen der Moral.

Neuroimaging Oberbegriff für technische Verfahren, die Veränderungen des Blutstroms im Gehirn und damit indirekt die neuronale Aktivität messen. Am weitesten verbreitet sind die funktionelle Magnetresonanztomografie (fMRT) sowie die Positronenemissionstomografie (PET).

neuronales Substrat Das Gehirn oder Netzwerke von Neuronen als Grundlage (»Träger«) geistiger Tätigkeiten beziehungsweise psychischer Eigenschaften.

normativ Während sich beschreibende (deskriptive) Aussagen auf Tatsachen und Fakten beziehen, setzen normative Begriffe bestimmte Werte; sie sind insofern nicht neutral.

Oxytozin Das Neuropeptid Oxytozin wird im Hypothalamus produziert und fungiert als Neurotransmitter sowie als Hormon. Es wird beim Stillen ausgeschüttet, beim Kuscheln, beim Sex und vermittelt Gefühle von Nähe und Vertrauen. Ein niedriger Oxytozinspiegel wurde etwa bei Menschen festgestellt, die unter Depressionen, Schizophrenie oder einer Autismus-Spektrum-Störung leiden. Laut Experimenten stärkt Oxytozin aber nicht nur die Bindung zu anderen Menschen, sondern auch die Neigung zur Schadenfreude. Zudem stellen sich die positiven Effekte vor allem bei Mitgliedern der eigenen Gruppe ein. »Außenseiter«, die sich etwa durch eine andere Hautfarbe oder Herkunft auszeichnen, werden von Probanden unter dem Einfluss eines Oxytozinsprays dagegen negativer beurteilt.

Phänomenologie (Von griechisch: *phainomenon* = Sichtbares und *logos* = Wort, Lehre) philosophische Denkrichtung, die als Grundbedingung von Erkenntnis das unmittelbar gegebene Erscheinen der Dinge, die »Phänomene«, ansieht. Sie lassen sich nicht auf einfachere Elemente reduzieren. Als wichtigste Vertreter gelten der Deutsche Edmund Husserl (1859 – 1938) und der Franzose Maurice Merleau-Ponty (1908 – 1961).

Poly- und Monotheismus Oberbegriff für Glaubenslehren, die von der Existenz nur einer oder mehrerer göttlicher Instanzen ausgehen.

Propranolol Häufig als Herzmedikament verschrieben, blockiert Propranolol die b-Adrenozeptoren im Herzen und senkt so Blutdruck und Puls. Nach verschiedenen Studien wirkt der Betablocker aber nicht nur beruhigend auf das Herz, sondern auch auf den Geist. Denn unser Gehirn bewertet die Stärke einer Emotion unter anderem nach deren körperlichen Begleiterscheinungen. Wenn der Puls gleichmäßig bleibt, lässt beispielsweise die Angstreaktion nach.

Publikationsbias Verzerrung der Forschungsliteratur durch außerwissenschaftliche Kriterien wie etwa den Drang nach positiven, möglichst überraschenden Befunden.

Psychologischer Egoismus Theorie, wonach alles menschliche Streben letztlich darauf abzielt, das eigene Glück zu erhalten oder zu steigern.

Rationalismus Denktradition, die die (angeborene) Verstandeskraft zum wichtigsten Merkmal des Menschen erklärt, in der Ethik einst verbreitete Ansicht, wonach moralische Normen aus rationalen Erwägungen herleitbar seien.

Reduktionismus Erklärung höherer, komplexer Phänomene anhand einfach beschreibbarer Prinzipien; in der Hirnforschung: Deutung des Geistes als Produkt des neuronalen Informationsaustausches.

Relativismus Moderne Sichtweise, die dem Individuum und der Kultur große Freiheit bei der Setzung moralischer Normen zugesteht.

Reliabilität (Verlässlichkeit) Maß für die Vertrauenswürdigkeit eines Studienergebnisses, das sich bei wiederholten Tests offenbart.

Repräsentation (Von lateinisch: *repraesentatio* = Darstellung) unter Hirnforschern oft verwendeter Begriff für neuronale Aktivitätsmuster, die bestimmte Eigenschaften oder Dinge der äußeren Welt widerspiegeln. Inwiefern das Gehirn tatsächlich feste Repräsentationen bildet oder vielmehr dynamisch mit seiner Umwelt interagiert, ist umstritten.

Reziprozität Prinzip der Gegenseitigkeit, wonach alle Menschen gleichberechtigt sind; bildet eine Voraussetzung für die Grundsätze von Gleichheit und Menschenwürde.

Semantik Als Semantik bezeichnet man die Lehre von der Bedeutung sprachlicher Zeichen – etwa von Wörtern.

semantisch Von der Lehre der Bedeutungen (Semantik) abgeleitetes Adjektiv für das Verhältnis zwischen sprachlichem Zeichen und Bezeichnetem.

Sentimentalismus Moralphilosophische Lehre, die dem Empfinden (englisch: sentiment) eine Hauptrolle bei der moralischen Urteilsbildung zuweist.

Serotonin Der Neurotransmitter Serotonin erleichtert zahlreichen Tierstudien zufolge das Zusammenleben in der Gruppe. Beim Menschen stärkt ein hoher Serotoninspiegel im Gehirn das Wohlbefinden. Deshalb wird der Botenstoff oft als »Glückshormon« bezeichnet. Umgekehrt kann ein Mangel an Serotonin zu Aggressionen, Ängsten und Depressionen führen. Aus diesem Grund wirkten viele Antidepressiva über den Neurotransmitter. Selektive Serotonin-Wiederaufnahmehemmer etwa vermindern den Abtransport des Botenstoffs aus dem synaptischen Spalt und erhöhen so seine Konzentration.

Sprechakttheorie Im angelsächsischen Raum verbreitete, sprachphilosophische Tradition, die verschiedene Aspekte und Funktionen kommunikativer Akte in den Blick nimmt.

Syntax Die Syntax ist in der Grammatik die Lehre vom Satzbau. Sie umfasst die Regeln, nach denen Wörter zu größeren Einheiten zusammengestellt werden.

teleologisch (Von griechisch: *télos* = Zweck, Ende) auf ein bestimmtes Ziel gerichtetes Argument, etwa: »Der Mensch ist auf der Welt, um glücklich zu werden.«

Validität (Gültigkeit) bezeichnet den Grad, in dem ein Experiment oder Test den jeweiligen Forschungsgegenstand (zum Beispiel Intelligenz oder eine bestimmte Erkrankung) tatsächlich abbildet. Häufiges Problem bei der Übertragung vom Tiermodell auf den Menschen.

Voxel Ein Voxel ist das dreidimensionale Pendant zu einem Pixel, also der kleinste Bereich, den man per MRT abbilden kann. Ein typisches Voxel von 55 mm 3 enthält etwa 5,5 Mio. Neurone.

Wernicke-Areal Das Wernicke-Areal ist meist ebenfalls in der linken Hirnhälfte lokalisiert und von großer Bedeutung für die Sprachverarbeitung. Es spielt eine Rolle beim Entschlüsseln von Wortbedeutungen.

Printed by Printforce, the Netherlands